中国机械工程学科教程配套系列教材
教育部高等学校机械类专业教学指导委员会规划教材

机械振动（第2版）

主　编　华宏星
副主编　黄修长　张振果

清华大学出版社
北京

内 容 简 介

本书是中国机械工程学科教程配套教材,内容涵盖了振动基本理论、振动控制原理、振动测试技术和振动分析计算程序等。振动基本理论主要介绍离散系统和连续系统的线性振动,以信号处理为基础、输入输出关系分析为重点的随机振动,以及具有代表性特征的非线性振动。振动控制原理重点介绍振源分析、隔振技术、阻尼减振、吸振技术及振动主动控制技术等。振动测试技术主要介绍传感器和仪器、信号处理基本知识及振动测试方法。振动分析计算程序则通过算例介绍系统固有频率、振型和响应的计算。

本书主要用作工科高年级本科生或研究生的机械振动课程教材,也可作为从事机械工程的技术人员解决振动问题的参考书。

版权所有,侵权必究。举报: 010-62782989,beiqinquan@tup.tsinghua.edu.cn。

图书在版编目(CIP)数据

机械振动/华宏星主编. —2版. —北京:清华大学出版社,2021.12(2023.12重印)
中国机械工程学科教程配套系列教材　教育部高等学校机械类专业教学指导委员会规划教材
ISBN 978-7-302-59076-7

Ⅰ. ①机… Ⅱ. ①华… Ⅲ. ①机械振动-高等学校-教材　Ⅳ. ①TH113.1

中国版本图书馆 CIP 数据核字(2021)第 177497 号

责任编辑:冯　昕
封面设计:常雪影
责任校对:王淑云
责任印制:丛怀宇

出版发行:清华大学出版社
　　　　网　　址: https://www.tup.com.cn, https://www.wqxuetang.com
　　　　地　　址: 北京清华大学学研大厦 A 座　　　邮　编: 100084
　　　　社 总 机: 010-83470000　　　　邮　购: 010-62786544
　　　　投稿与读者服务: 010-62776969, c-service@tup.tsinghua.edu.cn
　　　　质量反馈: 010-62772015, zhiliang@tup.tsinghua.edu.cn
印 装 者:三河市龙大印装有限公司
经　　销:全国新华书店
开　　本: 185mm×260mm　　　印　张: 20　　　字　数: 481 千字
版　　次: 2014 年 4 月第 1 版　2021 年 12 月第 2 版　　印　次: 2023 年 12 月第 3 次印刷
定　　价: 58.00 元

产品编号: 089015-01

中国机械工程学科教程配套系列教材
教育部高等学校机械类专业教学指导委员会规划教材

编委会

顾　　问
　　李培根院士

主任委员
　　陈关龙　吴昌林

副主任委员
　　许明恒　于晓红　李郝林　李　旦　郭钟宁

编　　委（按姓氏首字母排列）
　　韩建海　李理光　李尚平　潘柏松　芮执元
　　许映秋　袁军堂　张　慧　张有忱　左健民

秘　　书
　　庄红权

丛书序言
PREFACE

我曾提出过高等工程教育边界再设计的想法,这个想法源于社会的反应。常听到工业界人士提出这样的话题:大学能否为他们进行人才的订单式培养。这种要求看似简单、直白,却反映了当前学校人才培养工作的一种尴尬:大学培养的人才还不是很适应企业的需求,或者说毕业生的知识结构还难以很快适应企业的工作。

当今世界,科技发展日新月异,业界需求千变万化。为了适应工业界和人才市场的这种需求,也即是适应科技发展的需求,工程教学应该适时地进行某些调整或变化。一个专业的知识体系、一门课程的教学内容都需要不断变化,此乃客观规律。我所主张的边界再设计即是这种调整或变化的体现。边界再设计的内涵之一即是课程体系及课程内容边界的再设计。

技术的快速进步,使得企业的工作内容有了很大变化。如从20世纪90年代以来,信息技术相继成为很多企业进一步发展的瓶颈,因此不少企业纷纷把信息化作为一项具有战略意义的工作。但是业界人士很快发现,在毕业生中很难找到这样的专门人才。计算机专业的学生并不熟悉企业信息化的内容、流程等,管理专业的学生不熟悉信息技术,工程专业的学生可能既不熟悉管理,也不熟悉信息技术。我们不难发现,制造业信息化其实就处在某些专业的边缘地带。那么对那些专业而言,其课程体系的边界是否要变?某些课程内容的边界是否有可能变?目前不少课程的内容不仅未跟上科学研究的发展,也未跟上技术的实际应用。极端情况甚至存在有些地方个别课程还在讲授已多年弃之不用的技术。若课程内容滞后于新技术的实际应用好多年,则是高等工程教育的落后甚至是悲哀。

课程体系的边界在哪里?某一门课程内容的边界又在哪里?这些实际上是业界或人才市场对高等工程教育提出的我们必须面对的问题。因此可以说,真正驱动工程教育边界再设计的是业界或人才市场,当然更重要的是大学如何主动响应业界的驱动。

当然,教育理想和社会需求是有矛盾的,对通才和专才的需求是有矛盾的。高等学校既不能丧失教育理想、丧失自己应有的价值观,又不能无视社会需求。明智的学校或教师都应该而且能够通过合适的边界再设计找到适合自己的平衡点。

我认为,长期以来,我们的高等教育其实是"以教师为中心"的。几乎所有的教育活动都是由教师设计或制定的。然而,更好的教育应该是"以学生为中心"的,即充分挖掘、启发学生的潜能。尽管教材的编写完全是由教师完成的,但是真正好的教材需要教师在编写时常怀"以学生为中心"的教育理念。如此,方得以产生真正的"精品教材"。

教育部高等学校机械设计制造及其自动化专业教学指导分委员会、中国机械工程学会与清华大学出版社合作编写、出版了《中国机械工程学科教程》,规划机械专业乃至相关课程的内容。但是"教程"绝不应该成为教师们编写教材的束缚。从适应科技和教育发展的需求而言,这项工作应该不是一时的,而是长期的,不是静止的,而是动态的。《中国机械工程学科教程》只是提供一个平台。我很高兴地看到,已经有多位教授努力地进行了探索,推出了新的、有创新思维的教材。希望有志于此的人们更多地利用这个平台,持续、有效地展开专业的、课程的边界再设计,使得我们的教学内容总能跟上技术的发展,使得我们培养的人才更能为社会所认可,为业界所欢迎。

是以为序。

2009 年 7 月

第 2 版前言
FOREWORD

振动和波动始终存在于各类机械装备的工作过程中。在高端装备从无到有、从有到好的发展阶段,振动以及由振动引起的噪声已经成为装备质量的重要评价指标。为适应动力学设计需求,许多学校的工程专业都开设了机械振动课程。国内外已经有很多优秀的振动方面的相关教材和专著,值得笔者学习。同时,在从事振动领域的教育和解决工程振动问题的过程中,不少学生认为振动课程可有可无,不少工程技术人员也只是在装备发生故障时才重视振动,其时解决问题已经很困难,因为振动问题是一个系统的动力学问题。为此,本书修订过程中,除了保留原书的工程应用性强和简明扼要的特点外,为方便读者对振动问题认识的深入,对解决工程振动问题能力的提高,还注意突出以下三点:

一是着重说明振动和波动是物质运动的基本形式,振动力学理论具有一般性、普遍性和普适性,贯穿于全书自由振动、强迫振动的频率域和时间域的解答以及两者的关系,都力求从物理本质上直接给出;

二是从振动和波动的相互联系中介绍连续系统的振动问题,建立起时间域-频率域、空间域-波数域中的波动的初步概念,为方便以后从事噪声分析及治理方面的研究打下基础;

三是充实了振动控制方面的内容,不同控制方法仅仅适用于特定振动控制对象及振动源特性,增加了三参数隔振、极低频隔振、动力反共振隔振等专题,为航天、航空、船舶、车辆等不同领域的读者解决工程振动问题提供参考。

为方便老师和学生使用本书,本书第 2 版还配备了课件。

在本书出版之际,感谢上海交通大学振动冲击噪声研究所机械振动教学课程组的大力支持。感谢参与本书第 1 版编写的所有老师。也感谢牛明昌博士、张军跃博士和周于宣博士在本书修订过程中的辛勤劳动。

在此特别感谢吴天行老师的卓越贡献。没有吴天行老师在第 1 版中付出的心血,就没有第 2 版,第 2 版在保持第 1 版特色的基础上,为满足本科生的教学需求对第 1 版内容进行了充实,修订过程中得到吴天行老师许多帮助。

虽然是修订版,也难免有谬误之处,敬请读者不吝指正。

编 者
2021 年 9 月

第 1 版前言
FOREWORD

许多学校对工程专业的学生开设了机械振动课程,然而很多曾经在学校学过这门课程的工程师,面对工程实际振动问题时依然感到困惑和难以解决,这在很大程度上与目前振动课程的教学内容不能满足工程实际需要有关。

要解决工程实际振动问题,除了必须掌握振动理论基础知识外,还应该了解振动控制原理和技术;很多工程实际振动问题的解决,更依赖于对机器或结构的振动测试分析,而分析测试数据则涉及信号处理技术;此外,仿真计算也是解决工程振动问题必不可少的重要工具。国内绝大多数机械振动教材主要介绍基本理论知识,仅仅学习这些基本理论,还不足以使学生具备解决工程实际问题的能力。以笔者多年从事振动课程教学、科研和技术咨询的经验来看,如果在目前振动课程的基础上,再讲授一些振动控制技术和测试分析方面的内容,就能较好地培养学生解决工程振动问题的能力。这也是编写这本机械振动教材的原因。

与目前国内大多数已有的教材相比,这本机械振动教材具有以下特点:一是内容丰富,包括线性振动、非线性振动和随机振动,涵盖振动基本理论、振动控制原理、振动测试技术和 MATLAB 振动计算等各个方面;二是内容简明扼要,注重介绍振动的物理本质,淡化数学公式的推导;三是举例尽量考虑工程背景,在了解物理本质的基础上分析工程实际振动问题,通过应用进一步加深对理论的理解。本书内容虽然涉及振动理论与应用的各个方面,但是由于编写精练,篇幅却不大,很适合当下高校课程开设多、学习时间紧的实际情况。

本书的编写凝结了上海交通大学振动冲击噪声研究所多位教师的心血,具体分工如下:华宏星编写第 1、2 章和第 9 章的模态分析测试部分,黄修长编写第 3 章,吴天行编写第 4、5、6、8 章,谌勇编写第 7 章,严莉编写第 9 章的前半部分和附录,龙新华编写第 10 章。吴天行负责统稿。李鸿光和陈锋为本书提供了部分材料,对此表示感谢。本书在编写过程中参考了国内外多部优秀教材(已在参考文献中列出),在此一并表示感谢。

由于编者水平所限,加上时间仓促,书中难免谬误之处,敬请读者不吝指正。

编 者

2014.2

目 录 CONTENTS

第1章 振动基础知识 1
  1.1 振动研究的基本内容和方法 1
  1.2 振动的分类 3
  1.3 振动的运动学分析 4
  1.4 周期运动的谱分析 7
  1.5 振动系统的基本属性和力学模型 9
    1.5.1 振动系统的基本属性 9
    1.5.2 工程振动问题的建模 11
  1.6 等效刚度与等效质量 13
    1.6.1 等效刚度的计算 13
    1.6.2 等效质量的计算 15
  习题 1 18

第2章 单自由度系统的自由振动 21
  2.1 无阻尼自由振动 22
    2.1.1 无阻尼自由振动微分方程的建立方法 22
    2.1.2 无阻尼自由振动微分方程的求解方法 26
    2.1.3 无阻尼系统振动过程中的能量 29
  2.2 有阻尼自由振动 29
    2.2.1 有阻尼自由振动的微分方程解法 30
    2.2.2 有阻尼自由振动微分方程的直接求解法 33
  2.3 对数衰减率 34
  2.4 干摩擦阻尼下的自由振动 35
  习题 2 37

第3章 单自由度系统的强迫振动 41
  3.1 简谐激励作用下的响应 41
    3.1.1 强迫振动响应的微分方程求解方法 41
    3.1.2 强迫振动响应稳态解的频响函数求解方法 42
    3.1.3 强迫振动全响应中外激励对瞬态响应的贡献 44

   3.1.4 稳态响应特性分析 ··· 45
 3.2 机械阻抗的基本概念 ··· 49
 3.3 结构阻尼和库仑阻尼 ··· 51
 3.4 等效阻尼 ·· 54
 3.5 旋转失衡 ·· 56
 3.6 转子旋曲与临界转速 ··· 58
 3.7 基础激励与隔振 ·· 62
   3.7.1 基础激励下的绝对位移响应 ····················· 62
   3.7.2 基础激励下的相对位移响应 ····················· 65
 3.8 测振仪原理 ··· 66
 习题 3 ··· 68

第 4 章 任意激励下单自由度系统的响应 ················ 74

 4.1 任意周期激励下的稳态响应 ································· 74
 4.2 任意激励作用下的瞬态响应 ································· 76
 4.3 脉冲响应和频率响应的关系 ································· 81
 4.4 冲击响应及冲击响应谱 ·· 82
 4.5 基础激励的冲击响应谱 ·· 85
 4.6 冲击响应和稳态振动响应的区别 ························ 86
 习题 4 ··· 88

第 5 章 二自由度系统 ·· 90

 5.1 二自由度无阻尼自由振动 ···································· 90
 5.2 简谐激励下的稳态响应 ·· 93
 5.3 任意激励下的响应 ··· 95
 5.4 动力吸振器原理 ·· 97
 5.5 坐标耦合 ·· 98
 习题 5 ··· 100

第 6 章 多自由度系统 ·· 103

 6.1 运动方程的建立 ·· 103
   6.1.1 刚度矩阵方法 ··· 103
   6.1.2 柔度矩阵方法 ··· 105
   6.1.3 拉格朗日方程的应用 ······························ 107
 6.2 固有频率与振型 ·· 108
 6.3 振型向量的正交性 ··· 110
 6.4 振型叠加法 ··· 111
 6.5 阻尼的处理 ··· 113
 6.6 振型截断法 ··· 114

6.7 多自由度系统频率响应函数矩阵和脉冲响应函数矩阵 ········· 115
6.7.1 多自由度系统频率响应函数矩阵 ········· 115
6.7.2 多自由度系统脉冲响应函数矩阵 ········· 116
6.8 状态空间法 ········· 117
6.9 计算基频的近似方法 ········· 118
6.9.1 瑞利法 ········· 118
6.9.2 邓克列公式 ········· 119
习题 6 ········· 120

第 7 章 连续系统振动 ········· 125
7.1 波动方程 ········· 125
7.1.1 杆的纵向自由振动 ········· 125
7.1.2 圆轴的扭转自由振动 ········· 127
7.1.3 弦的自由振动 ········· 127
7.1.4 无限长弦齐次波动方程的行波解 ········· 128
7.1.5 弦自由振动的驻波解 ········· 133
7.1.6 波动方程的强迫振动解 ········· 139
7.2 梁的横向振动 ········· 143
7.2.1 梁振动的运动方程及解的性质 ········· 144
7.2.2 梁振动的固有频率与振型 ········· 145
7.2.3 剪切变形和转动惯量的影响 ········· 149
7.3 连续系统振型函数的正交性 ········· 151
7.3.1 杆的振型函数正交性 ········· 151
7.3.2 梁的振型函数正交性 ········· 151
7.4 梁强迫振动的振型叠加法 ········· 152
7.4.1 时域振型叠加法 ········· 152
7.4.2 频域振型叠加法 ········· 154
7.5 梁振动的波动解简介 ········· 157
7.5.1 半无限长梁自由振动的波动解 ········· 158
7.5.2 简支梁强迫振动的波动解 ········· 158
7.5.3 梁振动的波数频率域解法 ········· 160
7.6 连续系统固有频率的近似计算 ········· 161
习题 7 ········· 163

第 8 章 振动控制原理 ········· 165
8.1 振动源 ········· 165
8.2 振动的危害和容许标准 ········· 166
8.3 振动控制方法 ········· 166
8.4 振源控制 ········· 167

8.4.1　往复机械不平衡惯性力及其控制 …………………………………… 168
　　8.4.2　回转运动机械振源及其控制 ………………………………………… 169
8.5　隔振 ……………………………………………………………………………… 172
　　8.5.1　刚性基础的振动隔离 …………………………………………………… 174
　　8.5.2　弹性基础的振动隔离 …………………………………………………… 178
　　8.5.3　双级隔振 ………………………………………………………………… 181
　　8.5.4　极低频隔振 ……………………………………………………………… 182
　　8.5.5　隔振器及其驻波效应 …………………………………………………… 184
8.6　阻尼减振 ………………………………………………………………………… 188
　　8.6.1　阻尼的分类及作用机制 ………………………………………………… 188
　　8.6.2　阻尼器原理 ……………………………………………………………… 189
　　8.6.3　黏弹性阻尼材料 ………………………………………………………… 190
　　8.6.4　阻尼处理与约束阻尼层 ………………………………………………… 191
8.7　吸振 ……………………………………………………………………………… 195
　　8.7.1　动力吸振器 ……………………………………………………………… 195
　　8.7.2　动力反共振吸振器 ……………………………………………………… 198
8.8　振动主动控制 …………………………………………………………………… 201
　　8.8.1　概述 ……………………………………………………………………… 201
　　8.8.2　半主动控制 ……………………………………………………………… 201
　　8.8.3　主动控制 ………………………………………………………………… 203
　　8.8.4　最优控制 ………………………………………………………………… 209
习题 8 …………………………………………………………………………………… 210

第 9 章　随机振动 …………………………………………………………………… 211

9.1　随机变量与随机过程 …………………………………………………………… 211
9.2　傅里叶变换 ……………………………………………………………………… 213
　　9.2.1　复数形式的傅里叶级数 ………………………………………………… 214
　　9.2.2　傅里叶变换 ……………………………………………………………… 214
　　9.2.3　傅里叶变换的重要性质 ………………………………………………… 215
9.3　随机信号的相关分析和谱分析 ………………………………………………… 216
　　9.3.1　相关分析 ………………………………………………………………… 216
　　9.3.2　谱分析 …………………………………………………………………… 218
9.4　单输入-单输出系统对随机激励的响应 ……………………………………… 220
9.5　多输入-单输出系统 …………………………………………………………… 224
　　9.5.1　响应的自相关函数和功率谱密度 ……………………………………… 224
　　9.5.2　系统对随机激励的均方响应 …………………………………………… 226
9.6　多输入-多输出系统 …………………………………………………………… 226
习题 9 …………………………………………………………………………………… 229

第 10 章　非线性振动 ··· 231

10.1　机械及结构的非线性要素 ··· 231
10.1.1　非线性弹性 ··· 231
10.1.2　非线性阻尼 ··· 232
10.1.3　时变系数 ··· 233

10.2　非线性振动的定性分析方法 ·· 234
10.2.1　相平面法 ··· 234
10.2.2　平衡点的稳定性分析 ·· 235

10.3　自激振动、极限环 ·· 240

10.4　强迫振动：跳跃现象、次谐波与组合谐波 ··· 242
10.4.1　跳跃现象 ··· 242
10.4.2　次谐波响应 ··· 246
10.4.3　组合谐波响应 ·· 248

10.5　参数激励振动 ·· 249

10.6　混沌与分岔 ··· 252
10.6.1　庞加莱截面 ··· 252
10.6.2　分岔 ·· 253
10.6.3　混沌行为 ··· 255

习题 10 ··· 256

第 11 章　振动测量 ·· 258

11.1　振动测量的目的、方法与过程 ··· 258
11.2　传感器与激振设备 ·· 258
11.2.1　压电加速度传感器 ·· 259
11.2.2　加速度计的使用 ··· 260
11.2.3　速度传感器 ··· 262
11.2.4　位移传感器 ··· 263
11.2.5　其他传感器 ··· 264
11.2.6　激振设备 ··· 265

11.3　振动测量仪器 ·· 266
11.4　振动信号处理 ·· 267
11.4.1　采样定理 ··· 268
11.4.2　谱分析 ·· 269

11.5　振动测量方法 ·· 270
11.5.1　实验模态分析原理 ·· 270
11.5.2　模态测试 ··· 273

习题 11 ··· 275

附录A 用 MATLAB 计算振动问题 ························· 277
   A.1 MATLAB 简介 ································· 277
   A.2 固有频率和振型的计算 ·························· 278
   A.3 龙格-库塔(Rugge-Kutta)法 ······················ 279
   A.4 线性代数方程组求解 ···························· 279
   A.5 MATLAB 计算振动问题算例 ······················ 280

附录B 用于均方响应计算的积分 ························· 301

参考文献 ··· 302

第 1 章

振动基础知识

1.1 振动研究的基本内容和方法

第 1 章
课件

1. 振动和波动是自然界最基本的运动形式之一

机械振动指机械或结构围绕平衡位置做微小或有限的往复运动。机械振动普遍存在于自然界、工程机械和日常生活中。我们的生活一刻也离不开振动,需要心脏的跳动维持血液循环,需要声带的振动发出声音,需要耳膜的振动接收声音。将不同的振动频率和振动幅值,按长短强弱组合,可构成鲜明的节奏、动人的旋律,并伴之美妙的和声。声音在气体传播过程中,介质中的各个质点仍然在自己的平衡位置附近做往复运动,惯性力使质点离开平衡位置,弹性力使质点恢复到平衡位置,相邻质点的相互作用,一传二、二传三,乃至无穷,使振动传播到远方,这就是波动过程。任何物体只要有惯性和弹性,在激励作用下就会发生振动,而阻尼则使得振动和波动衰减。生命在于运动,一定程度上,生命在于振动。同时,机械振动和波动也是人类信息传输和交换的基本手段,甚至应用于水下和空气中的声探测和声制导等。电磁波的传播虽然和机械波不同,不是通过介质的惯性和弹性传播,但是描述电磁波传播和机械波传播的数学方程是一样的,可以说振动和波动是自然界最基本的运动形式之一。

振动广泛存在于飞机、车辆、船舶和建筑等大型宏观物体,以及微粒、分子、原子和光子之类的微观物质中。本书着重研究机械或结构的振动,简称机械振动。在机械振动问题中,大多情况下是有害的,振动与噪声强度影响机械装备的正常使用和结构安全。引起机械或结构振动的原因是各种各样的,例如旋转机械转动质量的不平衡分布,传动装置中齿轮加工误差,轴承的缺陷和不良润滑等都会引起机器的振动;汽车在不平路面上行驶会导致车身振动,车辆通过桥梁时会使桥梁结构产生振动;飞机与空气作用、海浪与船舶作用都可以导致飞机与船舶结构的振动;大桥或高层建筑在地震波和风的作用下同样会产生振动。对于多数机器和结构来说,振动带来的是不良后果。振动会降低机器的使用性能,如机床振动会降低工件的加工精度,测量仪器在振动环境中无法正常使用,起重机振动使货物装卸或设备吊装发生困难。由于振动,机器和结构会受到反复作用的动载荷,这将降低机器和结构的使用寿命,甚至导致灾难性的破坏性事故,如大桥因共振而毁坏、烟囱因风致振动而倒塌、汽轮机轴因振动而断裂、飞机因颤振而坠落等。虽属罕见,但都有记录。1940 年美国华盛顿州 Tacoma 海峡大桥通车仅 4 个月就因为 8 级大风引起颤振而坍塌(见图 1-1)。此外,机器和结构振动往往伴随着噪声,这是由于振动在机器或结构中传播时会辐射声音,从而形成噪声。振动和噪声对环境造成影响，严重时可以损害人体健康。振动传递给人体，除了引起不适，还会影响操作人员对机器或设备的操控，降低工作效率。人如果较长时间暴露于振动噪声环境中，会感到身心疲惫；振动噪声严重超标时将损害人的听力和运动机能。

(a) 振动初始阶段　　　　(b) 引起桥面共振而坍塌

图 1-1　Tacoma 海峡大桥 1940 年因气动颤振坍塌

当然振动并非全无是处，也有可以利用的方面。例如，工厂里使用的振动输送机和振动筛、道路使用的振动压路机和铁路使用的碎石道床捣固车、建筑工地使用的风镐和混凝土浇捣工具、日常使用的钟表、电子按摩装置和很多乐器都是利用振动原理工作的。

2. 本课程学习目的

学习机械振动这门课程的目的，一是探索振动的产生原因和运动规律，二是寻求控制和消除振动的方法，以减少振动的不良后果和危害。其内容大体可以概括为以下几个方面：

(1) 确定振动系统的固有频率和振型，预防共振的发生。

(2) 计算系统的振动响应，确定机器或结构受到的动载荷以及振动能量水平。

(3) 研究平衡、隔振和减振方法，减少振动的不良影响。

(4) 进行振动测试，通过试验分析振动系统的特性和产生振动的原因，以便对振动进行有效控制。

(5) 振动技术的利用。

本书要研究的问题，除了上述(5)中的内容，其余的都覆盖了。其中(1)和(2)是基础，(3)是目的，(4)是手段之一。

在振动理论中，通常把所研究的机器和结构称为系统，把外界对系统的作用和机器运动产生的力称为激励或输入，把机器和结构在激励作用下的振动称为响应或输出。概括地说，振动理论就是研究系统、系统的输入和输出三者之间的相互关系。从系统分析的观点看，如果知道其中两者，就可以算出第三者。因此，振动分析要解决的问题也可以归纳为下列几类：

(1) 响应分析。在已知系统参数和外界激励条件下求系统的响应，包括系统的位移、速度和加速度，以及系统振动的能量水平或产生的动载荷等。解决这类问题的目的是分析机器或结构的动态强度和刚度，以及它们的疲劳寿命等。

(2) 系统设计。在已知外界激励的条件下设计合理的系统参数，使系统的动态响应或输出达到要求。解决这类问题大多应用于减振、隔振设计。当原有的机器或结构振动过大或者超限，就需要对系统的动态参数进行调整，或采用隔振、减振装置，使系统的振动响应降低并达标。

(3) 系统识别。在已知系统的输入和输出的条件下求出系统的参数，了解系统的特性。解决这类问题通常以振动测试技术和信号处理技术为基础，这也是解决振动问题的一个必不可少的手段。

（4）环境预测。在已知系统的响应或输出和系统参数的条件下，预测外界对系统的输入。这类问题属于所谓的反问题，在工程实际中经常有应用。例如，有时候无法直接计算或测量外界对机器的载荷或输入，此时就可以应用环境预测方法，间接求出外界对系统的输入。

研究和解决振动问题可以通过两种途径：理论计算分析方法和振动测试分析方法。应用理论计算分析方法解决振动问题时，首先要建立振动系统的力学模型和运动方程，然后进行求解得到结果。对复杂的机器或结构，往往无法用解析方法建立其模型和方程，此时可以采用有限元方法，应用有限元软件建模和计算分析。采用振动测试分析方法时，通常要测量振动系统的激励和响应，并应用相关的理论知识结合信号处理技术来解决振动问题。若将理论方法与测试方法相互结合，发挥各自特点，则更加有利于研究和解决工程实际的振动问题。

1.2 振动的分类

按照不同的方法，可以对振动进行如下分类。

1. 自由振动和受迫振动

系统受到一个初始扰动后产生振动，但在后续运动过程中不受外力作用，这样的振动称为自由振动。自由振动的特点是除了初始扰动之外，系统在振动过程中没有外界能量输入。若系统在自由振动过程没有能量消耗，那么振动将一直持续下去。

系统在外力作用下所作的振动称为受迫振动。引起受迫振动的也可以是基础激励，此时外界对系统的输入用位移、速度或加速度表示。机器在正常运转过程中产生的振动就是一种受迫振动，这时的外力作用通常是周期性的。如果外力作用的频率与系统的固有频率一致，系统将产生共振，发生共振时振动幅度可以非常大，有可能导致设备损坏。因此机器或结构工作时应避免发生共振。

2. 无阻尼振动和阻尼振动

在振动理论中把消耗能量的机制或装置称为阻尼。如果系统振动过程中没有阻尼作用（无能量消耗），就称为无阻尼振动，反之则称为有阻尼振动。工程实际中阻尼总是存在，阻尼的机理也是各种各样的，如运动副的表面摩擦、材料变形的内摩擦、流体的黏性等都会导致能量损失。阻尼对共振区的振动影响非常重要，但对远离共振区的振动影响比较小。

3. 线性振动与非线性振动

如果振动系统的所有元件即弹簧、质量和阻尼都遵循线性规律，这个系统就是线性系统，其振动称为线性振动。反之，如果系统元件中只要有一个不遵循线性规律，则这个系统就是非线性系统，其振动称为非线性振动。对于线性系统，叠加原理成立，这给系统运动微分方程的求解带来极大便利。但是叠加原理对非线性系统不成立，因此对非线性系统的计算分析远不如对线性系统那样容易。非线性振动会表现出一些线性振动所不具备的特质。

4. 自激振动与参数激励振动

在一般的受迫振动中,激励力通常与系统运动无关。自激振动的激励与受迫振动不同,与系统自身运动相关,激励力是运动参数(位移或速度)的函数。经常用来描述自激振动的典型例子是弹簧-质量在运动皮带摩擦驱动下产生的振动,飞机机翼的颤振、汽车车轮的摆振、机床工作台在滑动导轨上的低速爬行等都是自激振动的工程实例。

参数激励振动顾名思义是因系统参数变化产生激励而引起的振动。在铁路系统中很容易找到参数激励振动的实例。例如,钢轨在轨枕间各个位置的垂向刚度是不同的,列车运行中车轮经历钢轨刚度的周期性变化,引起轮轨间的动态作用,从而导致轮轨系统发生振动。这类振动因系统参数变化而产生激励,并无外力作用,故称为参数激励振动。

5. 确定性振动与随机振动

如果作用于振动系统的激励都是确定性的,且系统也是确定性的,则系统的振动必然是确定性的。但是在有些情况下引起振动的激励不是确定性的,如桥梁、电视塔或高层建筑在风作用下的振动,船舶或海上石油平台在海浪作用下的振动,以及车辆在不平路面上行驶产生的颠簸等。风、海浪和路面高低这类激励随时间的变化无法确定,但是服从一定的统计规律。既然激励是随机的,那么系统的振动响应也是随机的,这种由随机激励引起的振动称为随机振动。本书第 9 章专门研究随机振动。

1.3 振动的运动学分析

振动是位移、速度或加速度在平衡位置附近随时间变化的过程,通常可以归纳成三种类型:周期振动、瞬态振动和随机振动。图 1-2 给出了这三种振动随时间变化的图形。周期振动通常与机器的稳态运行有关,因为机器稳态运行时转速是一定的,所以引起的振动是周期性的。瞬态振动通常发生在机器的启停阶段,或者在结构受冲击力作用时。其特点是一旦激励力消失,振动能量将不断地被消耗,最终衰减为零。随机振动是系统在随机激励作用下产生的振动,例如在风载荷、海浪作用下工程结构产生的振动,或者车辆驶过不平路面时发生的振动。其特点是运动过程无法用确定性函数表示,但是服从一定的统计规律。

最基本的周期振动是简谐运动,可以用简谐函数表示

$$x(t) = A\sin(\omega t + \varphi) \tag{1-1}$$

式中,A 为振幅;ω 为角频率;φ 为初相位;它们是简谐运动的三要素。角频率 ω 的单位是 rad/s,表示单位时间内变化的弧度。还有一个常用的频率单位是 Hz,代表单位时间内变化的次数,用 f 表示。例如交流电的频率为 50Hz。角频率 ω 与频率 f 的关系为 $\omega = 2\pi f$。

假定式(1-1)表示的是振动位移,对其求一次导数便得到振动速度:

$$\dot{x}(t) = \omega A\cos(\omega t + \varphi) = \omega A\sin(\omega t + \varphi + \pi/2) \tag{1-2}$$

可见简谐运动的速度振幅为 ωA,是位移振幅 A 的 ω 倍,并且在相位上比位移超前 $\pi/2$。对式(1-2)求导就得到振动加速度:

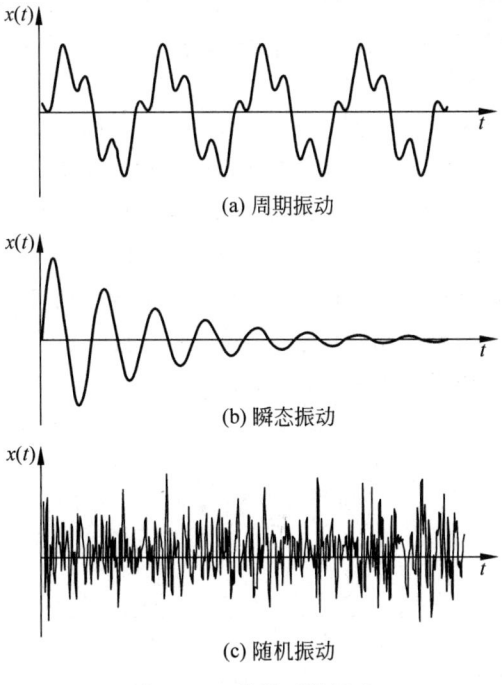

(a) 周期振动

(b) 瞬态振动

(c) 随机振动

图 1-2 三种类型的振动

$$\ddot{x}(t) = -\omega^2 A\sin(\omega t + \varphi) = -\omega^2 x(t) \tag{1-3}$$

简谐运动的加速度相位比速度超前 $\pi/2$，因而与位移反相。加速度振幅 $\omega^2 A$ 是速度振幅的 ω 倍，是位移振幅的 ω^2 倍。简谐运动位移、速度和加速度之间的关系是简谐运动的重要性质。

简谐运动也可以通过旋转矢量表示，这是一种比较直观的方法，如图 1-3 所示。图中模为 A 的矢量以角速度 ω 绕 O 点逆时针旋转，其端点在 x 轴上的投影便是式(1-1)表示的简谐运动。旋转矢量的模等于振幅 A，角速度 ω 等于角频率，其初始位置与水平轴的夹角 φ 就是简谐运动的初相位。

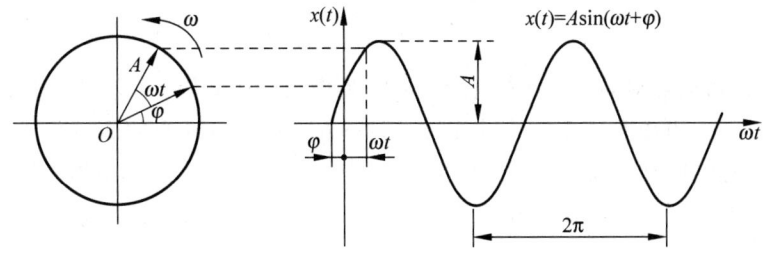

图 1-3 简谐运动的旋转矢量表示法

简谐运动还可以用指数形式的复数来表示，这将给分析计算带来很大便利，如下式

$$x(t) = A\mathrm{e}^{\mathrm{i}(\omega t + \varphi)} \tag{1-4}$$

复数表达式 $A\mathrm{e}^{\mathrm{i}(\omega t + \varphi)} = A[\cos(\omega t + \varphi) + \mathrm{i}\sin(\omega t + \varphi)]$ 在数学上由实部和虚部两部分组成，两者都代表简谐运动(相位差为 $\pi/2$)。但在应用时可以将 $A\mathrm{e}^{\mathrm{i}(\omega t + \varphi)}$ 当作整体对待，用不着

区分实部和虚部。这是因为式(1-4)完整地反映了简谐运动的性质,如振幅 A、角频率 ω 和初相位 φ,其运算规则也与式(1-1)表示的简谐运动完全相同,但更加简便。例如,对式(1-4)分别求一次和两次导数可得

$$\dot{x}(t) = i\omega A e^{i(\omega t + \varphi)} = i\omega x(t), \quad \ddot{x}(t) = -\omega^2 A e^{i(\omega t + \varphi)} = -\omega^2 x(t)$$

式中,i 是单位虚部。一个复数被 i 相乘一次则相位前移 $\pi/2$,但是模不会改变。可见用指数形式的复数和用三角函数表达的简谐运动性质完全相同,但指数函数的求导比三角函数简单得多,这给分析计算带来便利,在以后的章节里会看到。

两个同频率的简谐运动相加,从旋转矢量表示的简谐运动可知,它们的角频率(又称圆频率)相同,所以两个旋转矢量的相对位置即它们的夹角保持不变,因此合成后仍是同频率的简谐运动。设这两个简谐运动为

$$x_1(t) = A_1 e^{i(\omega t + \varphi_1)} \tag{1-5}$$

$$x_2(t) = A_2 e^{i(\omega t + \varphi_2)} \tag{1-6}$$

合成后的结果为

$$x(t) = x_1(t) + x_2(t) = A e^{i(\omega t + \varphi)} \tag{1-7a}$$

$$A = \sqrt{A_1^2 + A_2^2 + 2A_1 A_2 \cos(\varphi_2 - \varphi_1)} \tag{1-7b}$$

$$\varphi = \arctan \frac{A_1 \sin\varphi_1 + A_2 \sin\varphi_2}{A_1 \cos\varphi_1 + A_2 \cos\varphi_2} \tag{1-7c}$$

两个频率不同的简谐运动相加一般不再是简谐运动,但两个频率相近的简谐运动合成以后会形成一种特殊的振动,称为拍振动。设两个频率相近的简谐运动分别为

$$x_1 = x_0 \sin\omega_1 t \tag{1-8}$$

$$x_2 = x_0 \sin\omega_2 t \tag{1-9}$$

合成以后便得

$$x = x_1 + x_2 = 2x_0 \cos\frac{\omega_1 - \omega_2}{2} t \cos\frac{\omega_1 + \omega_2}{2} t$$

设 $\omega_1 - \omega_2 = \Delta\omega$ 和 $(\omega_1 + \omega_2)/2 = \omega$,上式可写成

$$x = 2x_0 \cos\frac{\Delta\omega}{2} t \cos\omega t \tag{1-10}$$

从式(1-10)可以看到,由于两个简谐运动的频率很接近,故频率差 $\Delta\omega$ 比平均频率 ω 小很多,因此式(1-10)可以看成是频率为 ω、振幅按 $\cos(\Delta\omega t/2)$ 慢变的简谐运动。因为频率为 ω 的简谐运动的振幅受到 $\cos(\Delta\omega t/2)$ 的调制,于是就形成了拍振动,拍的频率为 $\Delta\omega$。图 1-4 给出了两个频率为 $f_1 = 195\text{Hz}$ 和 $f_2 = 205\text{Hz}$ 的简谐运动合成实例,结果形成频率为 200Hz、拍频为 10Hz 的拍振动。

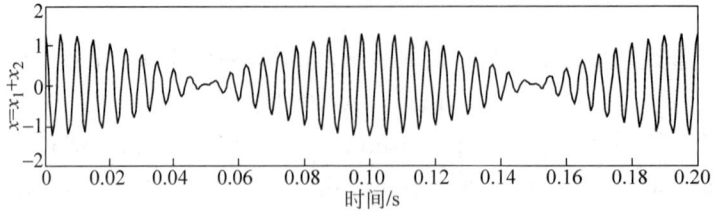

图 1-4 $f_1 = 195\text{Hz}$ 和 $f_2 = 205\text{Hz}$ 两个简谐运动的合成结果

1.4 周期运动的谱分析

单一频率的简谐运动是最简单周期振动,而在实际问题中同时存在一系列不同频率的振动也是很普遍的。例如,乐器琴弦的振动是由基频 f 及其倍频 $2f$、$3f$ 等多个简谐振动组成的,多自由度系统的自由振动是由各个固有频率的简谐振动组合而成的。这种包含多种频率成分的振动形成复杂波形,并周期性重复。简谐运动信号稍有畸变,就一定含有其他频率成分。

法国数学家傅里叶指出,任何周期运动都可以表示为正弦和余弦的级数,称为傅里叶级数。如果 $x(t)$ 是周期为 T 的周期函数,那么 $x(t)$ 可以展开成傅里叶级数,为

$$x(t+T)=x(t)=a_0+\sum_{n=1}^{+\infty}(a_n\cos n\omega_1 t+b_n\sin n\omega_1 t) \tag{1-11}$$

式中,$\omega_1=2\pi/T$ 为基频,T 为周期;a_0 为均值,也称为直流分量;其余各项当 $n=1$ 时称为基波,$n\geqslant 2$ 则称为谐波。各项的系数可由下式计算:

$$a_0=\frac{1}{T}\int_0^T x(t)\mathrm{d}t \tag{1-12a}$$

$$a_n=\frac{2}{T}\int_0^T x(t)\cos n\omega_1 t\,\mathrm{d}t \tag{1-12b}$$

$$b_n=\frac{2}{T}\int_0^T x(t)\sin n\omega_1 t\,\mathrm{d}t \tag{1-12c}$$

把傅里叶级数中频率相同的正弦和余弦函数合并成一项,并用余弦表示,可得

$$x(t)=a_0+\sum_{n=1}^{+\infty}A_n\cos(n\omega_1 t-\phi_n) \tag{1-13}$$

式中

$$A_n=\sqrt{a_n^2+b_n^2} \tag{1-14a}$$

$$\varphi_n=\arctan\frac{b_n}{a_n} \tag{1-14b}$$

A_n 为频率分量 $n\omega_1$ 的简谐运动的振幅;φ_n 为该频率分量简谐运动的相位。

把 A_n 与 φ_n 随 ω 的变化关系用图 1-5 表示,称为频谱,图中离散的线条称为谱线。

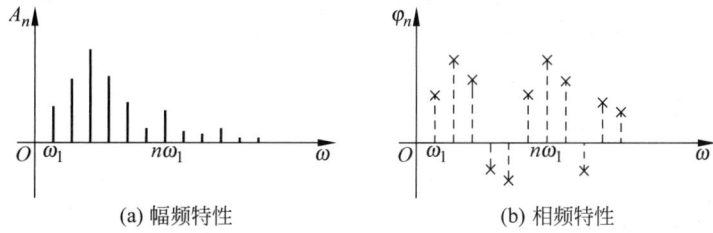

(a) 幅频特性 (b) 相频特性

图 1-5 振动信号的频谱

例 1-1 计算图 1-6 周期性方波脉冲的傅里叶级数。

解:该方波脉冲的周期为 $T=2$,基频 $\omega_1=\dfrac{2\pi}{T}=\pi$。

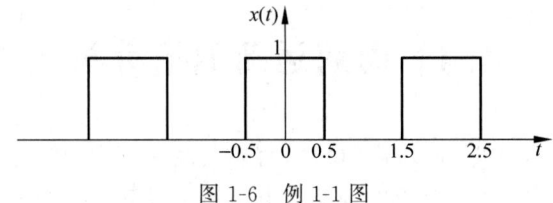

图 1-6 例 1-1 图

根据式(1-12)计算傅里叶级数的各项系数:

$$a_0 = \frac{1}{2}$$

$$a_n = \frac{2}{T}\int_{-T/2}^{T/2} x(t)\cos n\omega_1 t\, dt = \int_{-0.5}^{0.5} \cos n\pi t\, dt = \frac{2}{n\pi}\sin\frac{n\pi}{2}$$

$$b_n = 0$$

可将周期性方波脉冲展开为傅里叶级数如下:

$$x(t) = \frac{1}{2} + \frac{2}{\pi}\left(\cos\omega_1 t - \frac{1}{3}\cos 3\omega_1 t + \frac{1}{5}\cos 5\omega_1 t + \cdots\right)$$

在以上傅里叶级数中取前若干项,作为方波脉冲的近似表达,如图 1-7 所示。由图可见,随着项数增加,傅里叶级数越来越接近方波脉冲。

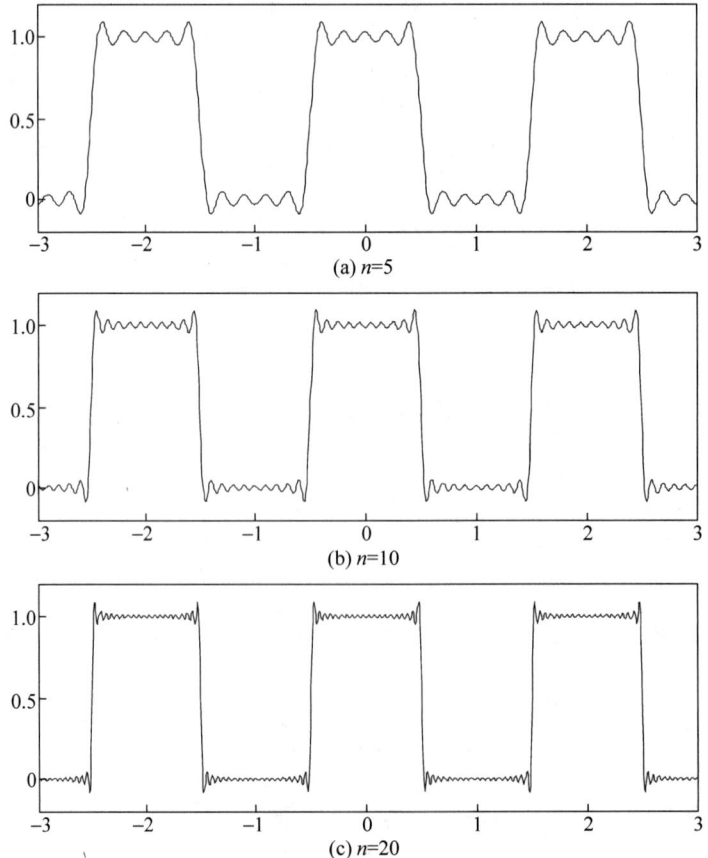

图 1-7 方波脉冲的傅里叶级数近似展开

1.5 振动系统的基本属性和力学模型

1.5.1 振动系统的基本属性

一般来说,即使是一台很简单的机器,其系统也是很复杂的。因此振动分析的第一步,也是非常关键的一步,就是要把研究对象和外界对它的作用简化为一个力学模型。这个力学模型不仅在动态特性方面应该和原来的研究对象等效,而且要简单和便于分析计算。

一台机器或结构之所以会产生振动,是因为它们具有惯性(质量)和弹性。机器或结构的质量运动储存动能,而弹性变形储存势能。当外界对系统做功时,输入的能量或者转变为动能,使系统的质量产生运动;或者转变为势能,使系统产生弹性变形。在振动过程中质量的动能可以转变为弹性变形的势能,而系统的弹性变形在恢复至平衡状态过程中,势能又转化为质量的动能。从能量观点看,振动就是一个动能和势能不断相互转化的过程。在没有外界能量补充的情况下,若没有阻尼消耗能量,振动可以一直延续下去;若存在阻尼消耗能量,振动就会逐渐停息。由此可见,惯性、弹性和阻尼特性是振动系统力学模型的三个基本要素,或者说是振动系统的基本属性。

工程中机器或结构元件的质量和弹性都是连续分布的,对连续系统进行振动分析需要建立偏微分方程,而偏微分方程的求解比较困难。本书第 7 章专门研究连续系统的振动。但是可以采用离散化方法,将复杂的机器或结构简化为具有若干质量(主要是质点),并由相应的弹簧和阻尼连接在一起的振动系统。这样的系统称为离散系统,对离散系统可以采用质点动力学的方法进行分析研究。

根据研究对象的特点和对问题解决的要求,离散系统力学模型所具有的质量数目可以不同。如果所研究的机器或结构可以简化成一个质量、一个弹簧和一个阻尼器,并且质量在空间的位置只用一个坐标就能完全描述,这样的系统就称为单自由度系统。若振动系统的质量在空间的位置需要多个独立的坐标才能描述,则称为多自由度系统。振动系统的自由度等于完全描述系统各个质量的空间位置所需要的独立坐标数。

振动模型或动力学模型的三个基本属性用质量、弹簧和阻尼器表示,它们构成动力学模型的基本元件。

1. 惯性

质量用来表示振动系统的惯性,在力学模型中被抽象为绝对不变形的刚体。若对质量施加一个作用力 F,质量就会在力的作用方向上产生一个加速度。对于直线的平移运动,如图 1-8 所示,力和加速度的关系为

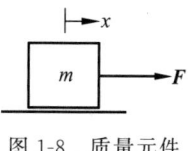

图 1-8 质量元件

$$F = m\ddot{x} \tag{1-15}$$

式中,$\ddot{x}$ 为加速度;常数 m 代表质量。它在振动过程中储存动能,是惯性大小的度量。对于扭转振动系统,上式中的力可以用扭矩 T 代替,加速度用角加速度 $\ddot{\theta}$ 代替,质量用转动惯量 J 代替,为旋转运动惯性大小的度量。

2. 弹性

弹性元件(或弹簧)表示振动系统的弹性。作为抽象出来的弹性元件,其质量不计,其力学性质用力与位移的关系来表示。若对弹簧施加作用力 F,弹簧就产生变形,如图 1-9 所示,力与变形的关系为

$$F = kx \tag{1-16}$$

式中,x 为弹簧的变形量;常数 k 为弹簧的刚度系数,简称刚度,是弹性大小的度量。此时的力 F 称为弹性力。式(1-16)代表的是直线位移的弹簧,如图 1-10 所示。如果是扭转弹簧,应该用扭矩、角位移和扭转刚度代替式(1-16)中相应的物理量。弹簧在振动过程中储存势能。

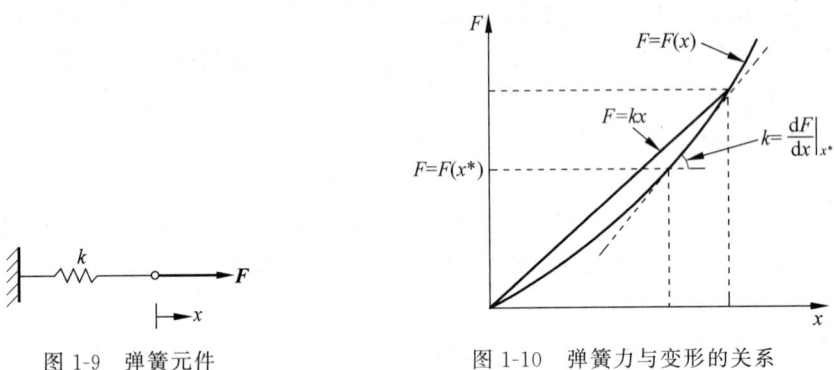

图 1-9 弹簧元件　　　　图 1-10 弹簧力与变形的关系

如果在平衡点附近位移较大,载荷与变形之间呈现非线性,如图 1-10 所示,在平衡点附近可按线性化方法处理,即

$$\Delta F = k \Delta x$$

$$k = \left. \frac{\mathrm{d}F}{\mathrm{d}x} \right|_{x^*}$$

因此,在平衡点 x^* 处,其等效线性弹簧为常数。

3. 阻尼特性

工程实际中的阻尼机制有很多种,线性振动系统中采用所谓的没有质量也没有刚度的黏性阻尼器来近似代表实际阻尼,如图 1-11 所示,其特性可用以下力与速度的关系表示

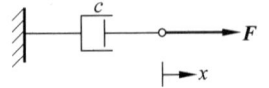

图 1-11 阻尼器

$$F = c\dot{x} \tag{1-17}$$

式中,$\dot{x}$ 为阻尼器两端的相对速度;常数 c 称为阻尼系数,为阻尼大小的度量;此时的力 F 称为阻尼力。阻尼器在振动系统中是耗能元件。

黏性阻尼模型既具有工程近似性,又便于建立较为简单的数学分析模型,在振动分析中最常用。如图 1-12 所示,黏性阻尼器可以看成是由两块间距为 h 的平行板组成的,两板之间充满了黏性系数为 μ 的流体介质。让一个平板固定,另一个平板以速度 v 沿所在平面运动。紧临运动板的流体层的速度为 v,而和固定板相接触的流体层不动。中间流层的速度 u 假设从 $0 \sim v$ 呈线性变化。由黏性流体的牛顿定律,距固定板为 y 处的剪切力

$$\tau = \mu \frac{\mathrm{d}u}{\mathrm{d}y} \tag{1-18}$$

其中，$\mathrm{d}u/\mathrm{d}y = v/h$ 是速度的梯度。从运动板的下表面开始的切力或阻力 F 为

$$F = \tau A = \frac{\mu A v}{h} = cv \tag{1-19}$$

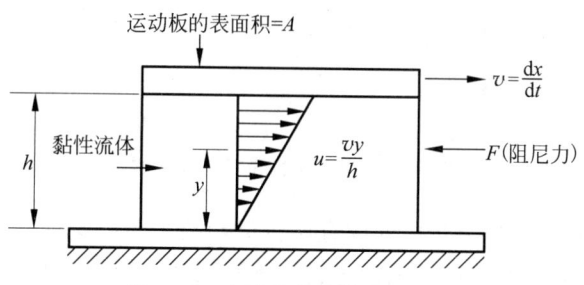

图 1-12　充满黏性流体的平行板

其中，A 为运动板的面积，并且

$$c = \frac{\mu A}{h} \tag{1-20}$$

就是式(1-17)中的阻尼常数。黏性阻尼力就是材料中发生的和层间速度梯度相关的剪应力。其他阻尼，如库仑或者干摩擦阻尼、材料阻尼或滞后阻尼等在后续章节介绍。

实际工程问题中振动系统存在第四个属性，随温度变化的特性，如膨胀系数、热容等。由于温度的变化，会导致质量、刚度和阻尼特性的变化，振动系统就是一个或快或慢的时变过程。振动系统中有某一种元件的力学性质不满足线性关系，如空气弹簧和阻尼器，前者的密度和刚度随温度变化，后者的阻尼特性随温度变化，这些系统就成为非线性系统，产生的振动就是非线性振动。与线性系统相比，非线性系统的分析计算要困难得多。本书第 10 章专门研究非线性振动问题。

在国际单位制中，质量的单位为千克(kg)；转动惯量的单位为千克二次方米($kg \cdot m^2$)；力的单位为牛顿(N)；力矩的单位为牛顿米($N \cdot m$)；位移的单位为米(m)；速度的单位为米每秒(m/s)；直线弹簧刚度的单位为牛顿每米(N/m)；扭转弹簧刚度的单位为牛顿米每弧度($N \cdot m/rad$)；阻尼系数的单位为牛顿秒每米($N \cdot s/m$)。

1.5.2　工程振动问题的建模

图 1-13 为两个单自由度系统的力学模型，其中图 1-13(a)是平动系统，图 1-13(b)是扭转系统。请注意扭转系统力学模型中转动惯量、扭转弹簧和阻尼器的画法。转动惯量用圆盘表示，扭转弹簧用细轴表示，阻尼器是切向作用的。在建立力学模型的运动微分方程之前，先要设立一个坐标系，用来描述振动系统质量的空间位置。在规定了坐标轴的正方向后，各物理量如与坐标轴同方向的就取正值，反之就取负值。反过来，若各物理量的计算结果是正的，则它们与坐标轴同向，反之亦然。这些物理量包括振动系统的位移、速度、加速度以及外界对系统的作用力。

从工程实际问题中抽象出一个简化的、能反映问题本质的力学模型并不是件容易的事

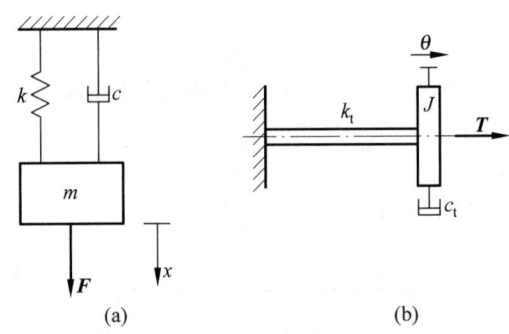

图 1-13 单自由度系统力学模型

情，要求对所研究的对象及所分析的问题有比较透彻的了解。这种对实际问题的建模能力需要在掌握专业知识和学习振动理论的过程中不断提高。为了使大家对振动分析的建模过程有个初步了解，图 1-14 列举了一些工程实际问题的建模例子，分别加以说明如下：

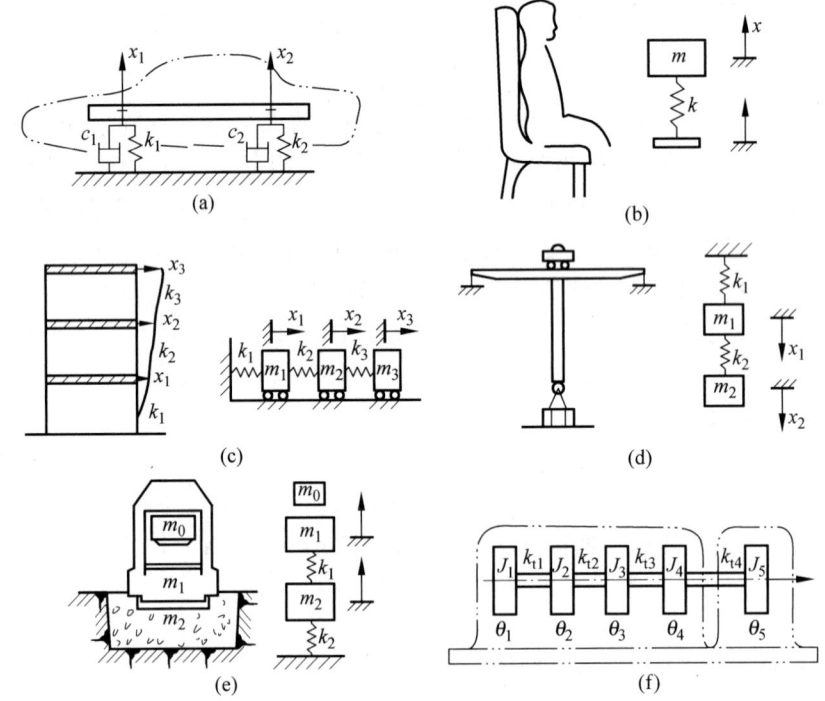

图 1-14 若干工程实际问题的力学模型

（1）汽车车身振动。该力学模型用于研究汽车在道路行驶时车身的垂向振动。模型中车身被简化成平面刚体，具有平动和转动两个自由度，平动质量为 m，转动惯量为 J。弹簧 k 代表轮胎和悬挂系统二者刚度的串联，c 代表悬挂系统的阻尼。该模型只适合汽车前、后轮受不同激励，但两边车轮受同样激励的工况，而不适合两边车轮所受激励不同的工况。

（2）人体受基础激励振动。该力学模型用于研究坐在车辆座椅上人体上半身的振动情况，其中 m 代表人的头部质量，k 代表人体脊柱的刚度。人体振动的激励来自因车辆颠簸而产生的座椅垂向运动，要分析的是人的头部的振动响应。

(3) 建筑结构的水平振动。该力学模型用于分析一座三层楼房在地震作用下水平方向的振动特性。模型中每一楼层的楼板和墙的质量组合在一起,分别用 m_1、m_2 和 m_3 表示,各楼层之间抵抗相对位移的横向刚度则来自混凝土框架的立柱,分别用 k_1、k_2 和 k_3 表示,于是三层楼房被简化成三自由度的弹簧-质量系统。

(4) 起重机起吊重物时的振动。这是一台桥式起重机起吊重物时的力学模型,简化为一个二自由度振动系统。在模型中桥架质量的一半和起升小车的质量共同构成 m_1,起吊重物的质量为 m_2;k_1 是桥架的跨中刚度,k_2 是起升钢丝绳的刚度。

(5) 机器隔振。这是一台冲压机床及其基础隔振装置的力学模型。冲压机床工作时冲击力很大,若没有隔振措施,冲击力传给地基会引起较大的环境振动。在模型中 m_0 代表下落的锤头质量,m_1 和 k_1 分别代表机床自身的质量和弹性,m_2 和 k_2 则代表基础隔振装置的质量和弹性。这是一个二自由度的隔振模型。若 k_1 与 k_2 相比大很多倍,则可以将 m_1 和 m_2 合并,进一步简化成单自由度的隔振模型。

(6) 柴油发电机组的轴系扭振。这是一台四缸柴油机和发电机组成的柴油发电机组,要研究的是柴油机活塞、连杆、曲轴、联轴器和发电机转子等部件组成的轴系扭转振动。该力学模型由 5 个圆盘与无质量的弹性轴组成,其中 $J_1 \sim J_4$ 表示 4 个缸各自的活塞、连杆和曲轴组成的等效转动惯量,J_5 是发电机转子的转动惯量,$k_{t1} \sim k_{t4}$ 则是相应连接轴的扭转刚度。该机组最终被简化成一个 5 自由度的扭振系统。

1.6 等效刚度与等效质量

在建立机器或结构振动分析的力学模型时往往需要对系统进行简化,本节介绍建立简化模型时如何确定系统的等效刚度和等效质量。

1.6.1 等效刚度的计算

在振动系统建模过程中,需要对实际构件进行简化,有时要计算某处的等效刚度。刚度系数是振动力学模型中弹性元件的特性参数,定义为使施力点产生单位变形所需的力,例如简支梁跨中的刚度为 $48EI/l^4$。等效刚度的计算原则为:等效前后系统在该点的力与变形(静力)关系不变。另外也可以根据等效前后系统弹性位能保持不变的关系进行等效,这是因为从能量观点看,弹性元件在振动系统中是储能元件。

1. 并联弹簧的等效刚度

假定图 1-15 所示的两个并联弹簧在力作用点处的变形量相同,根据力与变形的关系有
$$F = F_1 + F_2 = k_1 x + k_2 x = (k_1 + k_2)x$$
如果这两个弹簧用一个等效弹簧代替,则等效弹簧的刚度系数为
$$k_e = k_1 + k_2 = \sum k_i \tag{1-21}$$

2. 串联弹簧的等效刚度

对于图 1-16 所示的两个串联的弹簧来说,每个弹簧受到的力是相同的,因此力作用点

处的弹性变形量等于串联弹簧各自变形量之和：
$$x = x_1 + x_2 = F(1/k_1 + 1/k_2)$$
如果用一个等效弹簧来代替这两个串联弹簧,则等效弹簧的刚度系数可按下式计算：
$$\frac{x}{F} = \frac{1}{k_e} = \frac{1}{k_1} + \frac{1}{k_2} = \sum \frac{1}{k_i} \tag{1-22}$$
式中,刚度系数的倒数 $1/k_i$ 称为柔度,因此式(1-22)表示串联弹簧的等效柔度等于各弹簧柔度之和。机械系统中弹簧的串、并联计算与电路中电阻的串、并联计算正好相反。

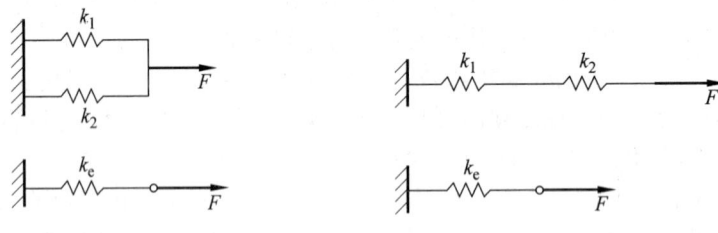

图 1-15　并联弹簧的等效刚度　　　　图 1-16　串联弹簧的等效刚度

3. 传动轴的刚度等效

为了简化力学模型,把图 1-17 所示传动系低速轴的扭振刚度等效至高速轴上。在这里用等效前后系统位能保持不变的原则进行转化比较方便。对高速轴上的齿轮 J_1 施加一扭矩,使高速轴产生弹性扭转角 θ_1。根据传动系的速比 i 可知低速轴的弹性扭转角为 $\theta_2 = \theta_1/i$,并得到系统总的弹性变形能为
$$U = \frac{1}{2} k_1 \theta_1^2 + \frac{1}{2} k_2 \theta_2^2 = \frac{1}{2} k_1 \theta_1^2 + \frac{1}{2} k_2 \theta_1^2 / i^2$$

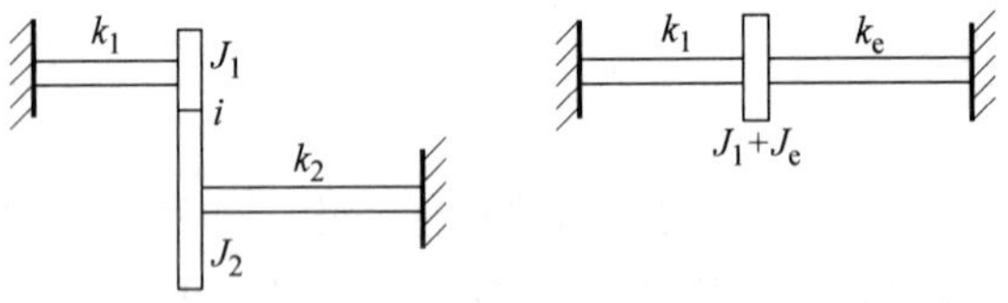

图 1-17　传动轴的刚度等效

由此可得,低速轴的扭转刚度转化至高速轴的等效刚度为
$$k_e = k_2 / i^2 \tag{1-23}$$
即低速轴的扭转刚度向高速轴等效时要除以速比 i 的平方。

4. 组合弹簧等效刚度

如图 1-18 所示,若干线性弹簧的组合系统在力 f 作用下的等效刚度求解过程如下。

令 $\hat{f} = \dfrac{f}{k_v L_0}$,$\hat{x} = \dfrac{x}{L_0}$,$\alpha = \dfrac{k_o}{k_v}$,$\gamma = \cos\theta_0$,其他参数如图 1-18 所示。

两根斜置弹簧在竖直方向的变形为
$$\Delta L = L_0 - L = L_0 - \sqrt{L_0^2 + x^2 - 2L_0 x \sin\theta_0}$$

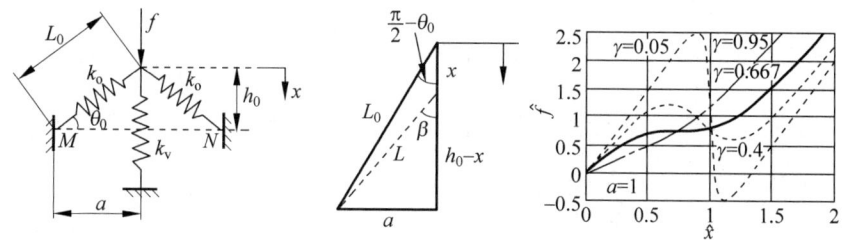

图 1-18 组合弹簧及等效刚度

则竖直方向的力为

$$f = f_v^x + f_o^x = f_v^x + 2k_o \Delta L \cos\beta$$
$$= k_v x + 2k_o \left(L_0 - \sqrt{L_0^2 + x^2 - 2L_0 x \sin\theta_0} \right) \cos\beta$$

或用无量纲形式表达为

$$\hat{f} = \hat{x} + 2\alpha \left(1 - \sqrt{1 + \hat{x}^2 - 2\hat{x}\sqrt{1-\gamma^2}} \right) \cos\beta$$

无量纲力和位移的关系如图 1-18 所示,不同的安装角度可以得到不同的静态刚度,在无量纲位移等于 1 附近,可以得到动态零刚度和负刚度,表现出了几何非线性特征。

1.6.2 等效质量的计算

1. 均质梁的等效

很多工程结构件以梁的形式出现,例如图 1-14(d)表示的桥式起重机的桥架。通常与结构强度相关的振动模态为结构的整体振动模态,属于前几阶低频振动。而结构的高频振动振幅比较小,为局部振动,通常对结构强度影响不大。梁虽然是连续体,但是如果只考虑第一阶振动,也就是最低阶固有频率的振动,则可以把梁简化成弹簧-质量系统进行计算。

等效质量是根据等效前后系统动能相等的原则计算的。对于图 1-19 所示的均质简支梁,在均布载荷作用下的位移曲线可以用材料力学中的公式表示为

$$y = y_0 \left[3\frac{x}{l} - 4\left(\frac{x}{l}\right)^3 \right], \quad x \leqslant \frac{l}{2}$$

式中,y_0 为梁中点的挠度。

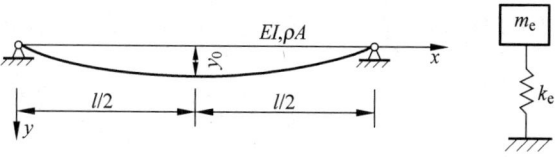

图 1-19 简支梁的等效质量和刚度

梁振动时各点的速度是不相同的,虽然并不确切地知道梁振动时的速度分布,但是梁在低频振动尤其在第一阶振动时,可以近似认为梁振动的速度分布与静变形很接近,用均布载荷作用下梁的挠曲线作为其速度分布,得到梁振动的动能表达式

$$T = 2\int_0^{l/2} \frac{1}{2}\dot{y}^2 \rho A \, dx = \frac{1}{2}\left(\frac{17}{35}\rho Al\right)\dot{y}_0^2$$

式中,ρAl 为梁的总质量。而等效的弹簧-质量系统的动能为 $\frac{1}{2}m_e\dot{y}_0^2$,令两者相等便得到均质简支梁的等效质量为(等效到跨中)

$$m_e = \frac{17}{35}\rho Al \approx \frac{1}{2}\rho Al \tag{1-24}$$

即等效质量近似等于梁的总质量一半。

根据材料力学理论可得两端简支梁的跨中刚度为 $48EI/l^3$,作为等效弹簧-质量系统的刚度系数。由此得到简支梁第一阶固有频率的近似解为

$$\omega_n \approx \sqrt{\frac{k_e}{m_e}} = \sqrt{\frac{96EI}{\rho Al^4}} = \frac{9.8}{l^2}\sqrt{\frac{EI}{\rho A}}$$

而简支梁振动第一阶固有频率的精确解为

$$\omega_n = \frac{\pi^2}{l^2}\sqrt{\frac{EI}{\rho A}}$$

两者的差别小于 1%。

2. 均质杆的等效

杆和梁一样都是常见的工程结构件。梁振动是垂直于其轴线的横向振动,杆振动是平行于其轴线的纵向振动。

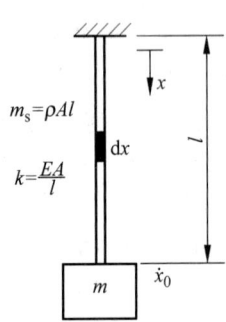

图 1-20 杆的等效质量

图 1-20 所示系统,若不考虑杆的质量,杆就相当于刚度为 $k=EA/l$ 的弹簧,其中 E 为材料的弹性模量,A 为杆截面积,l 为长度。若要考虑杆的质量对振动的影响,就需要计算出杆的等效质量,将其与杆下端的质量块 m 合并。假定均质杆的振动速度在上端为 0,下端为 $\dot{x}_0$,且沿杆长线性分布,则杆的动能可以按下式计算

$$T = \frac{1}{2}\int_0^l \frac{m_s}{l}\dot{x}_0^2\left(\frac{x}{l}\right)^2 dx = \frac{1}{2}\left(\frac{m_s}{3}\right)\dot{x}_0^2$$

于是得到均质杆的等效质量为

$$m_e = \frac{1}{3}\rho Al = \frac{m_s}{3} \tag{1-25}$$

把弹簧的等效质量加到集中质量块 m 后,得到考虑了杆质量后固有频率的修正值为

$$\omega_n = \sqrt{\frac{k}{m + m_s/3}}$$

3. 传动件的等效

传动件的惯性用转动惯量 J 表示。传动系中的转动件通常在不同的传动轴上,它们的转速一般是不同的。为了分析方便,可以把不同传动轴上的转动惯量等效到同一根轴上。

图 1-21 所示的传动系中轴 1 为高速轴,轴 2 为低速轴,速比 $i=\omega_1/\omega_2$。要将低速轴上的

转动惯量 J_2 等效到高速轴上,等效后的转动惯量为 J_e。根据等效前后动能相等的原则,有

$$J_e \omega_1^2 = J_2 \omega_2^2$$

从上式得到

$$J_e = J_2 \omega_2^2 / \omega_1^2 = J_2 / i^2 \tag{1-26}$$

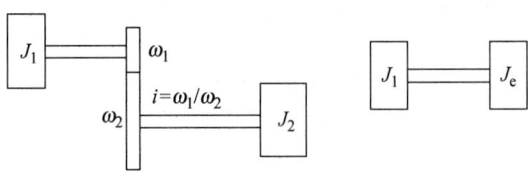

图 1-21　不同传动轴上转动惯量的等效

可见,从低速轴向高速轴转化时转动惯量要除以速比的平方;反之,从高速轴向低速轴转化时转动惯量要乘以速比的平方。利用等效刚度和等效质量的换算结果可得图 1-17 所示传动系的固有频率为

$$\omega_n = \sqrt{\frac{k_1 + k_2/i^2}{J_1 + J_2/i^2}}$$

4. 曲柄连杆机构的等效

图 1-22 所示曲柄连杆机构,已知曲柄惯量 I_{1A},连杆绕质心的惯量 I_{2S},以及曲柄 1、连杆 2、滑块 3 的质量分别为 m_1、m_2、m_3,$AB = r$,$BC = l$,假设曲柄的角速度为 ω_1,求系统绕曲柄的等效惯量。

曲柄做定轴转动,动能表达式为

$$T_1 = \frac{I_{1A} \omega_1^2}{2}$$

连杆做平面转动,动能表达式为

$$T_2 = \frac{I_{2S} \omega_2^2}{2} + \frac{m_2 v_S^2}{2}$$

滑块做平动,动能表达式为

$$T_3 = \frac{m_3 v_C^2}{2}$$

系统总的动能

$$T = T_1 + T_2 + T_3$$
$$= \frac{I_{1A} \omega_1^2}{2} + \frac{I_{2S} \omega_2^2}{2} + \frac{m_2 v_S^2}{2} + \frac{m_3 v_C^2}{2}$$

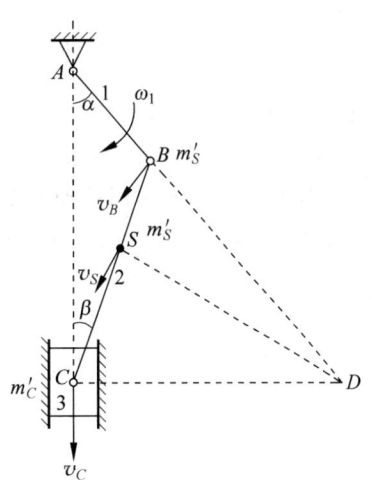

图 1-22　曲柄连杆机构

以曲柄角速度为广义自由度的动能表达式为

$$T = \frac{I_e \omega_1^2}{2}$$

得

$$I_e = I_{1A} + I_{2S} \left(\frac{\omega_2}{\omega_1}\right)^2 + m_2 \left(\frac{v_S}{\omega_1}\right)^2 + m_3 \left(\frac{v_C}{\omega_1}\right)^2 \tag{1-27}$$

由上式可知,连杆角速度和质心速度,以及滑块速度都随曲柄转动位置的变化而变化。这是一个变质量特性系统。工程上,采取简化的办法,根据计算精度要求,不妨先假设连杆可以简化为三个质量,用无质量刚杆连接,分别位于 B、S、D。$BC=l$,$BS=l_B$,$SC=l_C$。三个质量应该满足

$$m_2 = m'_B + m'_C + m'_S, \quad m'_B l_B = m'_C l_C, \quad m'_B l_B^2 + m'_C l_C^2 = I_{2S}$$

设 D 为连杆瞬心,

$$DB = R_B, \quad DS = R_S, \quad DC = R_C$$

则

$$v_B = R_B \omega_D = r\omega_1, \quad v_S = R_S \omega_D = \frac{R_S}{R_B} r\omega_1, \quad v_C = R_C \omega_D = \frac{R_C}{R_B} r\omega_1 \quad (1\text{-}28)$$

其中

$$r = l\frac{\sin\beta}{\sin\alpha}, \quad R_C = R_B \sin\alpha + l\sin\beta, \quad R_S^2 = (l_C \cos\beta)^2 + (R_B \sin\alpha + l_B \sin\beta)^2$$

代入式(1-28)

$$v_S = \left[\left(\frac{l_C}{l}\cos\alpha\right)^2 + \left(\sin\alpha + \frac{l_B}{l}\cos\alpha\tan\beta\right)^2\right]^{1/2} r\omega_1, \quad v_C = (\sin\alpha + \cos\alpha\tan\beta)r\omega_1$$

由此得到

$$T = \frac{I_e \omega_1^2}{2} = \frac{I_{1A}\omega_1^2}{2} + \frac{m'_B v_B^2}{2} + \frac{m'_S v_S^2}{2} + \frac{(m_3 + m'_C)v_C^2}{2}$$

$$I_e = I_{1A} + m'_B r^2 + (m_3 + m'_C)r^2 (\sin\alpha + \cos\alpha\tan\beta)^2 +$$
$$m'_S r^2 \left[\left(\frac{l_C}{l}\cos\alpha\right)^2 + \left(\sin\alpha + \frac{l_B}{l}\cos\alpha\tan\beta\right)^2\right]$$

如果将连杆质量用点 B 和点 C 两个质量等效,上式简化为

$$I'_e = I_{1A} + m'_B r^2 + (m_3 + m'_C)r^2 (\sin\alpha + \cos\alpha\tan\beta)^2$$

可见,等效质量随曲柄转动而变化。这类往复运动和转动相互转换的系统,振动一般较大,而且非线性明显,振动时曲柄转速的倍频分量显著。

习 题 1

1-1 一简谐运动,振幅为 0.20cm,周期为 0.15s,求最大的速度和加速度。

1-2 一简谐运动频率为 10Hz,最大速度为 4.57m/s,求其振幅、周期和最大加速度。

1-3 证明两个同频率但不同相位角的简谐运动的合成仍是同频率的简谐运动。即:

$A\cos\omega_n t + B\cos(\omega_n t + \varphi) = C\cos(\omega_n t + \varphi')$,并讨论 $\varphi = 0$、$\pi/2$ 和 π 三种特例。

1-4 如题 1-4 图所示,一台面以一定频率做垂直正弦运动,如要求台面上的物体保持与台面接触,则台面的最大振幅可有多大?

1-5 计算两简谐运动 $x_1 = X\cos\omega t$ 和 $x_2 = X\cos(\omega+\varepsilon)t$ 之

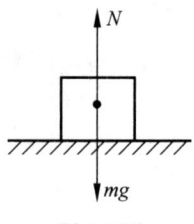

题 1-4 图

和，其中 $\varepsilon \ll \omega$。如发生拍振现象，求其振幅和拍频。

1-6 计算题 1-6 图示锯齿波的傅里叶级数，并画出其频谱。

1-7 求题 1-7 图所示的傅里叶级数展开式。

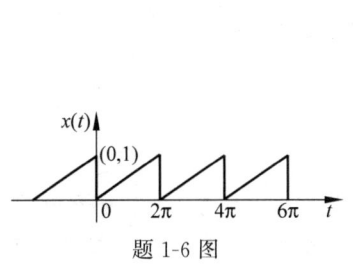

题 1-6 图

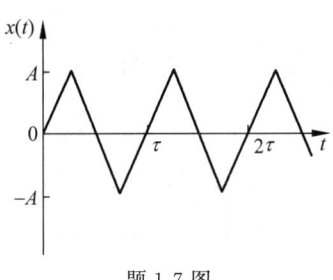

题 1-7 图

1-8 求题 1-8 图所示系统的等效质量（关于广义坐标 x 的等效质量）。

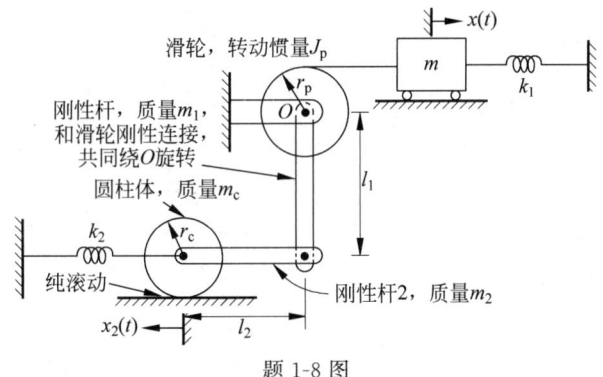

题 1-8 图

1-9 如题 1-9 图所示，均质刚性杆的质量为 m，长度为 l，求 O 点的等效质量。

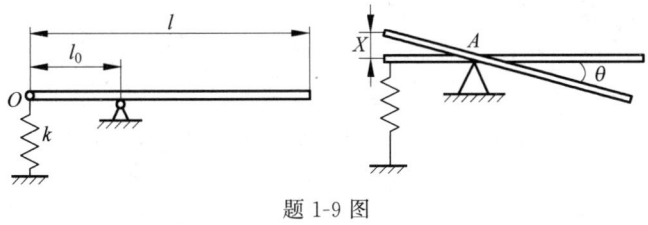

题 1-9 图

1-10 如题 1-10 图所示结构为一种仿生结构，在恒力结构（如机械臂末端操纵结构）中

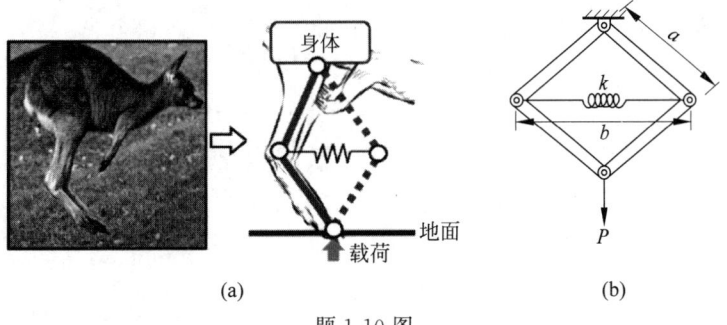

(a)   (b)

题 1-10 图

得到广泛应用。该结构由 4 根长度为 a 的刚性杆铰链连接,通过一个刚度为 k 的弹簧连接形成图(b)所示的结构,以承受载荷 P,试求其等效刚度。

1-11 系统参数如题 1-11 图所示,刚性杆质量可忽略,求系统关于广义坐标 x 的等效刚度。

1-12 求题 1-12 图中两个系统在作用力点的等效刚度。

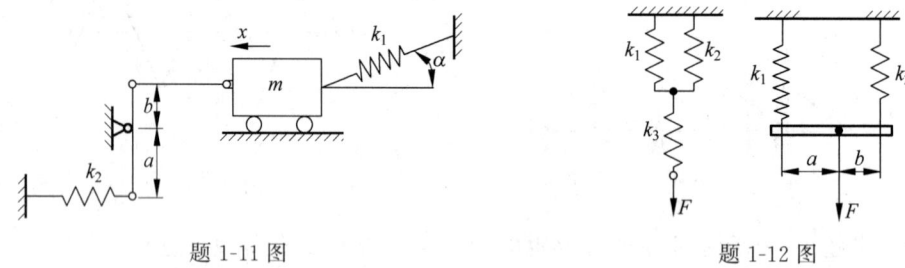

题 1-11 图　　　　　　　　题 1-12 图

第 2 章

单自由度系统的自由振动

第 1 章已经简单介绍过振动系统力学模型自由度的概念,自由度等于确定系统所有质量在空间的位置所需要的独立坐标数。1 个质点有 3 个自由度,1 个刚体有 6 个自由度,含 3 个平动自由度和 3 个转动自由度。当质点或刚体的空间运动受到约束时,其自由度就会相应地减少。

单自由度系统在理论上是最简单的振动系统,同时又是多自由度系统和连续系统振动分析的基础。1 台实际的机器或结构如果可以等效成单自由度系统,那么通过简单的分析计算就可以大致了解该机器或结构的振动特性。单自由度系统的力学模型并非一定只有 1 个质量,也可以包含若干个质量。图 2-1 给出若干单自由度系统的例子。其中图 2-1(d)表示的系统包含 1 个转动惯量和 1 个平动质量,二者用无伸缩且与轮槽间无相对滑动的绳子相连。因此只要知道其中一个的运动,另一个的运动也就确定了。因为位移坐标 x 和转角坐标 θ 不是独立的,所以该系统仍然是单自由度系统。该系统的转动惯量和质量如果用可伸缩的弹性绳相连,则不再属于单自由度系统,而是二自由度系统。图 2-1(e)是一个单摆,在振动过程中让质点回到平衡位置的恢复力是重力,其作用相当于弹簧。

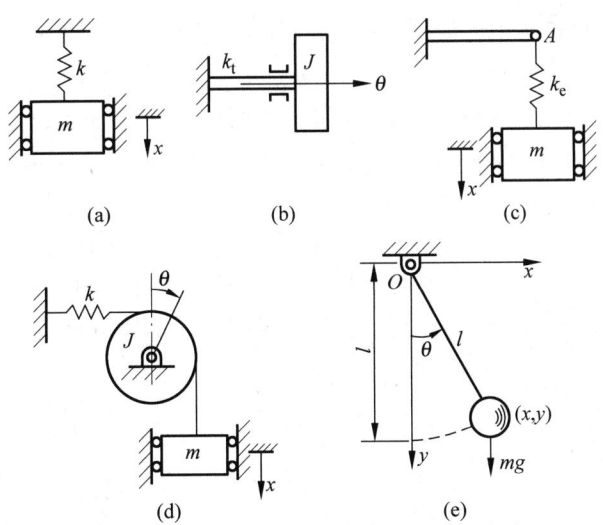

图 2-1 单自由度系统示例

图 2-1 中的单自由度系统都没有考虑阻尼,是无阻尼振动系统。只要是无阻尼单自由度系统,都可以用图 2-1(a)所示的弹簧-质量模型进行研究。

本章研究单自由度系统的自由振动。自由振动是指系统在初始扰动(一般为初始位移和初始速度)去除以后按其自身的固有特性进行的振动,振动过程中没有外界激励的作用。

其主要研究目的是获取系统的惯性、黏性及弹性参数。自由振动分成无阻尼和有阻尼两种，前者在振动过程中能量保持不变，振动将一直持续下去；后者由于阻尼的耗能作用，振动会逐渐减小直至停止。研究无阻尼自由振动的主要目的在于求解系统的固有特性，例如振动系统的固有频率，它是该系统的惯性和弹性的集中表现。有阻尼自由振动的振幅随时间逐渐衰减，而工程实际问题的阻尼大小很难通过计算获得，但是通过测量有阻尼振动的衰减可以很方便地确定阻尼参数。

本章首先介绍无阻尼的自由振动。在受力分析的基础上根据牛顿第二运动定律建立弹簧-质量模型的运动微分方程，然后用经典方法求解，计算系统的固有频率和振动响应。因为无阻尼的自由振动能量保持守恒，所以还可以用能量法进行求解。本章第二部分介绍有阻尼的自由振动，分析阻尼对自由振动衰减的影响，以及如何根据振幅的衰减确定阻尼的大小。

2.1 无阻尼自由振动

2.1.1 无阻尼自由振动微分方程的建立方法

1. 牛顿第二运动定律

图 2-2 所示为单自由度无阻尼弹簧-质量系统，其运动微分方程根据牛顿第二运动定律建立，具体过程为：

(1) 确定质量在坐标系中的静平衡位置，按静力学方法求出静平衡时弹簧的伸长量 Δ 为

$$\Delta = mg/k$$

(2) 建立描述质量运动空间位置的坐标系，确定坐标的原点和正方向。通常可取质量的静平衡位置作为坐标原点，这样可以使运动微分方程的形式最简单。坐标轴的正方向也是力、速度和加速度的正方向。

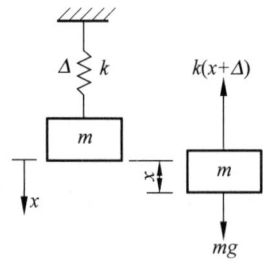

图 2-2 无阻尼弹簧-质量系统

(3) 令质量块 m 沿坐标正向作一任意小位移，然后取分离体，分析质量的受力情况(包括重力)，如图 2-2 所示。

(4) 按牛顿第二运动定律写出质量的运动方程：

$$m\ddot{x} = \sum F_x = mg - k(x+\Delta) = -kx$$

式中，$\sum F_x$ 为作用于质量块 m 的所有力在 x 方向的叠加。在这里一个是重力，另一个是弹簧力。弹簧力中因静伸长 Δ 引起的力 $k\Delta$ 与重力 mg 正好抵消，故微分方程具有最简单的形式。

由此得

$$m\ddot{x} + kx = 0 \tag{2-1}$$

令 $k/m = \omega_n^2$，得到

$$\ddot{x} + \omega_n^2 x = 0 \tag{2-2}$$

稍后可以知道，ω_n 称为系统的固有频率。

$$\omega_n = \sqrt{\frac{k}{m}} = \sqrt{\frac{g}{\Delta}}$$

由此可知，只要测得静变形，也可导出固有频率。

式(2-2)的初始条件为 $x(t=0)=x_0$，而速度为零。以上就是建立单自由度振动系统运动微分方程的步骤，可以简要概括为：选择平衡位置，根据所选自由度，建立坐标系、进行受力分析和按牛顿运动定律建立微分方程。

例 2-1 如图 2-3 所示，质量块在光滑斜面滑下，碰上弹簧后做自由振动，假设碰撞没有能量损失，质量块 m 和弹簧接触后不分离，建立微分方程，求解固有频率。

解：(1) 选取弹簧自由状态的位置为原点，建立坐标系，则微分方程为：

$$m\ddot{x} = \sum F_x = mg\sin\alpha - kx$$

或可写为

$$m\ddot{x} + kx = mg\sin\alpha$$

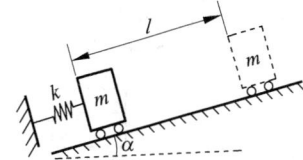

图 2-3 光滑斜面上单自由度系统自由振动

但方程不再是齐次微分方程。注意到方程右边是常数，作坐标变换

$$y = x - \frac{mg\sin\alpha}{k} = (x - \Delta)$$

$$m\ddot{x} + kx - mg\sin\alpha = m\ddot{y} + ky = 0$$

假设接触时刻为初始时刻 $t=0$，初始条件为：$y(t=0)=-\Delta$，而初始速度为 $\sqrt{2gl\sin\alpha}$。设 y 为简谐振动，则

$$y(t) = A\sin(\omega_n t + \varphi)$$

将上式代入微分方程，求得固有频率

$$\omega_n = \sqrt{\frac{k}{m}}$$

本例说明选取平衡位置作为振动方程的坐标原点是非常重要的，在新的坐标中 y 的原点就是静平衡位置。同时也说明了常力对系统的动力学特性没有作用，仅仅改变静平衡位置，固有频率不随斜面角度而改变。

2. 能量法

无阻尼自由振动系统能量保持守恒，因此可以用能量法直接建立系统的运动微分方程。同时可以根据简谐运动速度和位移之间的关系，以及能量守恒的特点，用能量方法直接求出系统的固有频率。

设系统在振动过程中质量块的位移为 x，速度为 $\dot{x}$。系统的总能量由质量块运动的动能 T 和弹簧变形的位能 U 组成，并保持守恒，即

$$T + U = 常数, \quad \frac{d}{dt}(T + U) = 0 \tag{2-3}$$

将静平衡位置作为系统位能的零点，则质量块通过静平衡位置时速度为最大，即 $T = T_{max}, U = 0$；而在到达最大位移时速度为 0，即 $T = 0, U = U_{max}$。系统做无阻尼自由振动时

就是在这两个极限状态之间来回转换,能量既不消失,也不增加,因此系统最大动能应该等于最大位能,即

$$T_{\max} = U_{\max} \tag{2-4}$$

而对简谐运动,最大速度和最大位移有如下关系

$$\dot{x}_{\max} = \omega_n x_{\max} \tag{2-5}$$

根据式(2-4)和式(2-5)便可求得系统的固有频率。

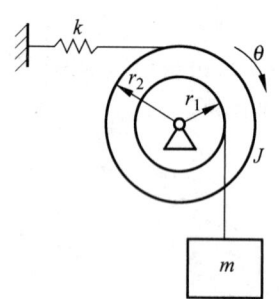

图 2-4 弹簧-滑轮-质量系统

例 2-2 图 2-4 所示弹簧-滑轮-质量系统中,质量块与滑轮间的连接绳无弹性伸长,试求系统的固有频率。

解:用能量法求解,系统最大动能(通过静平衡位置时)为

$$T_{\max} = \frac{1}{2}m(r_1\dot{\theta}_{\max})^2 + \frac{1}{2}J\dot{\theta}_{\max}^2$$

设 Δ 为重力 mg 引起的滑轮静位移转角,静平衡时有

$$mgr_1 = kr_2^2\Delta$$

因此,系统最大位能(位于最下面的极限位置时)

$$U_{\max} = \frac{1}{2}kr_2^2(\theta_{\max}+\Delta)^2 - \frac{1}{2}kr_2^2\Delta^2 - mgr_1\theta_{\max} = \frac{1}{2}kr_2^2\theta_{\max}^2$$

根据式(2-4)和式(2-5)有

$$T_{\max} = U_{\max}, \quad \dot{\theta}_{\max}^2 = \omega_n^2\theta_{\max}^2$$

由此得到系统的固有频率为

$$\omega_n = \sqrt{\frac{kr_2^2}{J+mr_1^2}}$$

例 2-3 质量为 m 的圆盘以纯滚动的方式在静平衡位置附近作微幅振荡,如图 2-5 所示。试建立圆盘的运动微分方程,并求出微幅振荡的固有频率。

解:根据圆盘的运动几何关系,得到圆盘中心平移速度为 $(R-r)\dot{\theta}$,圆盘绕中心转动角速度为 $(\dot{\varphi}-\dot{\theta}) = (R/r-1)\dot{\theta}$。

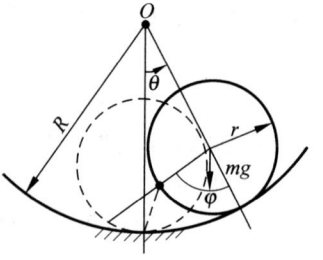

图 2-5 圆盘的振荡运动

圆盘的动能为

$$T = \frac{1}{2}m(R-r)^2\dot{\theta}^2 + \frac{1}{4}mr^2(R/r-1)^2\dot{\theta}^2 = \frac{3}{4}m(R-r)^2\dot{\theta}^2$$

式中,第一项为平动动能,第二项为转动动能。

圆盘的势能为

$$U = mg(R-r)(1-\cos\theta)$$

将 T 和 U 代入式(2-3),可得

$$\left[\frac{3}{2}m(R-r)^2\ddot{\theta} + mg(R-r)\sin\theta\right]\dot{\theta} = 0$$

对微幅运动有 $\sin\theta \approx \theta$,于是得到圆盘的运动方程

$$\ddot{\theta} + \frac{2g}{3(R-r)}\theta = 0$$

和固有频率

$$\omega_n = \sqrt{\frac{2g}{3(R-r)}}$$

例 2-4 如图 2-6 所示，U 形管内液柱质量为 m，密度为 ρ，管道的截面积为 A。开始时，造成管道两边液柱面有一定的高度差，忽略管壁和液柱间的摩擦力。试建立液柱的振动微分方程，并求解固有频率。

解：用能量法求解：以所述位置为静平衡位置建立坐标系，并假设为势能零点，则势能和动能分别为

$$U = \rho g A x \cdot x = \frac{1}{2}kx^2$$

$$T = \frac{1}{2}mv^2 = \frac{1}{2}Al\rho\dot{x}^2$$

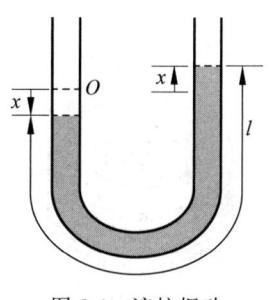

图 2-6 液柱振动

式中，$k = 2\rho g A$。

由最大势能和最大动能相等，得到

$$U_{max} = \rho g A x_{max}^2 = \frac{1}{2}Al\rho\dot{x}_{max}^2$$

假设做正弦振动，$x(t) = A_0 \sin(\omega_n t + \varphi)$，得到系统固有频率为

$$\omega_n = \sqrt{\frac{k}{m}} = \sqrt{\frac{2\rho g A_0}{m}}$$

也可以令 $\frac{\mathrm{d}}{\mathrm{d}t}(T+U) = 0$，化简可得微分方程

$$A\rho l\ddot{x} + 2A\rho g x = 0$$

液柱振动过程中，由压强差提供恢复力

$$F = -2\rho g A x = -kx$$

从该例可知，恢复力由重力提供，重力起了"弹簧"作用，可见能够产生势能的物质均可提供恢复力。

例 2-5 求 1.6.2 节均质梁的固有频率。

根据材料力学理论可得到两端简支梁的跨中刚度为 $48EI/l^3$，作为等效弹簧-质量系统的刚度系数。由此得到简支梁第一阶固有频率的近似解为

$$\omega_n \approx \sqrt{\frac{k_e}{m_e}} = \sqrt{\frac{96EI}{\rho Al^4}} = \frac{9.8}{l^2}\sqrt{\frac{EI}{\rho A}}$$

而简支梁振动第一阶固有频率的精确解为

$$\omega_n = \frac{\pi^2}{l^2}\sqrt{\frac{EI}{\rho A}}$$

两者的差别小于 1%。

例 2-6 求 1.6.2 节均质杆的固有频率。

把弹簧的等效质量加到集中质量 m 后，得到考虑了杆质量后固有频率的修正值为

$$\omega_n = \sqrt{\frac{k}{m + m_s/3}}$$

例 2-7 求 1.6.2 节传动件的固有频率。

利用等效刚度和等效质量的换算结果可得图 1-17 所示传动系的固有频率为

$$\omega_n = \sqrt{\frac{k_1 + k_2/i^2}{J_1 + J_2/i^2}}$$

例 2-8 图 2-7 为一汽车轮子悬挂在钢杆的下端。钢杆直径 $d=5$mm，长 $l=2$m，钢的剪切模量为 $G=8\times 10^{10}$ N/m。轮子转动一初位移角 θ 后释放，观察到振动 10 次所经历的时间为 30.2s，求轮子的转动惯量。

解：系统的运动方程为

$$J\ddot{\theta} + k_t\theta = 0$$

固有频率为

$$\omega_n = \sqrt{\frac{k_t}{J}} = \frac{2\pi}{T} = \frac{2\pi}{30.2/10} = 2.08 \text{rad/s}$$

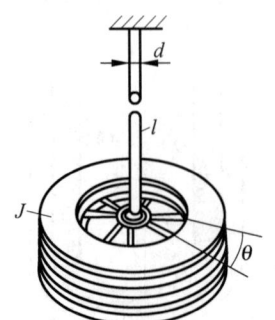

图 2-7 悬挂于钢杆的汽车轮子

钢杆的扭转刚度为

$$k_t = \frac{GI}{l} = \frac{G\pi d^4/32}{l} = \frac{8\times 10^{10}\times 3.14\times 0.005^4}{2\times 32} = 2.45 \text{N}\cdot\text{m/rad}$$

轮子的转动惯量为

$$J = k_t/\omega_n^2 = 2.45/2.08^2 = 0.566 \text{kg}\cdot\text{m}^2$$

由例 2-8 可见，对弹簧-质量振子系统的分析同样适用于扭转振动系统，只要用角位移 θ 代替 x，转动惯量 J 代替 m，扭转刚度 k_t 代替 k 即可。

2.1.2 无阻尼自由振动微分方程的求解方法

1. 常微分方程求解方法

对于式(2-2)表示的简单振动系统，由常微分方程理论可以直接得到它的通解为

$$x(t) = A\cos\omega_n t + B\sin\omega_n t \tag{2-6}$$

式中，任意常数 A 和 B 可由系统的初始条件确定。令 $t=0$ 时，$x(0)=x_0$，$\dot{x}(0)=\dot{x}_0$，得

$$A = x_0, \quad B = \dot{x}_0/\omega_n$$

于是，由初始扰动引起的自由振动为

$$x(t) = x_0\cos\omega_n t + \frac{\dot{x}_0}{\omega_n}\sin\omega_n t \tag{2-7}$$

由式(2-7)可知，系统的响应 x 由两部分组成：初始位移产生的简谐运动 $\cos\omega_n t$ 和初始速度产生的简谐运动 $\sin\omega_n t$。所以自由振动就是初始扰动(初始速度和位移)引起的响应，其振动频率为 ω_n，振幅大小则取决于 $t=0$ 时的初始状态。式(2-7)中两个同频率的简谐振动可以合并成一项：

$$x(t) = X\cos(\omega_n t - \varphi), \quad X = \sqrt{x_0^2 + \left(\frac{\dot{x}_0}{\omega_n}\right)^2}, \quad \varphi = \arctan\frac{\dot{x}_0}{\omega_n x_0} \qquad (2\text{-}8)$$

系统自由振动的角频率 $\omega_n = \sqrt{k/m}$ 只与系统的质量和弹性参数有关,与外界作用无关,因此称为固有频率。对于图 2-2 所示的弹簧-质量系统,固有频率还可以根据弹簧的静变形求得:

$$\omega_n = \sqrt{\frac{k}{m}} = \sqrt{\frac{g}{mg/k}} = \sqrt{\frac{g}{\Delta}} \qquad (2\text{-}9)$$

式中,$g = 9.8 \text{m/s}^2$ 为重力加速度。

式(2-7)可以看成两个同频率振动分量的合成运动

$$x(t) = \frac{\dot{x}_0}{\omega_n}\sin\omega_n t + x_0\cos\omega_n t = x_1(t) + x_2(t)$$

合成运动如图 2-8 所示,由第 1 章的运动学分析可知,两个同频率的振动合成后仍然是简谐振动。

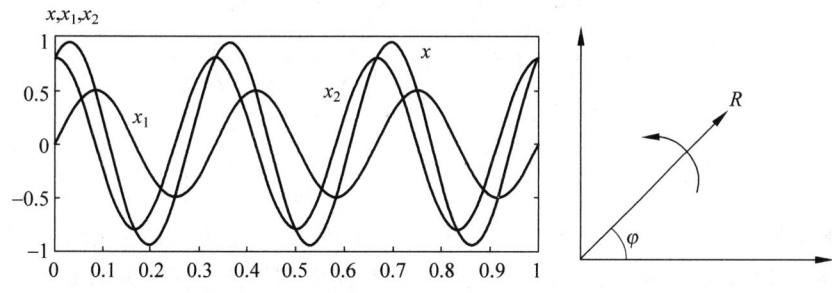

图 2-8 单自由度系统自由振动响应看成两个运动的合成

2. 无阻尼自由振动的直接求解方法

对式(2-1),假设其解为

$$x(t) = Ae^{st} = Ae^{(\alpha + i\beta)t} = Ae^{\alpha t}e^{i\beta t}$$

当 α 为零时,按照欧拉公式 $e^{\pm i\omega_n t} = \cos\omega_n t \pm i\sin\omega_n t$,$x(t)$ 将是简谐运动。代入式(2-1),得到

$$ms^2 + k = 0 \qquad (2\text{-}10)$$

式(2-10)称为微分方程式(2-1)的特征方程。可以求得两个特征根

$$s_{1,2} = \pm i\omega_n, \quad \omega_n = \sqrt{k/m}$$

因此可以得到响应 $x(t)$

$$x(t) = A_1 e^{i\omega_n t} + A_2 e^{-i\omega_n t} \qquad (2\text{-}11)$$

将初始条件代入式(2-11),可得

$$x(0) = A_1 e^{i\omega_n t} + A_2 e^{-i\omega_n t} = A_1 + A_2, \quad \dot{x}(0) = i\omega A_1 e^{i\omega_n t} - i\omega A_2 e^{-i\omega_n t} = i\omega A_1 - i\omega A_2$$

解得 A_1 和 A_2 为共轭复数

$$A_1 = \frac{1}{2}\left(x_0 - i\frac{\dot{x}_0}{\omega_n}\right) = \frac{1}{2}X e^{-i\varphi}, \quad A_2 = \frac{1}{2}\left(x_0 + i\frac{\dot{x}_0}{\omega_n}\right) = \frac{1}{2}X e^{i\varphi} = A_1^*$$

式中，x 和 φ 同式(2-8)。

将 A_1 和 A_2 代入式(2-11)，并利用欧拉公式，可以得到响应 $x(t)$，和式(2-8)相同。

式(2-11)可以写为

$$x(t) = A_1 e^{i\omega_n t} + A_2 e^{-i\omega_n t} = \frac{1}{2} X \left[e^{i(\omega_n t - \varphi)} + e^{-i(\omega_n t - \varphi)} \right] \tag{2-12}$$

根据式(2-12)，得到响应 $x(t)$ 为共轭复数构成的两个矢量绕 O 点沿相反方向旋转的合成，合成后的实部如图 2-9 的 x-t 曲线所示。合成后虚部始终为零，符合物理意义。

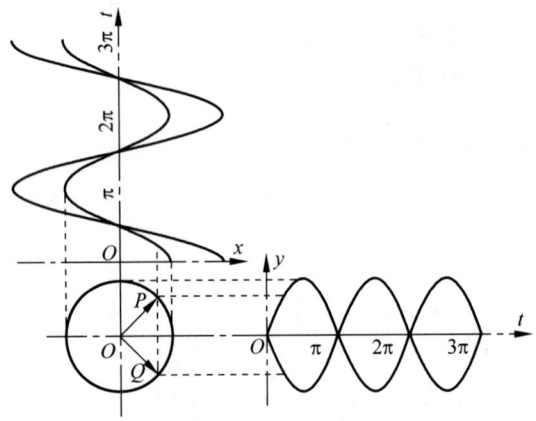

图 2-9 单自由度系统无阻尼自由振动响应的旋转矢量运动合成

例 2-9 如图 2-10(a)所示悬臂梁，其长度为 l，弯曲刚度为 EI，一端带有质量块 M。质量块 m 从高度 h 处自由下落，撞击 M 后无回弹（完全非弹性碰撞），并假设不存在能量损失。假设悬臂梁的弹性提供振动的刚度，试建立系统的振动微分方程，求解固有振动频率和最大挠度。

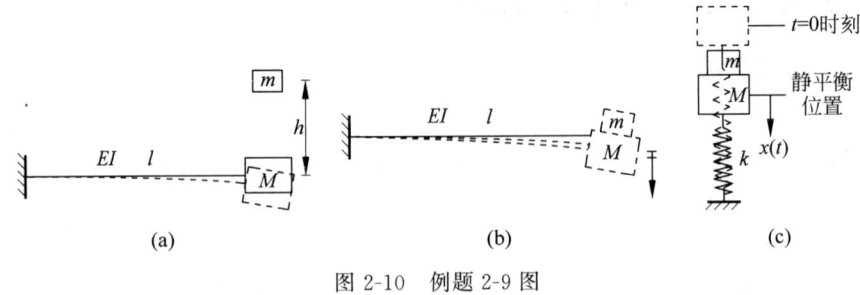

图 2-10 例题 2-9 图

解：悬臂梁的弹性提供振动的刚度，悬臂梁在末端受到单位集中力时的静变形为 $\Delta = \dfrac{l^3}{3EI}$，因此悬臂梁的刚度为

$$k = \frac{3EI}{l^3}$$

在质量块 M 的作用下，悬臂梁末端的变形为 $\delta = \dfrac{Mgl^3}{3EI}$；质量块 m 从高处 h 下落后，获得 $\sqrt{2gh}$ 的速度，与 M 发生接触，然后与 M 发生完全非弹性碰撞；接着 m 和 M 一起向下运动到静平衡位置，在悬臂梁的弹性提供的刚度下，m 和 M 一起围绕静平衡位置发生振动，振

动过程如图 2-10(b)所示。等效的力学模型如图 2-10(c)所示。以向下振动为例，系统的振动微分方程为

$$(M+m)\ddot{x}+kx=0$$

下面确定系统振动的初始条件。本分析中假设初始时刻 $t=0$ 为 m 与 M 发生完全非弹性碰撞的时刻，初始时刻相对于平衡位置的位移为

$$x(0)=-\frac{mg}{k}=-\frac{mgl^3}{3EI}$$

由于不存在能量损失，可知 m 与 M 发生完全非弹性碰撞后的速度为

$$\dot{x}(0)=\frac{m\sqrt{2gh}}{M+m}$$

系统的固有频率为

$$\omega_\mathrm{n}=\sqrt{\frac{k}{M+m}}=\sqrt{\frac{3EI}{(M+m)l^3}}$$

系统的响应为

$$x(t)=-\frac{mgl^3}{3EI}\cos\omega_\mathrm{n}t+\frac{m\sqrt{2gh}}{(M+m)\omega_\mathrm{n}}\sin\omega_\mathrm{n}t=A\cos(\omega_\mathrm{n}t-\varphi)$$

响应幅值为

$$A=\sqrt{\left(\frac{mgl^3}{3EI}\right)^2+\left(\frac{m\sqrt{2gh}}{(M+m)\omega_\mathrm{n}}\right)^2}$$

最大挠度为 $\Delta+A$。

2.1.3 无阻尼系统振动过程中的能量

根据式(2-8)，无阻尼自由振动系统在振动过程中，其动能和势能表达式分别为

$$T(t)=\frac{1}{2}m\dot{x}^2(t)=\frac{1}{2}mX^2\omega_\mathrm{n}^2\sin^2(\omega_\mathrm{n}t-\varphi)=\frac{1}{2}kX^2\sin^2(\omega_\mathrm{n}t-\varphi)$$

$$U(t)=\frac{1}{2}kx^2(t)=\frac{1}{2}kX^2\cos^2(\omega_\mathrm{n}t-\varphi)$$

任意时刻总能量为动能和势能之和

$$E(t)=T(t)+U(t)=\frac{1}{2}kX^2=\frac{1}{2}\left[kx^2(0)+k\left(\frac{\dot{x}(0)}{\omega_\mathrm{n}}\right)^2\right]$$

$$=\frac{1}{2}[kx^2(0)+m\dot{x}^2(0)]=U(0)+T(0) \tag{2-13}$$

上式表明无阻尼系统振动过程中总能量保持不变，也即能量守恒。

2.2 有阻尼自由振动

实际的机械系统中总是存在各种形式的阻尼，例如各种运动副表面的摩擦作用，材料发生变形时内部分子间摩擦导致的能量损耗，物体在空气或油液中运动时流体阻尼的作用等。

阻尼的耗能机理一般都比较复杂,而且往往是非线性的。为了考虑阻尼的耗能作用,在振动系统力学模型中引入了黏性阻尼,其阻尼力与速度呈线性关系:

$$F = c\dot{x}$$

式中,比例系数 c 称为黏性阻尼系数。虽然实际的阻尼并不是线性的,但采用黏性阻尼力的线性模型在数学处理上带来很大便利。其他类型的阻尼可以等效成黏性阻尼,在第3章里将介绍等效阻尼的计算原则。

2.2.1 有阻尼自由振动的微分方程解法

对图 2-11 所示的单自由度有阻尼振动系统,将坐标原点放在静平衡位置,就不必考虑重力和弹簧的静变形,因为二者可以互相抵消。根据分离体的受力,按牛顿第二运动定律建立系统的运动微分方程为

$$m\ddot{x} + c\dot{x} + kx = 0 \tag{2-14}$$

传统的解法是设 $x = A\mathrm{e}^{st}$,代入式(2-14)后可得

$$ms^2 + cs + k = 0 \tag{2-15}$$

式(2-15)称作微分方程式(2-14)的特征方程,它的两个根如下

$$s_{1,2} = -\frac{c}{2m} \pm \sqrt{\left(\frac{c}{2m}\right)^2 - \frac{k}{m}} \tag{2-16}$$

于是微分方程式(2-14)的通解为

$$x = A_1 \mathrm{e}^{s_1 t} + A_2 \mathrm{e}^{s_2 t} \tag{2-17}$$

式中,A_1 和 A_2 为由系统初始条件确定。

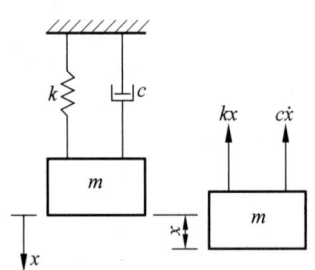

图 2-11 有阻尼自由振动系统

随着系统阻尼大小的改变,也就是阻尼系数 c 改变时,系统的运动性质将发生变化。可以归结为下列三种情形:

(1) $\left(\dfrac{c}{2m}\right)^2 - \dfrac{k}{m} > 0$,$s_1$ 和 s_2 为负的实根,x 以指数规律衰减,系统不会发生振动。

(2) $\left(\dfrac{c}{2m}\right)^2 - \dfrac{k}{m} < 0$,$s_1$ 和 s_2 为一对共轭复根,系统在初始扰动下产生振动,振幅以指数规律衰减。

(3) $\left(\dfrac{c}{2m}\right)^2 - \dfrac{k}{m} = 0$,$s_{1,2} = -\dfrac{c}{2m}$ 为一对重根,此时微分方程的解为

$$x(t) = (A_1 + A_2 t)\mathrm{e}^{s_1 t} \tag{2-18}$$

$x(t)$ 也是以指数规律衰减,但比(1)中衰减得更快。这种情形对应的阻尼系数叫做临界阻尼系数,用 c_c 表示

$$c_\mathrm{c} = 2\sqrt{km} = 2m\omega_\mathrm{n} \tag{2-19}$$

从上式可以发现,临界阻尼系数其实与阻尼系数 c 并无关系,只与系统的质量和刚度有关。事实上单纯根据阻尼系数 c 并不能判断系统运动处于以上三种情形的哪一种,因此定义阻尼系数的相对值——阻尼比 ζ,即阻尼系数与临界阻尼系数之比

$$\zeta = \frac{c}{c_\mathrm{c}} = \frac{c}{2m\omega_\mathrm{n}} = \frac{c}{2\sqrt{km}} \tag{2-20}$$

有了阻尼比,根据 ζ 的值就可以判断系统运动处于上述哪一种情形,并可以推测阻尼的实际作用大小,例如自由振动衰减的快慢、发生共振时振幅的大小等。

应用阻尼比,式(2-16)可以写成

$$s_{1,2} = (-\zeta \pm \sqrt{\zeta^2 - 1})\omega_n \tag{2-21}$$

其中复平面上 s_1 和 s_2 的轨线如图 2-12 所示。对应的三种运动情形如下:

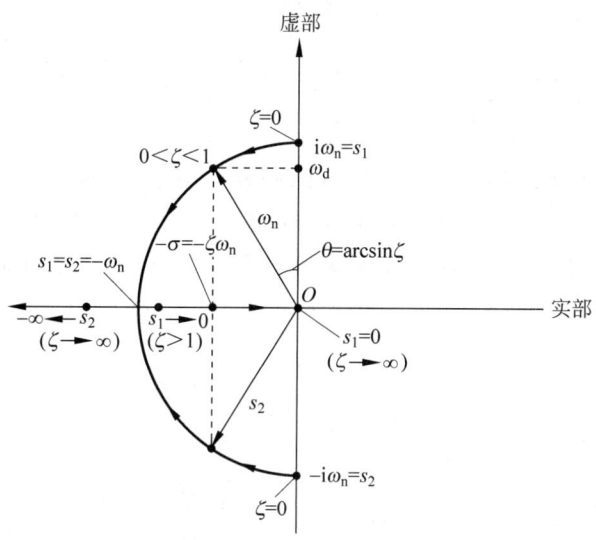

图 2-12 复平面上 s_1 和 s_2 的轨线

(1) $\zeta > 1$

此种情形称为强阻尼或过阻尼,$s_{1,2} = (-\zeta \pm \sqrt{\zeta^2 - 1})\omega_n < 0$ 为两个独立的负实根。此时系统的响应以指数律衰减,不发生振动:

$$x(t) = A_1 e^{(-\zeta + \sqrt{\zeta^2-1})\omega_n t} + A_2 e^{(-\zeta - \sqrt{\zeta^2-1})\omega_n t} \tag{2-22}$$

(2) $\zeta = 1$

此种情形称为临界阻尼,$s_{1,2} = -\omega_n$ 为一对重根。系统响应以指数规律快速衰减,也不发生振动:

$$x = (A_1 + A_2 t)e^{-\omega_n t} \tag{2-23}$$

(3) $\zeta < 1$

此种情形称为弱阻尼或小阻尼,$s_{1,2} = -\zeta\omega_n \pm i\sqrt{1-\zeta^2}\,\omega_n$ 为一对共轭复根,系统在初始扰动下作减幅的简谐运动,直至能量耗尽运动停止。

下面对小阻尼自由振动进行深入分析。将共轭复根的实部和虚部分开,并将虚部指数函数展开为余弦函数和正弦函数,则自由振动响应可以写成

$$x = e^{-\zeta\omega_n t}(A_1 e^{i\omega_d t} + A_2 e^{-i\omega_d t}) = e^{-\zeta\omega_n t}[(A_1 + A_2)\cos\omega_d t + i(A_1 - A_2)\sin\omega_d t]$$

式中,$\omega_d = \sqrt{1-\zeta^2}\,\omega_n$,为有阻尼固有频率,它总是低于系统的固有频率 ω_n。因为自由振动的位移响应必定是实函数,A_1 和 A_2 必定为共轭复数(求解过程见 2.2.2 节),可得

$$x = e^{-\zeta\omega_n t}(C_1 \cos\omega_d t + C_2 \sin\omega_d t) = X e^{-\zeta\omega_n t}\sin(\omega_d t + \varphi) \tag{2-24}$$

式中,C_1 和 C_2 为实常数,应根据初始条件确定。设 $t=0$ 时,$x(0)=x_0$,$\dot{x}(0)=\dot{x}_0$,代入式(2-24)可得

$$C_1 = x_0, \quad C_2 = \frac{\dot{x}_0 + \zeta\omega_n x_0}{\omega_d} \tag{2-25}$$

于是系统在初始扰动下的阻尼自由振动的解为

$$x = e^{-\zeta\omega_n t}\left(x_0 \cos\omega_d t + \frac{\dot{x}_0 + \zeta\omega_n x_0}{\omega_d}\sin\omega_d t\right) = X e^{-\zeta\omega_n t}\sin(\omega_d t + \varphi) \tag{2-26}$$

式中,$X = \sqrt{(x_0)^2 + \left(\dfrac{\dot{x}_0 + \zeta\omega_n x_0}{\omega_d}\right)^2}$,$\varphi = \arctan\dfrac{\omega_d x_0}{\dot{x}_0 + \zeta\omega_n x_0}$。

图 2-13 为阻尼自由振动的位移响应曲线,振幅包络线按指数律衰减。图 2-14 为三种不同阻尼比 $\zeta<1$、$\zeta=1$ 和 $\zeta>1$ 的响应曲线。在相同条件下,临界阻尼的振动响应比强阻尼衰减得更快。许多电工仪表为了使指针移动平稳和减少振荡,其运动部件通常被设计成处在临界阻尼状态。

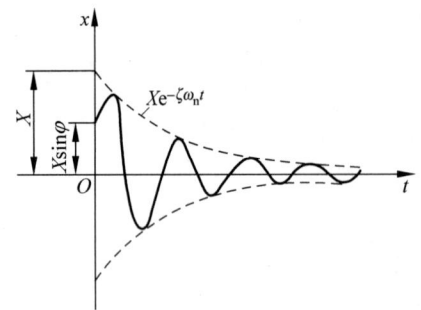

图 2-13 阻尼自由振动的位移响应

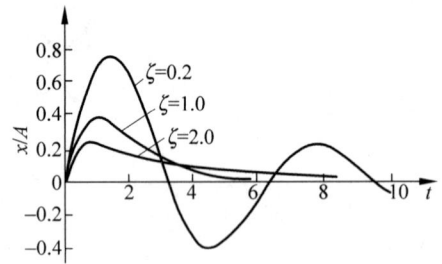

图 2-14 三种不同阻尼比的位移响应

例 2-10 单自由度阻尼-弹簧-质量系统受到 $\dot{x}_0 = \omega_n A$ 的初始扰动激励,试求系统在 ζ 分别为 2.0、1.0 和 0.2 三种阻尼情况下的位移响应。

解:(1) $\zeta = 2.0$ 为强阻尼,根据式(2-22),初始条件应满足

$$x_0 = A_1 + A_2 = 0, \quad \dot{x}_0 = \omega_n A = A_1(-\zeta + \sqrt{\zeta^2-1})\omega_n - A_2(\zeta + \sqrt{\zeta^2-1})\omega_n$$

可得

$$A_1 = \frac{A}{2\sqrt{\zeta^2-1}} = 0.288A, \quad A_2 = -A_1 = -0.288A$$

$$x = A_1 e^{(-\zeta+\sqrt{\zeta^2-1})\omega_n t} + A_2 e^{(-\zeta-\sqrt{\zeta^2-1})\omega_n t} = 0.288A e^{-2\omega_n t}(e^{\sqrt{3}\omega_n t} - e^{-\sqrt{3}\omega_n t})$$

(2) $\zeta = 1.0$ 为临界阻尼,根据式(2-23)以及初始条件,可得

$$A_1 = 0, \quad A_2 = \omega_n A$$

$$x = (A_1 + A_2 t)e^{-\omega_n t} = \omega_n A t e^{-\omega_n t}$$

(3) $\zeta = 0.2$ 为小阻尼,将初始速度直接代入式(2-26)得

$$x = \frac{A}{\sqrt{1-\zeta^2}} e^{-\zeta\omega_n t}\sin\sqrt{1-\zeta^2}\,\omega_n t = 1.02A e^{-0.2\omega_n t}\sin(0.98\omega_n t)$$

图 2-14 即是这三种阻尼情况下因初始速度激励引起的位移响应曲线。

2.2.2 有阻尼自由振动微分方程的直接求解法

既然振动是最基本的运动形式,而最基本的周期振动是简谐运动,所以对有阻尼自由振动方程式(2-14)可以假设其解

$$x(t) = A e^{st} = A e^{(\alpha + i\beta)t} = A e^{\alpha t} e^{i\beta t}$$

显然,这样的假设已经预言了后面的结果:如果 s 是正实数,其解发散;如果 s 是负实数,必然衰减;只有 s 是复数,实部小于零,由欧拉公式可知,结果是衰减的简谐振动。衰减特性取决于指数 α。假设解代入式(2-14),得到式(2-16)的两个根。

解可以表示为

$$x(t) = A_1 e^{s_1 t} + A_2 e^{s_2 t} \tag{2-27}$$

$$x(t) = e^{-\zeta \omega_n t}(A_1 e^{i\omega_d t} + A_2 e^{-i\omega_d t}) \tag{2-28}$$

$$\dot{x}(t) = -\zeta \omega_n e^{-\zeta \omega_n t}(A_1 e^{i\omega_d t} + A_2 e^{-i\omega_d t}) + i\omega_d e^{-\zeta \omega_n t}(A_1 e^{i\omega_d t} - A_2 e^{-i\omega_d t}) \tag{2-29}$$

将初始条件代入式(2-28)和式(2-29),得

$$x(t=0) = x_0 = A_1 + A_2, \quad \dot{x}(t=0) = \dot{x}_0 = -\zeta \omega_n (A_1 + A_2) + i\omega_d (A_1 - A_2)$$

可以解得

$$A_1 = \frac{1}{2\omega_d}[x_0 \omega_d - i(\dot{x}_0 + \zeta \omega_n x_0)] = \frac{1}{2} X e^{-i\varphi}$$

$$A_2 = \frac{1}{2\omega_d}[x_0 \omega_d + i(\dot{x}_0 + \zeta \omega_n x_0)] = \frac{1}{2} X e^{i\varphi} = A_1^*$$

式中,$X = \sqrt{(x_0)^2 + \left(\dfrac{\dot{x}_0 + \zeta \omega_n x_0}{\omega_d}\right)^2}$,$\varphi = \arctan \dfrac{\dot{x}_0 + \zeta \omega_n x_0}{\omega_d x_0}$。

因 A_1 和 A_2 为共轭复数,式(2-27)可以写为

$$x(t) = A_1 e^{-\zeta \omega_n t} e^{i\omega_d t} + A_2 e^{-\zeta \omega_n t} e^{-i\omega_d t} = X e^{-\zeta \omega_n t}[e^{i(\omega_d t - \varphi)} + e^{-i(\omega_d t - \varphi)}] \tag{2-30}$$

根据式(2-30),得到响应 $x(t)$ 为共轭复数构成的两个幅值按照 $e^{-\zeta \omega_n t}$ 指数衰减的矢量绕 O 点沿相反方向旋转的合成,合成结果如图 2-15 中实线所示。显然,其虚部始终为零,只有实部,符合物理意义。利用欧拉公式

$$e^{\pm i\omega_d t} = \cos\omega_d t \pm i\sin\omega_d t$$

$$\begin{aligned} x(t) &= e^{-\zeta \omega_n t}[(A_1 + A_2)\cos\omega_d t + \\ & \quad i(A_1 - A_2)\sin\omega_d t] \\ &= e^{-\zeta \omega_n t}(C_1 \cos\omega_d t + C_2 \sin\omega_d t) \\ &= X e^{-\zeta \omega_n t} \sin(\omega_d t + \varphi) \end{aligned}$$

根据振动基本概念得到了式(2-24)。

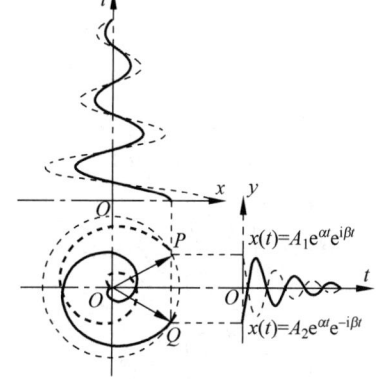

图 2-15 单自由度系统有阻尼自由振动响应的旋转矢量运动合成

2.3 对数衰减率

阻尼比 ζ 是表示阻尼大小的重要参数,对系统在固有频率附近的振动起决定性作用,在第 3 章里将会看到系统共振时的振幅与 $1/2\zeta$ 成正比。钢材的阻尼比很小,通常小于 10^{-3} 的数量级。一方面,计算工程实际振动问题时千万不能对 ζ 随意取值,因为一旦弄错可使结构振幅相差数倍乃至数十倍。另一方面,机器或结构的实际阻尼受各种复杂因素影响,在很多情况下无法通过计算得到其真实数值,需要通过实测来确定系统阻尼的大小。

通过测量阻尼自由振动的振幅衰减率来估计 ζ 值是一个简单易行的方法。阻尼系统在初始扰动下的自由振动的振幅是衰减的,因此不是严格意义上的周期振动,而是一种准周期运动,其周期为

$$T_d = \frac{2\pi}{\omega_d} = \frac{2\pi}{\omega_n\sqrt{1-\zeta^2}} = \frac{T}{\sqrt{1-\zeta^2}} \tag{2-31}$$

其振幅按指数规律衰减,每经过一个周期振幅的衰减率为

$$\frac{x(t)}{x(t+T_d)} = \frac{Xe^{-\zeta\omega_n t}\cos(\omega_d t + \varphi)}{Xe^{-\zeta\omega_n (t+T_d)}\cos[\omega_d(t+T_d)+\varphi]} = e^{\zeta\omega_n T_d} \tag{2-32}$$

图 2-16 表示阻尼自由振动的衰减过程。在式(2-32)两边取对数,可得

$$\delta = \ln\frac{x(t)}{x(t+T_d)} = \zeta\omega_n T_d = \frac{2\pi\zeta}{\sqrt{1-\zeta^2}} \tag{2-33}$$

其中,δ 称为对数衰减率,与阻尼比 ζ 成正比。若 ζ 比较小,可近似为

$$\delta = \frac{2\pi\zeta}{\sqrt{1-\zeta^2}} \approx 2\pi\zeta \tag{2-34}$$

图 2-17 表示用近似式(2-34)计算的 δ 曲线与精确表达式(2-33)的差别。ζ 小于 0.3 时,用近似式计算的 δ 误差小于 5%。若阻尼很小,则需要经过多个周期后振幅衰减才比较明显,这种情况下可以采用经过 n 个周期后的对数衰减率计算公式

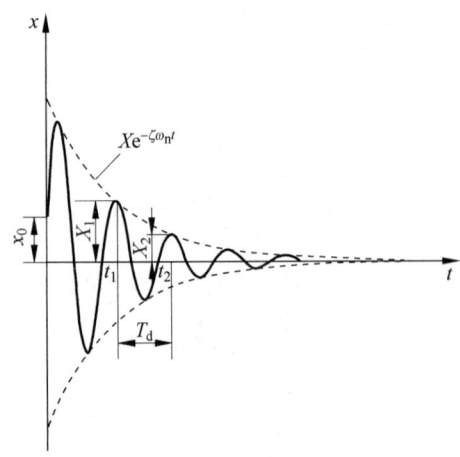

图 2-16 阻尼自由振动的振幅衰减

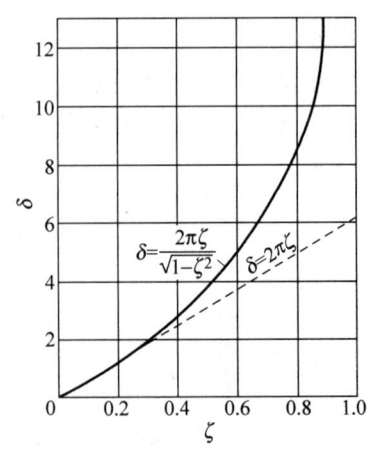

图 2-17 对数衰减率 δ 与 ζ 的关系

$$\ln \frac{x(t)}{x(t+nT_d)} = n\zeta\omega_n T_d \approx 2\pi n\zeta \qquad (2\text{-}35)$$

在振动测试过程中记录阻尼自由振动的衰减过程,应用对数衰减率计算公式便可以确定阻尼的大小,是一个简单易行的测量阻尼比 ζ 的方法。

2.4 干摩擦阻尼下的自由振动

干摩擦用于表述机构运动副之间无润滑的滑动摩擦,也称作库仑摩擦。干摩擦力的大小与作用于运动副的正压力和摩擦面状态有关,可用下式计算

$$F_f = -\frac{\dot{x}}{|\dot{x}|}\mu N \qquad (2\text{-}36)$$

式中,F_f 为干摩擦力;μ 为滑动摩擦系数;N 为摩擦面上的正压力;符号 $-\dfrac{\dot{x}}{|\dot{x}|}$ 代表摩擦力的方向与相对滑动速度相反。

根据干摩擦力的表达式,可以写出图 2-18 所示干摩擦阻尼自由振动力学模型的运动微分方程为

$$m\ddot{x} + \mu N \frac{\dot{x}}{|\dot{x}|} + kx = 0 \qquad (2\text{-}37)$$

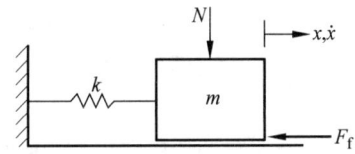

图 2-18 干摩擦阻尼自由振动模型

该运动微分方程也可以分成二段表达:

$$m\ddot{x} + kx = \mp \mu N \qquad (2\text{-}38)$$

式中,负号对应质量块从左向右运动的过程,正号对应质量块从右向左运动的过程。

微分方程的求解也应分段进行,并且每一段终了的位移就是下一段开始的位移(此时的速度为0)。

式(2-38)改写为

$$m\ddot{x} + kx \pm \mu N = 0 \qquad (2\text{-}39)$$

采用本章例 2-1 的办法,将坐标移到平衡位置

$$m\frac{d^2(x+\Delta)}{dt^2} + k(x+\Delta) = 0, \quad \dot{x} > 0$$

$$m\frac{d^2(x-\Delta)}{dt^2} + k(x-\Delta) = 0, \quad \dot{x} < 0$$

初始条件

$$x(\tau) = x_\tau, \quad \dot{x}(\tau) = \dot{x}_\tau \qquad (2\text{-}40)$$

式中,$\Delta = \dfrac{\mu N}{k}$。

式(2-40)是自由振动方程,其解为

$$x(t) + \Delta = (x_\tau + \Delta)\cos\omega_n(t-\tau) + \frac{\dot{x}_\tau}{\omega_n}\sin\omega_n(t-\tau), \quad \dot{x} > 0 \qquad (2\text{-}41a)$$

$$x(t) - \Delta = (x_\tau - \Delta)\cos\omega_n(t-\tau) + \frac{\dot{x}_\tau}{\omega_n}\sin\omega_n(t-\tau), \quad \dot{x} < 0 \qquad (2\text{-}41b)$$

如果初始位置在右边,初始速度为零,$x(0)=x_0$,$\dot{x}(0)=0$,如图 2-19(a)所示,则质量块向左运动,运用式(2-41b)

$$x(t)=\Delta+(x_0-\Delta)\cos\omega_n t$$
$$\dot{x}(t)=-(x_0-\Delta)\omega_n\sin\omega_n t$$

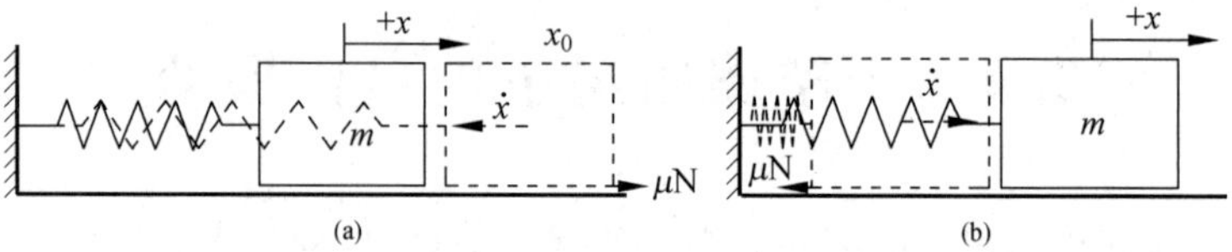

图 2-19 干摩擦阻尼自由振动速度和阻尼力

这个解答在质量块向左运动过程都成立,直到速度为零,或者说在时刻达到半周期时

$$\omega_n\tau_h=\pi,\quad \dot{x}(\tau_h)=0,\quad x(\tau_h)=2\Delta-x_0$$

以该时刻的位移和速度作为初始条件(见图 2-19(b)),随后质量块向右运动,运用式(2-41a),得到运动方程

$$x(t)+\Delta=(3\Delta-x_0)\cos\omega_n(t-\tau_h)$$
$$\dot{x}(t)=-(3\Delta-x_0)\omega_n\sin\omega_n(t-\tau_h)$$

再经过半个周期($t=2\tau_h$)

$$\omega_n\tau_h=\pi,\quad \dot{x}(2\tau_h)=0,\quad x(2\tau_h)=x_0-4\Delta$$

即经过一个完整的周期,物体回到右边极限位置,但振动幅值减小了 4 倍的 Δ。随后,物体进入第二次往复运动,直至弹簧力小于摩擦力,停止运动。

$$k\left(x_0-r\frac{2\mu N}{k}\right)\leqslant \mu N$$

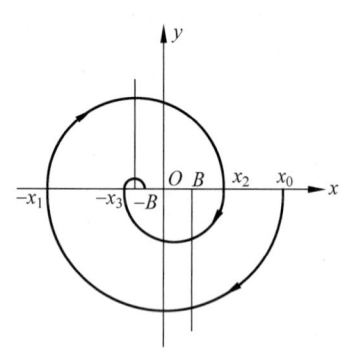

图 2-20 单自由度摩擦阻尼系统相平面图

式中,r 为来回振动次数(一来一回记两次)。在整个运动过程中,系统的固有频率不变。相平面图如图 2-20 所示,其中,纵坐标 y 表示速度 $\dot{x}$,$B=2\mu N/k$,是从 x_0 向 $-x_1$ 运动的圆心。

其实,在这里不必对式(2-38)进行求解,可以借助功能原理分析干摩擦阻尼作用下振幅的衰减规律。由运动方程式(2-38)可知,干摩擦阻尼自由振动的准周期为 $T_f=2\pi/\omega_n$,ω_n 为固有频率。考虑质量块从左向右半个循环的运动过程,其间系统的能量变化为

$$\frac{1}{2}kX_{-n}^2-\frac{1}{2}kX_n^2=|F_f|(X_{-n}+X_n)$$

式中,X_{-n} 和 X_n 分别为质量块在左、右两端的位移绝对值。上式表明经过半个循环后系统能量的减少等于其间摩擦力所做的功。从上式可以得出

$$X_{-n}-X_n=2|F_f|/k$$

即经过半个循环后振幅的衰减量为 $2|F_f|/k$。因为下半个循环又要重复同样的过程,所以经过每个循环后振幅的衰减量是相同的,均为 $4|F_f|/k$。最后当振幅 $X<\Delta=|F_f|/k$ 时,弹簧力小于摩擦力,振动将停止。图 2-21 表示干摩擦阻尼自由振动的衰减过程。值得注意的是,这里的振幅随时间按直线规律衰减,与黏性阻尼自由振动的振幅按指数规律衰减是不同的。

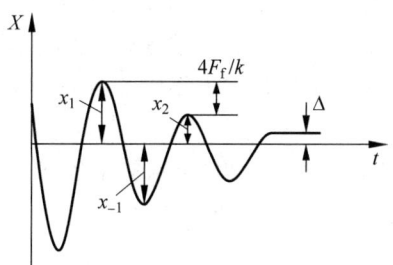

图 2-21 干摩擦阻尼自由振动

习 题 2

2-1 绳长 L 张力为 T 的无质量绳中间置一质量为 m 的小球,如题 2-1 图所示,设钢球在平衡位置附近做微幅振动,并假设绳的张力保持不变,写出系统的运动微分方程,并求固有频率。

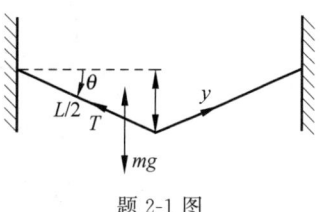

题 2-1 图

2-2 如题 2-2 图所示,质量块 m 沿光滑斜面振动,建立质量块的运动微分方程,并求固有频率。

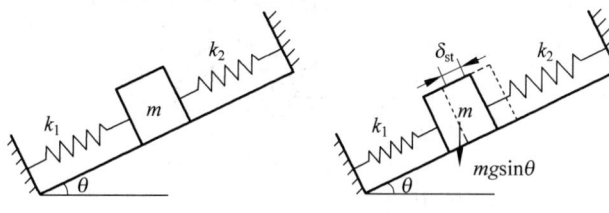

题 2-2 图

2-3 如题 2-3 图所示,质量块 m_1 悬挂在刚度为 k 的弹簧上并处于静平衡位置,另一质量块 m_2 从高度为 h 处自由落下到 m_1 上而无弹跳,求其后的运动。

2-4 如题 2-4 图所示,一质量为 m,转动惯量为 I 的均匀圆柱做纯滚动,圆心受到一弹簧约束,弹簧刚度 k,求系统固有频率。

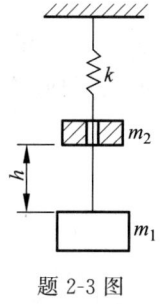

题 2-3 图

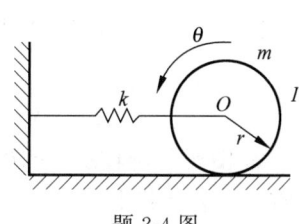

题 2-4 图

2-5 如题 2-5 图所示，长度为 l 重量为 W 的均质杆对称地悬挂在长度为 h 的两根细绳上，建立杆相对于铅锤轴线 OO' 的微角度振动方程，并确定其周期。

2-6 题 2-6 图所示弹簧-质量振子在重力作用下由静止从 $30°$ 光滑斜面滑下冲向挡板。设弹簧接触挡板前的滑动距离为 S，试：

(1) 建立质量块的各阶段运动微分方程（包括初始条件）；

(2) 求质量块 m 的运动，并画出位移-时间曲线；

(3) 求系统总的运动周期 T；

(4) 若将斜面改为光滑水平面，弹簧-质量振子以初速度 V 冲向挡板，求弹簧从开始接触挡板到脱开挡板的时间。

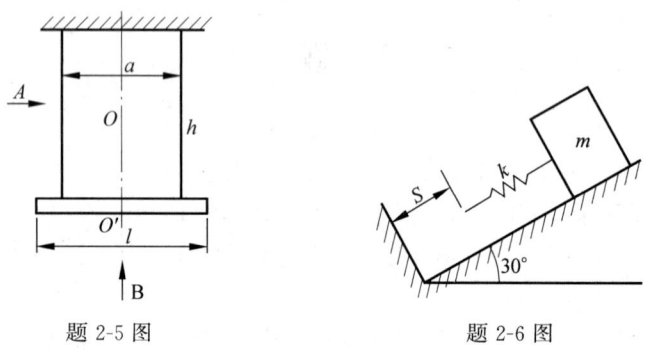

题 2-5 图　　　　题 2-6 图

2-7 系统参数如题 2-7 图所示，刚性杆质量可忽略，建立系统振动微分方程。

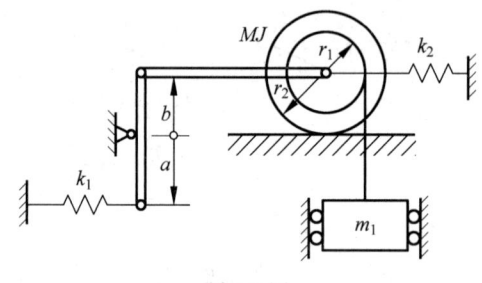

题 2-7 图

2-8 已知弹簧-质量单自由度系统的固有周期为 $0.2s$。求：①当弹簧刚度增加 50% 时，系统的固有周期变为多少？②当弹簧刚度减小 50% 时，系统的固有周期变为多少？③当增加阻尼使阻尼比为 0.1 时，系统的固有周期变为多少？

2-9 单自由度系统质量块 $m = 10\mathrm{kg}$，$c = 20\mathrm{N \cdot s/m}$，$k = 4000\mathrm{N/m}$，初始位移为 $0.01\mathrm{m}$，初始速度为 0，求：系统自由振动响应的①有阻尼自由振动周期；②振幅；③相角。自由振动总响应形式为

$$x(t) = X_0 \mathrm{e}^{-\zeta \omega_n t} \cos(\omega_d t - \phi_d)$$

2-10 如题 2-10 图所示扭转系统的固有频率，无阻尼时为 f_1，加上黏性阻尼后固有频率降低为 f_2，求阻尼系数 c 和阻尼比 ζ。

2-11 如题 2-11 图所示，小球质量为 m，刚性杆质量不计，写出系统运动微分方程，求系统临界阻尼系数和阻尼固有频率。

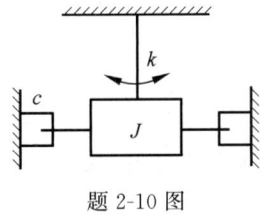
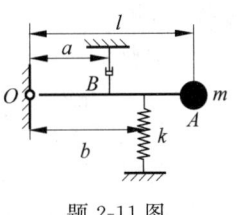

题 2-10 图   题 2-11 图

2-12 求题 2-12 图所示的弹簧与阻尼串联的单自由度系统运动微分方程,并求出其振动解。

2-13 一质量块 $m=2000\mathrm{kg}$,以匀速 $v=3\mathrm{cm/s}$ 运动,与弹簧 K 阻尼器 C 相撞后一起做自由振动,如题 2-13 图所示,已知 $K=4800\mathrm{N/m}$,$C=1960\mathrm{N\cdot s/m}$,问质量块 m 在相撞后多少时间达到最大振幅? 最大振幅是多少?

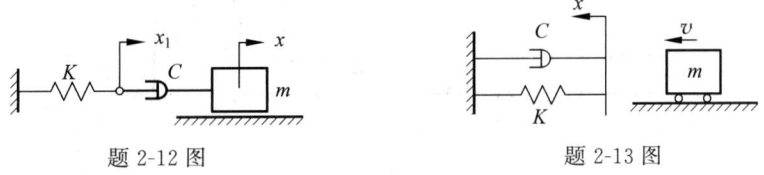

题 2-12 图   题 2-13 图

2-14 以位移为横坐标,力为纵坐标作图。证明简谐激励力 $F=F_0\sin\omega t$ 与系统位移的关系是一个椭圆,其面积为激振力在一个周期内所做的功;并证明它与黏性阻尼力在一个周期内所做的功相等。

2-15 一振动系统的参数为:$m=17.5\mathrm{kg}$,$k=70\mathrm{N/cm}$,$c=0.7\mathrm{N\cdot s/cm}$。求:①阻尼比 ζ;②阻尼固有频率;③对数衰减率;④相邻两振幅比值。

2-16 如题 2-16 图所示,摩托车简化为一单自由度阻尼振动系统,受到一个路面冲击,使其按照一定初始速度振动。已知 $m=200\mathrm{kg}$,阻尼振动的周期为 2s,经过半个周期后振幅衰减为原来的 1/4,求弹簧的刚度 k 及阻尼器的阻尼系数 c。

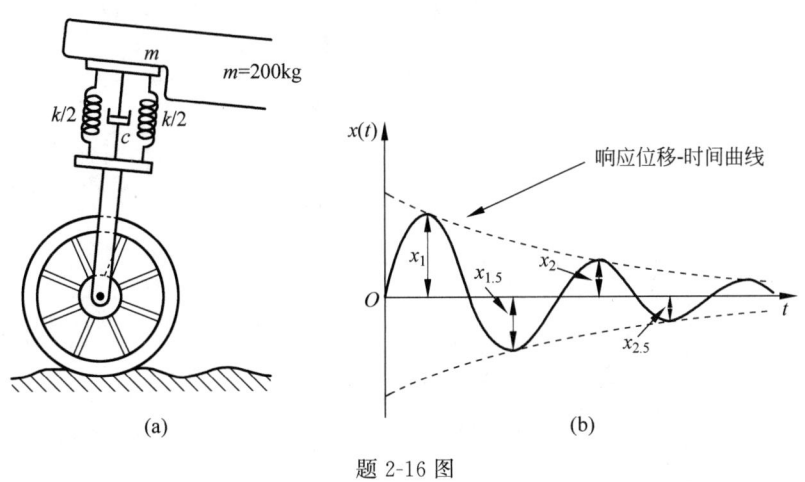

题 2-16 图

2-17 一具有黏性阻尼的弹簧-质量系统,使质量块离开平衡位置然后释放,如果每一循环振幅减小 5%,求系统的阻尼系数与临界阻尼系数之比,即阻尼比。

2-18 重量为 W、面积为 A 的薄板悬挂于弹簧上,让它在黏性液体中振动,如题 2-18 图所示。试证明下式

$$\mu = \frac{2\pi W}{gA\tau_1\tau_2}\sqrt{\tau_2^2 - \tau_1^2}$$

式中,τ_1 是空气中振动周期(无阻尼);τ_2 是浸在液体中的有阻尼振动的周期,液体阻尼力 $F_d = 2A\mu v$,v 是振动速度。

2-19 如题 2-19 图所示的库仑阻尼振动系统中,质量块 $m = 9\text{kg}$,弹簧刚度 $k = 7\text{kN/m}$,摩擦系数 $\mu = 0.15$,初始条件是 $x_0 = 25\text{mm}$,$v_0 = 0$。求:①每周期位移振幅的衰减量;②最大速度;③每周期速度振幅的衰减量;④质量块 m 停止运动的位置。

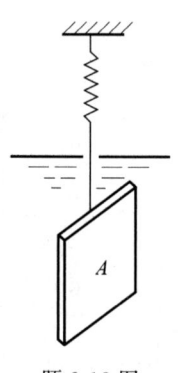

题 2-18 图

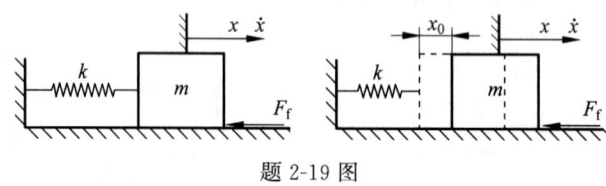

题 2-19 图

第 3 章

单自由度系统的强迫振动

在自由振动中,作用于振动物体上的力只有恢复力与阻尼力,二者都随物体的运动而改变,振动频率与系统的固有频率相同。研究自由振动是为了获得系统的固有特性,包括固有频率或有阻尼固有频率、等效刚度和等效质量,以及阻尼特性。实际工程问题中,系统都是在某些激励作用下发生相应的响应,对激励的响应是振动分析的另一个重要课题。系统在持续的随时间变化的力激励或位移激励、速度激励下发生的振动称为强迫振动。作用力和位移激励本质上可能是简谐形式、非简谐但为周期性形式、非周期或随机形式。其中简谐激励下系统的响应称为简谐响应。非周期激励可能经历或长或短的一段时间。系统对突加非周期激励的响应称为瞬态响应。

在本章讨论的系统是时不变、集中参数的线性系统。对于线性系统,叠加原理成立,即各激励力共同作用所引起的系统稳态响应为各激励力单独作用时引起的系统各稳态响应之和,这一点是分析任意周期激励的基础。由于简谐激励是最基本,也是最简单的激励,并且任意的周期形式的激励都可以通过傅里叶级数展开分解为若干简谐激励,因此本章先讨论单自由度系统在简谐激励 $F=F_0\sin(\omega t+\varphi)$ 的响应(其中 F_0 为激励力的幅值,ω 为激励频率,由外界条件决定,与物体本身的振动无关),通常取初相位 $\varphi=0$。简谐激励下的强迫振动包含稳态响应和瞬态响应,其中瞬态响应是初始扰动激励下按系统固有频率发生的振动,由于阻尼的存在而逐渐衰减至零,它只在有限的时间内存在,通常可以不加以考虑;稳态响应的频率与激励频率相同,与激励同时存在。本章由单自由度简谐激励下的稳态响应可以建立频率响应函数、机械阻抗等基本概念。对于强迫振动响应中的稳态部分求解,相比较利用微分方程理论求解非齐次微分方程,基于傅里叶变化的频率响应分析更加有效方便。本章最后将单自由度简谐振动的模型用于求解旋转失衡、转子旋曲、基础激励、测振仪等实际应用场合。

3.1 简谐激励作用下的响应

3.1.1 强迫振动响应的微分方程求解方法

考虑如图 3-1 所示的单自由度系统受简谐激励的力学模型。根据牛顿运动定律,质量块在受到弹簧恢复力 $-kx$、黏性阻尼力 $-c\dot{x}$ 和外力 $F_0\sin\omega t$ 作用下的运动微分方程为

$$m\ddot{x}+c\dot{x}+kx=F_0\sin\omega t \tag{3-1}$$

式中,m 为质量;c 为阻尼系数;k 为刚度系数。式(3-1)是一个非齐次二阶常系数微分方程,按微分方程理论,全解由两部分组成:齐次方程解和对应外力的特解。齐次方程见式(2-14)。

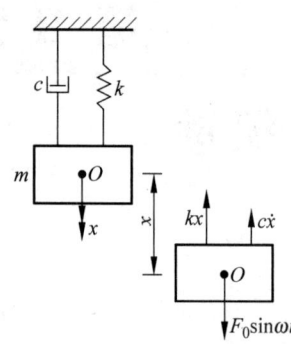

图 3-1 单自由度有阻尼系统的
强迫振动示意图

对于小阻尼系统,由第 2 章自由振动理论,齐次方程的通解为

$$x_h = e^{-\zeta\omega_n t}(A\cos\omega_d t + B\sin\omega_d t) \tag{3-2}$$

式中,$\zeta = \dfrac{c}{2\sqrt{mk}}$ 为阻尼比;$\omega_n = \sqrt{\dfrac{k}{m}}$ 为固有频率;$\omega_d = \sqrt{1-\zeta^2}\,\omega_n$ 为有阻尼固有频率;A 和 B 是有待确定的常数。

依据微分方程理论,对给定的简谐激励,非齐次方程的特解为

$$x_p = X\sin(\omega t - \varphi) \tag{3-3}$$

将式(3-3)代入式(3-1)

$$X[(k - m\omega^2)\sin(\omega t - \varphi) + c\omega\cos(\omega t - \varphi)] = F_0\sin\omega t$$

利用三角函数关系

$$\cos(\omega t - \varphi) = \cos\omega t\cos\varphi + \sin\omega t\sin\varphi$$
$$\sin(\omega t - \varphi) = \sin\omega t\cos\varphi - \cos\omega t\sin\varphi$$

并令两边对应正弦激励 $F_0\sin\omega t$ 和余弦激励 $F_0\cos\omega t$ 的系数相等,有

$$X[(k - m\omega^2)\cos\varphi + c\omega\sin\varphi] = F_0$$
$$X[(k - m\omega^2)\sin\varphi - c\omega\cos\varphi] = 0$$

由此解得:

$$X = \dfrac{F_0}{\sqrt{(k - m\omega^2)^2 + (c\omega)^2}} \tag{3-4}$$

$$\varphi = \arctan\dfrac{c\omega}{k - m\omega^2} \tag{3-5}$$

于是式(3-1)的非齐次方程的特解可以表示为

$$x_p = \dfrac{F_0\sin(\omega t - \varphi)}{\sqrt{(k - m\omega^2)^2 + (c\omega)^2}} \tag{3-6}$$

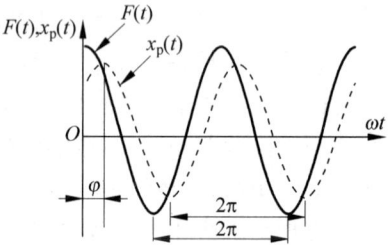

图 3-2 单自由度有阻尼系统的力
和响应关系图

图 3-2 给出了简谐激励力和响应之间的关系,两者频率相同,但是位移的相位滞后。

与齐次方程解合并,得到式(3-1)的完整解为

$$x = x_h + x_p = e^{-\zeta\omega_n t}(A\cos\omega_d t + B\sin\omega_d t) + \dfrac{F_0\sin(\omega t - \varphi)}{\sqrt{(k - m\omega^2)^2 + (c\omega)^2}} \tag{3-7}$$

3.1.2 强迫振动响应稳态解的频响函数求解方法

$$m\ddot{x}_1 + c\dot{x}_1 + kx_1 = F_0\cos\omega t \tag{3-8}$$

$$m\ddot{x}_2 + c\dot{x}_2 + kx_2 = F_0\sin\omega t \tag{3-9}$$

式(3-9)乘以虚数 i,和式(3-8)相加,得

$$m\ddot{x}_c + c\dot{x}_c + kx_c = F_0 e^{i\omega t} \tag{3-10}$$

其中,$x_c = x_R + i x_I$。

设稳态解为

$$x_c = \overline{X} e^{i\omega t}$$

注意和前节不同,这里的 $\overline{X}$ 是复数。

代入式(3-10)得到

$$(-m\omega^2 + ic\omega + k)\overline{X} e^{i\omega t} = |(-m\omega^2 + ic\omega + k)| e^{i\varphi} \overline{X} e^{i\omega t} = F_0 e^{i\omega t} \tag{3-11}$$

$$\overline{X} = \frac{F_0 e^{-i\varphi}}{|(-m\omega^2 + ic\omega + k)|} = \frac{F_0 e^{-i\varphi}}{\sqrt{(k-m\omega^2)^2 + (c\omega)^2}}$$

$$x_c = \overline{X} e^{i\omega t} = \frac{F_0 e^{i(\omega t - \varphi)}}{\sqrt{(k-m\omega^2)^2 + (c\omega)^2}} = \frac{F_0 [\cos(\omega t - \varphi) + i\sin(\omega t - \varphi)]}{\sqrt{(k-m\omega^2)^2 + (c\omega)^2}} \tag{3-12}$$

取实数部分,即可得到对应余弦激励的稳态解。而其虚数部分对应正弦激励的稳态解。

$$x_R = \text{Re}(\overline{X} e^{i\omega t}) = \frac{F_0 \cos(\omega t - \varphi)}{\sqrt{(k-m\omega^2)^2 + (c\omega)^2}} = X\cos(\omega t - \varphi)$$

$$x_I = \text{Im}(\overline{X} e^{i\omega t}) = \frac{F_0 \sin(\omega t - \varphi)}{\sqrt{(k-m\omega^2)^2 + (c\omega)^2}} = X\sin(\omega t - \varphi)$$

如果激励是余弦,取 $x_1 = x_R$;激励是正弦,取 $x_2 = x_I$,得到了和前节相同的结果。在推导过程中,由式(3-11)可见

$$\overline{X} = \frac{F_0}{(-m\omega^2 + ic\omega + k)}, \quad \frac{\overline{X}}{F_0} = \frac{1}{(-m\omega^2 + ic\omega + k)} = H(\omega)$$

$$H(\omega) = \frac{\overline{X}}{F_0} = \frac{1}{k(1 - r^2 + i2\zeta r)} = |H(\omega)| e^{-i\varphi} \tag{3-13}$$

式中,

$$|H(\omega)| = \frac{1}{k\sqrt{(1-r^2)^2 + (2\zeta r)^2}} \tag{3-14}$$

$$\varphi = \arctan \frac{2\zeta r}{1 - r^2}$$

$$r = \frac{\omega}{\omega_n}$$

阻尼比 ζ 可由第 2 章式(2-20)得出。

其中响应和激励的比称为频率响应函数,即单位简谐力激励下的响应。外激励频率给定后,响应的大小仅仅取决于系统固有特性。频率响应函数给出了不同系统特性下的响应随频率的变化规律。它与振动系统的运动微分方程稳态解以及传递函数是等价的。若已经测得系统的频率响应函数,则其响应可由频率响应函数和输入得到。频率响应函数为系统的位移响应与力输入之比,因此也被称为动柔度。而系统速度响应与力输入之比被称为速度导纳,系统加速度响应与力输入之比被称为加速度导纳。

最后,同样地加上 3.1.1 节得到的齐次解,获得式(3-8)的完整解。

3.1.3　强迫振动全响应中外激励对瞬态响应的贡献

式(3-7)系统的响应可以写为:$x(t)=x_\mathrm{h}(t)+x_\mathrm{p}(t)$,其中 $x_\mathrm{h}(t)$ 为齐次方程通解,$x_\mathrm{p}(t)$ 为非齐次方程的特解。

$$x=x_\mathrm{h}+x_\mathrm{p}=\mathrm{e}^{-\zeta\omega_\mathrm{n}t}(A\cos\omega_\mathrm{d}t+B\sin\omega_\mathrm{d}t)+X\cos(\omega t-\varphi)$$

其中稳态响应可以简写为 $x_\mathrm{p}(t)=X\cos(\omega t-\varphi)$,$X=\dfrac{F_0}{k\sqrt{(1-r^2)^2+(2\zeta r)^2}}$,$\tan\varphi=\dfrac{2\zeta r}{1-r^2}$

假定系统在零时刻的初始位移和初始速度分别为 x_0、$\dot{x}_0$,可求得

$$A=x_0-X\cos\varphi$$

$$B=\frac{\dot{x}_0}{\omega_\mathrm{d}}+\frac{\zeta\omega_\mathrm{n}}{\omega_\mathrm{d}}(x_0-X\cos\varphi)-\frac{X\omega}{\omega_\mathrm{d}}\sin\varphi$$

则系统的响应可写为

$$x(t)=\mathrm{e}^{-\zeta\omega_\mathrm{n}t}\left(x_0\cos\omega_\mathrm{d}t+\frac{\dot{x}_0+\zeta\omega_\mathrm{n}x_0}{\omega_\mathrm{d}}\sin\omega_\mathrm{d}t\right)-$$

$$X\mathrm{e}^{-\zeta\omega_\mathrm{n}t}\left(\cos\varphi\cos\omega_\mathrm{d}t+\frac{\omega\sin\varphi+\zeta\omega_\mathrm{n}\cos\varphi}{\omega_\mathrm{d}}\sin\omega_\mathrm{d}t\right)+X\cos(\omega t-\varphi) \quad (3\text{-}15)$$

式(3-15)右端第一部分表示由初位移和初速度引起的自由振动;第二部分表示强迫力引起的自由振动,两者随时间增加不断减小,最终趋于零而称为瞬态响应;第三部分为稳态响应,代表与外力激振频率相同的简谐振动,即阻尼振动系统在简谐力作用下的稳态响应。

必须把初始条件 $x(0)=x_0$,$\dot{x}(0)=\dot{x}_0$ 代入式(3-7),即代入全响应解,求出常数 A 和 B,得到系统在简谐激励力作用下的响应。单自由度有阻尼系统在简谐力作用下的瞬态响应、稳态响应和完整解如图 3-3 所示。

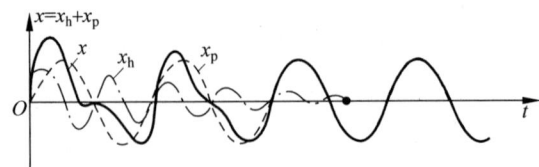

图 3-3　单自由度有阻尼系统的瞬态响应、稳态响应和完整解

从图 3-3 可见:

(1) 系统的运动是频率为 ω_d 和频率为 ω 的简谐运动的组合;

(2) 频率为 ω_d 的自由振动由于阻尼 ζ 的存在而逐渐衰减至零,它只在有限的时间内存在,故叫做瞬态振动;

(3) 频率为 ω 的稳态响应不因阻尼而衰减,其振幅 X 和相角 φ 与初始条件无关;

(4) 外激励对瞬态响应也有贡献。

例 3-1 设一机器可简化为一单自由度系统,其参数如下:$m=10\text{kg}, c=20\text{N}\cdot\text{s/m}$, $k=4000\text{N/m}, x(0)=0.01\text{m}, \dot{x}(0)=0$,根据以下条件求系统的响应:

(1) 作用在系统的外激励为 $F(t)=F_0\cos\omega t$,其中,$F_0=100\text{N}, \omega=10\text{rad/s}$;

(2) $F(t)=0$ 时的自由振动。

解:(1) 根据已知参数,可得

$$\omega_n=\sqrt{\frac{k}{m}}=\sqrt{\frac{4000}{10}}=20\text{rad/s}$$

$$\zeta=\frac{c}{2\sqrt{mk}}=\frac{20}{2\sqrt{4000\times10}}=0.05$$

$$\omega_d=\sqrt{1-\zeta^2}\,\omega_n=\sqrt{1-0.05^2}\times20=19.97\text{rad/s}$$

$$r=\frac{\omega}{\omega_n}=\frac{10}{20}=0.5, \quad \varphi=\arctan\frac{2\zeta r}{1-r^2}=\arctan\frac{2\times0.05\times0.5}{1-0.5^2}=3.8°$$

$$X_0=\frac{F_0}{k}=\frac{100}{4000}=0.025\text{m}$$

$$X=\frac{X_0}{\sqrt{(1-r^2)^2+(2\zeta r)^2}}=\frac{0.025}{\sqrt{(1-0.05^2)^2+(2\times0.5\times0.05)^2}}=0.0333\text{m}$$

根据式(3-12)和初始条件可得

$$x(0)=A+\frac{F_0\cos\varphi}{\sqrt{(k-m\omega^2)^2+(c\omega)^2}}$$

$$\dot{x}(0)=-\zeta\omega_n A+\omega_d B+\frac{\omega F_0\sin\varphi}{\sqrt{(k-m\omega^2)^2+(c\omega)^2}}$$

将 $x(0)=0.01\text{m}, \dot{x}(0)=0$ 代入上式,可得

$$A=-0.0233\text{m}, \quad B=-0.00117\text{m}$$

(2) 对于自由振动,其响应表达式为

$$x=e^{-\zeta\omega_n t}(A\cos\omega_d t+B\sin\omega_d t)$$

$$A=x_0, \quad B=\frac{\dot{x}_0+\zeta\omega_n x_0}{\omega_d}$$

将初始条件代入,可得

$$A=0.01\text{m}, \quad B=\frac{0+0.05\times20\times0.01}{19.97}=0.0005\text{m}$$

可见,两种情况求出的 A 和 B 是不一样的。

3.1.4 稳态响应特性分析

对于一特定系统,X 和 φ 是外力 F_0 和激励频率 ω 的函数,只要 F_0 和 ω 保持不变,则 X 和 φ 是常值。外激励力与弹性力、阻尼力及惯性力之间的关系可以用图 3-4 所示的矢量表示:物体的惯性力 $-m\omega^2 X$、弹性力 kX、阻尼力 $ic\omega X$ 和外力 F_0 平衡。由力的平衡关系

$$(k - m\omega^2)X = F_0\cos\varphi$$
$$(c\omega)X = F_0\sin\varphi$$

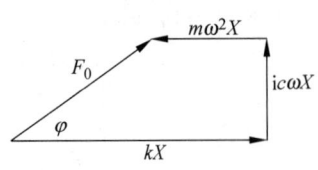

图 3-4 单自由度有阻尼系统的强迫振动矢量图

两式平方后相加即得到式(3-4)和式(3-5)。

为便于进一步讨论,将式(3-4)和式(3-5)无量纲化,分子分母同除以 k,可得

$$\frac{X}{X_0} = \frac{1}{\sqrt{(1-r^2)^2 + (2\zeta r)^2}} \quad (3-16)$$

$$\varphi = \arctan\frac{2\zeta r}{1-r^2} \quad (3-17)$$

式中,$X_0 = F_0/k$ 称为等效静位移;$r = \omega/\omega_n$ 为频率比;X/X_0 为动力放大因子,表示强迫振动的振幅随频率比 r、阻尼比 ζ 变化的规律。图 3-5 中给出了放大因子 X/X_0 与 φ 随频率比 r(横轴)和阻尼比 ζ 的变化曲线图。

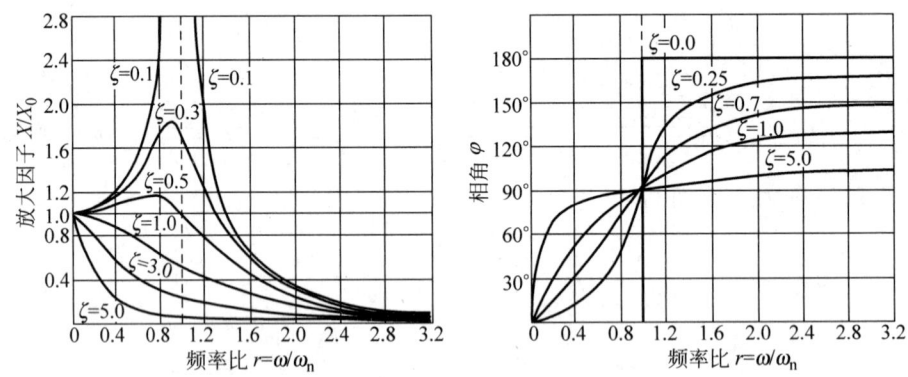

图 3-5 单自由度系统强迫振动的幅频特性曲线和相频特性曲线

从图 3-5 可见:

(1) 当激励频率很低,即 $r \to 0$ 时,$X/X_0 \to 1$,与阻尼无关,即外力变化很慢时,在短暂时间内几乎是一不变的力,振幅与静位移相近,相角 φ 很小。$r < 1$ 时,$0 < \varphi < 90°$,表明响应滞后于激励力;若 $\zeta = 0$,则 $\varphi = 0$,表明激励力和响应同相位。此时惯性力 $m\omega^2 x$ 和阻尼力 $c\omega x$ 都很小,外力几乎与弹簧力构成平衡,这一频率区域称为刚度控制区。

(2) 当激励频率很高,即 $r \gg 1$ 时,$X/X_0 \to 0$,也与阻尼无关,即外力方向改变过快,振动物体由于惯性来不及跟随,相角 φ 接近于 $180°$。$r > 1$ 时,$90° < \varphi < 180°$;若 $\zeta = 0$,则 $\varphi = 180°$,表明激励力和响应反相位。此时惯性力很大,外力几乎完全用于克服惯性力,这一频率区域称为质量控制区。

(3) 当激励频率与系统的固有频率接近时,即 $r \approx 1$ 时,强迫振动的幅值很大;若 $\zeta = 0$,则理论上 $X/X_0 \to \infty$,振幅的制约因素是阻尼。此时相角 φ 等于 $90°$,表明响应和激励力的相位差为 $90°$。$r = 1$ 时,若 $\zeta = 0$,则 φ 从 0 突变到 $180°$;此时振幅很大,惯性力与弹簧力平衡,外力用于克服阻尼力,这一频率区域称为阻尼控制区。

(4) 当 $r = 1$ 时,即 $\omega = \omega_n$ 时的频率称为共振频率,且有

$$\left(\frac{X}{X_0}\right)_{r=1} = \frac{1}{2\zeta} = Q, \quad X = \frac{X_0}{2\zeta} = \frac{F_0}{c\omega_n} \quad (3-18)$$

共振时的振幅比值也称为 Q 系数或系统的品质因数。在设计机器或结构物时,通常要避免共振,使固有频率偏离激励频率一定量(如 20%)。但振幅的最大值并不在 $r=1$ 处,而是在

$$r = \sqrt{1 - 2\zeta^2} \tag{3-19}$$

处,并且有

$$\left(\frac{X}{X_0}\right)_{\max} = \frac{1}{2\zeta\sqrt{1-\zeta^2}} \tag{3-20}$$

在振动测试时,若测得了响应的最大幅值,则系统的阻尼比可通过式(3-20)来确定。

(5) 从式(3-19)可知,若 $\zeta = \sqrt{2}/2$,响应等于静变形。当 $\zeta \geqslant \sqrt{2}/2$ 时,无论 r 为何值,$X/X_0 \leqslant 1$;当 $\zeta < \sqrt{2}/2$ 时,$X/X_0 > 1$。对于很小或很大的 r 值,阻尼对响应的影响可以忽略。

对图 3-1 所示的系统,若黏性阻尼力为 0,则运动方程式(3-1)简化为

$$m\ddot{x} + kx = F_0 \sin\omega t \tag{3-21}$$

齐次方程的通解为

$$x_h = C_1 \sin\omega_n t + C_2 \cos\omega_n t \tag{3-22}$$

式中,C_1 和 C_2 是任意常数。

假设无阻尼系统强迫振动方程式(3-21)的特解为

$$x_p = X \sin\omega t \tag{3-23}$$

式中,X 是振幅。将式(3-23)代入式(3-21)可得

$$X = \frac{F_0}{k - m\omega^2} = \frac{F_0}{k}\frac{1}{1 - r^2} = X_0 \frac{1}{1 - r^2} \tag{3-24}$$

对式(3-24)无量纲化,可得系统的稳态响应特性为

$$\frac{X}{X_0} = \frac{1}{1 - r^2} \tag{3-25}$$

应用初始条件 $x(0) = x_0$,$\dot{x}(0) = \dot{x}_0$,得到系统的总响应为

$$x = x_h + x_p = \left(\frac{\dot{x}_0}{\omega_n} - \frac{F_0}{k - m\omega^2}\frac{\omega}{\omega_n}\right)\sin\omega_n t + x_0 \cos\omega_n t + \frac{F_0}{k - m\omega^2}\sin\omega t \tag{3-26}$$

图 3-6 中给出了 X/X_0 随频率比 r 的变化曲线图。

从图 3-6 可见:

(1) $0 < r < 1$ 时,式(3-25)的分母为正值,此时系统的强迫响应与外力同相;

(2) $r > 1$ 时,式(3-25)的分母为负值,此时系统的强迫响应与外力反相,即响应和激励有 180° 的相角差,此外,当 $r \to \infty$ 时,$X \to 0$,系统的响应趋近于 0;

(3) $r = 1$ 时,由图 3-6(a)可知此时系统的强迫响应趋近于无穷大,此时系统发生共振。为求此条件下的响应,将式(3-26)重新整理为

$$x = \frac{\dot{x}_0}{\omega_n}\sin\omega_n t + x_0 \cos\omega_n t + X_0 \frac{\sin\omega t - \left(\frac{\omega}{\omega_n}\right)\sin\omega_n t}{1 - \left(\frac{\omega}{\omega_n}\right)^2} \tag{3-27}$$

当 $\omega \to \omega_n$ 时,最后一项为 0/0 型不定式,由洛必达法则求得式(3-27)的响应为

$$x = x_0 \cos\omega_n t + \left(\frac{\dot{x}_0}{\omega_n} + \frac{X_0}{2}\right)\sin\omega_n t - \frac{X_0 \omega_n t}{2}\cos\omega_n t \tag{3-28}$$

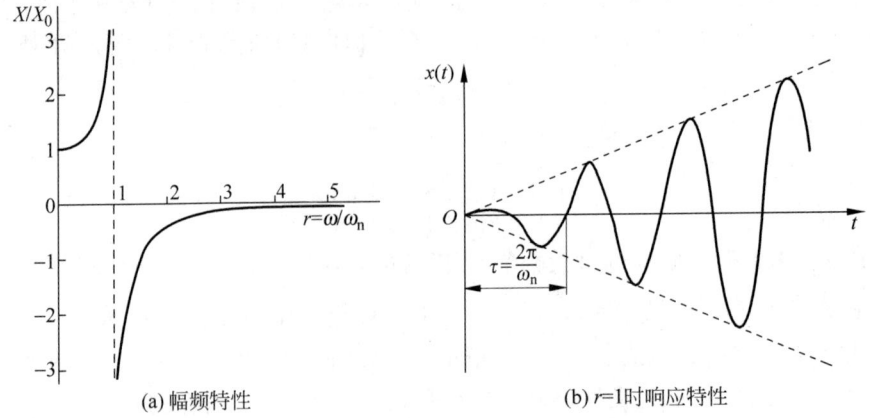

图 3-6 无阻尼系统的响应特性曲线

如不计瞬态响应部分,式(3-28)的变化规律如图 3-6(b)所示,共振时系统的响应将随着时间线性增大。许多机器在正常运转速度时,其激励频率通常远远大于固有频率,因此在开车和停车过程中都要穿越共振频率,由于共振时幅值的增大需要一定时间,只要加速或减速进行得比较快,一般可以顺利通过共振,而不致发生过大的幅值。

例 3-2 证明在小阻尼的情况下,阻尼比可以表示为

$$\zeta \approx \frac{\omega_2 - \omega_1}{\omega_2 + \omega_1} \approx \frac{\omega_2 - \omega_1}{2\omega_n}$$

式中,ω_1 和 ω_2 分别是半功率点对应的频率,能量与幅值的平方成正比。功率一半的频率点的幅值应该是最大幅值的 0.707 倍。

解:半功率点的定义可知

$$\frac{X}{X_0} = \frac{Q}{\sqrt{2}} = \frac{1}{2\sqrt{2}\,\zeta}$$

在半功率点的频率比 r 满足

$$\frac{1}{\sqrt{(1-r^2)^2 + (2\zeta r)^2}} = \frac{1}{2\sqrt{2}\,\zeta}$$

因此可以求得

$$r_1^2 = 1 - 2\zeta^2 - 2\zeta\sqrt{1+\zeta^2}, \quad r_2^2 = 1 - 2\zeta^2 + 2\zeta\sqrt{1+\zeta^2}$$

对于小阻尼情况

$$r_1^2 \approx 1 - 2\zeta, \quad r_2^2 \approx 1 + 2\zeta$$

两式相减可得

$$r_2^2 - r_1^2 = (r_2 + r_1)(r_2 - r_1) \approx 2(r_2 - r_1) \approx 4\zeta$$

$$\zeta \approx \frac{r_2 - r_1}{2} = \frac{\omega_2 - \omega_1}{2\omega_n}$$

因此可以通过测量半功率带宽($\omega_2 - \omega_1$)估算阻尼比 ζ。并且可见:阻尼越小,半功率带宽越小,共振峰越尖。实际上,如将频率响应函数表达为复数:

$$H(\omega) = H_R(\omega) + iH_I(\omega)$$

$$H_R(\omega) = \frac{1-r^2}{k[(1-r^2)^2 + (2\zeta r)^2]}$$

$$H_I(\omega) = -\frac{2\zeta r}{k[(1-r^2)^2 + (2\zeta r)^2]}$$

以 $r_1^2 \approx 1-2\zeta, r_2^2 \approx 1+2\zeta$ 代入,即得

$$|H^{1,2}(\omega)| = \sqrt{[H_R^{1,2}(\omega)]^2 + [H_I^{1,2}(\omega)]^2} = \sqrt{\left(\frac{1}{4k\zeta}\right)^2 + \left(\frac{1}{4k\zeta}\right)^2}$$

$$= \frac{\sqrt{2}}{2}\left(\frac{1}{2k\zeta}\right) = 0.707|H(\omega)|_{max}$$

即在半功率点上,频率响应幅值是最大幅值的 $\frac{\sqrt{2}}{2}$ 倍,即是振动能量的有效值。或者说,能量和幅值的平方成正比。

3.2 机械阻抗的基本概念

机械阻抗是频率响应函数的倒数。以简谐激励为例,位移机械阻抗即为激励力与其所引起的稳态位移响应之比。对于单自由度有阻尼系统,其位移机械阻抗为

$$Z(\omega) = \frac{F_0}{X} = (k - m\omega^2) + ic\omega = |Z(\omega)|e^{i\varphi} \tag{3-29}$$

式中,$|Z(\omega)| = k\sqrt{(1-r^2)^2 + (2\zeta r)^2}$;$\varphi = \arctan\frac{2\zeta r}{1-r^2}$。

由以上定义,频率响应函数和机械阻抗都是以频率为自变量的复函数,都是频域函数,而不是时域函数。上述定义是广义的机械阻抗概念,确切地说,机械阻抗指的是力输入与系统的速度响应之比,是速度导纳的倒数。系统的力输入与速度响应之比被称为机械阻抗。力输入与系统的加速度响应之比,被称为视在质量。三种基本元件的阻抗和导纳如表 3-1 所示。

表 3-1 三种基本元器件的机械阻抗

项目	阻抗			频率响应函数		
	F_0/X 动刚度	$F_0/\dot{X}$ 速度阻抗	$F_0/\ddot{X}$ 视在质量	X/F_0 动柔度	$\dot{X}/F_0$ 速度导纳	$\ddot{X}/F_0$ 加速度导纳
质量块	$-m\omega^2$	$i\omega m$	m	$-1/m\omega^2$	$1/i\omega m$	$1/m$
弹簧	k	$k/i\omega$	$-k/\omega^2$	$1/k$	$i\omega/k$	$-\omega^2/k$
阻尼器	$i\omega c$	c	$c/i\omega$	$1/i\omega c$	$1/c$	$i\omega/c$
互换规律	$i\omega$	1	$1/i\omega$	$1/i\omega$	1	$i\omega$

速度和位移的关系为

$$x(t) = \overline{X}e^{i\omega t}, \quad \dot{x}(t) = i\omega\overline{X}e^{i\omega t} = i\omega x(t) = Ve^{i\omega t}$$

将 $\overline{X} = V/\mathrm{i}\omega$ 代入式(3-11),得到速度导纳

$$\frac{\dot{x}(t)}{F_0 \mathrm{e}^{\mathrm{i}\omega t}} = \frac{1}{\mathrm{i}m\omega + c + \dfrac{k}{\mathrm{i}\omega}} = V(\omega)$$

速度导纳和位移导纳或位移频率响应函数的不同在于峰值位置不随阻尼改变,如图 3-7(a)所示。

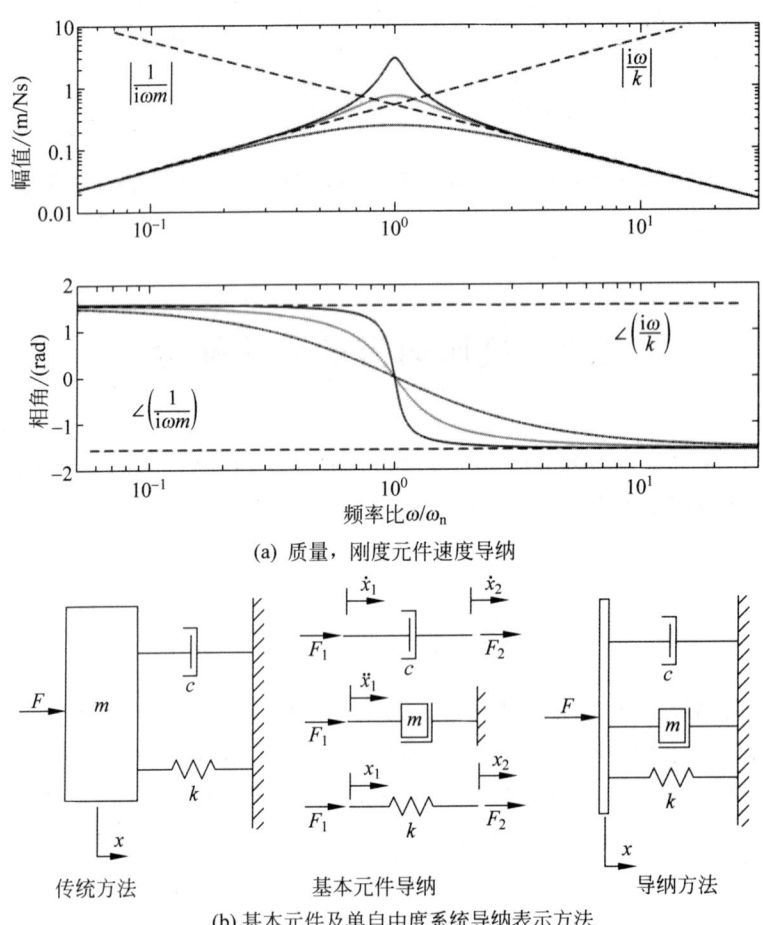

(a) 质量,刚度元件速度导纳

(b) 基本元件及单自由度系统导纳表示方法

图 3-7 单自由度系统导纳及导纳表示方法

一个复杂系统的等效阻抗或等效导纳函数,可以根据各个阻抗或导纳元件是并联或串联进行组合,规则和弹簧、质量、阻尼器的等效相似。

对并联情况:

$$Z_\mathrm{e}(\omega) = \sum_{n=1}^{N} Z_n(\omega)$$

对串联情况:

$$\frac{1}{Z_\mathrm{e}(\omega)} = \sum_{n=1}^{N} \frac{1}{Z_n(\omega)}$$

单自由度系统的导纳图如图 3-7(b)所示,注意和传统方法两者的不同。机械阻抗方法求解复杂系统的传递函数方面有独到的优势,见例 3-3。

例 3-3 用机械阻抗求解图 3-8 所示的三参数单自由度系统的传递函数。

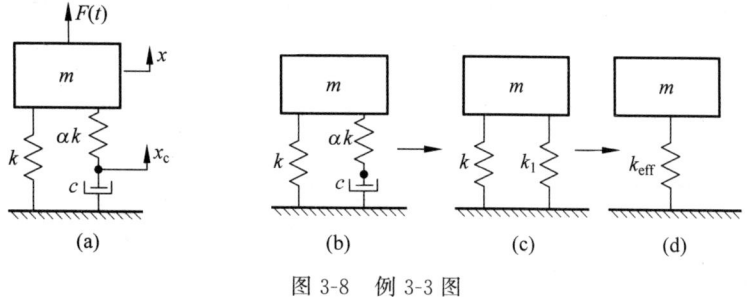

图 3-8 例 3-3 图

解：将图 3-8(b)右边的阻尼器和弹簧串联，得

$$x = x_1 + x_2 = F\left(\frac{1}{\alpha k} + \frac{1}{\mathrm{i}c\omega}\right)$$

如果用一个等效子系统来代替弹簧和阻尼的串联，则动柔度可按下式计算：

$$\frac{x}{F} = \frac{1}{\alpha k} + \frac{1}{\mathrm{i}c\omega}$$

则等效动刚度为其倒数，即

$$k_1 = \frac{\mathrm{i}\omega c \alpha k}{\mathrm{i}\omega c + \alpha k}$$

将图 3-8(c)的两边阻抗相加，得到图 3-8(d)

$$k_{\mathrm{eff}} = \frac{\mathrm{i}\omega c \alpha k + k(\mathrm{i}\omega c + \alpha k)}{\mathrm{i}\omega c + \alpha k} = \frac{[\mathrm{i}\omega c \alpha k + k(\mathrm{i}\omega c + \alpha k)](-\mathrm{i}\omega c + \alpha k)}{(\mathrm{i}\omega c + \alpha k)(-\mathrm{i}\omega c + \alpha k)}$$

$$k_{\mathrm{eff}} = \frac{k + k(\alpha + 1)\left(\frac{\omega c}{\alpha k}\right)^2}{1 + \left(\frac{\omega c}{\alpha k}\right)^2} + \mathrm{i}\frac{\omega c}{1 + \left(\frac{\omega c}{\alpha k}\right)^2}$$

由此可以得到三参数单自由度系统的传递函数

$$(-m\omega^2 + k_{\mathrm{eff}})X = F(\omega), \quad X(\omega) = \frac{F(\omega)}{-m\omega^2 + k_{\mathrm{eff}}}$$

可见，对于较为复杂的系统，机械阻抗法是一个更为有效的方法。三参数单自由度系统的应用可参见第 8 章。

3.3 结构阻尼和库仑阻尼

以上分析所采用的阻尼为黏性阻尼，阻尼力和振动速度成正比，对应的系统运动微分方程是线性的。实际的阻尼形式种类较多，常见的还有结构阻尼（滞后阻尼）和库仑阻尼。

1) 结构阻尼

结构阻尼由材料分子的内摩擦耗能引起。当一个具有结构阻尼的物体振动时，其应力-

应变曲线是如图 3-9(b)所示的滞后回线。该回路所围成的面积确定了由于阻尼的作用,单位体积的物体在一个循环中所损失的能量。考虑结构阻尼的振动系统如图 3-9(a)所示,在简谐力 $F_0\sin\omega t$ 作用下,其运动微分方程为

$$m\ddot{x} + \frac{\eta k'}{\omega}\dot{x} + k'x = F_0\sin\omega t \qquad (3\text{-}30)$$

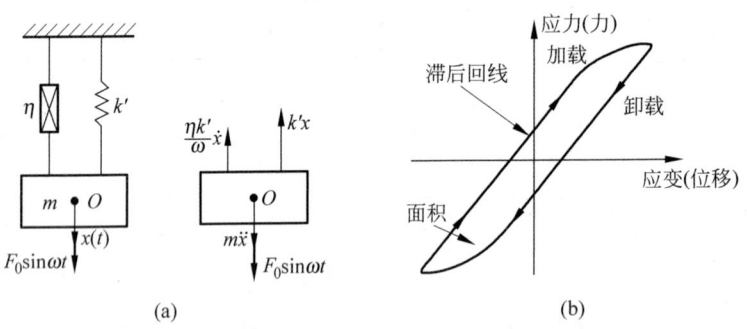

图 3-9 具有结构阻尼的单自由度系统

式中,$(\eta k'/\omega)\dot{x}$ 表示阻尼力与频率成反比,与刚度成正比;η 为比例系数,称为材料的损耗因子。在简谐力激励作用下 $\dot{x} = \mathrm{i}\omega x$,和圆频率成正比,则有

$$m\ddot{x} + k'(1 + \mathrm{i}\eta)x = F_0 \mathrm{e}^{\mathrm{i}\omega t} \qquad (3\text{-}31)$$

$k'(1+\mathrm{i}\eta)$ 被称为复刚度,虚数部分表示阻尼力较弹性力超前 $90°$。橡胶材料即具有这种阻尼形式,其损耗因子通常在 $0.1 \sim 0.4$ 范围内,随环境温度、硫化工艺和填充材料不同而变化。

计算式(3-31)的稳态响应,其频率响应和振幅分别为

$$\frac{k'X}{F_0} = \frac{1}{1 - r^2 + \mathrm{i}\eta} = H(\omega) \qquad (3\text{-}32\mathrm{a})$$

$$X = \frac{F_0}{\sqrt{(k' - m\omega^2)^2 + (\eta k')^2}} = \frac{X_0}{\sqrt{(1-r^2)^2 + \eta^2}} \qquad (3\text{-}32\mathrm{b})$$

式中,$X_0 = F_0/k'$ 表示静变形。与黏性阻尼的稳态响应振幅 $X = \dfrac{X_0}{\sqrt{(1-r^2)^2 + (2\zeta r)^2}}$ 比较可知,在共振频率即 $r = 1$ 时,有 $2\zeta = \eta$。虽然在其他频率这一关系并不成立,但考虑到阻尼主要在共振区附近起作用,故在时域分析计算中可以利用 $2\zeta = \eta$ 将结构阻尼转化为黏性阻尼处理。比较图 3-10(a)、(b)和图 3-5,幅值在共振峰处相似;在低频时相位和黏性阻尼系统不同,结构阻尼系统响应的相位不为零;在结构阻尼振动系统响应的奈奎斯特图中,如图 3-10(c)所示,起始点的响应大于零;在实部和虚部图中,如图 3-10(d)所示,共振频率点处,实部等于零,虚部为极小值,其绝对值等于奈奎斯特图中圆的直径。在实部图中,两个极值点之间的频带宽度正好等于半功率带宽,其实部两个极值点的绝对值正好等于虚部幅值的一半。

2) 库仑阻尼

具有库仑阻尼的单自由度系统如图 3-11 所示,在受到简谐激励力 $F_0\sin\omega t$ 的作用下,其运动微分方程为

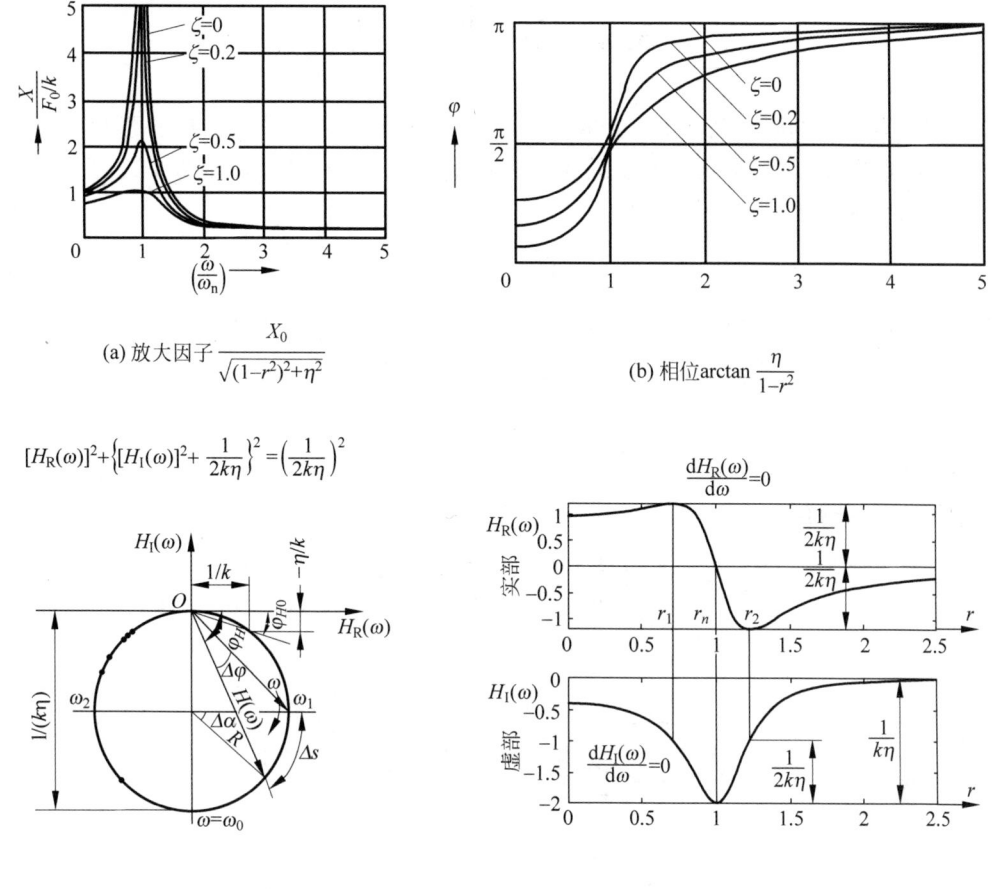

图 3-10 结构阻尼系统频响函数的不同表示方法

$$m\ddot{x} + kx + F_f = F_0 \sin\omega t \quad (3\text{-}33)$$

式中,$F_f = \mathrm{sgn}(\dot{x})\mu N$ 是库仑摩擦力;sgn 是符号函数;μ 为动摩擦系数;N 为正压力。该系统只有在弹簧的恢复力大于摩擦力的情况下才能够发生运动。由第 2 章的分析可知,自由振动时每经过半个振动周期振幅衰减 $2F_f/k$,因此弹簧的恢复力也将逐渐减小。当弹簧的恢复力与摩擦力相差无几时,振动呈现黏滞状态。

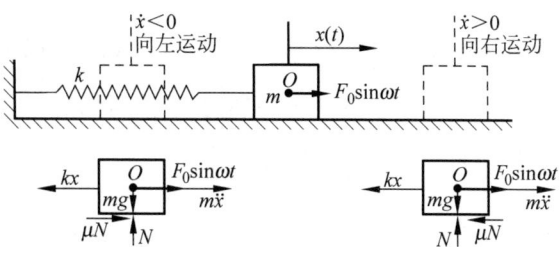

图 3-11 具有库仑阻尼的单自由度系统

3.4 等效阻尼

对于各种不同的阻尼类型,稳态振动时每个振动循环的力-位移曲线将形成一个封闭圈,这个封闭圈称为滞回曲线。对于黏性阻尼来说,滞回曲线呈椭圆,如图 3-12 所示。其面积正比于每一循环阻尼消耗的能量:

$$\Delta E = \oint F_\mathrm{d} \mathrm{d}x \tag{3-34}$$

式中,F_d 是阻尼力。对黏性阻尼系统,$F_\mathrm{d} = c\dot{x}$。稳态振动的位移和速度为

$$x = x_0 \sin(\omega t - \varphi), \quad \dot{x} = \omega x_0 \cos(\omega t - \varphi) = \pm \omega x_0 \sqrt{1 - \sin^2(\omega t - \varphi)} = \pm \omega \sqrt{x_0^2 - x^2}$$

阻尼力可表示为

$$F_\mathrm{d} = c\dot{x} = \pm c\omega \sqrt{x_0^2 - x^2}$$

重新整理后得到

$$\left(\frac{F_\mathrm{d}}{c\omega x_0}\right)^2 + \left(\frac{x}{x_0}\right)^2 = 1$$

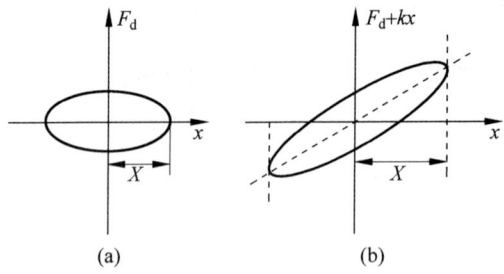

图 3-12 黏性阻尼消耗的能量

即阻尼力和位移的关系是一个椭圆。如果将弹簧力和阻尼力加载一起,椭圆就旋转一个角度 k(弹簧刚度)。

$$F(t) = kx_0 \sin\omega t + cx_0 \omega \cos\omega t$$
$$= kx \pm c\omega \sqrt{x_0^2 - x_0^2 \sin^2 \omega t}$$
$$= kx \pm c\omega \sqrt{x_0^2 - x^2}$$

阻尼力在每个循环消耗的能量为

$$\Delta E = \oint F_\mathrm{d} \mathrm{d}x = \oint c\dot{x} \mathrm{d}x = \oint c\dot{x}\dot{x} \mathrm{d}t = c\omega^2 x_0^2 \int_0^{\frac{2\pi}{\omega}} \cos^2(\omega t - \varphi) \mathrm{d}t = \pi c\omega x_0^2 \tag{3-35a}$$

可见,黏性阻尼耗能 ΔE 随频率而变。在一个周期内,外力所做的

$$\int_0^{2\pi/\omega} F_0 \sin\omega t x_0 \omega \cos(\omega t - \varphi) \mathrm{d}t$$
$$= \int_0^{2\pi/\omega} F_0 x_0 \omega (\sin\omega t \cos\omega t \cos\varphi + \sin^2 \omega t \sin\varphi) \mathrm{d}t$$
$$= F_0 x_0 \omega \sin\varphi \left.\frac{t}{2}\right|_0^{2\pi/\omega} = \pi x_0 F_0 \sin\varphi \tag{3-35b}$$

式(3-35a)应该等于式(3-35b)，一个周期内外力所做功等于阻尼消耗的能量。
$$F_0 \sin\varphi = c\omega x_0$$
这个结果与图 3-4 一致。共振时频响函数最大值也可由上式得到。
$$\omega = \omega_n, \quad F_0 = \delta_{st} k, \quad \varphi = \frac{\pi}{2}, \quad \frac{x_0}{\delta_{st}} = \frac{1}{2\zeta}$$

为了简化分析计算，利用等效黏性阻尼的概念可以将不同的阻尼当作黏性阻尼处理。阻尼等效的原则是，在一个振动周期中不同阻尼所消耗的能量与黏性阻尼在一个周期中所消耗的能量相等。

对于结构阻尼，其在一个循环内消耗的能量可以表示为
$$\Delta E = \oint F_d \, dx = \oint \frac{\eta k'}{\omega} \dot{x} \dot{x} \, dt = \eta k' \omega x_0^2 \int_0^{2\pi/\omega} \cos^2(\omega t - \varphi) \, dt = \pi x_0^2 k' \eta \qquad (3\text{-}36)$$
可见，结构阻尼每个循环的能量消耗和频率无关。其等效黏性阻尼系数为
$$c_{eq} = \frac{k'\eta}{\omega} \qquad (3\text{-}37)$$

对于库仑阻尼材料，若振动的幅值用 x_0 表示，则干摩擦力在 1/4 个循环中的能量消耗为 $\mu N x_0$，因此在一个完整循环中因干摩擦导致的能量消耗为
$$\Delta E = 4\mu N x_0 \qquad (3\text{-}38)$$
其等效阻尼系数为
$$c_{eq} = \frac{4\mu N}{\pi \omega x_0} \qquad (3\text{-}39)$$

式(3-33)中，$F_f = c_{eq} \dot{x}$
$$m\ddot{x} + kx + c_{eq}\dot{x} = F_0 \sin\omega t$$
$$x_0 = \frac{F_0}{\sqrt{(k - m\omega^2)^2 + (c_{eq}\omega)^2}}$$
其中，等效阻尼系数 c_{eq} 表达式中含有 x_0，故最终可以解得
$$x_0 = \frac{F_0}{k} \left[\frac{1 - \left(\frac{4\mu N}{\pi F_0}\right)^2}{\left(1 - \frac{\omega^2}{\omega_n^2}\right)^2} \right]^{\frac{1}{2}}$$

例 3-4 当振动物体在流体介质中高速运动时，所遇到的阻尼力通常假定为与速度平方成正比，阻尼力表示为 $F_d = \pm a\dot{x}^2$，式中，a 是常数，$\dot{x}$ 是阻尼器中得相对速度，正号对应于 $\dot{x} < 0$，负号对应于 $\dot{x} > 0$，求解其等效黏性阻尼系数和其稳态响应的值。

解：在简谐运动 $x = X\sin\omega t$ 的一个周期中，所消耗的能量为
$$\Delta W = 2\int_{-x}^{x} a\dot{x}^2 \, dx = 2X^3 \int_{-\pi/2}^{\pi/2} a\omega^2 \cos^3 \omega t \, d(\omega t) = \frac{8}{3} \omega^2 a X^3$$
令此能量等于等效黏性阻尼在一个周期中损耗的能量，则其等效黏性阻尼系数为
$$c_{eq} = \frac{8}{3\pi} \omega a X$$
可见 c_{eq} 不是常量，而是随 ω 与 X 发生变化。由式(3-17)可知其稳态响应的幅值为

$$\frac{X}{X_0} = \frac{1}{\sqrt{(1-r^2)^2 + (2\zeta_{eq}r)^2}}$$

式中,$\zeta_{eq} = c_{eq}/c_c = c_{eq}/2m\omega_n = (4ar/3\pi m)X$,因此

$$(1-r^2)^2 X^2 + (2\zeta_{eq}r)^2 X^2 = X_0^2$$

$$X = \frac{3\pi m}{8ar^2}\sqrt{-\frac{(1-r^2)^2}{2} + \sqrt{\frac{(1-r^2)^4}{4} + \left(\frac{8ar^2}{3\pi m}X_0\right)^2}}$$

在发生共振时,$r=1$,其共振幅值为

$$X_{max} = \sqrt{\frac{3\pi m}{8a}X_0}$$

3.5 旋转失衡

电机、水泵与风机等旋转机器是周期简谐激励的主要来源之一,因为转子不可能100%平衡。设转子的不平衡度可以用偏心距 e 与不偏心质量 m 的乘积 me 来表示。机器的模型如图3-13所示。机器的总质量为 M,机器的基座一般具有弹性 k 和阻尼 c。当转子以角速度 ω 旋转时,离心力 $me\omega^2$ 将使机器发生振动,现假定机器只限于垂直方向上下振动,则可简化为单自由度系统,在垂直方向的激振力为 $me\omega^2\sin\omega t$。

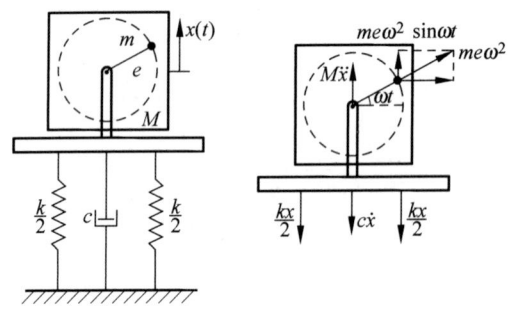

图 3-13 旋转机器的不平衡质量

旋转机器在不平衡质量作用下在垂直方向的运动微分方程为

$$M\ddot{x} + c\dot{x} + kx = me\omega^2 \sin\omega t \tag{3-40}$$

这个方程和式(3-1)形式相同,只是将 $me\omega^2$ 代替了 F_0。因此该方程的解也可以表示为

$$x(t) = X\sin(\omega t - \varphi) \tag{3-41}$$

式中,$X = \dfrac{me\omega^2}{M\sqrt{(\omega_n^2 - \omega^2)^2 + (2\zeta\omega_n\omega)^2}}$;$\omega_n = \sqrt{\dfrac{k}{M}}$;$\zeta = \dfrac{c}{2M\omega_n}$;$\varphi = \arctan\dfrac{2\zeta\omega_n\omega}{\omega_n^2 - \omega^2}$。

对振动的幅值和相位无量纲化,可得

$$\frac{MX}{me} = \frac{r^2}{\sqrt{(1-r^2)^2 + (2\zeta r)^2}}, \quad \varphi = \arctan\frac{2\zeta r}{1-r^2} \tag{3-42}$$

对于不同的 ζ 值,MX/me 随 r 的变化如图3-14所示,φ 随 r 的变化如图3-5中所示。

从图 3-14 可见：

（1）所有的曲线开始时均为零幅值，在共振点附近的幅值受阻尼的影响显著，当角速度 ω 非常大时，MX/me 近似为 1，阻尼的影响可忽略不计。

（2）当 $0<\zeta<\sqrt{2}/2$ 时，MX/me 存在最大值。由 $\mathrm{d}\left(\dfrac{MX}{me}\right)/\mathrm{d}r=0$ 可以求得振幅最大时的频率比和放大率

$$r=\dfrac{1}{\sqrt{1-2\zeta^2}}>1 \tag{3-43}$$

$$\left(\dfrac{MX}{me}\right)_{\max}=\dfrac{1}{2\zeta\sqrt{1-\zeta^2}} \tag{3-44}$$

（3）当 $\zeta>\sqrt{2}/2$ 时，MX/me 没有最大值，其值由零 ($r=0$) 缓慢地趋于 1 ($r\rightarrow\infty$)。

（4）发生最大值的频率随阻尼增加而略往右偏，即增大。

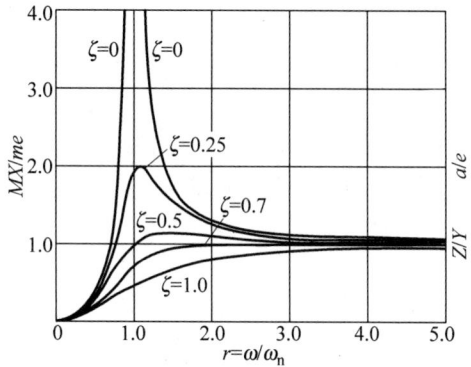

图 3-14　不同 ζ 值时 $\dfrac{MX}{me}$ 随 r 的变化

例 3-5　飞机发动机具有一个大小为 m，偏心距为 r 的不平衡质量，将机翼简化成如图 3-15(b) 所示的横截面为 $a\times b$ 的等截面悬臂梁，弹性模量为 E，总长为 L，密度为 ρ，发动机悬挂点到机翼根部的距离为 l，发动机到机翼的距离为 d。求发动机转速为 $N(\mathrm{r/min})$ 时机翼的最大位移（假设阻尼和从发动机到机翼自由端部分的影响不计）。

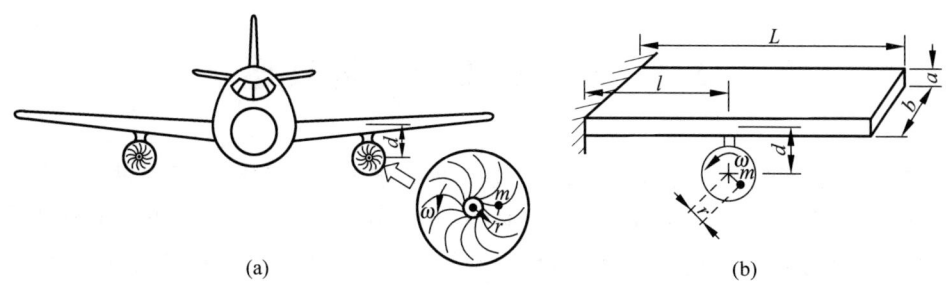

图 3-15　飞机机翼、发动机偏心质量及等效模型

解：如图 3-15 所示，将机翼看做一个质量块，机翼的振动可以看做是在发动机偏心质量激励下的振动。由于假设从发动机到机翼自由端部分的影响不计，将分布式的机翼质量

(从机翼根部到发动机悬挂点处)等效到发动机悬挂点处。

系统最大动能为

$$T_{\max} = \frac{1}{2}\int_0^l \rho ab\,[\dot{y}(x)]^2\,\mathrm{d}x$$

其中,$y(x)$ 的表达式为

$$y(x) = \frac{Px^2}{6EI}(3l-x) = \frac{y_{\max}x^2}{2l^3}(3l-x) = \frac{y_{\max}}{2l^3}(3x^2l - x^3)$$

其中,$y_{\max} = \dfrac{Pl^3}{3EI}$,则最大动能表达式可表述为

$$T_{\max} = \frac{1}{2}\left(\frac{33}{140}\rho abl\right)\dot{y}_{\max}^2$$

因此,等效后机翼的总质量为

$$M = \frac{33}{140}\rho abl$$

发动机悬挂点处的支承刚度可以通过悬臂梁求得

$$k = \frac{3EI}{l^3} = \frac{Eba^3}{4l^3}$$

在转速为 $N(\mathrm{r/min})$ 时,发动机的激励频率为

$$\omega = \frac{2\pi N}{60}$$

则其提供的偏心激励力的大小为

$$mr\omega^2 \sin\omega t = mr\left(\frac{2\pi N}{60}\right)^2 \sin\frac{2\pi Nt}{60}$$

最大的位移发生在 $\sin\dfrac{2\pi Nt}{60}=1$ 时,此时的位移为

$$X = \frac{mr\left(\dfrac{2\pi N}{60}\right)^2}{\dfrac{Eba^3}{4l^3} - \dfrac{33}{140}\rho abl\left(\dfrac{2\pi N}{60}\right)^2} = \frac{mrl^3N^2}{22.7973Eba^3 - 0.2357\rho abl^4N^2}$$

3.6 转子旋曲与临界转速

发电厂的汽轮机、发电机和励磁机转子通常安装于各自的长轴上,再通过联轴器把它们连接在一起,组成一个长大的、高速旋转的转子,并由多组轴承支承。这类转子最简单的动力学模型,是两端支承、中间带圆盘的弹性长轴转子。圆盘在绕轴线旋转的同时,轴线又绕 z 轴转动,形成称为转子涡动或旋曲的复杂运动。本节以此为例,在简化条件下推导出转轴的临界转速。

考虑如图 3-16 所示的系统,假定转轴静止时,轴线为铅直方向,与两端轴承的 z 向重合。轴承绝对刚性,转轴可在轴承内自由旋转。转子(圆盘)安装在轴的中点,转轴通过转子

的几何中心 C，而转子的质心 G 有偏心距 e，即转子的质心 G 与其几何中心 C 的距离为 e。转轴在发生挠曲时，转子平面始终保持水平，重力的影响可以忽略不计。转子的旋转失衡产生一个稳态的简谐激励，作用于转子上的力还有质心加速度引起的惯性力、轴弯曲引起的弹性力以及来自系统的阻尼力（例如来自轴承的阻尼作用）。

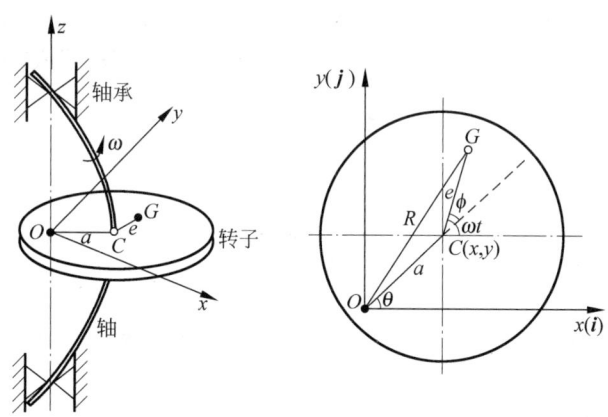

图 3-16 转轴-转子系统和处于偏心状态的转子

当转轴以某一角速度 ω 匀速旋转时，转子失衡的离心力使轴发生挠曲，轴承中心线与转子盘面交汇于 O 点。严格来讲，这里的涡动指的是两轴承的中心线与变形以后的轴线组成的平面的转动。OC 的角速度 $\dot{\theta}=\mathrm{d}\theta/\mathrm{d}t$ 称为涡动速度，可以等于也可以不等于轴的转速 ω，这里假定两者是相等的。设稳定状态时轴中点的挠度为 a，即 $OC=a$。建立一个以 O 为原点的固定坐标系来描述系统的运动，转子的几何中心 C 的坐标为 x 和 y，质心 G 的坐标为 $x+e\cos\omega t$ 和 $y+e\sin\omega t$，如图 3-16 所示，$x(\boldsymbol{i})$、$y(\boldsymbol{j})$ 中的 $\boldsymbol{i}$ 和 $\boldsymbol{j}$ 分别表示沿 x 和 y 方向上的单位向量。

转子（质量为 m）的惯性力、弹性力和外部阻尼力分别为

$$\boldsymbol{f}_{\mathrm{i}}=m[(\ddot{x}-e\omega^2\cos\omega t)\boldsymbol{i}+(\ddot{y}-e\omega^2\sin\omega t)\boldsymbol{j}] \tag{3-45}$$

$$\boldsymbol{f}_{\mathrm{e}}=-k(x\boldsymbol{i}+y\boldsymbol{j}) \tag{3-46}$$

$$\boldsymbol{f}_{\mathrm{d}}=-c(\dot{x}\boldsymbol{i}+\dot{y}\boldsymbol{j}) \tag{3-47}$$

式中，$\boldsymbol{i}$ 和 $\boldsymbol{j}$ 分别表示 x 轴和 y 轴方向的单位矢量，用矢量可以将两个方向的力用一个公式表示；k 表示轴中点的横向刚度；c 表示阻尼系数。

根据质心运动定理，得到质心的运动微分方程为

$$\begin{aligned} m\ddot{x}+c\dot{x}+kx &= me\omega^2\cos\omega t \\ m\ddot{y}+c\dot{y}+ky &= me\omega^2\sin\omega t \end{aligned} \tag{3-48}$$

1. 无阻尼自由振动

当 $e=0$ 且不考虑阻尼时，转子中心 G 和质心 C 重合，转子在初始横向冲击下将发生无阻尼自由振动。运动微分方程变为

$$\begin{aligned} m\ddot{x}+kx &= 0 \\ m\ddot{y}+ky &= 0 \end{aligned} \tag{3-49}$$

两个方向的振动不存在耦合。自由振动解可以表示为

$$x = A\sin(\omega_n t + \alpha)$$
$$y = B\sin(\omega_n t + \beta)$$

式中振幅 A、B 和初相位 α、β 均有起始的横向冲击决定。式(3-49)表明转子的几何中心 C 在互相垂直的方向做频率同为 ω_n 的简谐运动。在一般情况下，振幅 A 和 B 不相等。上式表明几何中心 C 的轨迹为一椭圆，C 的这种运动是一种"涡动"或"进动"。自然频率 ω_n 称为进动角速度。

若为理解涡动，设 $\alpha = \pi/2, \beta = 0$

$$\begin{cases} x = A\cos\omega_n t \\ y = B\sin\omega_n t \end{cases} \tag{3-50}$$

将式(3-50)改写为

$$\begin{cases} x = \dfrac{1}{2}(A+B)\cos\omega_n t + \dfrac{1}{2}(A-B)\cos(-\omega_n t) \\ y = \dfrac{1}{2}(A+B)\sin\omega_n t + \dfrac{1}{2}(A-B)\sin(-\omega_n t) \end{cases} \tag{3-51}$$

式(3-51)表示式(3-50)所描述的转子中心 C 的轨迹为椭圆轨迹，可以由两个圆组合而成。一个圆以 $(A+B)/2$ 为半径，逆时针旋转；另一个圆以 $(A-B)/2$ 为半径，顺时针旋转。前者和转轴转动方向一致，称为正向涡动，后者为反向涡动。涡动分解如图 3-17 所示。

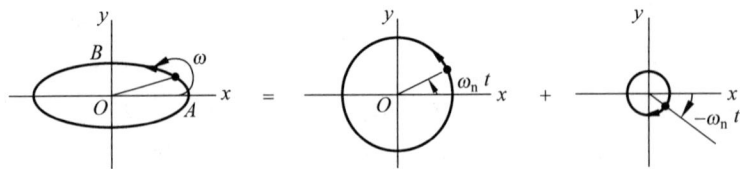

图 3-17 涡动分解

2. 偏心质量激励下的响应

定义复变量 $\omega = x + \mathrm{i}y$，可以将式(3-43)用一个微分方程表示，如下：

$$m\ddot{\omega} + c\dot{\omega} + k\omega = me\omega^2 \mathrm{e}^{\mathrm{i}\omega t} \tag{3-52}$$

设式(3-44)的稳态响应

$$\omega = a\mathrm{e}^{\mathrm{i}(\omega t - \varphi)} \tag{3-53}$$

式中，a 和 φ 是待定常数，表示振幅和相位，将 ω 代入式(3-52)，解得

$$a = \frac{me\omega^2}{\sqrt{(k - m\omega^2)^2 + (c\omega)^2}} = \frac{er^2}{\sqrt{(1-r^2)^2 + (2\zeta r)^2}} \tag{3-54}$$

$$\varphi = \arctan\frac{2\zeta r}{1 - r^2} \tag{3-55}$$

式中，$r = \omega/\omega_n$；$\omega_n = \sqrt{k/m}$，$\zeta = c/2\sqrt{mk}$；ω_n 是轴的横向振动固有频率。由于阻尼的作用，挠度 a 与偏心 e 之间存在相位角 φ。由式(3-54)可知 a/e 随 r 的变化规律如图 3-14 所示。

转子中心 C 绕固定坐标系做圆周运动,其挠度(即轴心涡动的轨迹)为 a。由于 φ 的存在,O、C 和 G 三点并不在一条直线上,而是构成一个三角形 $\triangle OCG$。挠度 a 和相角 φ 均随转速 ω 而改变。从以上分析可知,转子涡动时一方面圆盘绕转子的轴旋转,同时弯曲的轴带着圆盘又绕两轴承中心的连线旋转,故此种运动也被称为弓状旋曲。

$r \ll 1(\omega \ll \omega_n)$ 时,挠度 a 很小,相角 φ 也接近于零,O、C、G 三点靠近在一条直线上,并且 C 点在 O 点和 G 点之间。$r = 1(\omega = \omega_n)$ 时,$a = e/2\zeta$,$\varphi = 90°$。$r \gg 1(\omega \gg \omega_n)$ 时,a 趋近于 e,相角 φ 趋近于 $180°$,O、C、G 三点又近似靠近在一条直线上,这时且 G 点在 O 点和 C 点之间。此时质心 G 趋近于轴承连线中心 O,称为高速转子的自动定心作用。这三种情况的相位关系如图 3-18 所示。

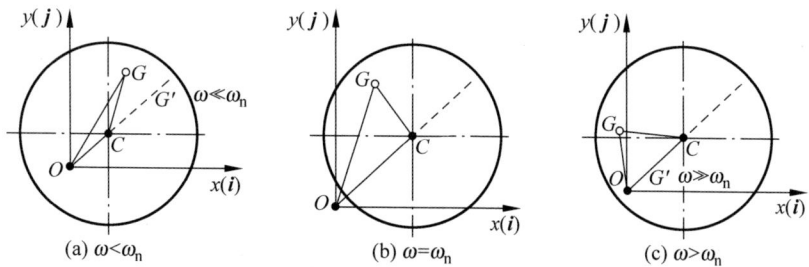

图 3-18 不同转速时的偏心位置

临界转速 ω_{cr} 为轴的转动角速度等于轴的某个固有频率时的转速。对于图 3-16 所示的模型,其临界转速为

$$\omega_{cr} = \omega_n = \sqrt{\frac{k}{m}} \tag{3-56}$$

对于无阻尼的理想情况,在临界转速时轴的挠度 a 将达到无穷大。而实际转子总是存在一定阻尼,挠度不可能达到无限大。虽然临界转速时挠度不是无限大,但转子产生的变形比一般转速下的挠度大得多,可能造成转子与外壳相碰、传递到轴承的反力过大而损坏。因此在工程实际中应使转子避免在临界转速附近工作。工作转速低于临界转速的转子称为刚性转子,而工作转速高于临界转速的转子称为挠性转子。

例 3-6 一个重 445kg 的飞轮,偏心距为 0.0124m,安装在一根钢制轴上。轴的直径为 0.0248m。轴承之间的长度为 0.744m,飞轮的转速为 1200r/min,求:①临界转速;②转子的振幅;③系统启动时转子的最大涡动振幅;④传递到轴承支座上的力。假设阻尼比为 0.1。

解:转子的激励频率(轴的转速)为

$$\omega = \frac{2\pi \times 1200}{60} = 40\pi = 126 \text{rad/s}$$

假设转子安装在轴的中心,轴两端的轴承支承可简化为简支支承,轴的材料为钢,弹性模量为 $E = 2.1 \times 10^{11} \text{N/m}^2$,惯性矩为 $I = \pi d^4/64 = \pi \times 0.0248^4/64 = 1.86 \times 10^{-8} \text{m}^4$,则可根据材料力学的定义得到轴支承处的刚度为

$$k = \frac{48EI}{l^3} = \frac{48 \times 2.1 \times 10^{11} \times 1.86 \times 10^{-8}}{0.744^3} = 4.55 \times 10^5 \text{N/m}$$

得到不计弹性轴的质量时,系统的固有频率为

$$\omega_n = \sqrt{\frac{k}{m}} = \sqrt{\frac{4.54 \times 10^5}{445}} = 31.98 \text{rad/s}$$

因此,得到转子的临界转速为

$$n_{cr} = \frac{60}{2\pi}\omega_n = 305 \text{r/min}$$

频率比为

$$r = \frac{\omega}{\omega_n} = \frac{126}{31.9} = 3.95$$

稳态响应时的振幅

$$a = \frac{er^2}{\sqrt{(1-r^2)^2 + (2\zeta r)^2}} = \frac{0.0124 \times 3.95^2}{\sqrt{(1-3.95^2)^2 + (2 \times 0.1 \times 3.95)^2}} = 0.0132 \text{m}$$

系统启动时,转子角速度要通过系统的固有频率,因此其最大涡动振幅可通过式(3-55)中令 $r=1$ 求得

$$a_{\max} = \frac{e}{2\zeta} = \frac{0.0124}{2 \times 0.1} = 0.062 \text{m}$$

稳态振动时,施加在轴上的力可通过轴的支承刚度及该点的挠度求得

$$F = kA = 4.55 \times 10^5 \times 0.0132 = 6006 \text{N}$$

因此得到简支支承下轴承的受力为

$$F_1 = F_2 = \frac{1}{2}F = \frac{1}{2}kA = 3003 \text{N}$$

注意,当计及弹性轴的质量时,假设弹性轴的质量为 $M = \frac{\rho \pi d^2 l}{4}$,则系统的固有频率为 $\omega_n = \sqrt{k/\left(m + \frac{M}{2}\right)}$,然后可以按照同样步骤确定涡动振幅等。

3.7 基础激励与隔振

3.7.1 基础激励下的绝对位移响应

如图 3-19 所示,有时基础或者支承会发生简谐运动(如厂房中的设备受到地震作用、船舶上的机器受到波浪运动)。令 $y(t) = Y\sin\omega t$ 为基础的位移,以物体与支承静止时的平衡

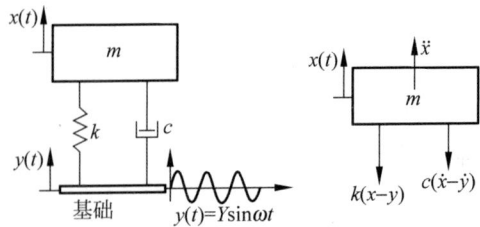

图 3-19 基础激励下的单自由度系统

位置为原点,设在 t 时刻,物体 m 有位移 x,支承有位移 y,则物体和支承之间的弹簧净伸长为 $x-y$,阻尼器两端的相对速度为 $\dot{x}-\dot{y}$,弹簧力和阻尼力分别为 $k(x-y)$ 和 $c(\dot{x}-\dot{y})$。

根据受力图可建立基础激励下的运动微分方程为

$$m\ddot{x}+c(\dot{x}-\dot{y})+k(x-y)=0 \tag{3-57}$$

$$m\ddot{x}+c\dot{x}+kx=c\dot{y}+ky=c\omega Y\cos\omega t+kY\sin\omega t=A\sin(\omega t-\alpha) \tag{3-58}$$

式中,$A=Y\sqrt{k^2+(c\omega)^2}$;$\alpha=\arctan\left(-\dfrac{\omega c}{k}\right)$。根据式(3-6),可得质量块的稳态响应为

$$x(t)=\dfrac{Y\sqrt{k^2+(c\omega)^2}}{\sqrt{(k-m\omega^2)^2+(c\omega)^2}}\sin(\omega t-\varphi_1-\alpha)=X\sin(\omega t-\varphi) \tag{3-59}$$

式中,$\varphi_1=\arctan\dfrac{c\omega}{k-m\omega^2}$。

质量块的振幅 X 与基础激励振幅 Y 之比称为位移传递率:

$$T_\mathrm{d}=\left|\dfrac{X}{Y}\right|=\dfrac{\sqrt{k^2+(c\omega)^2}}{\sqrt{(k-m\omega^2)^2+(c\omega)^2}}=\sqrt{\dfrac{1+(2\zeta r)^2}{(1-r^2)^2+(2\zeta r)^2}} \tag{3-60}$$

对于不同的 r 与 ζ 值,位移传递率 $T_\mathrm{d}=X/Y$ 的变化如图 3-20 所示。从图 3-20 可见:

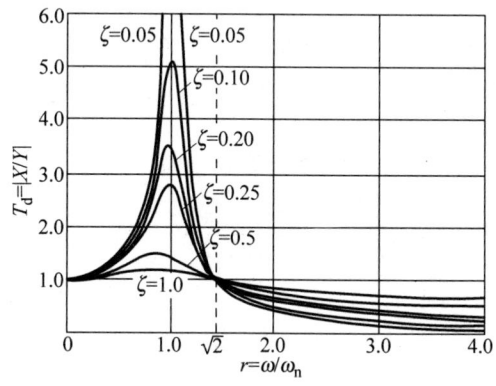

图 3-20 位移传递率随频率比 r 的变化

(1) 当 $r=0$ 时,$T_\mathrm{d}=1$,即在静态时,基础的位移和质量块的位移相同,两者的相对位移 $X-Y$ 为 0;对于较小的 r 值,$T_\mathrm{d}\to 1$。

(2) 对于无阻尼系统,共振时($r=1$);$T_\mathrm{d}\to\infty$。

(3) 当 $r=\sqrt{2}$ 时,对任意大小的阻尼值 ζ,$T_\mathrm{d}=1$;即传递率曲线经过定点$(\sqrt{2},1)$。

(4) 当 $r>\sqrt{2}$ 时,$T_\mathrm{d}<1$,此时才有隔振作用,而且阻尼比越小,T_d 也越小。

对图 3-1 所示受简谐激励力的单自由度系统,经由弹簧和阻尼传递给基础的力 F 的幅值

$$F=|c\dot{x}+kx|=F_0\dfrac{\sqrt{k^2+(c\omega)^2}}{\sqrt{(k-m\omega^2)^2+(c\omega)^2}} \tag{3-61}$$

传递给基础的力与激励力幅值之比 F/F_0 称为力传递率 T_f:

$$T_f = \frac{F}{F_0} = \frac{\sqrt{k^2 + (c\omega)^2}}{\sqrt{(k-m\omega^2)^2 + (c\omega)^2}} = \sqrt{\frac{1+(2\zeta r)^2}{(1-r^2)^2 + (2\zeta r)^2}} \qquad (3\text{-}62)$$

可见,力传递率和位移传递率相等。

例 3-7 图 3-21 是汽车通过粗糙路面时引起垂向振动的一个简单模型。设汽车的质量为 $m=1200\text{kg}$,悬架系统的弹簧常数为 $k=400\text{kN/m}$,阻尼比为 $\zeta=0.5$。若汽车的行驶速度为 $v=20\text{km/h}$,求汽车的位移幅值。已知路面的起伏按照正弦规律变化,幅值为 $Y=0.05\text{m}$,波长为 6m。

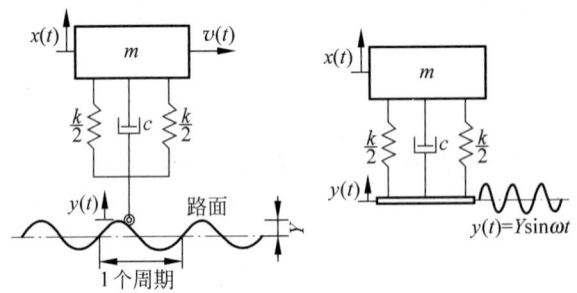

图 3-21 在粗糙路面上行驶的汽车

解:基础运动激励的频率可以通过汽车的行驶速度除以路面起伏的一个循环速度求得

$$\omega = 2\pi f = 2\pi \frac{v \times 1000}{3600} \times \frac{1}{6} = 0.291 v \text{ rad/s}$$

当 $v=20\text{km/h}$ 时,$\omega = 5.82\text{rad/s}$。汽车的固有频率为

$$\omega_n = \sqrt{\frac{k}{m}} = \sqrt{\frac{400 \times 10^3}{1200}} = 18.3 \text{rad/s}$$

因此频率比 r 为

$$r = \frac{\omega}{\omega_n} = \frac{5.82}{18.3} = 0.318$$

由位移传递率表达式(3-60)得到振幅比为

$$\frac{X}{Y} = \sqrt{\frac{1+(2\times 0.5 \times 0.318)^2}{(1-0.318^2)^2+(2\times 0.5 \times 0.318)^2}} = 1.47$$

因此汽车垂向振动的振幅为

$$X = 1.47Y = 0.0735\text{m} > 0.05\text{m}$$

在当前状态下,乘客感觉到的上下颠簸比路面的实际起伏大。

例 3-8 如图 3-22 所示,有阻尼弹簧-质量系统两端均连接于无质量刚性平板上,其中质量为 m,两端弹簧刚度均为 k,阻尼均为 c。两端刚性平板均存在振动,其中上端平板的振动位移可以表示为 $x_1 = a\sin\omega t$,下端平板的振动位移可以表示为 $x_2 = 2a\sin 2\omega t$,求质量块 m 运动的稳态响应。

解:上平板的运动位移和速度分别为 $x_1 = a\sin\omega t$,$\dot{x}_1 = a\omega\cos\omega t$;下平板的运动位移和速度分别为 $x_2 = 2a\sin 2\omega t$,$\dot{x}_2 = $

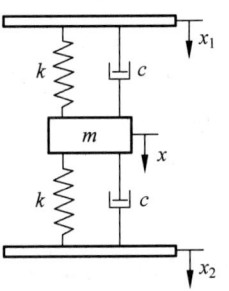

图 3-22 例题 3-8 图

$4\omega a\cos 2\omega t$；存在上下平板振动的动力学方程可以描述为
$$m\ddot{x}+c(\dot{x}-\dot{x}_1)+c(\dot{x}-\dot{x}_2)+k(x-x_1)+k(x-x_2)=0$$
可得
$$m\ddot{x}+2c\dot{x}+2kx=kx_1+kx_2+c\dot{x}_1+c\dot{x}_2$$
$$=ka\sin\omega t+2ka\sin 2\omega t+ca\omega\cos\omega t+4ca\omega\cos 2\omega t$$

对线性系统，显然可以由叠加原理求系统稳态响应。

系统固有频率 $\omega_n=\sqrt{2k/m}$，阻尼比 $\zeta=c/\sqrt{2km}$，频率比 $r=\omega/\omega_n$。

对 $F_1(t)=ka\sin\omega t$，有 $x_1(t)=X_1\sin(\omega t-\varphi_1)$，其中
$$X_1=\frac{ka}{2k\sqrt{(1-r^2)^2+(2\zeta r)^2}}=\frac{a}{2\sqrt{(1-r^2)^2+(2\zeta r)^2}}, \quad \varphi_1=\arctan\frac{2\zeta r}{1-r^2}$$

对 $F_2(t)=2ka\sin 2\omega t$，有 $x_2(t)=X_2\sin(2\omega t-\varphi_2)$，其中
$$X_2=\frac{2ka}{2k\sqrt{(1-4r^2)^2+(4\zeta r)^2}}=\frac{a}{\sqrt{(1-4r^2)^2+(4\zeta r)^2}}, \quad \varphi_2=\arctan\frac{4\zeta r}{1-4r^2}$$

对 $F_3(t)=ca\omega\cos\omega t$，有 $x_3(t)=X_3\cos(\omega t-\varphi_3)$，其中
$$X_3=\frac{ca\omega}{2k\sqrt{(1-r^2)^2+(2\zeta r)^2}}, \quad \varphi_3=\arctan\frac{2\zeta r}{1-r^2}$$

对 $F_4(t)=4ca\omega\cos 2\omega t$，有 $x_4(t)=X_4\cos(2\omega t-\varphi_4)$，其中
$$X_4=\frac{2ca\omega}{k\sqrt{(1-4r^2)^2+(4\zeta r)^2}}, \quad \varphi_2=\arctan\frac{4\zeta r}{1-4r^2}$$

则系统的动力学响应为
$$x(t)=x_1(t)+x_2(t)+x_3(t)+x_4(t)$$
$$=X_1\sin(\omega t-\varphi_1)+X_2\sin(2\omega t-\varphi_2)+X_3\cos(\omega t-\varphi_3)+X_4\cos(2\omega t-\varphi_4)$$

3.7.2 基础激励下的相对位移响应

在工程应用中，有时关心的是质量相对于基础的相对位移，因为工程应用上弹簧和阻尼器的位移受到限制。将 $z=(x-y)$ 代入微分方程式(3-57)，得
$$m\ddot{z}+c\dot{z}+kz=-m\ddot{y}=m\omega^2Y\sin\omega t=F_0\sin\omega \tag{3-63}$$

对照单自由度谐激励下响应结果，可以立即写出
$$z(t)=\frac{m\omega^2Y\sin(\omega t-\varphi)}{[(k-m\omega^2)^2+(c\omega)^2]^{1/2}}=Z\sin(\omega t-\varphi) \tag{3-64}$$

其中，相位 $\varphi=\arctan\dfrac{c\omega}{k-m\omega^2}$。

相对位移和输入的比值为
$$\frac{Z}{Y}=\frac{r^2}{\sqrt{(1-r^2)^2+(2\zeta r)^2}}$$

相对位移传递率 Z/Y 随频率比 r 的变化如图 3-14 所示。从相对位移传递率随频率比 r 的变化曲线可以看出，相对位移传递率和绝对位移传递率之间存在显著差别，相对位移最

后趋近1,而且随阻尼的增大,共振频率点是右移的,转子在不平衡激励下的响应和相对位移传递率是相同的。

例 3-9 求例 3-7 中汽车相对于地面的最大位移与输入幅值之比。

解：$\dfrac{Z}{Y} = \dfrac{r^2}{\sqrt{(1-r^2)^2 + (2\zeta r)^2}} = \dfrac{0.318^2}{\sqrt{(1-0.318^2)^2 + (2\times 0.5\times 0.318)^2}} = 0.1068$

3.8 测振仪原理

从3.7节可知,根据基础运动可以计算物体 m 的绝对运动。现说明如何通过质量块 m 的相对运动,求解待测物体(基础)的运动,这就是测振仪的基本原理。

测振仪有三种形式:测量加速度、速度或位移。在测量时将测振仪外壳固定在振动待测物体上,使测振仪跟随物体一起振动。测振仪内有用弹簧和阻尼器悬置的质量块 m,在振动物体的激励下(基础激励)产生强迫振动。

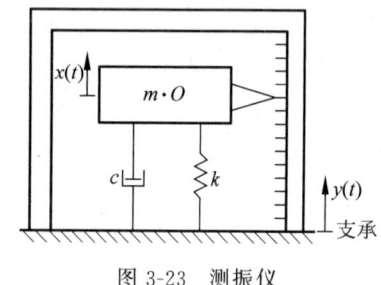

图 3-23 测振仪

用 $x(t)$ 和 $y(t)$ 分别表示质量块 m 和基础的绝对运动,在壳体内放置一个标尺可以测得质量块相对于基础的相对运动 $z(t)=x(t)-y(t)$,如图 3-23 所示。系统的运动微分方程为

$$m\ddot{z} + c\dot{z} + kz = -m\ddot{y} = m\omega^2 Y\sin\omega t \tag{3-65}$$

其稳态响应为

$$z(t) = \dfrac{m\omega^2 Y\sin(\omega t - \varphi)}{\sqrt{(k-m\omega^2)^2 + (c\omega)^2}} = Z\sin(\omega t - \varphi) \tag{3-66}$$

式中,幅值 Z 可以表示为

$$Z = \dfrac{m\omega^2 Y}{\sqrt{(k-m\omega^2)^2 + (c\omega)^2}} = Y\dfrac{r^2}{\sqrt{(1-r^2)^2 + (2\zeta r)^2}} \tag{3-67}$$

相位滞后角为

$$\varphi = \arctan\dfrac{2\zeta r}{1-r^2} \tag{3-68}$$

式(3-67)是分析测振仪原理的基础。对于不同的 ζ 值,比值 Z/Y 随频率比 r 的变化规律如图 3-24 所示,而测振仪的类型取决于所测频率的范围。

1. 位移传感器

若测试的频率 ω 比测振仪固有频率 ω_n 高得多,即 $r=\omega/\omega_n \gg 1$ 时,由式(3-67)可知

$$\dfrac{Z}{Y} = \dfrac{1}{\sqrt{\left(\dfrac{1}{r^2}-1\right)^2 + \left(\dfrac{2\zeta}{r}\right)^2}} \to 1 \tag{3-69}$$

此时质量块 m 的相对位移 $z(t)$ 接近基础位移 $y(t)$,测振仪可用于测量位移。

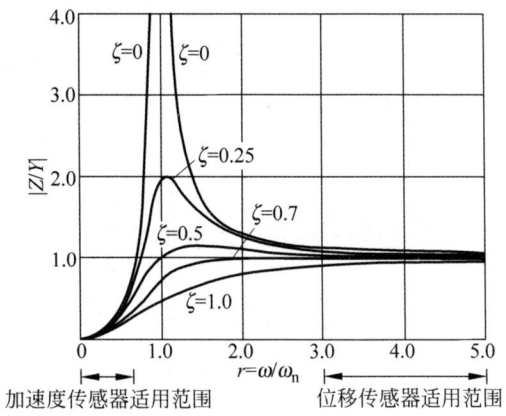

图 3-24 不同 ζ 值时，$|Z/Y|$ 随 r 的变化

对于位移传感器，要求测振仪的固有频率远小于测试频率，因此尺寸和重量比较大。为了扩大位移传感器的测量频率范围，由图 3-24 可见，测振仪的阻尼比最好取为 $\zeta=0.7$。

例 3-10 测振仪的固有频率是 $\omega_n=4\text{rad/s}$，$\zeta=0.2$，固连在一个做简谐运动的结构上。如果记录的最大测量值和最小测量值的差是 8mm，求结构振动频率是 $\omega=40\text{rad/s}$ 时实际振幅的大小。

解：由记录的最大测量值和最小测量值的差是 8mm，这表明质量块的振动幅值是 4mm，由 $\zeta=0.2$，$r=\dfrac{\omega}{\omega_n}=\dfrac{40}{4}=10$，可得

$$Z=Y\dfrac{10^2}{\sqrt{(1-10^2)^2+(2\times0.2\times10)^2}}=1.0093Y$$

因此结构的实际振幅为 $Y=\dfrac{Z}{1.0093}=3.96\text{mm}$。

2. 加速度传感器

加速度传感器是应用最广泛的测振仪。由式(3-67)可知

$$\dfrac{Z}{Y\omega^2}=\dfrac{1}{\omega_n^2\sqrt{(1-r^2)^2+(2\zeta r)^2}} \tag{3-70}$$

当频率比 $r=\omega/\omega_n\ll1$，即测试频率 ω 比测振仪固有频率 ω_n 小很多时，由式(3-70)得

$$\dfrac{Z}{Y\omega^2}\to\dfrac{1}{\omega_n^2},\quad \omega_n^2 Z\to=\ddot{Y} \tag{3-71}$$

此时质量块 m 测得的相对位移 $z(t)$ 与支承加速度 $\ddot{y}(t)$ 成正比，测振仪可用作加速度传感器。

对于加速度传感器，要求测振仪的固有频率远远大于测试频率。为满足要求，加速度传感器应选取小的质量和大的弹簧刚度，所以尺寸较小。此外当阻尼比 $\zeta=\sqrt{2}/2=0.707$ 时，式(3-70)变为

$$\omega_n^2 Z = \frac{\ddot{Y}}{\sqrt{1+r^4}} \tag{3-72}$$

可见阻尼比 ζ 取 0.7 对测振仪来说总是最合适的。

3. 速度传感器

速度传感器用来测量振动物体的速度,在式(3-60)中若满足

$$\frac{r^2}{\sqrt{(1-r^2)^2+(2\zeta r)^2}} \approx 1 \tag{3-73}$$

则有

$$\dot{Z} = \omega Z \approx \omega Y = \dot{Y} \tag{3-74}$$

此时测振仪的质量块相对速度近似等于基础的绝对速度,测振仪可用作速度传感器。而为了满足式(3-70),要求 $r=\omega/\omega_n \gg 1$,与对测振仪用作位移传感器的要求完全相同。因此速度传感器的尺寸和质量也是比较大的。

4. 相位失真

由式(3-68)可知,因为阻尼的存在,测振仪的输出存在相位滞后。输出信号的滞后时间随频率而变,为 $\tau=\varphi/\omega$。如果被测振动为单一频率的简谐运动,测振仪的输出信号虽然滞后,但不会产生波形失真。若被测振动由多个频率的简谐运动构成,因不同频率信号的时间滞后量不同,导致各频率分量的相位关系发生改变,从而使合成以后的振动波形产生失真。

习 题 3

3-1 为什么作用在一个振动质量上的常力对稳态振动没有影响?

3-2 如果振幅的放大系数小于1,激励频率和系统的固有频率有什么关系?

3-3 在振动系统中,固有频率过低会带来什么好处和坏处?

3-4 描述阻尼对系统振动传递的影响。增大阻尼是不是一定对振动控制有利?

3-5 对无阻尼系统而言,共振时会发生什么现象?是不是其振幅在任意时刻都很大?

3-6 给出两种以上确定阻尼值的方法。

3-7 为什么在大多数情况下都使用黏性阻尼的模型而不是其他阻尼形式?

3-8 为什么在大部分情况下,只是在共振点附近在考虑阻尼的影响?

3-9 干摩擦对限制共振振幅有作用吗?

3-10 什么是涡动?

3-11 求题 3-11 图所示的机构中质量块 m 做微摆动时的最大摆动角 θ_m,除质量块 m 外,其他构件的质量均略去不计。

3-12 求题 3-12 图所示系统在支承运动为 $y_s = y_0 \sin\omega t$ 时的振动微分方程(AB 为刚性杆)。

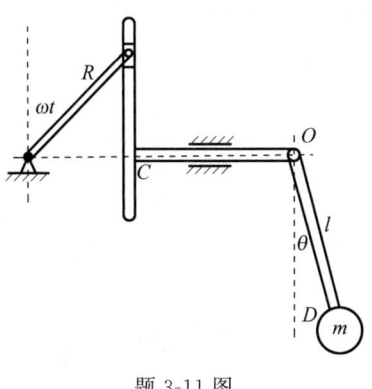
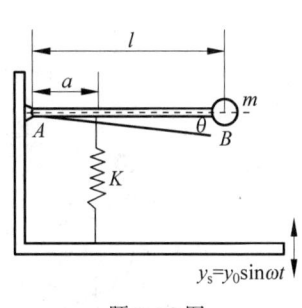

题 3-11 图　　　　　　　　　　题 3-12 图

3-13　用激振器对某结构物激振,如该结构物在低频率时可视为单自由度系统,求等效刚度和等效质量。已测得两次用不同频率 ω_1,ω_2 的激振结果为:

$\omega_1=16$ 1/s 时,激振力 $F_1=500$N,振幅 $B_1=0.72\mu$m(1μm $=1\times10^{-6}$m),相位角 $\psi_1=15°$;

$\omega_2=25$ 1/s 时,激振力 $F_2=500$N,振幅 $B_2=1.45\mu$m(1μm $=1\times10^{-6}$m),相位角 $\psi_2=55°$。

3-14　如题 3-14 图所示,质量为 m 的油缸与刚度为 k 的弹簧相连,通过阻尼系数为 c 的黏性阻尼器以运动规律 $y=A\sin\omega t$ 的活塞给予激励,求油缸运动的振幅以及它相对于活塞的相位。

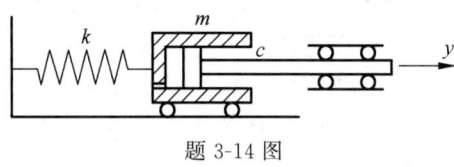

题 3-14 图

3-15　如题 3-15 图所示,有一电机重为 W,放在由两根槽钢组成(两槽钢的腹板相对位置)的简支梁中央,略去梁的质量,如果一简谐力矩 $M=M_0\sin\omega t$ 作用于梁左端,试求其稳态响应。

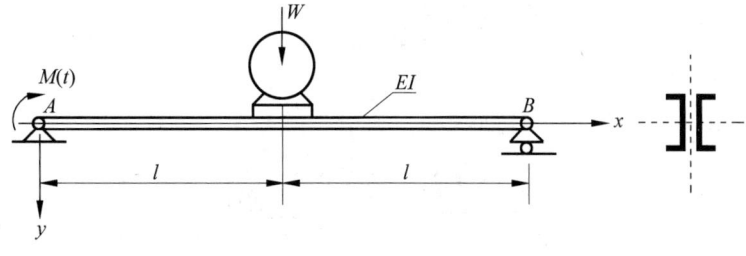

题 3-15 图

3-16　如题 3-16 图所示,四冲程发动机支承在 3 个隔振器上,发动机总的重量为 2500N。若发动机产生的不平衡力为 $4\sin\pi t$ N,试设计 3 个隔振器(每个隔振器的刚度为 k,黏性阻尼系数为 c),使得发动机的振幅不超过 2.5mm。

3-17 总质量为 M 的旋转机械支承在刚度为 k 的弹簧和阻尼系数为 c 的阻尼器上,如题 3-17 图所示。旋转机械的工作角速度为 ω,其转动不平衡部分用偏心质量 m 和偏心距 e 表示。试:

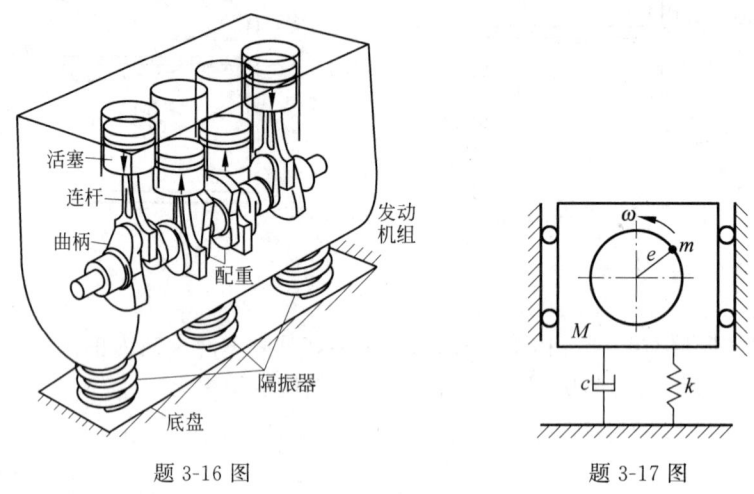

题 3-16 图   题 3-17 图

(1) 建立在转动不平衡激励作用下质量块 M 的运动微分方程;
(2) 求出质量块 M 的稳态响应;
(3) 计算系统传递给基础的动态力振幅;
(4) 设弹簧刚度 k 可以取不同值,若既要系统隔振效果好,使传递给基础的力小于偏心质量产生的离心力,又要质量块 M 振动小,使 M 与其振幅的乘积 MX 小于 me,k 应如何选取?在这里假定阻尼系数 c 很小可以忽略。

3-18 如题 3-18 图所示,船舶螺旋桨重 10^5 N,转动惯量为 $10000 \text{kg} \cdot \text{m}^2$,通过一空心阶梯轴与发动机相连。假设水的阻尼比为 0.1,轴的材料为钢,剪切模量为 $G = 0.8 \times 10^{11} \text{N/m}^2$。求当发动机推进轴的根部($A$ 点)有一个简谐位移 $0.05\sin(314.16t)$ rad 时,推进器的扭振响应。

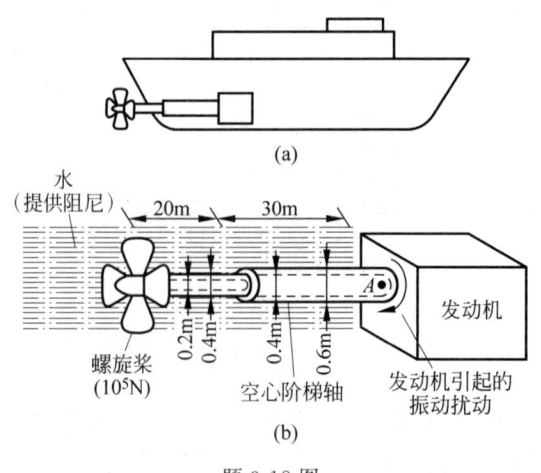

题 3-18 图

3-19　在题 3-19 图所示的弹簧-质量系统中,在两个弹簧的连接处作用一激振力 $F_0\sin\omega t$。试求质量块 m 的振幅。

3-20　如题 3-20 图所示,质量可忽略的直角刚性杆可绕铰链 O 自由转动(忽略摩擦阻力),长度为 L 的铅垂杆端部有集中质量 m,长度为 a 的水平杆由阻尼器支承,同时又与一弹簧相连,弹簧的另一端有简谐位移扰动 $A\cos\omega t$。试建立系统的微分振动方程,并求系统的稳态响应。

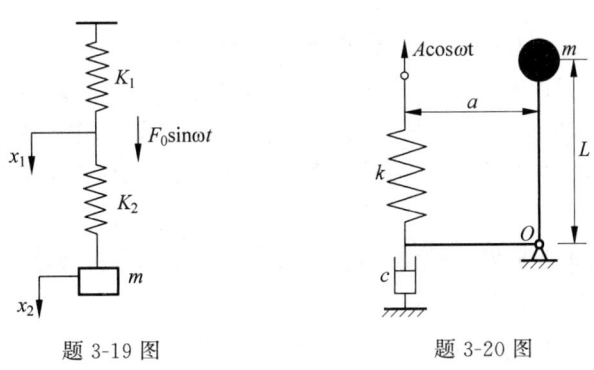

题 3-19 图　　　　题 3-20 图

3-21　如题 3-21 图所示系统,x 和 y 分别表示质量块的绝对位移和阻尼器 c_1 末端 Q 点的位移,试:
(1) 推导质量块 m 的运动微分方程;
(2) 求质量块 m 的稳态位移响应;
(3) 求当 Q 端受简谐运动作用 $y(t)=Y\cos\omega t$ 时,传递给 P 处的支承力。

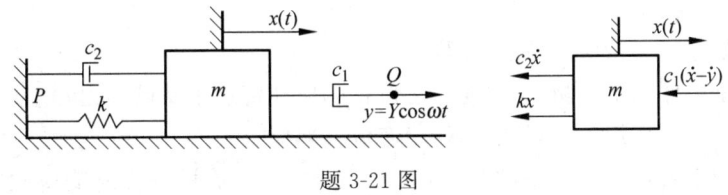

题 3-21 图

3-22　求题 3-22 图所示系统的等效黏性阻尼系数和等效刚度,并求有阻尼弹簧-质量系统的振动微分方程和稳态响应。

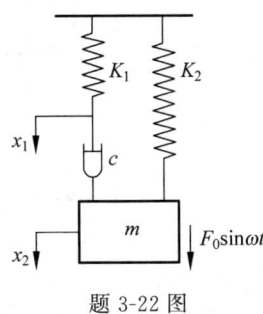

题 3-22 图

3-23　证明当振动系统的阻尼为材料结构阻尼时,在简谐激励作用下,当激励频率 $\omega=\omega_n$ 时,系统振幅最大,并求此时振幅。

3-24 求题 3-24 图所示弹簧-质量系统在库仑阻尼和简谐激励力 $F_0\sin\omega t$ 作用下的振幅。在什么条件下运动能继续？

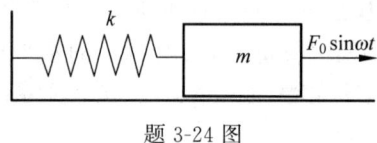

题 3-24 图

3-25 设计一速度传感器，要求测试得到的速度误差限制在 1%以内(即测量的速度和实际速度的误差)，速度计的固有频率是 80Hz，悬挂质量为 0.05kg。

3-26 一钢制轴，长 1m，直径 2.5cm，两端由轴承支承，工作转速 6000r/min。在轴的中部装有涡轮盘，涡轮的质量为 20kg，偏心距为 0.005m。系统阻尼采用阻尼比为 $\zeta=0.01$ 的黏性阻尼系数等效。试计算：

(1) 确定以下转速下轮盘的涡动振幅：①工作转速；②临界转速；③1.5 倍临界转速；

(2) 转子启动和停车时的最大振幅；

(3) 求在上述转速下的轴承反作用力和轴的最大弯曲应力。

3-27 如题 3-27 图所示，汽车拖挂车的质量为 m，以匀速 v 在不平路面行驶，设拖挂车与车头的连接点 O 无垂直运动（连接点 O 处不存在垂向运动，但存在绕 O 点的转动），求拖挂车振幅达到最大时，拖车的速度。

3-28 如题 3-28 图所示系统称为弹性连接黏性阻尼系统，在汽车悬置、航天器隔振方面有重要应用。已知 $k_1=Nk$；阻尼比和频率比的定义与有阻尼单自由度系统相同 $\left(\text{也即 }k_1=Nk, \omega_n=\sqrt{\dfrac{k}{m}}, \zeta=\dfrac{c}{2m\omega_n}, r=\dfrac{\omega}{\omega_n}\right)$。针对激励力作用和基础激励作用，试：

(1) 建立质量块 m 的运动微分方程；

(2) 求激励力作用下质量块 m 的稳态位移响应和传递到基础的力；

(3) 求基础激励作用下质量块 m 的稳态位移响应；

(4) 画出激励力作用下和基础激励作用下质量块 m 的稳态位移响应随频率比和阻尼比的关系曲线，并和有阻尼单自由度系统进行比较。

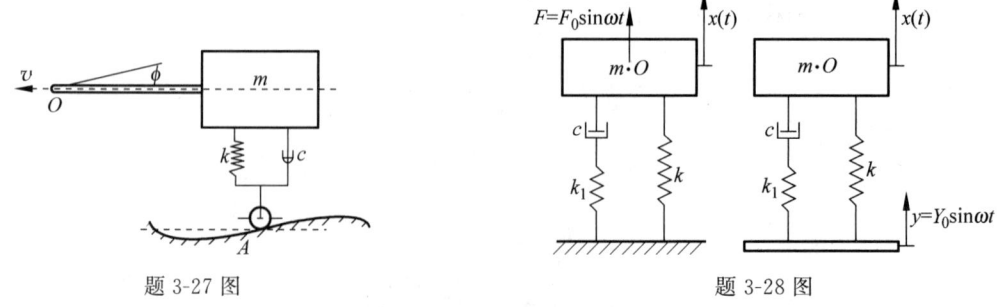

题 3-27 图　　　　　　题 3-28 图

3-29 车辆在高低不平的道路行驶，引起垂直方向振动，如题 3-29 图所示。假定车辆质量 $m=1000\text{kg}$，阻尼比 $\zeta=0.5$，车速 $v=100\text{km/h}$，道路为波长 $\lambda=5\text{m}$ 的简谐波形，试：

(1) 建立车辆(即质量 m)在垂直方向的运动方程；

(2) 确定车辆悬挂系统弹簧 k 的刚度值,使车辆振幅与道路高低不平振幅之比不大于 0.7,同时弹簧的静变形不超过 3cm。

3-30 如题 3-30 图所示,一箱子内悬挂有弹簧-质量振子,弹簧刚度为 k,悬挂质量为 m,箱体质量为 M。若箱子从静止状态自由下落,试求两种情况下弹簧振子相对箱体的运动:①$M \gg m$;②$M = m$。不计空气阻力。

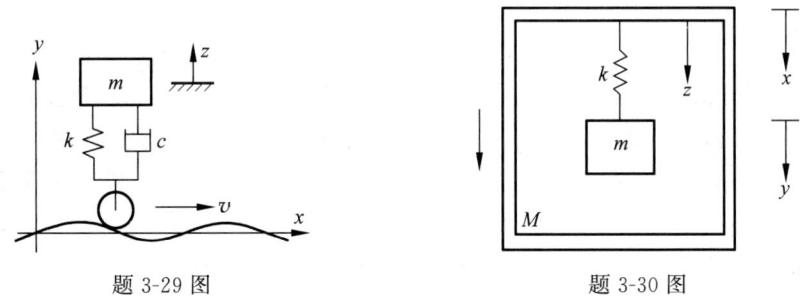

题 3-29 图   题 3-30 图

第 4 章

任意激励下单自由度系统的响应

第4章课件

第 3 章讲述的是简谐激励下的单自由度系统的振动响应,本章介绍任意激励下的响应。如激励为周期激励,则可通过傅里叶级数展开求得任意周期激励作用下的稳态响应;如激励为冲击激励,即相当短的时间内(通常以 ms 计),使系统位移、速度或加速度发生突然变化,称为瞬态激励,系统所产生的运动为瞬态运动。在理论上,经典的冲击动力学将脉冲输入简化为 δ 函数。单自由度系统单位脉冲激励的响应可以由冲量法求得。进一步可以推广到求解任意激励响应的卷积积分或杜哈梅(Duhamel)积分。系统在冲击之后的振动是自由振动,因此只要求得冲击结束瞬间的系统位移和速度,以后的振动就可以按照自由振动求解。实际工程问题中,由于冲击输入都有一定持续时间,通常将冲击输入在时域上简化为方波、半正弦波、三角波、锯齿波等不同的简单冲击波形求解最大响应。本章还介绍了系统最大响应随频率变化的冲击谱的基本概念。

最后,脉冲激励力下的响应和前面介绍的稳态激励下的频率响应之间并不是没有关系的,两者通过傅里叶变换联系起来。如果说频率响应函数对稳态响应具有重要的意义,则脉冲激励响应函数更具一般性,起着同样重要的作用,只要知道脉冲响应函数,则可利用基于叠加原理的卷积积分或杜哈梅积分,求得任意激励下的单自由度系统的振动响应。在后面的多自由度系统和连续系统的振动响应分析中,将用到这部分知识。

4.1 任意周期激励下的稳态响应

一个弹簧-阻尼-质量系统受到周期激励 $F(t)$ 的作用,其运动微分方程为:

$$m\ddot{x} + c\dot{x} + kx = F(t) \tag{4-1}$$

式中,$F(t) = F(t+T)$,T 为周期。

对于线性系统,叠加原理成立。因此线性系统受到周期激励作用时,可以把周期激励展开成傅里叶级数。级数的每一项都是简谐激励,分别计算其稳态响应,把所有的稳态响应叠加便得到系统对该周期激励的响应。

将周期力 $F(t)$ 展开为傅里叶级数如下:

$$F(t) = \frac{a_0}{2} + \sum_{n=1}^{+\infty} a_n \cos n\omega t + \sum_{n=1}^{+\infty} b_n \sin n\omega t \tag{4-2}$$

$$a_n = \frac{2}{T} \int_0^T F(t) \cos n\omega t \, dt, \quad n = 0, 1, 2, \cdots$$

$$b_n = \frac{2}{T} \int_0^T F(t) \sin n\omega t \, dt, \quad n = 1, 2, \cdots$$

式中,$\omega = \dfrac{2\pi}{T}$。此时系统的运动微分方程变为

$$m\ddot{x} + c\dot{x} + kx = \dfrac{a_0}{2} + \sum_{n=1}^{+\infty} a_n \cos n\omega t + \sum_{n=1}^{+\infty} b_n \sin n\omega t \tag{4-3}$$

由叠加原理,式(4-2)的稳态响应可表示为

$$x(t) = \dfrac{a_0}{2k} + \sum_{n=1}^{+\infty} \dfrac{a_n \cos(n\omega t - \varphi_n)}{k\sqrt{(1-r_n^2)^2 + (2\zeta r_n)^2}} + \sum_{n=1}^{+\infty} \dfrac{b_n \sin(n\omega t - \varphi_n)}{k\sqrt{(1-r_n^2)^2 + (2\zeta r_n)^2}} \tag{4-4}$$

式中,$r_n = \dfrac{n\omega}{\omega_n}$,$\varphi_n = \arctan \dfrac{2\zeta r_n}{1-r_n^2}$。

例 4-1 一个无阻尼单自由度系统受到如图 4-1 所示的周期方波的激励,系统的固有频率为 ω_n,试确定系统的响应。

解:$F(t)$ 是奇函数,因此

$$a_n = 0, \quad n = 0, 1, 2, \cdots$$

所以 $F(t)$ 的傅里叶级数为

$$F(t) = \dfrac{4F_0}{\pi} \sum_{n=1}^{+\infty} \dfrac{1}{n} \sin n\omega t$$

$$= \dfrac{4F_0}{\pi} \left(\sin\omega t + \dfrac{1}{3}\sin 3\omega t + \cdots \right), \quad n = 1, 3, 5, \cdots$$

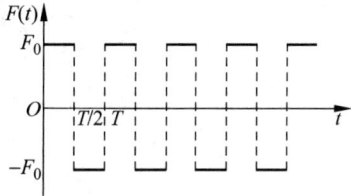

图 4-1 周期方波激励信号

分别对傅里叶级数的每一项简谐激励求稳态响应,叠加后得到系统的稳态响应

$$x(t) = \dfrac{4F_0}{k\pi} \left[\dfrac{\sin\omega t}{1 - \left(\dfrac{\omega}{\omega_n}\right)^2} + \dfrac{1}{3} \dfrac{\sin 3\omega t}{1 - \left(\dfrac{3\omega}{\omega_n}\right)^2} + \cdots \right]$$

例 4-2 单自由度系统模型如图 4-2 所示,$m = 5\text{kg}$,$k = 2000\text{N/m}$,$\zeta = 0.1$,$F(t) = 10\sin(20t) + 10\sin(40t) + 10\sin(60t)\text{N}$。求稳态响应 $x_p(t)$,并说明起决定性作用的激励频率。

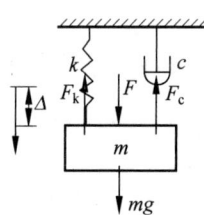

图 4-2 例题 4-2 单自由度系统

解:系统的固有频率为

$$\omega_n = \sqrt{\dfrac{k}{m}} = \sqrt{\dfrac{2000}{5}} = 20\text{rad/s}$$

$$\mu = \dfrac{1}{\sqrt{(1-r^2)^2 + (2\zeta r)^2}}, \quad \varphi = \arctan \dfrac{2\zeta r}{1-r^2}$$

根据上式可以求出 20rad/s、40rad/s 和 60rad/s 下的放大因子和相位分别为

$$\mu_1 = \dfrac{1}{\sqrt{(2 \times 0.1 \times 1)^2}} = 5, \quad \varphi_1 = 1.57$$

$$\mu_2 = \dfrac{1}{\sqrt{(1-2^2)^2 + (2 \times 0.1 \times 2)^2}} = 0.33, \quad \varphi_2 = -0.13$$

$$\mu_3 = \dfrac{1}{\sqrt{(1-3^2)^2 + (2 \times 0.1 \times 3)^2}} = 0.125, \quad \varphi_3 = -0.07$$

故稳态响应为

$$x_p(t) = \sum_{i=1}^{3} \frac{F_0}{k} \mu_i \cos(\omega_i t - \varphi_i) \approx 0.025\cos(20t - 1.57)\ \text{m}$$

由于激励频率 20rad/s 等于系统固有频率，该频率的激励对响应的贡献最大，如图 4-3 所示。

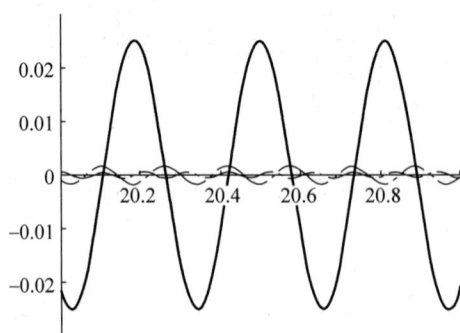

图 4-3　例题 4-2 稳态响应

4.2　任意激励作用下的瞬态响应

振动系统除了受简谐激励外，激励力可以是任意的时间函数，例如作用时间很短的冲击力。为了区别在简谐激励下的稳态响应，把系统在任意激励力作用下的运动通称为瞬态响应。这与前面所说的瞬态响应，即系统因阻尼而衰减最后消失的自由振动是不同的概念。

计算系统在任意激励下的响应，反映在数学上便是如何求解微分方程。因为激励力是任意函数，所以解析解未必存在。本节从力学原理着手，把任意激励力的作用分割成无限多个冲量的作用，然后利用叠加原理计算系统的瞬态响应。这在数学方法上表示为卷积。用卷积计算响应亦是线性系统理论的基本方法。

通过卷积计算系统在任意激励下的响应，前提是已知系统对单位脉冲激励力的响应。单位脉冲激励在数学上用 δ 函数表示，具有以下性质（或定义）：

$$\delta(t - t_0) = \begin{cases} \infty, & t = t_0 \\ 0, & t \neq t_0 \end{cases} \tag{4-5}$$

$$\int_0^{+\infty} \delta(t - t_0)\mathrm{d}t = 1 \tag{4-6}$$

$$\int_0^{+\infty} f(t)\delta(t - t_0)\mathrm{d}t = f(t_0) \tag{4-7}$$

δ 函数的量纲在式(4-7)中为 $1/T$，其力学作用等同于单位冲量 I。根据动量原理，质量块 m 受单位脉冲作用时动量发生改变，脉冲作用前后的速度为 $\dot{x}_1$ 和 $\dot{x}_2$，动量变化可用下式表示

$$m\dot{x}_2 - m\dot{x}_1 = \int_{t_0}^{t_0 + \Delta t} I\delta(t - t_0)\mathrm{d}t = 1 \tag{4-8}$$

现在计算单自由度系统在单位脉冲激励下的响应。假定处于静止状态的有阻尼弹簧-质量系统在 $t=0$ 时刻受到单位脉冲力作用,写出微分方程及其零初始条件

$$m\ddot{x} + c\dot{x} + kx = I\delta(t), \quad x(t=0^-)=0, \quad \dot{x}(t=0^-)=0 \tag{4-9a}$$

对式(4-9a)两边进行积分,并利用初始条件得

$$\int_{0-}^{0+}(m\ddot{x} + c\dot{x} + kx)\mathrm{d}t = \int_{0-}^{0+}I\delta(t)\mathrm{d}t = 1$$

对惯性项、阻尼项和弹性项分别积分,注意到脉冲作用前速度为零,脉冲作用时间很短,仍未产生位移,质量块仅仅获得初速度,因此可以得到

$$\int_{0-}^{0+}m\ddot{x}\,\mathrm{d}t = \int_{0-}^{0+}m\,\mathrm{d}\dot{x} = m\dot{x} - 0 = m\dot{x}$$

$$\int_{0-}^{0+}c\dot{x}\,\mathrm{d}t = \int_{0-}^{0+}c\,\mathrm{d}x = 0$$

$$\int_{0-}^{0+}kx\,\mathrm{d}t = 0$$

$$\int_{0-}^{0+}I\delta(t)\mathrm{d}t = m\dot{x}(t=0^+) - m\dot{x}(t=0^-) = m\dot{x}_0 = 1$$

由上式可知,脉冲作用后质量块 m 得到初始速度 $\dot{x}_0 = 1/m$,这里的 1 实际上是单位冲量。这样,原非齐次方程式(4-9a)转换为初始速度激励下的齐次方程

$$m\ddot{x} + c\dot{x} + kx = 0, \quad x_0 = 0, \quad \dot{x}_{0+} = \frac{1}{m} = \dot{x}_0 \tag{4-9b}$$

而后系统便在此初速度作用下作自由振动。根据第 2 章,单自由度系统在初始条件下自由振动的解为

$$x(t) = \mathrm{e}^{-\zeta\omega_\mathrm{n}t}\left(x_0\cos\omega_\mathrm{d}t + \frac{\dot{x}_0 + \zeta\omega_\mathrm{n}x_0}{\omega_\mathrm{d}}\sin\omega_\mathrm{d}t\right) \tag{4-10}$$

得到系统的单位脉冲激励响应为

$$x(t) = 1 \cdot h(t) = h(t) = \frac{\mathrm{e}^{-\zeta\omega_\mathrm{n}t}}{m\omega_\mathrm{d}}\sin\omega_\mathrm{d}t \tag{4-11}$$

系统的单位脉冲响应函数通常记作 $h(t)$,如图 4-4 所示,其量纲为时间/质量,t/m。有些书也称 $h(t)$ 为格林函数。如果系统所受冲量大小为 $\hat{F}$,则得到初始速度 $\hat{F}/m$,系统的响应为

$$x(t) = \frac{\hat{F}\mathrm{e}^{-\zeta\omega_\mathrm{n}t}}{m\omega_\mathrm{d}}\sin\omega_\mathrm{d}t = \hat{F}h(t) \tag{4-12}$$

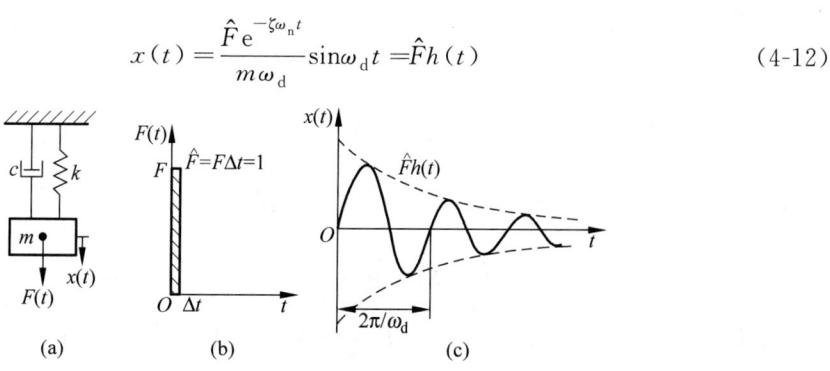

图 4-4 单位脉冲激励及响应

如果冲量 $\hat{F}$ 是作用在 $t=\tau$ 时刻，将引起系统在 $t=\tau$ 时刻以后的振动响应，表示为

$$x(t) = \hat{F} h(t-\tau) \tag{4-13}$$

得到的响应如图 4-5 所示。

接下来研究系统受任意激励力 $F(t)$ 作用时的响应，假定开始时系统处在静止状态。把 $F(t)$ 的作用分割为无限多个冲量的作用，如图 4-6 所示。

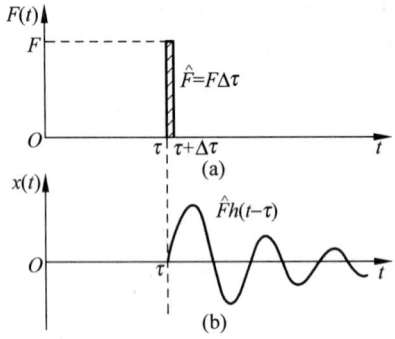

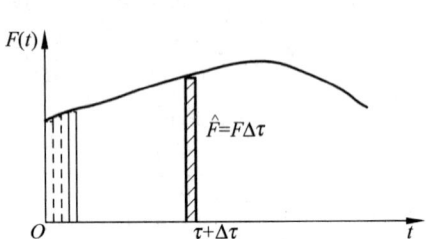

图 4-5 $t=\tau$ 时刻作用冲量 $\hat{F}$ 引起的响应　　　　图 4-6　任意激励作用的时程曲线

$$m\ddot{x} + c\dot{x} + kx = F(t) = \sum_{i=1}^{n} \mathrm{d}\hat{F} \delta(t-\tau_i), \quad \mathrm{d}\hat{F} = F(\tau)\mathrm{d}\tau \tag{4-14}$$

在 $t=\tau$ 时刻 $F(\tau)$ 在很短的时间 $\Delta\tau$ 内的冲量为 $F(\tau)\Delta\tau$，根据式(4-13)，它使系统产生的响应为

$$\Delta x(t) = \hat{F} h(t-\tau) = F(\tau)\Delta\tau h(t-\tau) \tag{4-15}$$

根据线性系统的叠加原理，系统在 t 时刻的响应等于之前所有冲量引起的响应之和，即

$$x(t) = \sum_{\tau=0}^{\tau=t} F(\tau)\Delta\tau h(t-\tau) \tag{4-16}$$

令 $\Delta\tau \to 0$，用积分代替求和，式(4-16)变成

$$x(t) = \int_0^t F(\tau) h(t-\tau) \mathrm{d}\tau \tag{4-17}$$

从式(4-14)到式(4-17)的过程，就是冲量法求解微分方程的过程：求解零初始条件下的非齐次微分方程

$$m\ddot{x} + c\dot{x} + kx = F, \quad x(t=0) = 0, \quad \dot{x}(t=0) = 0 \tag{4-18}$$

可以先求解单位脉冲激励下的响应：

$$m\ddot{h} + c\dot{h} + kh = I\delta(t), \quad h(t=0) = 0, \quad \dot{h}(t=0) = 0 \tag{4-19a}$$

或求解初始速度 $\dot{h}_0 = \dfrac{1}{m}$ 条件下的齐次方程式(4-19b)

$$m\ddot{h} + c\dot{h} + kh = 0, \quad h_0 = 0, \quad \dot{h}_{0+} = \frac{1}{m} = \dot{h}_0 \tag{4-19b}$$

解得 $h(t)$ 后，$x(t)$ 可由一系列的 $F(\tau)h(t-\tau)$ 求和或积分得到

$$x(t) = \int_0^t F(\tau) h(t-\tau) \mathrm{d}\tau \tag{4-19c}$$

也就是求得式(4-17)表示的卷积。其物理意义就是利用了叠加原理,将 $F(t)$ 这个持续作用的力看作一系列前后相续的"瞬时"力,系统在 t 时刻的响应等于之前所有冲量引起的响应之和。式(4-18)到式(4-19c),也是求解任意激励作用下非齐次方程的一般解法。只要求得单位脉冲激励下的响应或格林函数,任意激励下的响应通过式(4-19c)都可求得。

式(4-17)或式(4-19c)在数学上称为两个函数 $F(t)$ 和 $h(t)$ 的卷积,采用变量代换可以证明两个函数的卷积与次序无关,即

$$\int_0^t F(\tau)h(t-\tau)\mathrm{d}\tau = \int_0^t h(\tau)F(t-\tau)\mathrm{d}\tau \tag{4-20}$$

对单自由度的阻尼弹簧-质量系统,式(4-17)可以写成

$$x(t) = \frac{1}{m\omega_\mathrm{d}} \int_0^t F(\tau) \mathrm{e}^{-\zeta\omega_\mathrm{n}(t-\tau)} \sin\omega_\mathrm{d}(t-\tau)\mathrm{d}\tau \tag{4-21}$$

式(4-17)中的积分称为杜哈梅积分,单自由度系统在任意激励下的响应可以用杜哈梅积分进行计算。

对无阻尼系统,将积分换成叠加求和

$$x(t) = \sum_{\tau=0}^{\tau=t} F(\tau)\Delta\tau \frac{1}{m\omega_\mathrm{n}} \sin\omega_\mathrm{n}(t-\tau)$$

因此,杜哈梅积分表明一般激励下的响应是不同幅值、相同特征频率谐响应的叠加,再次看到简谐振动信号是物质的最基本的运动形式。

需要指出,式(4-21)表示的是处在静止状态的系统在任意激励作用下产生的响应。如初始位移和初始速度不为零,则

$$m\ddot{x} + c\dot{x} + kx = F, \quad x(t=0) = x_0, \quad \dot{x}(t=0) = \dot{x}_0 \tag{4-22}$$

可以分解为两部分:第一部分是式(4-23),初始条件为零的非齐次方程;第二部分是式(4-24),初始条件不为零的齐次方程。

$$m\ddot{x} + c\dot{x} + kx = F, \quad x(t=0) = 0, \quad \dot{x}(t=0) = 0 \tag{4-23}$$

$$m\ddot{x} + c\dot{x} + kx = 0, \quad x(t=0) = x_0, \quad \dot{x}(t=0) = \dot{x}_0 \tag{4-24}$$

对线性系统,运用叠加原理,式(4-23)的解加上式(4-24)的解就是式(4-22)的解。因此若把初始条件引起的自由振动包括在内,则系统的响应为

$$x(t) = \mathrm{e}^{-\zeta\omega_\mathrm{n}t}\left(x_0\cos\omega_\mathrm{d}t + \frac{\dot{x}_0 + \zeta\omega_\mathrm{n}x_0}{\omega_\mathrm{d}}\sin\omega_\mathrm{d}t\right) + \frac{1}{m\omega_\mathrm{d}}\int_0^t F(\tau)\mathrm{e}^{-\zeta\omega_\mathrm{n}(t-\tau)}\sin\omega_\mathrm{d}(t-\tau)\mathrm{d}\tau$$

$$\tag{4-25}$$

在线性系统理论中,把初始条件引起的响应称为零输入响应,把系统在静止状态由任意激励力引起的响应称为零状态响应。根据叠加原理,振动系统总的响应为零输入响应与零状态响应之和。

例 4-3 假设压实机可以简化为有阻尼弹簧-质量系统,如图 4-7(a)所示。假设由一个突变压力引起的作用在质量块 m 上的载荷为以下三种:

(1) 如图 4-7(b)所示的单位阶跃载荷;
(2) 如图 4-7(c)所示的延迟的单位阶跃载荷;
(3) 如图 4-7(d)所示的矩形脉冲载荷,试求系统在三种激励力作用下的响应。

解:压实机模型为有阻尼弹簧-质量系统,要计算系统在三种不同激励作用下的响应,

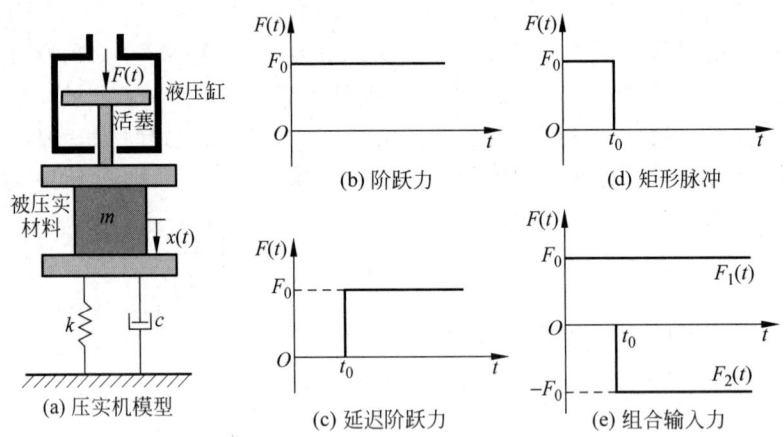

图 4-7 压实机及其所承受的载荷

计算响应的卷积公式为

$$x(t) = \frac{1}{m\omega_d} \int_0^t F(\tau) e^{-\zeta\omega_n(t-\tau)} \sin\omega_d(t-\tau) d\tau$$

对于阶跃激励及延迟的阶跃激励，其激励力可表示为单位阶跃激励 $u(t)$ 的函数：

$$F(t) = F_0 u(t), \quad u(t-t_0) = \begin{cases} 0, & t < t_0 \\ 1, & t > t_0 \end{cases}$$

对阶跃激励的响应为

$$x(t) = \frac{F_0}{m\omega_d} \int_0^t e^{-\zeta\omega_n(t-\tau)} \sin\omega_d(t-\tau) d\tau = \frac{F_0}{k}\left[1 - \frac{e^{-\zeta\omega_n t}}{\sqrt{1-\zeta^2}} \cos(\omega_d t - \varphi)\right]$$

式中，$\varphi = \arctan \frac{\zeta}{\sqrt{1-\zeta^2}}$。

对于延迟的阶跃激励，只需将阶跃激励响应中的 t 用 $t-t_0$ 代替即可

$$x(t) = \frac{F_0}{k}\left\{1 - \frac{e^{-\zeta\omega_n(t-t_0)}}{\sqrt{1-\zeta^2}} \cos[\omega_d(t-t_0) - \varphi]\right\}$$

对于矩形脉冲激励，其可以看做一个起始于 $t=0$、大小为 F_0 的阶跃函数 $F_1(t)$ 和一个起始于 $t=t_0$、大小为 $-F_0$ 的阶跃函数 $F_2(t)$ 的叠加，如图 4-7(e)所示。因此系统的响应可通过叠加得到

$$x(t) = \frac{F_0}{k}\left[1 - \frac{e^{-\zeta\omega_n t}}{\sqrt{1-\zeta^2}} \cos(\omega_d t - \varphi)\right] - \frac{F_0}{k}\left\{1 - \frac{e^{-\zeta\omega_n(t-t_0)}}{\sqrt{1-\zeta^2}} \cos[\omega_d(t-t_0) - \varphi]\right\}$$

$$= \frac{F_0 e^{-\zeta\omega_n t}}{k\sqrt{1-\zeta^2}}\{e^{\zeta\omega_n t_0} \cos[\omega_d(t-t_0) - \varphi] - \cos(\omega_d t - \varphi)\}$$

若系统的阻尼可以忽略，则以上三种激励下的响应分别为

$$x(t) = \frac{F_0}{k}(1 - \cos\omega_n t)$$

$$x(t) = \frac{F_0}{k}[1 - \cos\omega_n(t-t_0)]$$

$$x(t) = \frac{F_0}{k}[\cos\omega_n(t-t_0) - \cos\omega_n t]$$

例 4-4 如图 4-8 所示的单自由度系统,给定参数如下:$x_0 = \dot{x}_0 = 0, c = 0, F(t) = F_0\cos\omega t$,求系统响应。

解:一般地,由杜哈梅积分

$$x(t) = \frac{1}{m\omega_d}\int_0^t F(t)\mathrm{e}^{-\zeta\omega_n(t-\tau)}\sin\omega_d(t-\tau)\mathrm{d}\tau$$

对无阻尼系统

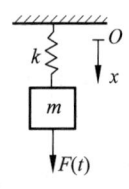

图 4-8 例题 4-4 图

$$\begin{aligned}x(t) &= \frac{F_0}{m\omega_n}\int_0^t \cos\omega\tau \sin\omega_n(t-\tau)\mathrm{d}\tau\\ &= \frac{F_0}{2m\omega_n}\int_0^t \sin[(\omega-\omega_n)\tau + \omega_n t] - \sin[(\omega+\omega_n)\tau - \omega_n t]\mathrm{d}\tau\\ &= \frac{F_0}{2m\omega_n}\left\{\frac{\cos[(\omega+\omega_n)\tau - \omega_n t]}{\omega+\omega_n} - \frac{\cos[(\omega-\omega_n)\tau + \omega_n t]}{\omega-\omega_n}\right\}\Big|_0^t\\ &= \frac{F_0}{2m\omega_n}(\cos\omega t - \cos\omega_n t)\left(\frac{1}{\omega+\omega_n} - \frac{1}{\omega-\omega_n}\right) = \frac{F_0}{m}\frac{1}{\omega_n^2 - \omega^2}(\cos\omega t - \cos\omega_n t)\end{aligned}$$

读者可以将计算结果和第 3 章简谐激励下的结果进行比较。

4.3 脉冲响应和频率响应的关系

在第 3 章简谐激励下的稳态响应分析方法,不管是微分方程求解方法,还是频率响应函数分析方法,尤其是后者,都是将响应分析先在频域中求解,求出特征频率,找到幅值和相位随频率的变化规律。本章介绍的任意激励力下的响应和前面介绍的频率响应之间,存在紧密的关系。而傅里叶变换则将振动系统的时域响应和频率域响应两者联系起来。单位脉冲函数的傅里叶变换等于 1,表示在频域中能量均匀分布。

$$\mathcal{F}(\delta(t)) = \int_{-\infty}^{+\infty}\delta(t)\mathrm{e}^{-\mathrm{i}\omega t}\mathrm{d}t = 1$$

由傅里叶积分变换可将式(4-17)变换到频域

$$x(t) = \int_0^t F(\tau)h(t-\tau)\mathrm{d}\tau \Rightarrow X(\omega) = H(\omega)F(\omega)$$

其中,$H(\omega)$ 和 $F(\omega)$ 分别为(参见常用函数傅里叶变换表)

$$H(\omega) = \int_{-\infty}^{+\infty}h(t)\mathrm{e}^{-\mathrm{i}\omega t}\mathrm{d}t = \int\frac{\mathrm{e}^{-\zeta\omega_n t}}{m\omega_d}\sin\omega_d t\,\mathrm{e}^{-\mathrm{i}\omega t}\mathrm{d}t = \frac{1}{k - m\omega^2 + \mathrm{i}c\omega}$$

$$F(\omega) = \int_{-\infty}^{+\infty}F(t)\mathrm{e}^{-\mathrm{i}\omega t}\mathrm{d}t$$

两个时域函数卷积的傅里叶变换等于两个时域函数的傅里叶变换的乘积:

$$\mathcal{F}\left[\int_0^t F(\tau)h(t-\tau)\mathrm{d}\tau\right] = \mathcal{F}[F(t)h(t)] = H(\omega)F(\omega) = X(\omega)$$

由杜哈梅积分公式

$$x(t) = \frac{1}{m\omega_\mathrm{d}}\int_0^t F(\tau)\mathrm{e}^{-\zeta\omega_\mathrm{n}(t-\tau)}\sin\omega_\mathrm{d}(t-\tau)\mathrm{d}\tau$$

读者可自己验证 $x(t)$ 的傅里叶变换为 $X(\omega)$。

当激励为单位脉冲时

$$X(\omega) = H(\omega)$$

由卷积定理可知，第 3 章中的简谐激励下的频率响应函数就是本节得到的脉冲响应函数的傅里叶变换。在第 3 章中，要得到频率在一定范围变化的频率响应函数，必须给出一系列的简谐激励，$f(t) = F_0 \mathrm{e}^{\mathrm{i}\omega_k t}$，$k = 1, 2, 3, \cdots$，获取对应的激励力和响应的傅里叶变换

$$F(\omega) = 2\pi F_0 \delta(\omega - \omega_k)$$

$$X(\omega) = 2\pi X_k \delta(\omega - \omega_k)$$

$$H(\omega)\big|_{\omega=\omega_k} = \frac{X(\omega)}{F(\omega)}\bigg|_{\omega=\omega_k}$$

可见，如果采用脉冲响应函数直接变换到频率响应函数，给频率响应函数的测试带来很大方便。在测试中，通常还需要得到信号的能量随频率的分布，如式(4-26)。

$$\int_{-\infty}^{+\infty} f(t)h(t)\mathrm{e}^{-\mathrm{i}\omega t}\mathrm{d}t = \frac{1}{2\pi}[H(\omega)F(\omega)]\mathrm{d}\omega \tag{4-26a}$$

$$\int_{-\infty}^{+\infty} f(t)h(t)\mathrm{d}t = \frac{1}{2\pi}\int_{-\infty}^{+\infty}[H(\omega)\overline{F(\omega)}]\mathrm{d}\omega \tag{4-26b}$$

式中，$\overline{F(\omega)}$ 为 $F(\omega)$ 的共轭函数

$$\int_{-\infty}^{+\infty} f(t)^2 \mathrm{d}t = \frac{1}{2\pi}\int_{-\infty}^{+\infty} |F(\omega)|^2 \mathrm{d}\omega \tag{4-26c}$$

4.4 冲击响应及冲击响应谱

如果激励力持续很短的时间(小于系统固有周期)，则称为冲击载荷。冲击使得机械系统的位移、速度、加速度或者应力发生明显改变。冲击载荷可以采用脉冲冲击、速度冲击或者冲击输入谱来描述。冲击载荷的形式可以是矩形波、半正弦波、三角波以及其他波形，如图 4-9 所示。冲击输入谱是在频域内描述冲击，与冲击载荷的波形(形状、峰值、脉宽)有关。给定了冲击波形，可以通过傅里叶变换求得其冲击输入谱；如果冲击输入谱已知，也可以求得脉冲波形。

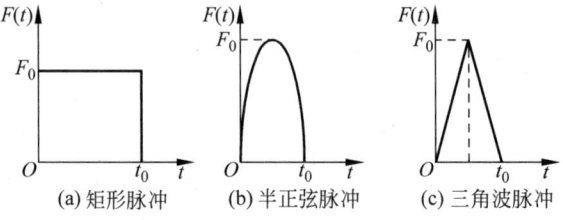

图 4-9 几种常见的冲击输入

在冲击作用下，系统的动态响应与冲击波的形状、冲击持续时间 t_0 及系统的固有周期 τ_n 和阻尼特性有关。系统对冲击作用的响应在冲击作用持续期间与结束以后是不同的，响应的最大值可能出现在持续时间内，也可能出现在冲击持续时间后，取决于冲击持续时间和系统固有周期之比。只有当固有周期大于冲击持续时间时，才会在冲击持续时间内出现响应最大值，冲击才被隔离。因此在冲击隔离设计中，应力求使系统的固有周期远大于冲击持续时间。

对于系统受到任意激励力作用下的响应，特别是对作用时间极短的冲击载荷的响应，工程设计人员所关心的不是系统的运动如何随时间而改变的全部时间历程，而是系统中出现的最大应力或位移等参数。因此提出了响应谱的概念，用于估计结构的冲击响应可能出现的最大位移或动态应力。对于有阻尼弹簧-质量单自由度系统，将响应的峰值表示为系统固有频率（或固有周期）的函数，该函数曲线称为冲击响应谱，简称冲击谱。对作用时间极短的冲击响应谱，通常不考虑阻尼，因为在系统出现最大变形前阻尼往往来不及很好地发挥其耗能作用。

例 4-5 求解单自由度无阻尼系统在图 4-9(a)所示的矩形脉冲激励下的响应谱。

解：由图 4-9(a)可知

$$F_t = \begin{cases} F_0, & 0 \leqslant t \leqslant t_0 \\ 0, & t > t_0 \end{cases}$$

由例 4-3 可知，当 $0 \leqslant t < t_0$ 时，单自由度无阻尼系统在矩形脉冲激励下的响应为

$$x_1(t) = \frac{F_0}{m\omega_n} \int_0^t \sin\omega_n(t-\tau)\mathrm{d}\tau = \frac{F_0}{k}(1-\cos\omega_n t)$$

$$\frac{\mathrm{d}x(t)}{\mathrm{d}t} = \frac{F_0 \omega_n}{k}\sin\omega_n t = 0, \quad \omega_n t_{\max} = \pi, \quad \frac{t_{\max}}{\tau_n} = \frac{1}{2}, \quad x_{\max} = x(t=t_{\max}) = \frac{2F_0}{k} = 2\delta_{\mathrm{st}}$$

当 $t \geqslant t_0$ 时，再次利用例 4-3

$$x_2(t) = -\frac{F_0}{k}[1-\cos\omega_n(t-t_0)]$$

$$x(t) = x_1(t) + x_2(t) = \frac{F_0}{k}[\cos\omega_n(t-t_0) - \cos\omega_n t]$$

对 $x(t)$ 求导得

$$\frac{\mathrm{d}x(t)}{\mathrm{d}t} = -\frac{F_0 \omega_n}{k}[\sin\omega_n(t-t_0) - \sin\omega_n t] = 0$$

由和差化积公式得到

$$2\cos\left(\frac{2\omega_n t_{\max} - \omega_n t_0}{2}\right)\sin\left(\frac{\omega_n t_0}{2}\right) = 0$$

最大响应为

$$|x_{\max}| = \frac{F_0}{k}[\cos\omega_n(t_{\max}-t_0) - \cos\omega_n t_{\max}]$$

$$= \frac{2F_0}{k}\sin\left(\frac{2\omega_n t_{\max}-\omega_n t_0}{2}\right)\sin\frac{\omega_n t_0}{2} = \frac{2F_0}{k}\sin\frac{\omega_n t_0}{2}$$

上式推导过程中，因为最大响应时刻 $\cos\left(\dfrac{2\omega_n t_{\max}-\omega_n t_0}{2}\right)$ 等于 0，所以

$$\sin\left(\frac{2\omega_n t_{max} - \omega_n t_0}{2}\right) 等于 1。$$

$$\frac{x_{max}}{\delta_{st}} = 2\sin\frac{\omega_n t_0}{2} = 2\sin\frac{\pi t_0}{\tau_n}$$

只有上式小于 1 时，才能满足冲击隔离要求，即

$$2\sin\frac{\pi t_0}{\tau_n} < 1, \quad \frac{\pi t_0}{\tau_n} < \frac{\pi}{6}, \quad \frac{t_0}{\tau_n} < \frac{1}{6}$$

与半正弦脉冲、三角脉冲等相比较，在同样的冲击脉宽和幅值下，矩形脉冲的能量更大。只有当冲击波脉宽小于固有周期频率的 1/6 时，冲击响应才小于冲击输入。冲击谱如图 4-10 所示。

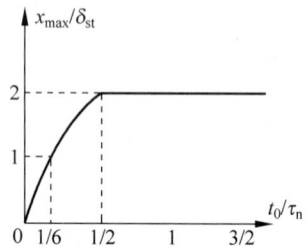

图 4-10　矩形脉冲输入下的冲击谱

此外，从图 4-10 可以看出，无阻尼系统的最大响应是静位移的两倍。通常将发生在脉冲持续阶段的响应称为主响应，发生在脉冲作用后的阶段的响应称为残余响应。图 4-11 中的矩形框表示冲击脉冲持续阶段，对图 4-11(a) 短脉冲，最大响应发生在 1/4 固有周期略微滞后一点，但最大响应小于 1，具有隔冲效果。对图 4-11(b) 而言，最大响应发生时间几乎和脉冲持续时间相同，最大响应大于 1，没有隔冲效果。

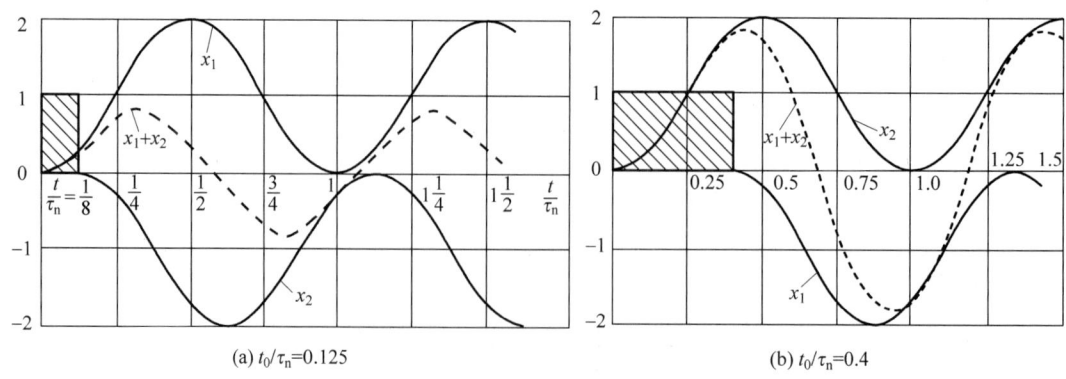

图 4-11　不同脉宽下的冲击响应

例 4-6　求图 4-9 所示半正弦脉冲作用下系统的响应谱，初始条件为 $x(0) = \dot{x}(0) = 0$。

解：无阻尼单自由度系统的运动微分方程为

$$m\ddot{x} + kx = F(t) = \begin{cases} F_0 \sin\omega t, & 0 \leqslant t \leqslant t_0 \\ 0, & t \geqslant t_0 \end{cases}$$

式中，$\omega = \pi/t_0$。

在 $0 \leqslant t \leqslant t_0$ 内，有激励力 $F_0\sin\omega t$ 的作用，由初始条件 $x(0)=\dot{x}(0)=0$，可求得响应为

$$x(t) = \frac{F_0/k}{1-(\omega/\omega_n)^2}\left(\sin\omega t - \frac{\omega}{\omega_n}\sin\omega_n t\right)$$

式中，$\omega_n=\sqrt{k/m}=2\pi/\tau_n$ 是系统的固有频率。令 $X_0=F_0/k$，对该式无量纲化，可得

$$\frac{x(t)}{X_0} = \frac{1}{1-\left(\frac{\tau_n}{2t_0}\right)^2}\left(\sin\frac{\pi t}{t_0} - \frac{\tau_n}{2t_0}\sin\frac{2\pi}{\tau_n}t\right), \quad 0 \leqslant t < t_0$$

当 $t \geqslant t_0$ 时，响应为自由振动。由 $t=t_0$ 时的位移和速度 $x(t_0),\dot{x}(t_0)$，可求得 $t\geqslant t_0$ 时的响应为

$$\frac{x(t)}{X_0} = \frac{\tau_n/t_0}{2[1-(\tau_n/2t_0)^2]}\left[\sin 2\pi\left(\frac{t_0}{\tau_n}-\frac{t}{\tau_n}\right)-\sin 2\pi\left(\frac{t}{\tau_n}\right)\right], \quad t \geqslant t_0$$

对上式求导可得 $x(t)/X_0$ 取最大值时对应的系统参数 t_0/τ_n。对 $0\leqslant t<t_0$，求得 $x(t)/X_0$ 的最大值及其成立条件为

$$\left[\frac{x(t)}{X_0}\right]_{\max} = \frac{1}{1-(\tau_n/2t_0)^2}\left[\sin\frac{n\pi(\tau_n/t_0)}{(\tau_n/2t_0)+1} - \frac{\tau_n}{2t_0}\sin\frac{2n\pi}{(\tau_n/2t_0)+1}\right],$$

$$\frac{t_0}{\tau_n} \geqslant \frac{2n-1}{2}, \quad n=1,2,\cdots$$

对 $t\geqslant t_0$，求得 $x(t)/X_0$ 的最大值及成立条件为（对所有的 n 最大值相同，取 $n=0$）

$$\left[\frac{x(t)}{X_0}\right]_{\max} = \frac{\tau_n/t_0}{[1-(\tau_n/2t_0)^2]}\cos\frac{\pi t_0}{\tau_n}\sin\left(\frac{2n+1}{2}\pi\right)$$

$$= \frac{\tau_n/t_0}{[1-(\tau_n/2t_0)^2]}\cos\frac{\pi t_0}{\tau_n}, \quad 0 < \frac{t_0}{\tau_n} \leqslant \frac{1}{2}$$

综合 $0\leqslant t<t_0$ 和 $t\geqslant t_0$ 两个阶段的情况，得到的响应谱如图 4-12 所示。

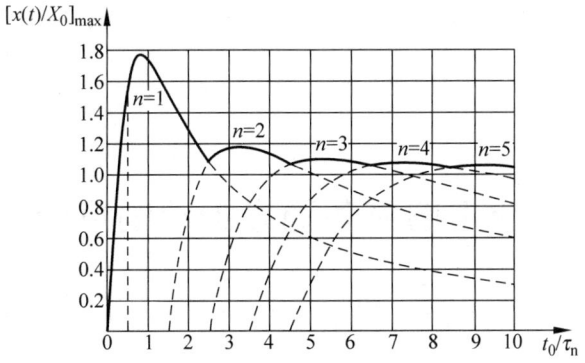

图 4-12 正弦脉冲载荷及其响应谱

4.5 基础激励的冲击响应谱

在基础激励下，受基础冲击激发的小阻尼单自由度系统的响应，最大位移 $D_{\max}$、最大速度 $\dot{D}_{\max}$ 和最大加速度 $\ddot{D}_{\max}$ 有下面的近似关系：

$$v_{\max} = \omega_n D_{\max}, \quad a_{\max} = \omega_n \dot{D}_{\max}, \quad a_{\max} = \omega_n^2 D_{\max} \tag{4-27}$$

图 4-13 中，速度应满足：$V = \omega D$，$\lg V = \lg \omega + \lg D$；加速度应满足：$a = \omega V = \omega^2 D$，$\lg V = -\lg \omega + \lg a$。

在工程应用中，将上述关系绘制在对数坐标上，称为"伪速度谱"，即冲击谱的频域表示，如图 4-13 所示，横坐标是频率，纵坐标是速度，正 45°线是位移，负 45°线是加速度。为什么要叫"伪速度谱"呢？因为我们前面所讲的冲击响应谱都是基于无阻尼单自由度系统，然而实际上，所有的系统都存在阻尼。式(4-27)是近似的。所以这样的速度谱就不是真实的，是"伪"的。可是，工程上大多数结构的阻尼都很小，忽略阻尼所引起的误差也很小，从而就可以用这样的速度谱代表实际的速度谱。用"伪速度谱"也只是为了说明这种微小的差别。

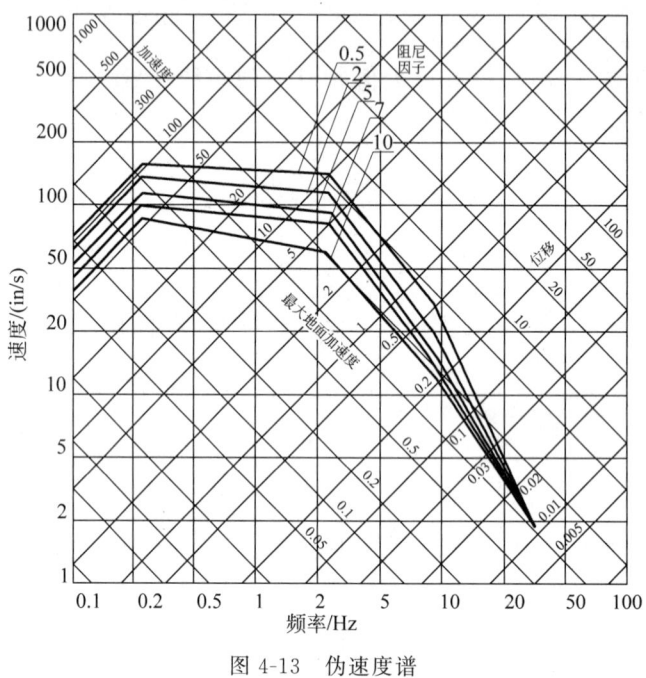

图 4-13 伪速度谱

4.6 冲击响应和稳态振动响应的区别

由于冲击和振动在动力特性上的不同，因此针对稳态情况设计的隔振装置并不能满足瞬态冲击隔离的要求。

在振动隔离中主要研究如何减小振动着的机器传给基础的传递力(积极隔离)或者当存在基础振动的情况下，如何设法减小安装在基础上的机械设备的振动振幅(消极隔振)。不管是哪一种情况，主要研究的均是稳态过程。

在冲击隔离中，设计者所考虑的主要是当物体承受一突然作用力或基础产生一突然运动后，对弹性安装于基础上的机械设备的影响，其目的是减小物体承受的位移和加速度。和振动隔离相对应，主要研究的是瞬态过程。

第 4 章　任意激励下单自由度系统的响应

因此,冲击隔离设计(抗冲击设计)实质上是将瞬态的、强烈的冲击波——急剧的能量放大,先以位能形式最大限度地储存于冲击隔离器中,使隔离器产生很大的变形,然后,按照冲击隔离系统本身的特性以缓和的形式,按系统的固有振动周期,将隔离器中的能量较慢地释放出来,作用于机械设备,以达到缓解冲击,起保护作用。

图 4-14 和表 4-1 形象化地表明了冲击隔离和振动隔离的区别,图 4-14(a)为简谐振动激励;图 4-14(b)为宽带随机振动激励;图 4-14(c)为冲击激励。从图 4-14 可知:当简谐激励时,被隔离物体的响应是一简谐振动,其频率和激励频率相同;当宽带随机激励时,隔离系统的响应是一幅值随机的简谐振动,其频率相当于抗冲隔离系统的固有频率;而当冲击激励时,物体的响应是一随时间衰减的瞬态振动,其频率则等于隔离系统有阻尼时的固有频率。

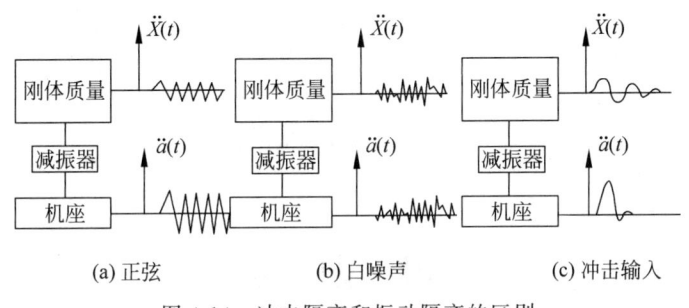

(a) 正弦　　　　(b) 白噪声　　　　(c) 冲击输入

图 4-14　冲击隔离和振动隔离的区别

表 4-1　振动问题和冲击问题的区别

振动问题		冲击问题	
简谐激励 白噪声激励	初始条件下的稳态 响应	初始条件下的瞬态 响应	冲击信号的瞬态响应

在隔离效果的评价方面两者也有所不同,通常振动隔离是以激励频率(f)或频率比(f/f_0)为横坐标的振动传递率(T_v)特性曲线来表示的,如图 4-15(a)所示。这里振动传递率(T_v)的定义是:响应的简谐振动幅值(X_0)与激励的简谐振动幅值(a_0)之比,f 为激励频率,f_0 为隔振系统的固有频率。而冲击隔离则是以冲击脉冲持续时间(t_0)或时间比(t_0/τ_n)为横坐标的冲击传递率(T_a)特性曲线来表示的,如图 4-15(b)所示。这里冲击传递率(T_a)的定义是:瞬态响应的最大幅值(A_{max})与冲击激励的峰值(A_0)之比,τ_n 为隔离系统的固有周期。

比较图 4-15(a)和(b)可以看出:不管是振动隔离还是冲击隔离,它们的传递率特性都是用同量标的(响应/激励)比来表示的,响应可以是加速度、位移或力。振动传递率曲线的横坐标是频率或频率比,而冲击传递率曲线的横坐标则是时间或时间比。冲击传递率特性之所以要表示为脉冲持续时间的函数,除了一个冲击波形包含有很多激励频率外,更重要的是因为在处理冲击问题时,冲击作用的持续时间显得特别重要,从图 4-15(b)可以看出,当冲击脉冲的持续时间较大时,冲击将被放大,只有当持续时间小于隔离系统的固有周期的 1/6 时,响应才小于输入,冲击才被隔离。此外,在冲击隔离范围内,冲击脉冲的波形特性并不重要,故对于工程实用来说,在整个隔离范围内都可用速度冲击这一概念,冲击速度(V)、加速度、脉冲激励峰值(A_0)和持续时间(t_0)时间关系为:$t_0 = V/(A_0 g)$,g 为重力加速度。

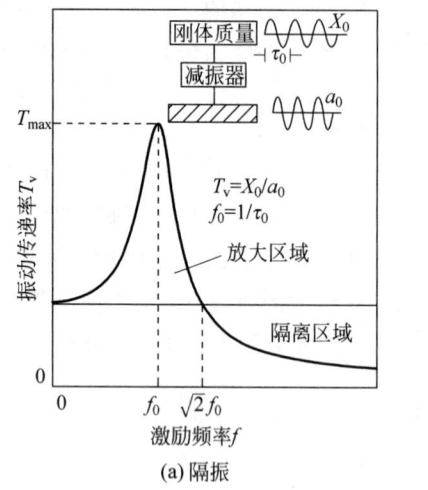
(a) 隔振

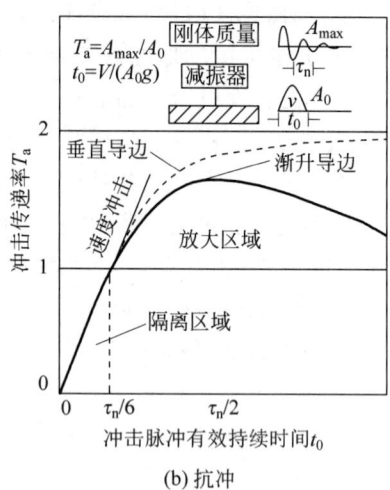
(b) 抗冲击

图 4-15 隔振和抗冲击

习 题 4

4-1 简述冲击输入谱和冲击响应谱有什么区别。

4-2 单自由度弹簧-质量系统受到题 4-2 图所示半正弦周期激励的作用产生振动,求弹簧-质量系统的稳态响应。

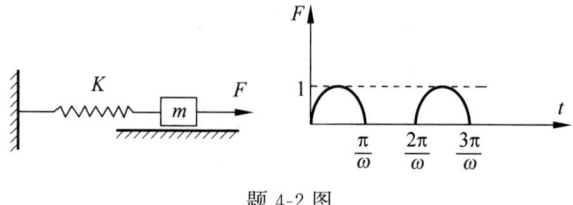

题 4-2 图

4-3 如题 4-3 图所示,一架在跑道上滑行的飞机遇到了一个障碍后,引起的机翼根部位移可表示为

$$y(t) = \begin{cases} Y(t^2/t_0^2), & 0 \leqslant t \leqslant t_0 \\ 0, & t > t_0 \end{cases}$$

如果机翼的刚度为 k,求位于机翼端部的质量块 m 的响应。

题 4-3 图

4-4 如题 4-4 图所示的压实机受到凸轮运动产生的线性变化力 $F(t)=F_0 t$ 的作用,该线性力也被称为斜坡信号。求有阻尼和无阻尼系统对该斜坡信号的响应。

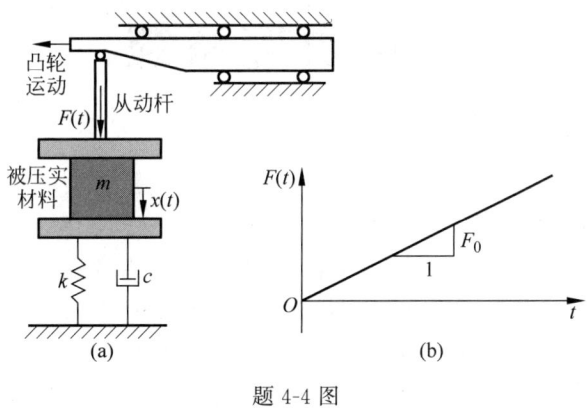

题 4-4 图

4-5 汽车可以简化为一个弹簧-质量系统,如题 4-5 图所示。假设车辆以等速度 V 驶过一个凹坑,凹坑可以用半正弦脉冲表示,即 $x_s = a\sin\dfrac{\pi}{t_1}t$,求车辆作上下振动的响应。

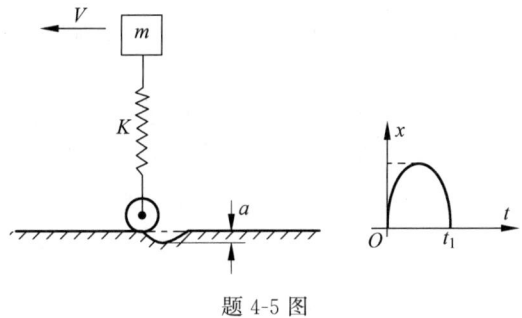

题 4-5 图

第 5 章

二自由度系统

第 5 章
课件

虽然二自由度系统的力学模型只比单自由度多一个微分方程,但是二自由度系统的动态特性与分析方法和单自由度系统相比有很大不同。二自由度系统是最简单的多自由度系统,其动态特性本质上与多自由度系统相同,只是自由度数目不同而已。由于二自由度系统力学模型只有两个微分方程,所以仍然可以沿用单自由度系统的建模方法,即在受力分析的基础上根据牛顿运动定律建立其运动方程。不仅如此,二自由振动系统的计算也比较简单,可以采用解析方法对其振动特性进行分析。而对多自由度系统则需要借助矩阵计算的数学工具进行分析。基于上述理由,在单自由度与多自由度系统之间增加二自由度系统作为过渡。虽说属于过渡,这些内容同样适用于多自由度系统。

本章依然按照从自由振动到强迫振动的顺序。首先分析二自由度系统的无阻尼自由振动,以了解系统的动态特性,如固有频率和振型(单自由度系统没有振型的概念)、自由振动响应的构成等。在分析计算中开始采用矩阵,为下一步学习多自由度系统做准备。接着对二自由度系统的谐激励稳态响应和任意激励下的响应进行分析计算,建立频率响应函数矩阵和脉冲响应函数矩阵的概念(同样适用于多自由度系统)。在稳态响应分析的基础上,介绍一种振动控制技术——动力吸振器的工作原理。最后通过对平面刚体振动模型的分析,介绍坐标耦合的概念,提出多自由度系统理论需要解决的关键问题——坐标解耦。

5.1 二自由度无阻尼自由振动

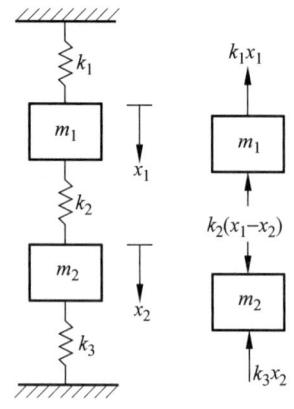

图 5-1 二自由度无阻尼系统

对图 5-1 所示的二自由度系统,首先建立描述质量块 m_1 和 m_2 空间位置的坐标 x_1 和 x_2。令 m_1 和 m_2 各自沿坐标正向做一小位移,然后取分离体,得到质量块的受力图。因坐标原点设在静平衡位置,故重力和弹簧静变形力互相抵消,二者不必考虑。按牛顿运动定律可建立质量块 m_1 和 m_2 的运动方程为

$$m_1\ddot{x}_1 = -k_1 x_1 - k_2(x_1 - x_2)$$
$$m_2\ddot{x}_2 = k_2(x_1 - x_2) - k_3 x_2$$

写成矩阵形式如下:

$$\begin{bmatrix} m_1 & 0 \\ 0 & m_2 \end{bmatrix} \begin{bmatrix} \ddot{x}_1 \\ \ddot{x}_2 \end{bmatrix} + \begin{bmatrix} k_1+k_2 & -k_2 \\ -k_2 & k_2+k_3 \end{bmatrix} \begin{bmatrix} x_1 \\ x_2 \end{bmatrix} = \begin{bmatrix} 0 \\ 0 \end{bmatrix} \quad (5\text{-}1)$$

为了求出系统的固有频率,令两个质量块做同频率的自由振动(只要给予 m_1 和 m_2 合适的初始扰动就能产生这样的运动),即设

$$\begin{bmatrix} x_1 \\ x_2 \end{bmatrix} = \begin{bmatrix} A \\ B \end{bmatrix} \cos(\omega t - \varphi)$$

代入式(5-1)并消去公因子 $\cos(\omega t - \varphi)$,可得

$$(\boldsymbol{K} - \omega^2 \boldsymbol{M})\boldsymbol{X} = \boldsymbol{0} \tag{5-2}$$

式中,$\boldsymbol{M}$ 为系统的质量矩阵;$\boldsymbol{K}$ 为刚度矩阵;$\boldsymbol{X}$ 为位移矢量,与运动方程式(5-1)中各项相对应。将式(5-2)展开成一般的形式,可得

$$\begin{bmatrix} k_{11} - m_1 \omega^2 & k_{12} \\ k_{21} & k_{22} - m_2 \omega^2 \end{bmatrix} \begin{bmatrix} A \\ B \end{bmatrix} = \boldsymbol{0} \tag{5-3}$$

式(5-2)或式(5-3)称为系统的特征矩阵方程,为齐次线性代数方程组。式(5-3)存在非 0 解的必要条件是系数矩阵的行列式等于 0,即

$$\begin{vmatrix} k_{11} - m_1 \omega^2 & k_{12} \\ k_{21} & k_{22} - m_2 \omega^2 \end{vmatrix} = 0$$

将行列式展开后得

$$(k_{11} - m_1 \omega^2)(k_{22} - m_2 \omega^2) - k_{12} k_{21} = 0 \tag{5-4}$$

式(5-4)称为系统的特征方程,对特征方程求解便得到系统的固有频率 ω_1 和 ω_2。因为频率总是正的,ω 虽然有两个负根,但不符合物理意义。

由此可见,二自由度系统有两个固有频率,所以初始扰动引起的自由振动应由两个固有频率的简谐运动组合而成:

$$\begin{bmatrix} x_1 \\ x_2 \end{bmatrix} = \begin{bmatrix} A_1 \cos(\omega_1 t - \varphi_1) + A_2 \cos(\omega_2 t - \varphi_2) \\ B_1 \cos(\omega_1 t - \varphi_1) + B_2 \cos(\omega_2 t - \varphi_2) \end{bmatrix} \tag{5-5}$$

将求得的固有频率 ω_1 和 ω_2 逐个代入特征矩阵方程式(5-3),便可解得两组 A 和 B。因为是齐次线性代数方程,所以有无穷多组解,但是 A 和 B 的比值是确定的,对应 ω_1 和 ω_2 分别有

$$\frac{B_1}{A_1} = \frac{k_{11} - m_1 \omega_1^2}{-k_{12}} = \frac{-k_{21}}{k_{22} - m_2 \omega_1^2} = \mu_1 \tag{5-6a}$$

$$\frac{B_2}{A_2} = \frac{k_{11} - m_1 \omega_2^2}{-k_{12}} = \frac{-k_{21}}{k_{22} - m_2 \omega_2^2} = \mu_2 \tag{5-6b}$$

A 和 B 分别代表二自由度系统质量块 m_1 和 m_2 自由振动的振幅,虽然其绝对数值(包括正负)决定于系统的初始条件,但是两者之间的比值却是固定的,只与系统参数有关。这种二自由度振幅之间的比例关系也可以用更加简明的向量表示

$$\boldsymbol{u}_1 = \begin{bmatrix} 1 \\ \mu_1 \end{bmatrix}, \quad \boldsymbol{u}_2 = \begin{bmatrix} 1 \\ \mu_2 \end{bmatrix} \tag{5-7}$$

称为振型向量,简称振型或主振型。二自由度系统的固有频率和振型只决定于系统自身参数,为系统的固有特性。对于 n 自由度系统,则有 n 个固有频率和对应的 n 个主振型。

采用振型向量,式(5-5)表达的自由振动响应可以写成

$$\begin{bmatrix} x_1 \\ x_2 \end{bmatrix} = A_1 \begin{bmatrix} 1 \\ \mu_1 \end{bmatrix} \cos(\omega_1 t - \varphi_1) + A_2 \begin{bmatrix} 1 \\ \mu_2 \end{bmatrix} \cos(\omega_2 t - \varphi_2) \tag{5-8}$$

式中共有四个任意常数,由系统的两个初始速度和两个初始位移条件决定:

$$\begin{bmatrix} \dot{x}_1(0) \\ \dot{x}_2(0) \end{bmatrix} = \begin{bmatrix} \dot{x}_{10} \\ \dot{x}_{20} \end{bmatrix}, \quad \begin{bmatrix} x_1(0) \\ x_2(0) \end{bmatrix} = \begin{bmatrix} x_{10} \\ x_{20} \end{bmatrix}$$

根据以上分析,计算二自由度系统的自由振动响应可以按照以下步骤进行:

(1) 建立系统的运动方程,并得到系统的特征矩阵方程;

(2) 根据特征矩阵方程的行列式等于0,求出系统的固有频率和振型;

(3) 根据初始条件确定式(5-8)中四个任意常数,得到系统自由振动的响应。

这里没有把二自由度自由振动响应的计算公式列出,因为这些公式比较复杂,即使写出来也很难记得住。而原理和方法比公式本身更加重要。

例 5-1 图 5-2 中两个单摆用弱弹簧连接(k 比较小),试求其固有频率和振型,并计算系统在下列三种初始扰动下的运动:

(1) $\theta_1 = \theta_2 = \Delta$;

(2) $\theta_1 = \Delta, \theta_2 = -\Delta$;

(3) $\theta_1 = \Delta, \theta_2 = 0$。

而单摆的初始速度均为0。

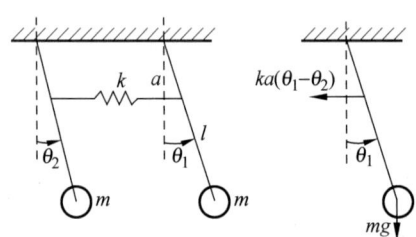

图 5-2 两个弱耦合单摆的运动

解:设逆时针摆角为正,对摆的支承点取矩,得到微小摆动时系统的运动微分方程

$$ml^2 \ddot{\theta}_1 = -mgl\theta_1 - ka^2(\theta_1 - \theta_2)$$

$$ml^2 \ddot{\theta}_2 = -mgl\theta_2 + ka^2(\theta_1 - \theta_2)$$

矩阵形式为 $\begin{bmatrix} 1 & 0 \\ 0 & 1 \end{bmatrix} \begin{bmatrix} \ddot{\theta}_1 \\ \ddot{\theta}_2 \end{bmatrix} + \begin{bmatrix} \dfrac{g}{l} + \dfrac{ka^2}{ml^2} & -\dfrac{ka^2}{ml^2} \\ -\dfrac{ka^2}{ml^2} & \dfrac{g}{l} + \dfrac{ka^2}{ml^2} \end{bmatrix} \begin{bmatrix} \theta_1 \\ \theta_2 \end{bmatrix} = \begin{bmatrix} 0 \\ 0 \end{bmatrix}$

特征矩阵方程为 $\begin{bmatrix} \dfrac{g}{l} + \dfrac{ka^2}{ml^2} - \omega^2 & -\dfrac{ka^2}{ml^2} \\ -\dfrac{ka^2}{ml^2} & \dfrac{g}{l} + \dfrac{ka^2}{ml^2} - \omega^2 \end{bmatrix} \begin{bmatrix} A \\ B \end{bmatrix} = \begin{bmatrix} 0 \\ 0 \end{bmatrix}$

特征方程式为 $\left(\dfrac{g}{l} + \dfrac{ka^2}{ml^2} - \omega^2 \right)^2 - \left(\dfrac{ka^2}{ml^2} \right)^2 = 0$

得到固有频率 $\omega_1 = \sqrt{\dfrac{g}{l}}, \quad \omega_2 = \sqrt{\dfrac{g}{l} + \dfrac{2ka^2}{ml^2}}$

和振型向量 $\boldsymbol{u}_1 = \begin{bmatrix} 1 \\ 1 \end{bmatrix}, \quad \boldsymbol{u}_2 = \begin{bmatrix} 1 \\ -1 \end{bmatrix}$

自由振动响应为

$$\begin{bmatrix} \theta_1 \\ \theta_2 \end{bmatrix} = A_1 \begin{bmatrix} 1 \\ 1 \end{bmatrix} \cos(\omega_1 t - \varphi_1) + A_2 \begin{bmatrix} 1 \\ -1 \end{bmatrix} \cos(\omega_2 t - \varphi_2)$$

该二自由度单摆的模态振型如图 5-3 所示。

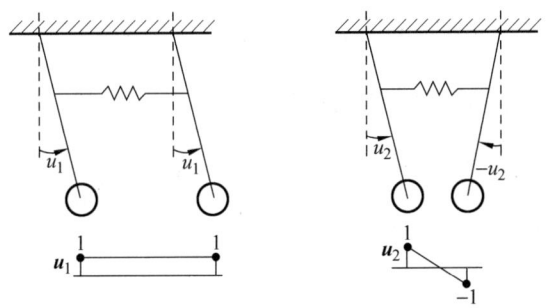

图 5-3 两个弱耦合单摆的模态振型

(1) 由 $\theta_1 = \theta_2 = \Delta$ 可得 $A_1 = \Delta, A_2 = 0, \varphi_1 = \varphi_2 = 0$，响应为

$$\theta_1 = \theta_2 = \Delta \cos\omega_1 t$$

此时两个单摆做同相运动，中间的弹簧不起作用，就像一个单摆在运动，频率为 ω_1。

(2) 由 $\theta_1 = \Delta, \theta_2 = -\Delta$ 可得 $A_1 = 0, A_2 = \Delta, \varphi_1 = \varphi_2 = 0$，响应为

$$\theta_1 = -\theta_2 = \Delta \cos\omega_2 t$$

此时两个单摆做反相运动，中间弹簧的中点保持不动，相当于弹簧刚度增加一倍。由于中间弹簧的作用，单摆运动的频率升高为 ω_2。

(3) 由 $\theta_1 = \Delta, \theta_2 = 0$ 可得 $A_1 = A_2 = \Delta/2, \varphi_1 = \varphi_2 = 0$，响应为

$$\theta_1 = \frac{1}{2}\Delta(\cos\omega_1 t + \cos\omega_2 t)$$

$$\theta_2 = \frac{1}{2}\Delta(\cos\omega_1 t - \cos\omega_2 t)$$

对于弱弹簧耦合，ω_1 和 ω_2 相差不大，于是单摆运动出现拍振动。

5.2 简谐激励下的稳态响应

这一节分析有阻尼二自由度系统在简谐激励下的稳态响应，并分析系统的频率特性。

设有阻尼二自由度系统的运动微分方程为

$$\begin{bmatrix} m_1 & 0 \\ 0 & m_2 \end{bmatrix} \begin{bmatrix} \ddot{x}_1 \\ \ddot{x}_2 \end{bmatrix} + \begin{bmatrix} c_{11} & c_{12} \\ c_{21} & c_{22} \end{bmatrix} \begin{bmatrix} \dot{x}_1 \\ \dot{x}_2 \end{bmatrix} + \begin{bmatrix} k_{11} & k_{12} \\ k_{21} & k_{22} \end{bmatrix} \begin{bmatrix} x_1 \\ x_2 \end{bmatrix} = \begin{bmatrix} F_1 \\ F_2 \end{bmatrix} e^{i\omega t} \quad (5-9)$$

将运动方程写成矩阵形式：

$$\boldsymbol{M}\ddot{\boldsymbol{x}} + \boldsymbol{C}\dot{\boldsymbol{x}} + \boldsymbol{K}\boldsymbol{x} = \boldsymbol{F} e^{i\omega t} \quad (5-10)$$

式中，$\boldsymbol{M}$、$\boldsymbol{C}$、$\boldsymbol{K}$ 分别是系统的质量矩阵、阻尼矩阵、刚度矩阵，$\boldsymbol{x}$ 和 $\boldsymbol{F}$ 分别为位移向量和力振幅向量。

设系统的稳态响应为

$$x = \begin{bmatrix} X_1 \\ X_2 \end{bmatrix} e^{i\omega t}$$

代入运动方程式(5-10),可得

$$(-\omega^2 \boldsymbol{M} + i\omega \boldsymbol{C} + \boldsymbol{K}) \begin{bmatrix} X_1 \\ X_2 \end{bmatrix} = \begin{bmatrix} F_1 \\ F_2 \end{bmatrix} \tag{5-11}$$

求解上述方程,得到简谐激励下的稳态响应为

$$\begin{bmatrix} X_1 \\ X_2 \end{bmatrix} = (-\omega^2 \boldsymbol{M} + i\omega \boldsymbol{C} + \boldsymbol{K})^{-1} \begin{bmatrix} F_1 \\ F_2 \end{bmatrix} \tag{5-12}$$

引入频率响应函数矩阵

$$\boldsymbol{H}(\omega) = (-\omega^2 \boldsymbol{M} + i\omega \boldsymbol{C} + \boldsymbol{K})^{-1} \tag{5-13}$$

把式(5-12)改写成

$$\begin{bmatrix} X_1 \\ X_2 \end{bmatrix} = \boldsymbol{H}(\omega) \begin{bmatrix} F_1 \\ F_2 \end{bmatrix} = \begin{bmatrix} H_{11}(\omega) & H_{12}(\omega) \\ H_{21}(\omega) & H_{22}(\omega) \end{bmatrix} \begin{bmatrix} F_1 \\ F_2 \end{bmatrix} \tag{5-14}$$

式中,$H_{ij}(\omega)$ 是频率响应函数(为复数),表示 j 点作用的单位简谐力在 i 点引起的响应(包括振幅和相位),其具体表达式需要根据式(5-13)进行计算。根据矩阵理论,二阶矩阵 $\boldsymbol{Z}$ 的逆矩阵可以用下式计算

$$\boldsymbol{Z}^{-1} = \frac{\mathrm{adj}\boldsymbol{Z}}{|\boldsymbol{Z}|} = \frac{1}{z_{11}z_{22} - z_{12}z_{21}} \begin{bmatrix} z_{22} & -z_{12} \\ -z_{21} & z_{11} \end{bmatrix} \tag{5-15}$$

式中,$\mathrm{adj}\boldsymbol{Z}$ 表示矩阵 $\boldsymbol{Z}$ 的伴随矩阵(见附录);$|\boldsymbol{Z}|$ 为矩阵 $\boldsymbol{Z}$ 的行列式。

从式(5-14)可知,因为二自由度系统有两个输入和两个输出,所以频率响应函数是一个 2×2 的矩阵,并且每个输出或响应都是由两个输入各自产生的响应叠加而成。推广到 n 自由度系统,则频率响应函数应该由 $n \times n$ 矩阵组成。

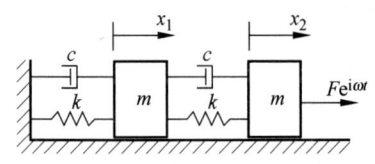

图 5-4 二自由度系统的简谐激励响应

图 5-4 所示为二自由度系统在 $Fe^{i\omega t}$ 作用下产生谐激励响应的例子。计算响应可以用式(5-12),而频率响应函数矩阵要用式(5-13)计算。为了认识二自由度系统频率响应函数的特点,将原点频率响应函数 $H_{22}(\omega)$ 和跨点频率响应函数 $H_{12}(\omega)$ 的幅频曲线和相频曲线显示于图 5-5。为简便起见取 $m=1, k=1$,得到固有频率 $\omega_1 = 0.618, \omega_2 = 1.618$,并且取 $c = 2m\zeta\omega_1$。

图 5-5 的三条曲线分别对应阻尼比 $\zeta = 0.05, 0.1$ 和 0.2。从幅频曲线可以看到,共振均出现在 $\omega = 0.618$ 和 1.618 处。在系统的两个固有频率 ω_1 和 ω_2 附近,频响函数达到峰值,而峰值的高低取决于阻尼大小。对 $H_{22}(\omega)$ 而言,在 ω_1 处的峰值比 ω_2 处大很多。在两个共振峰之间有个谷,称为反共振点。从相频曲线可以看到,共振时相位变化比较大。对 $H_{12}(\omega)$ 而言,在 ω_1 处的峰值也比 ω_2 处大很多,但在两个共振峰之间没有反共振点。

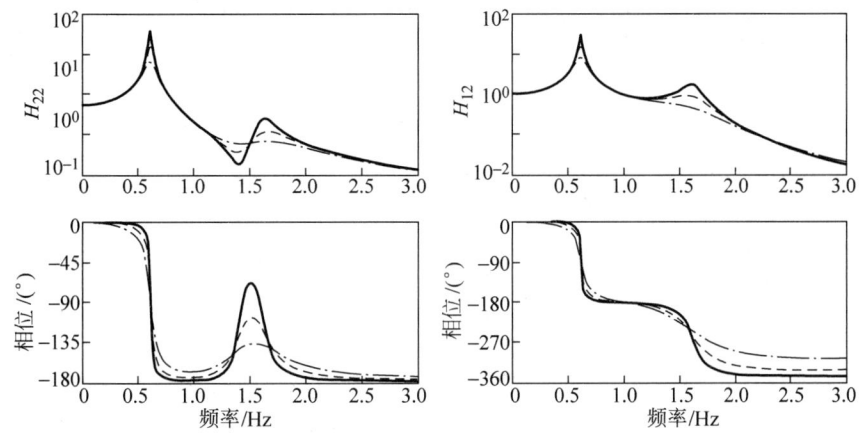

图 5-5 频响函数 $H_{22}(\omega)$ 和 $H_{12}(\omega)$ 的幅频和相频特性曲线

5.3 任意激励下的响应

本节讨论二自由度系统在任意激励下的响应问题。如同单自由度系统,和频率响应函数对应的是单位脉冲响应函数。本节将会看到,对应二自由度系统,存在二自由度系统的脉冲响应函数矩阵,其和频率响应函数矩阵互为逆矩阵。对如图 5-6 所示的二自由度系统,运动方程为

$$\begin{bmatrix} m_1 & 0 \\ 0 & m_2 \end{bmatrix} \begin{bmatrix} \ddot{x}_1 \\ \ddot{x}_2 \end{bmatrix} + \begin{bmatrix} k_1 & -k_1 \\ -k_1 & k_1+k_2 \end{bmatrix} \begin{bmatrix} x_1 \\ x_2 \end{bmatrix} = \begin{bmatrix} F_1 \\ 0 \end{bmatrix} \quad (5\text{-}16)$$

将式(5-16)写成如下矩阵形式:

$$\boldsymbol{M}\ddot{\boldsymbol{x}} + \boldsymbol{K}\boldsymbol{x} = \boldsymbol{F}(t) \quad (5\text{-}17)$$

容易求得固有频率和主振型,进行坐标变换,即

$$\boldsymbol{x} = \boldsymbol{u}\boldsymbol{y} \quad (5\text{-}18)$$

其中,u 就是对应固有频率的主振型按列排列构成的线性变换矩阵,表达式为

$$\boldsymbol{u} = \begin{bmatrix} 1 & 1 \\ \mu_1 & \mu_2 \end{bmatrix} = \begin{bmatrix} \varphi_{11} & \varphi_{12} \\ \varphi_{21} & \varphi_{22} \end{bmatrix}$$

图 5-6 脉冲激励下的二自由度系统

将式(5-18)代入式(5-16),左乘 $\boldsymbol{u}^{\mathrm{T}}$,可得

$$\boldsymbol{u}^{\mathrm{T}}\boldsymbol{M}\boldsymbol{u}\ddot{\boldsymbol{y}} + \boldsymbol{u}^{\mathrm{T}}\boldsymbol{K}\boldsymbol{u}\boldsymbol{y} = \boldsymbol{Q} \quad (5\text{-}19)$$

其中

$$\boldsymbol{u}^{\mathrm{T}}\boldsymbol{M}\boldsymbol{u} = \begin{bmatrix} M_1 & \\ & M_2 \end{bmatrix}, \quad \boldsymbol{u}^{\mathrm{T}}\boldsymbol{K}\boldsymbol{u} = \begin{bmatrix} K_1 & \\ & K_2 \end{bmatrix}, \quad \boldsymbol{Q} = \boldsymbol{u}^{\mathrm{T}}\boldsymbol{F}$$

则式(5-19)变为

$$\begin{bmatrix} M_1 & 0 \\ 0 & M_2 \end{bmatrix} \begin{bmatrix} \ddot{y}_1 \\ \ddot{y}_2 \end{bmatrix} + \begin{bmatrix} K_1 & 0 \\ 0 & K_2 \end{bmatrix} \begin{bmatrix} y_1 \\ y_2 \end{bmatrix} = \begin{bmatrix} Q_1 \\ Q_2 \end{bmatrix} \quad (5\text{-}20)$$

对比式(5-16)和式(5-20)发现,经过线性变换后,质量矩阵和刚度矩阵都变为对角矩阵,原方程解偶,可以写为

$$\ddot{y}_i + \omega_i^2 y_i = \frac{Q_i}{M_i}, \quad i=1,2 \tag{5-21}$$

$$Q_i(t) = \boldsymbol{u}_i^{\mathrm{T}} \begin{bmatrix} \delta(t) \\ 0 \end{bmatrix} = \varphi_{1i}\delta(t) \tag{5-22}$$

因此,可得

$$y_i^{(1)}(t) = \frac{\varphi_{1i}}{M_i\omega_i}\sin\omega_i t = \varphi_{1i}h(t), \quad i=1,2 \tag{5-23}$$

上标(1)表示作用在第一点单位脉冲力得到的响应。同理,可以得到作用在第二点单位脉冲力的响应,用上标(2)表示。再次利用式(5-18)转回原坐标,可得

$$\boldsymbol{x}^{(1)} = \boldsymbol{u}\boldsymbol{y}^{(1)} = \begin{bmatrix} \varphi_{11} & \varphi_{12} \\ \varphi_{21} & \varphi_{22} \end{bmatrix} \begin{bmatrix} y_1^{(1)} \\ y_2^{(1)} \end{bmatrix} = \begin{bmatrix} \varphi_{11}y_1^{(1)} + \varphi_{12}y_2^{(1)} \\ \varphi_{21}y_1^{(1)} + \varphi_{22}y_2^{(1)} \end{bmatrix} = \boldsymbol{h}^{(1)}(t) \tag{5-24}$$

$$\boldsymbol{x}^{(2)} = \boldsymbol{u}\boldsymbol{y}^{(2)} = \begin{bmatrix} \varphi_{11} & \varphi_{12} \\ \varphi_{21} & \varphi_{22} \end{bmatrix} \begin{bmatrix} y_1^{(2)} \\ y_2^{(2)} \end{bmatrix} = \begin{bmatrix} \varphi_{11}y_1^{(2)} + \varphi_{12}y_2^{(2)} \\ \varphi_{21}y_1^{(2)} + \varphi_{22}y_2^{(2)} \end{bmatrix} = \boldsymbol{h}^{(2)}(t) \tag{5-25}$$

将以上两式联立,得到脉冲响应函数矩阵

$$\begin{bmatrix} \varphi_{11}y_1^{(1)} + \varphi_{12}y_2^{(1)} & \varphi_{11}y_1^{(2)} + \varphi_{12}y_2^{(2)} \\ \varphi_{21}y_1^{(1)} + \varphi_{22}y_2^{(1)} & \varphi_{21}y_1^{(2)} + \varphi_{22}y_2^{(2)} \end{bmatrix} = \begin{bmatrix} h_{11}(t) & h_{12}(t) \\ h_{21}(t) & h_{22}(t) \end{bmatrix} \tag{5-26}$$

其中,脉冲响应函数矩阵和频率响应函数矩阵各个元素互为傅里叶变换对,即

$$\begin{bmatrix} h_{11}(t) & h_{12}(t) \\ h_{21}(t) & h_{22}(t) \end{bmatrix} \leftrightarrow \begin{bmatrix} H_{11}(\omega) & H_{12}(\omega) \\ H_{21}(\omega) & H_{22}(\omega) \end{bmatrix}$$

此处所采用的通过线性坐标变换求解响应的方法称为模态坐标变换,将会在下一章详细论述。

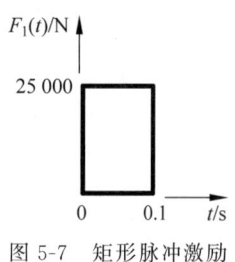

图 5-7 矩形脉冲激励

例 5-2 假设图 5-6 中的激励为矩形脉冲,如图 5-7 所示,其余参数为 $m_1 = 2 \times 10^5$ kg, $m_2 = 2.5 \times 10^5$ kg, $k_1 = 1.5 \times 10^8$ N/m, $k_2 = 7.5 \times 10^7$ N/m,假设两个质量块的初始位移与初始速度均为零,求系统的响应。

解:系统的运动方程为

$$\begin{bmatrix} m_1 & 0 \\ 0 & m_2 \end{bmatrix}\begin{bmatrix} \ddot{x}_1 \\ \ddot{x}_2 \end{bmatrix} + \begin{bmatrix} k_1 & -k_1 \\ -k_1 & k_1+k_2 \end{bmatrix}\begin{bmatrix} x_1 \\ x_2 \end{bmatrix} = \begin{bmatrix} F_1 \\ 0 \end{bmatrix}$$

上式中的质量矩阵和刚度矩阵可以表示为

$$\boldsymbol{M} = \begin{bmatrix} 2 & 0 \\ 0 & 2.5 \end{bmatrix} \times 10^5 \text{kg}$$

$$\boldsymbol{K} = \begin{bmatrix} 1.5 & -1.5 \\ -1.5 & 2.25 \end{bmatrix} \times 10^8 \text{N/m}$$

由 $|\boldsymbol{K} - \boldsymbol{M}\omega^2| = 0$ 可得固有频率为 $\omega_1 = 12.2474$ rad/s, $\omega_2 = 38.7298$ rad/s,相应的振型

矩阵为

$$u = \begin{bmatrix} 1 & 1 \\ 0.8 & -1 \end{bmatrix}$$

由于振型为相对量,如取 $M_i = 1$,则

$$u = \begin{bmatrix} 1.6667 & 1.4907 \\ 1.334 & -1.4907 \end{bmatrix} \times 10^{-3}$$

利用式(5-24)

$$x^{(1)} = \begin{bmatrix} \varphi_{11} y_1^{(1)} + \varphi_{12} y_2^{(1)} \\ \varphi_{21} y_1^{(1)} + \varphi_{22} y_2^{(1)} \end{bmatrix} = h^{(1)}(t)$$

和杜哈梅积分公式,系统的响应为

$$x(t) = \int_0^t F(\tau) h(t-\tau) d\tau$$

其中, $F(t) = 25000 \text{N} (0 < t < 0.1)$

$$\begin{bmatrix} x_1 \\ x_2 \end{bmatrix} = \begin{bmatrix} 1.6667 y_1(t) + 1.4907 y_2(t) \\ 1.3334 y_1(t) - 1.4907 y_2(t) \end{bmatrix} \times 10^{-3} \text{m}$$

$$\begin{bmatrix} y_1 \\ y_2 \end{bmatrix} = \begin{bmatrix} 3.4021 \int_0^t \sin 12.2474(t-\tau) d\tau = 0.2778(1 - \cos 12.2474 t) \\ 0.9622 \int_0^t \sin 38.7298(t-\tau) d\tau = 0.02484(1 - \cos 38.7298 t) \end{bmatrix}$$

式中的解答仅仅对 $t < 0.1$ 是有效的。当 $t > 0.1$ 时,需要用 $t = 0.1$ 时的位移和速度作为初始条件计算。

5.4 动力吸振器原理

动力吸振器是一种常用的振动控制技术,图 5-8 为其原理图。图中质量块 m_1 和弹簧 k_1 表示原有的振动系统,受简谐激励 $F e^{i\omega t}$ 产生振动。在质量块 m_1 下面连接一个由 k_2 和 m_2 组成的动力吸振器,用于消除原有系统的振动。原有的振动系统和动力吸振器组成一个二自由度系统,为简便起见不考虑阻尼,其运动方程如下

$$\begin{bmatrix} m_1 & 0 \\ 0 & m_2 \end{bmatrix} \begin{bmatrix} \ddot{x}_1 \\ \ddot{x}_2 \end{bmatrix} + \begin{bmatrix} k_1 + k_2 & -k_2 \\ -k_2 & k_2 \end{bmatrix} \begin{bmatrix} x_1 \\ x_2 \end{bmatrix} = \begin{bmatrix} F e^{i\omega t} \\ 0 \end{bmatrix} \quad (5-27)$$

设式(5-27)的解为

$$\begin{bmatrix} x_1 \\ x_2 \end{bmatrix} = \begin{bmatrix} X_1 \\ X_2 \end{bmatrix} e^{i\omega t}$$

代入微分方程式(5-27),可得

$$\begin{bmatrix} k_1 + k_2 - m_1 \omega^2 & -k_2 \\ -k_2 & k_2 - m_2 \omega^2 \end{bmatrix} \begin{bmatrix} X_1 \\ X_2 \end{bmatrix} = \begin{bmatrix} F \\ 0 \end{bmatrix}$$

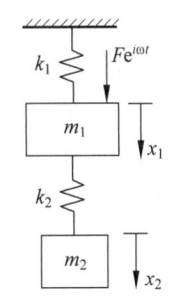

图 5-8 动力吸振器

用伴随矩阵计算逆矩阵的方法求解以上方程,得到

$$\begin{bmatrix} X_1 \\ X_2 \end{bmatrix} = \frac{\begin{bmatrix} k_2 - m_2\omega^2 & k_2 \\ k_2 & k_1 + k_2 - m_1\omega^2 \end{bmatrix}}{(k_1 + k_2 - m_1\omega^2)(k_2 - m_2\omega^2) - k_2^2} \begin{bmatrix} F \\ 0 \end{bmatrix}$$

展开后得到

$$X_1 = \frac{(k_2 - m_2\omega^2)F}{(k_1 + k_2 - m_1\omega^2)(k_2 - m_2\omega^2) - k_2^2} \tag{5-28a}$$

$$X_2 = \frac{k_2 F}{(k_1 + k_2 - m_1\omega^2)(k_2 - m_2\omega^2) - k_2^2} \tag{5-28b}$$

如果动力吸振器的固有频率设计成 $\sqrt{k_2/m_2} = \omega$，即等于原系统外激励频率，则根据式(5-28)可知 $X_1 = 0$，而且有

$$k_2 X_2 = -F, \quad k_2 x_2 = -F e^{i\omega t}$$

这时原系统的 m_1 完全停止运动。而动力吸振器的振动与激励力频率相同，产生的动态力作用于 m_1，与外激励力互相抵消。

需要说明的是，工程实际中外激励频率不可能固定在某个频率不变，而是在一定范围内变动，因此需要动力吸振器在一定频率范围内起作用。有阻尼的动力吸振器可以满足上述要求，在振动控制这一章里将对阻尼动力吸振器进行深入分析。

5.5 坐 标 耦 合

从二自由度系统的运动微分方程可以看到，每一个方程都含有两个坐标，因此二自由度系统的运动方程是耦合的。耦合给方程求解带来困难。在计算自由振动时，通过对系统固有频率和振型的分析，知道了自由振动由两个固有频率的简谐运动构成，以及各坐标振幅的比例关系取决于对应的振型，从而解决了自由振动的计算问题。在分析简谐激励稳态响应时，根据线性系统响应与激励频率相同的特点，将微分方程转变成代数方程进行求解，解决了稳态响应的计算问题。但是对于任意激励下的响应计算，微分方程的求解需要通过解耦进行。

如果无阻尼二自由度系统的质量矩阵和刚度矩阵都是对角阵，即非对角线元素等于零，则运动微分方程是非耦合的，或者说是解耦的。这时每个方程相当于单自由度问题，求解变得很容易。下面我们来讨论平面刚体的振动问题，看看能否通过坐标的合理选择，建立非耦合的运动微分方程。

图 5-9 所示的平面刚体具有两个自由度，一个为平动，另一个为转动。刚性杆的长度为 l，质量为 m，绕质心 G 的转动惯量为 J。图 5-10 的模型用质心 G 的垂向位移 x 表示刚体的平动，用转角 θ 表示刚体绕质心 G 的转动，得到两个运动方程为

$$m\ddot{x} = -k_1(x - l_1\theta) - k_2(x + l_2\theta)$$

$$J\ddot{\theta} = k_1(x - l_1\theta)l_1 - k_2(x + l_2\theta)l_2$$

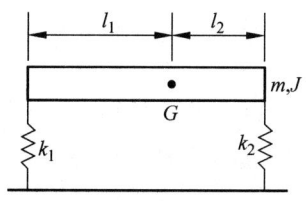
图 5-9 平面刚体振动模型

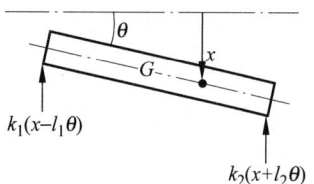
图 5-10 静力耦合的坐标

用矩阵形式表示,可得

$$\begin{bmatrix} m & 0 \\ 0 & J \end{bmatrix} \begin{bmatrix} \ddot{x} \\ \ddot{\theta} \end{bmatrix} + \begin{bmatrix} k_1+k_2 & k_2 l_2 - k_1 l_1 \\ k_2 l_2 - k_1 l_1 & k_1 l_1^2 + k_2 l_2^2 \end{bmatrix} \begin{bmatrix} x \\ \theta \end{bmatrix} = \mathbf{0} \qquad (5-29)$$

从上式可见,模型的质量矩阵是对角阵,而刚度矩阵不是对角阵。这种情形称为静力耦合的坐标系。

图 5-11 的模型将表示刚体平动的坐标放在离开质心距离为 e 之处,根据质心加速度与力的关系建立的运动方程为

$$m(\ddot{x}_2 + e\ddot{\theta}) = -k_1(x_2 - l_3\theta) - k_2(x_2 + l_4\theta)$$

根据转动角加速度与绕质心力矩的关系建立的运动方程为

$$J\ddot{\theta} = k_1(x_2 - l_3\theta)(l_3 + e) - k_2(x_2 + l_4\theta)(l_4 - e)$$
$$= k_1(x_2 - l_3\theta)l_3 - k_2(x_2 + l_4\theta)l_4 - m(\ddot{x}_2 + e\ddot{\theta})e$$

写成矩阵形式,得到

$$\begin{bmatrix} m & me \\ me & J_2 \end{bmatrix} \begin{bmatrix} \ddot{x}_2 \\ \ddot{\theta} \end{bmatrix} + \begin{bmatrix} k_1+k_2 & k_2 l_4 - k_1 l_3 \\ k_2 l_4 - k_1 l_3 & k_1 l_3^2 + k_2 l_4^2 \end{bmatrix} \begin{bmatrix} x_2 \\ \theta \end{bmatrix} = \mathbf{0} \qquad (5-30)$$

式中,$J_2 = J + me^2$,为刚体绕距离质心为 e 处的转动惯量。如果坐标 x_2 选在力矩平衡点,可使 $k_1 l_3 = k_2 l_4$,则运动方程变成

$$\begin{bmatrix} m & me \\ me & J_2 \end{bmatrix} \begin{bmatrix} \ddot{x}_2 \\ \ddot{\theta} \end{bmatrix} + \begin{bmatrix} k_1+k_2 & 0 \\ 0 & k_1 l_3^2 + k_2 l_4^2 \end{bmatrix} \begin{bmatrix} x_2 \\ \theta \end{bmatrix} = \mathbf{0} \qquad (5-31)$$

上式的质量矩阵不是对角阵,但刚度矩阵是对角阵。这种情形称为动力耦合的坐标系。

若在式(5-30)中选择 $l_3 = 0$,即把表示刚体平动的坐标放在杆的左端,如图 5-12 所示,则运动方程变为

$$\begin{bmatrix} m & ml_1 \\ ml_1 & J_3 \end{bmatrix} \begin{bmatrix} \ddot{x}_3 \\ \ddot{\theta} \end{bmatrix} + \begin{bmatrix} k_1+k_2 & k_2 l \\ k_2 l & k_2 l^2 \end{bmatrix} \begin{bmatrix} x_3 \\ \theta \end{bmatrix} = \mathbf{0} \qquad (5-32)$$

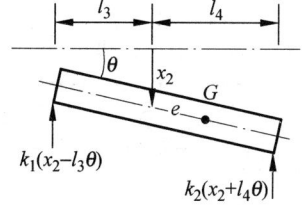
图 5-11 动力耦合的坐标

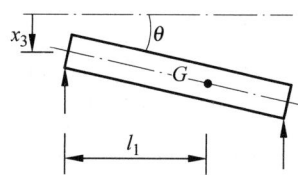
图 5-12 动、静耦合的坐标

式中,$J_3 = J + ml_1^2$,为刚体绕端点的转动惯量。此时质量矩阵和刚度矩阵都不是对角阵,坐标系的动力耦合与静力耦合都存在。

由以上分析可见,通过物理坐标的选择并不能使运动方程的质量矩阵和刚度矩阵同时成为对角阵,因此无法解耦。但是根据线性系统理论,确实存在某个坐标系,可以使微分方程组解耦。这种坐标系称为主坐标,它不是物理坐标,需要通过线性变换后获得,如5.3节任意激励下的响应的求解方法。在多自由度系统这一章将介绍如何进行线性变换,将运动方程从物理坐标转换到主坐标进行求解,这样就可以把多自由度系统的计算问题变成单自由度问题。获得主坐标下系统的响应后,再变换回到原物理坐标,从而解决多自由度系统振动响应的计算问题。

习 题 5

5-1 求题5-1图所示双弹簧-质量系统的固有频率(以m_1和m_2向下位移为正)。

5-2 写出题5-2图示系统的运动方程,求固有频率和主振型。

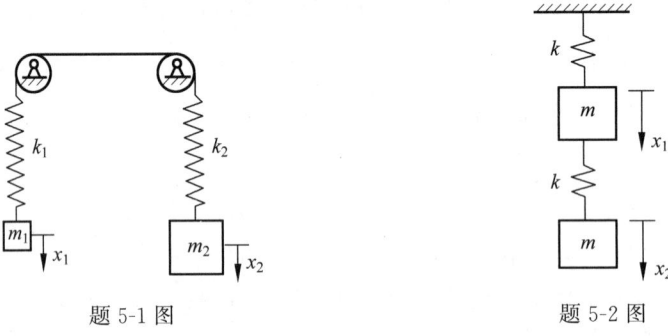

题 5-1 图　　　　　　　　题 5-2 图

5-3 计算题5-2的系统由以下初始条件引起的自由振动:
$$x_1(0)=0,\quad x_2(0)=0;\quad \dot{x}_1(0)=1,\quad \dot{x}_2(0)=0。$$

5-4 两个质量块m_1和m_2用弹簧k连接,m_1的上端被绳子拴住,置于一个与水平面夹角为α的光滑斜面上,如题5-4图所示。若在零时刻绳子被割断,两个质量块将沿斜面下滑。假设斜面无限长,求瞬时t两个质量块在斜面上的位置(以m_1为原点,初始时刻m_1和m_2速度为0,位移x_1为0,x_2为$m_2 g\sin\alpha/k$)。

5-5 行车载重小车运动感的力学模型如题5-5图所示,小车质量为m_1,受到两根刚度为k的弹簧的约束,悬挂物品质量为m_2,悬挂长度为L,摆角θ很小,求系统的振动微分方程。

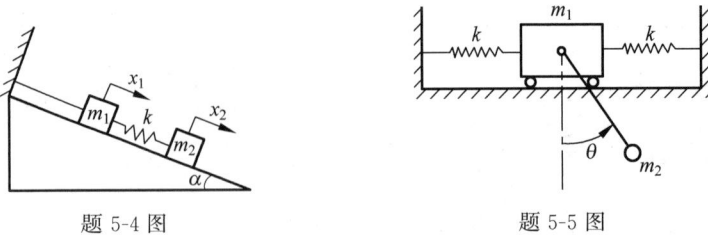

题 5-4 图　　　　　　　　题 5-5 图

5-6 弹簧-质量系统在光滑水平面上自由滑动,如题 5-6 图所示。若运动的初始条件为 $t=0$ 时,初始位移为 $x_{10}=5\text{mm},x_{20}=5\text{mm}$;初始速度为 $\dot{x}_{10}=0,\dot{x}_{20}=0$。求系统的响应,如欲使系统作第一阶主振动,应在系统上施加怎样的初始条件。

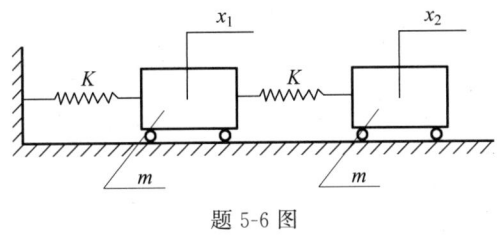

题 5-6 图

5-7 题 5-7 图所示系统中,$k_1=k_2=k_3=k,m_1=m_2=m,r_1=r_2=r,J_1=J_2=J$。求系统的振动微分方程。

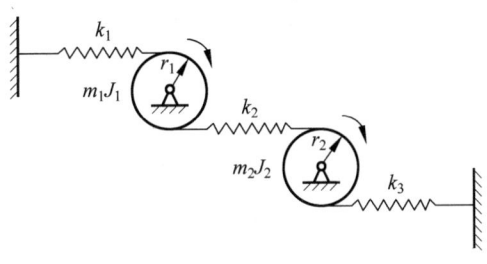

题 5-7 图

5-8 求题 5-8 图所示的扭转振动系统在 $k_1=k_2,J_1=2J_2$ 时的固有频率和振型。

5-9 题 5-9 图所示的复摆做小摆角振动,证明系统的固有频率为

$$\omega=\sqrt{\frac{g}{l}(2\pm\sqrt{2})}$$

并求出振幅比 x_1/x_2。

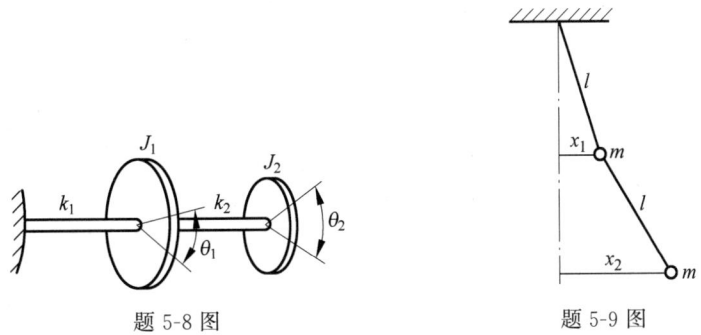

题 5-8 图　　　　　题 5-9 图

5-10 题 5-10 图所示的系统支承受简谐激励作用,求系统的稳态响应。

5-11 题 5-11 图所示单自由度系统(无 k_1 和 m_1 时)受简谐力 $F\cos\omega t$ 激励作迫振动,为降低系统传递给基础的动态力,拟在质量块 M 上附加由 k_1 和 m_1 构成的弹簧-质量振子。试确定 k_1 和 m_1,使传递给基础的动态力最小,且使 m_1 的振幅尽量小,并满足 $m_1\leqslant M/4$;并计算此时系统传递给基础的动态力,以及质量块 m_1 的振幅。

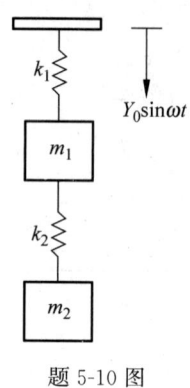 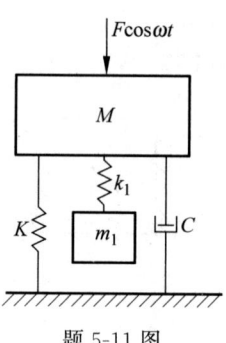

题 5-10 图　　　　题 5-11 图

第 6 章

多自由度系统

多自由度系统的振动性质与二自由度本质上是相同的,但是自由度的数目可以大到成千上万甚至更多。对于多自由度系统的理论分析,如振型向量的正交性、坐标解耦和振型叠加法等,可以借助矩阵数学工具进行介绍。而对于多自由度系统的振动计算问题,如系统的固有频率、振型和响应等,则需要使用程序软件才能算出结果。本章主要对多自由度系统进行理论分析,具体的振动计算可以参考附录中有关 MATLAB 程序的内容。

第 6 章 课件

由于自由度数目多,通过受力分析并按牛顿定律建立运动微分方程的方法已经不再适合多自由度系统。本章首先介绍建立多自由度系统运动方程的刚度矩阵方法和柔度矩阵方法,然后介绍固有频率和振型的计算方法。本章的核心内容是如何利用振型向量的正交性对多自由度系统的微分方程进行解耦,以及以解耦为基础用于计算振动响应的振型叠加法原理,并引入了多自由度系统的频率响应函数矩阵和脉冲响应函数矩阵。为了能够用 MATLAB 程序对振动问题进行数值计算,本章还要介绍如何把二阶微分方程转换成一阶微分方程组。最后介绍两种用于计算多自由度系统基频,即最低阶固有频率的近似方法。

6.1 运动方程的建立

6.1.1 刚度矩阵方法

多自由度系统刚度系数 k_{ij} 的定义为:在 j 处有单位位移,而其他各处位移为 0,为达到这种状态需要在 i 处施加的力。以图 6-1 的梁为例,解释刚度系数的定义。图中的均质梁是连续体,现将其质量离散成 n 个质点 $m_1, m_2, \cdots, m_n$ 均匀分布在梁上,而把梁当作只有弯曲刚度没有质量的弹性元件。根据上述刚度系数的定义,若要在 1 处产生单位位移,而在其他各处位移为 0,除了在 1 处需要施加力作用,其他各处也要施加力的作用才能产生这种变形状态。这时各点施加的力的数值分别就是刚度系数 $k_{11}, k_{21}, \cdots, k_{n1}$。

需要注意的是,刚度系数可以有正负:如果力的方向与 1 处的位移方向相同,则刚度系数为正,反之为负。不难判断,刚度系数 k_{ii} 总是正的。另外根据结构力学的功互等原理可知,线弹性结构的刚度系数满足 $k_{ij} = k_{ji}$。

因为一般情况下系统各质点处都有位移:$x_1, x_2, \cdots, x_n$,对处在静平衡状态的结构按刚度系数的定义和叠加原理可以算出在 i 处需要作用的力为

$$f_i = k_{i1} x_1 + k_{i2} x_2 + \cdots + k_{in} x_n, \quad i = 1, 2, \cdots, n$$

但也可以是反过来的问题:已知各点作用的外力 f_i 和系统的刚度系数,便可求出各处的位

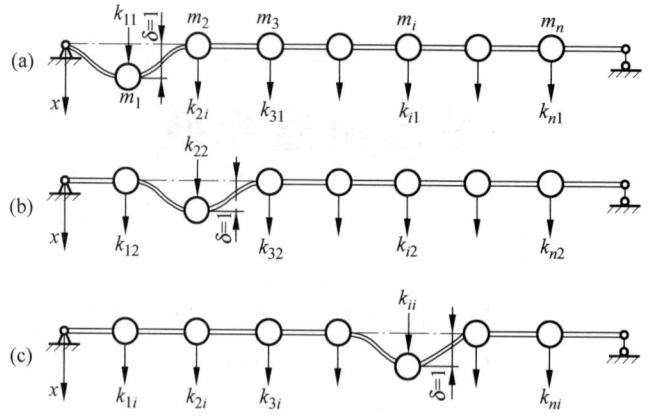

图 6-1 刚度系数计算示意图

移 $x_1, x_2, \cdots, x_n$。

对于动力问题,应用达朗贝尔原理考虑质点惯性力后可得

$$\sum_{j=1}^{n} k_{ij} x_j = -m_i \ddot{x}_i + f_i, \quad i = 1, 2, \cdots, n$$

用矩阵形式可以表示为

$$\begin{bmatrix} m_1 & 0 & \cdots & 0 \\ 0 & m_2 & \cdots & 0 \\ \vdots & \vdots & \ddots & \vdots \\ 0 & 0 & \cdots & m_n \end{bmatrix} \begin{bmatrix} \ddot{x}_1 \\ \ddot{x}_2 \\ \vdots \\ \ddot{x}_n \end{bmatrix} + \begin{bmatrix} k_{11} & k_{12} & \cdots & k_{1n} \\ k_{21} & k_{22} & \cdots & k_{2n} \\ \vdots & \vdots & \ddots & \vdots \\ k_{n1} & k_{n2} & \cdots & k_{nn} \end{bmatrix} \begin{bmatrix} x_1 \\ x_2 \\ \vdots \\ x_n \end{bmatrix} = \begin{bmatrix} f_1 \\ f_2 \\ \vdots \\ f_n \end{bmatrix} \quad (6\text{-}1\mathrm{a})$$

$$\boldsymbol{M}\ddot{\boldsymbol{x}} + \boldsymbol{K}\boldsymbol{x} = \boldsymbol{F} \quad (6\text{-}1\mathrm{b})$$

式中,$\boldsymbol{M}$ 为系统的质量矩阵;$\boldsymbol{K}$ 为刚度矩阵,其元素为 k_{ij};$\boldsymbol{x}$ 和 $\boldsymbol{F}$ 分别为位移向量和外激励力向量。对于刚度矩阵,因为 $k_{ij} = k_{ji}$,所以有

$$\boldsymbol{K} = \boldsymbol{K}^\mathrm{T} \quad (6\text{-}2)$$

即刚度矩阵是对称矩阵。

根据刚度系数的定义以及刚度矩阵的形式可以看出,用刚度矩阵表示的运动方程本质上是力的平衡方程。其中每一行代表每个点(自由度)处力的平衡,而平衡方程中的每一项分别代表惯性力、弹性力和外激励力。对于有阻尼多自由度系统,其运动方程为

$$\boldsymbol{M}\ddot{\boldsymbol{x}} + \boldsymbol{C}\dot{\boldsymbol{x}} + \boldsymbol{K}\boldsymbol{x} = \boldsymbol{F} \quad (6\text{-}3)$$

式中,$\boldsymbol{C}$ 为阻尼矩阵,元素为 c_{ij},其定义可以参考刚度系数。

例 6-1 试计算图 6-2 中弹簧-质量系统的刚度矩阵。

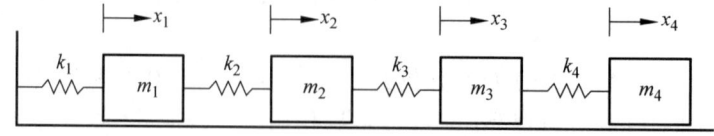

图 6-2 四自由度系统

解：图 6-2 的系统由 4 个弹簧连接 4 个质量块，组成链式结构。首先对 m_1 施加正方向力，大小等于 k_1+k_2，使之产生单位位移。而为了保持其他质量块不发生位移，需要在 m_2 上施加负方向力，抵消弹簧 k_2 的作用力。因为 m_2 没有位移，其余质量块则无须加力。重复类似过程，依次使 m_2、m_3 和 m_4 产生单位位移，同时不使其余质量块发生位移，根据力的平衡条件可以得到各刚度系数为

$$k_{11}=k_1+k_2, \quad k_{12}=-k_2$$
$$k_{21}=-k_2, \quad k_{22}=k_2+k_3, \quad k_{23}=-k_3$$
$$k_{32}=-k_3, \quad k_{33}=k_3+k_4, \quad k_{34}=-k_4$$
$$k_{43}=-k_4, \quad k_{44}=k_4$$

因此系统的刚度矩阵为

$$\boldsymbol{K}=\begin{bmatrix} k_1+k_2 & -k_2 & 0 & 0 \\ -k_2 & k_2+k_3 & -k_3 & 0 \\ 0 & -k_3 & k_3+k_4 & -k_4 \\ 0 & 0 & -k_4 & k_4 \end{bmatrix}$$

对于由弹簧-质量组成的链式结构多自由度系统，还可以根据简单的规则直接写出其刚度矩阵：对角线上的刚度系数等于对应质量块连接的所有弹簧刚度系数之和，非对角线上的刚度系数等于对应两个质量块之间连接弹簧的刚度系数，并取负号。如果两个质量块之间没有弹簧连接，则其在刚度矩阵中的对应元素为零。

6.1.2 柔度矩阵方法

柔度系数 a_{ij} 的定义为：在 j 处作用的单位力在 i 处引起的位移。根据柔度系数的定义并应用叠加原理，作用在系统各质点的惯性力以及外激励力在 i 处引起的位移为

$$x_i=\sum_{j=1}^n a_{ij}(f_j-m_j\ddot{x}_j), \quad i=1,2,\cdots,n$$

用矩阵形式可以表示为

$$\begin{bmatrix} x_1 \\ x_2 \\ \vdots \\ x_n \end{bmatrix} = \begin{bmatrix} a_{11} & a_{12} & \cdots & a_{1n} \\ a_{21} & a_{22} & \cdots & a_{2n} \\ \vdots & \vdots & \ddots & \vdots \\ a_{n1} & a_{n2} & \cdots & a_{nn} \end{bmatrix} \left(\begin{bmatrix} f_1 \\ f_2 \\ \vdots \\ f_n \end{bmatrix} - \begin{bmatrix} m_1 & 0 & \cdots & 0 \\ 0 & m_2 & \cdots & 0 \\ \vdots & \vdots & \ddots & \vdots \\ 0 & 0 & \cdots & m_n \end{bmatrix} \begin{bmatrix} \ddot{x}_1 \\ \ddot{x}_2 \\ \vdots \\ \ddot{x}_n \end{bmatrix} \right) \quad (6\text{-}4a)$$

$$\boldsymbol{AM}\ddot{\boldsymbol{x}}+\boldsymbol{x}=\boldsymbol{AF} \quad (6\text{-}4b)$$

式中，$\boldsymbol{A}$ 为系统的柔度矩阵，其元素为 a_{ij}。根据结构力学的功互等原理可知，柔度系数满足 $a_{ij}=a_{ji}$，所以柔度矩阵也是对称矩阵：

$$\boldsymbol{A}=\boldsymbol{A}^{\mathrm{T}} \quad (6\text{-}5)$$

根据柔度系数的定义以及柔度矩阵的形式可以看出，用柔度矩阵表示的运动方程是位移的叠加过程，即位移 x_i 是作用于系统各点的惯性力以及外激励力在 i 点引起的位移叠加的结果。对比式(6-1)和式(6-4)可以发现，柔度矩阵和刚度矩阵互为逆矩阵，即

$$A^{-1}=K, \quad K^{-1}=A \tag{6-6}$$

因此用柔度矩阵建立的运动方程可以转换成刚度矩阵表示的运动方程。需要注意的是,柔度矩阵总是存在逆矩阵,但刚度矩阵并不总是可以求逆。

例如,对图 6-3 所示的二自由度系统建立运动方程如下

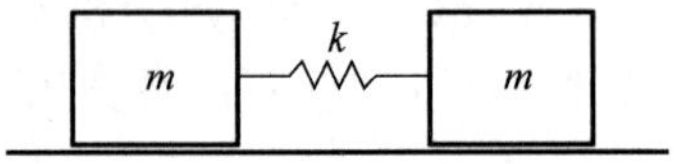

$$\begin{bmatrix} m & 0 \\ 0 & m \end{bmatrix}\begin{bmatrix} \ddot{x}_1 \\ \ddot{x}_2 \end{bmatrix} + \begin{bmatrix} k & -k \\ -k & k \end{bmatrix}\begin{bmatrix} x_1 \\ x_2 \end{bmatrix} = \mathbf{0}$$

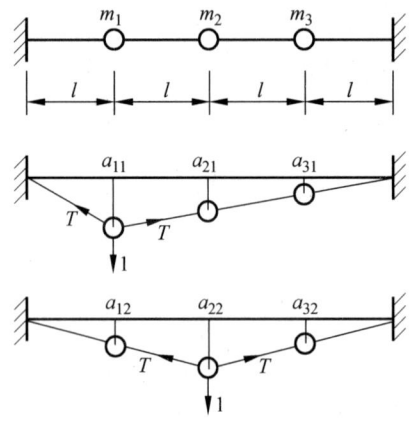

图 6-3 含刚体位移的系统

其特征方程为

$$\begin{vmatrix} k-m\omega^2 & -k \\ -k & k-m\omega^2 \end{vmatrix} = (k-m\omega^2)^2 - k^2 = (k-m\omega^2+k)(k-m\omega^2-k) = 0$$

求得固有频率为

$$\omega_1 = 0, \quad \omega_2 = \sqrt{\frac{2k}{m}}$$

固有频率为 0 代表的是刚体运动,即无弹性变形的运动。很显然这两个质量块可以作相同的运动,而弹簧又不发生变形。这种包含刚体运动的系统其刚度矩阵是半正定的,不能求逆阵,所以也不存在柔度矩阵。这点不难理解:因为将单位力作用于图 6-3 所示系统的任一质量块,产生的位移将是无穷大,所以柔度系数不存在。可以证明,不存在刚体运动的系统其刚度矩阵是正定的。

例 6-2 试用柔度矩阵方法建立图 6-4 中由 3 个小球与张紧的弦组成的系统微幅自由振动时的运动方程,设弦的张力等于 T,且微幅振动时张力保持不变。

图 6-4 张紧的弦上质量的振动

解:给质量为 m_1 的小球施加单位力,得到力的平衡方程
$$T\sin\theta_1 + T\sin\theta_2 = 1$$
或
$$T\tan\theta_1 + T\tan\theta_2 \approx 1$$
即
$$\frac{a_{11}}{l}T + \frac{a_{11}}{3l}T = 1$$

于是得到柔度系数为

$$a_{11}=\frac{3l}{4T}, \quad a_{21}=\frac{l}{2T}=a_{12}, \quad a_{31}=\frac{l}{4T}=a_{13}$$

给质量为 m_2 小球施加单位力，得到力的平衡方程为

$$2T\sin\theta \approx 2T\frac{a_{22}}{2l}=1$$

得到柔度系数为

$$a_{22}=\frac{l}{T}, \quad a_{32}=\frac{a_{22}}{2}=\frac{l}{2T}=a_{23}$$

根据求出的柔度系数写出系统的柔度矩阵以及运动方程分别为

$$A=\frac{l}{4T}\begin{bmatrix}3 & 2 & 1\\ 2 & 4 & 2\\ 1 & 2 & 3\end{bmatrix}, \quad \frac{l}{4T}\begin{bmatrix}3 & 2 & 1\\ 2 & 4 & 2\\ 1 & 2 & 3\end{bmatrix}\begin{bmatrix}m_1 & 0 & 0\\ 0 & m_2 & 0\\ 0 & 0 & m_3\end{bmatrix}\begin{bmatrix}\ddot{x}_1\\ \ddot{x}_2\\ \ddot{x}_3\end{bmatrix}+\begin{bmatrix}x_1\\ x_2\\ x_3\end{bmatrix}=\mathbf{0}$$

6.1.3 拉格朗日方程的应用

采用刚度矩阵或柔度矩阵建立运动方程是源于结构力学的方法，而拉格朗日方程是分析力学的方法，它是借助达朗贝尔原理将虚位移原理推广到动力学系统的结果。

多自由度系统对应第 i 个广义坐标的拉格朗日方程为

$$\frac{\mathrm{d}}{\mathrm{d}t}\frac{\partial T}{\partial \dot{q}_i}-\frac{\partial T}{\partial q_i}-Q_i=0, \quad i=1,2,\cdots,n \tag{6-7}$$

式中，q_i 为描述系统运动的广义坐标；T 为系统的动能；Q_i 为广义力；n 为广义坐标的数目。广义力 Q_i 包括有势力 Q_{ui}、阻尼力 Q_{ci} 和外激励力 Q_{ei}。有势力可以根据系统的势能 U 用下式计算：

$$Q_{ui}=-\frac{\partial U}{\partial q_i} \tag{6-8}$$

阻尼力可以用系统的耗散函数 D 计算：

$$Q_{ci}=-\frac{\partial D}{\partial \dot{q}_i} \tag{6-9}$$

$$D=\frac{1}{2}\sum_k c_k \dot{r}_k^2 \tag{6-10}$$

式中，$\dot{r}_k$ 为作用于第 k 个阻尼器的相对速度，即阻尼器两端速度之差。

对于无外激励作用的有阻尼自由振动，拉格朗日方程可以写成

$$\frac{\mathrm{d}}{\mathrm{d}t}\frac{\partial T}{\partial \dot{q}_i}-\frac{\partial T}{\partial q_i}+\frac{\partial U}{\partial q_i}+\frac{\partial D}{\partial \dot{q}_i}=0 \tag{6-11}$$

如果是无阻尼自由振动，则方程左边最后一项为零。

例 6-3 图 6-5 中的小车可以在水平方向移动，两端分别连接有弹簧和阻尼器，并且质心悬挂一小球单摆。试用拉格朗日方程建立小车与单摆系统的微幅自由振动方程。

解：建立原点在静平衡位置的直角坐标系 xOy 描述小车和摆球的运动，用广义坐标 x 表示小车质心位置，广义坐标 θ 表示单摆的摆角，于是摆球 m_1 的位置可以表示为

$$x_1 = x + l\sin\theta, \quad y_1 = l(1-\cos\theta)$$

系统的动能、势能和耗散函数分别为

$$T = \frac{1}{2}m\dot{x}^2 + \frac{1}{2}m_1(\dot{x}_1^2 + \dot{y}_1^2)$$

$$= \frac{1}{2}(m+m_1)\dot{x}^2 + \frac{1}{2}m_1 l^2\dot{\theta}^2 + m_1 l\dot{x}\dot{\theta}\cos\theta$$

$$U = \frac{1}{2}kx^2 + m_1 gl(1-\cos\theta)$$

$$D = \frac{1}{2}c\dot{x}^2$$

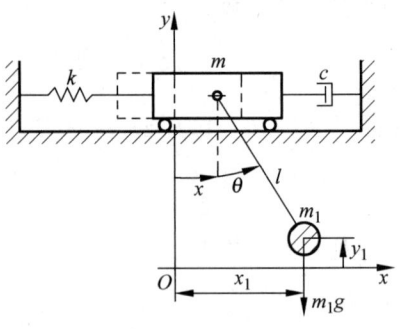

图 6-5 移动小车与单摆系统

对第一个广义坐标 x 有

$$\frac{\partial T}{\partial \dot{x}} = (m+m_1)\dot{x} + m_1 l\dot{\theta}\cos\theta$$

$$\frac{\mathrm{d}}{\mathrm{d}t}\frac{\partial T}{\partial \dot{x}} = (m+m_1)\ddot{x} + m_1 l(\ddot{\theta}\cos\theta - \dot{\theta}^2\sin\theta)$$

$$\frac{\partial T}{\partial x} = 0, \quad \frac{\partial U}{\partial x} = kx, \quad \frac{\partial D}{\partial \dot{x}} = c\dot{x}$$

得到运动方程为

$$(m+m_1)\ddot{x} + m_1 l(\ddot{\theta}\cos\theta - \dot{\theta}^2\sin\theta) + c\dot{x} + kx = 0$$

对第二个广义坐标 θ 有

$$\frac{\partial T}{\partial \dot{\theta}} = m_1 l(\dot{x}\cos\theta + l\dot{\theta})$$

$$\frac{\mathrm{d}}{\mathrm{d}t}\frac{\partial T}{\partial \dot{\theta}} = m_1 l(\ddot{x}\cos\theta + l\ddot{\theta} - \dot{x}\dot{\theta}\sin\theta)$$

$$\frac{\partial T}{\partial \theta} = -m_1 l\dot{x}\dot{\theta}\sin\theta, \quad \frac{\partial U}{\partial \theta} = m_1 gl\sin\theta, \quad \frac{\partial D}{\partial \dot{\theta}} = 0$$

得到运动方程为

$$m_1 l(\ddot{x}\cos\theta + l\ddot{\theta}) + m_1 gl\sin\theta = 0$$

对于微幅振动二阶小量可以忽略不计,且有 $\sin\theta \approx \theta, \cos\theta \approx 1$,于是运动方程简化为

$$(m+m_1)\ddot{x} + m_1 l\ddot{\theta} + c\dot{x} + kx = 0$$

$$\ddot{x} + l\ddot{\theta} + g\theta = 0$$

6.2 固有频率与振型

建立了多自由度系统运动方程后,接下来要做的就是求出系统的固有频率和振型。设自由振动响应为 $\boldsymbol{x} = \boldsymbol{X}\mathrm{e}^{\mathrm{i}\omega t}$,代入多自由度无阻尼系统的运动方程

$$\boldsymbol{M}\ddot{\boldsymbol{x}} + \boldsymbol{K}\boldsymbol{x} = \boldsymbol{0}$$

可得
$$(\boldsymbol{K} - \omega^2 \boldsymbol{M})\boldsymbol{X} = 0 \qquad (6\text{-}12\text{a})$$
或
$$\boldsymbol{K}\boldsymbol{X} = \omega^2 \boldsymbol{M}\boldsymbol{X} \qquad (6\text{-}12\text{b})$$

将式(6-12b)两边同乘以 $\boldsymbol{M}^{-1}$，可得
$$\boldsymbol{M}^{-1}\boldsymbol{K}\boldsymbol{X} = \omega^2 \boldsymbol{X} \rightarrow \boldsymbol{A}\boldsymbol{X} = \lambda \boldsymbol{X}$$

可见，多自由度振动系统固有频率 ω_i 和振型向量 $\boldsymbol{X}_i$ 的计算问题其实就是矩阵 $\boldsymbol{A}$ 的特征值和特征向量问题。矩阵的特征值和特征向量问题可以很方便地用 MATLAB 程序计算，具体请参考附录 A。下面介绍一种适合二、三个自由度、用手工计算固有频率和振型向量的方法。

令矩阵 $\boldsymbol{K} - \omega^2 \boldsymbol{M}$ 的行列式等于零，便得到计算固有频率的特征方程。而振型向量可以在算出固有频率以后，通过计算 $\boldsymbol{K} - \omega^2 \boldsymbol{M}$ 的伴随矩阵求得。说明如下：

对任意矩阵 $\boldsymbol{A}$，可以证明下式成立
$$\boldsymbol{A}\,\text{adj}\,\boldsymbol{A} = |\boldsymbol{A}|\boldsymbol{I}$$

将 $\boldsymbol{K} - \omega^2 \boldsymbol{M}$ 当作 $\boldsymbol{A}$，便有
$$(\boldsymbol{K} - \omega^2 \boldsymbol{M})\text{adj}(\boldsymbol{K} - \omega^2 \boldsymbol{M}) = |\boldsymbol{K} - \omega^2 \boldsymbol{M}|\boldsymbol{I} \qquad (6\text{-}13)$$

将固有频率 ω_i 代入，可得 $|\boldsymbol{K} - \omega_i^2 \boldsymbol{M}| = 0$，即式(6-13)右边为零矩阵。因此矩阵 $\text{adj}(\boldsymbol{K} - \omega_i^2 \boldsymbol{M})$ 的任何一列都可当作对应于 ω_i 的振型向量。

例 6-4 试计算图 6-6 所示二自由度系统的固有频率与振型。

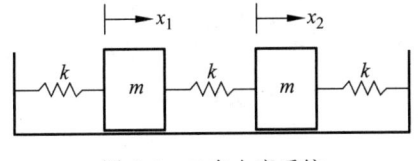

图 6-6 二自由度系统

解：根据链式结构刚度矩阵特点，可以直接得到系统的运动方程：
$$\begin{bmatrix} m & 0 \\ 0 & m \end{bmatrix} \begin{bmatrix} \ddot{x}_1 \\ \ddot{x}_2 \end{bmatrix} + \begin{bmatrix} 2k & -k \\ -k & 2k \end{bmatrix} \begin{bmatrix} x_1 \\ x_2 \end{bmatrix} = \boldsymbol{0}$$

其特征矩阵方程为
$$(\boldsymbol{K} - \omega^2 \boldsymbol{M})\boldsymbol{X} = \begin{bmatrix} 2k - m\omega^2 & -k \\ -k & 2k - m\omega^2 \end{bmatrix} \begin{bmatrix} X_1 \\ X_2 \end{bmatrix}$$

令系数矩阵行列式等于 0
$$|\boldsymbol{K} - \omega^2 \boldsymbol{M}| = (2k - m\omega^2)^2 - k^2 = (2k - m\omega^2 + k)(2k - m\omega^2 - k) = 0$$

得到固有频率为
$$\omega_1^2 = \frac{k}{m}, \quad \omega_2^2 = \frac{3k}{m}$$

而振型向量可以从 $\boldsymbol{K} - \omega^2 \boldsymbol{M}$ 的伴随矩阵获得
$$\text{adj}(\boldsymbol{K} - \omega^2 \boldsymbol{M}) = \begin{bmatrix} 2k - m\omega^2 & k \\ k & 2k - m\omega^2 \end{bmatrix}$$

将 ω_1 和 ω_2 分别代入以上伴随矩阵的任意一列,并取归一化,便得到对应的振型向量为

$$X_1 = \begin{bmatrix} 1 \\ 1 \end{bmatrix}, \quad X_2 = \begin{bmatrix} 1 \\ -1 \end{bmatrix}$$

6.3 振型向量的正交性

振型向量正交性是多自由度系统的重要特性。利用振型向量的正交性可以对系统的运动方程解耦,解决响应计算的问题。以下是振型向量正交性的推导和说明。

根据式(6-12)可知,对第 i 阶固有频率与振型有

$$KX_i = \omega_i^2 MX_i \tag{6-14}$$

将式(6-14)转置后右乘 X_j,并注意到 M 和 K 都是对称矩阵,可得

$$X_i^T KX_j = \omega_i^2 X_i^T MX_j \tag{6-15}$$

同样,对第 j 阶固有频率与振型有

$$KX_j = \omega_j^2 MX_j \tag{6-16}$$

将式(6-16)左乘 X_i^T,可得

$$X_i^T KX_j = \omega_j^2 X_i^T MX_j \tag{6-17}$$

用式(6-15)减去式(6-17),得到

$$(\omega_i^2 - \omega_j^2) X_i^T MX_j = 0$$

因为 $\omega_i \neq \omega_j$,所以有

$$X_i^T MX_j = 0$$

并且根据式(6-17)可知

$$X_i^T KX_j = 0$$

将以上性质写成一般形式

$$X_i^T MX_j = \begin{cases} 0, & i \neq j \\ M_i, & i = j \end{cases} \tag{6-18a}$$

$$X_i^T KX_j = \begin{cases} 0, & i \neq j \\ K_i, & i = j \end{cases} \tag{6-18b}$$

式(6-18)完整地表达了多自由度系统振型向量的正交性,M_i 和 K_i 分别称为系统的主质量和主刚度。对于系统的第 i 阶振动,可以写出类似于单自由度系统固有频率的计算式:
因为

$$X_i^T KX_i = \omega_i^2 X_i^T MX_i$$

所以

$$\omega_i^2 = \frac{X_i^T KX_i}{X_i^T MX_i} = \frac{K_i}{M_i} \tag{6-19}$$

为了计算方便,也可以将振型向量转换成所谓的正则振型,如下

$$\boldsymbol{\Phi}_i = \frac{X_i}{\sqrt{M_i}}$$

而正则振型的正交性为

$$\boldsymbol{\Phi}_i^T M \boldsymbol{\Phi}_j = \begin{cases} 0, & i \neq j \\ 1, & i = j \end{cases} \tag{6-20a}$$

$$\boldsymbol{\Phi}_i^{\mathrm{T}} \boldsymbol{K} \boldsymbol{\Phi}_j = \begin{cases} 0, & i \neq j \\ \omega_i^2, & i = j \end{cases} \tag{6-20b}$$

6.4 振型叠加法

振型叠加法也称为模态分析法，其核心思想是利用振型向量的正交性对运动微分方程进行解耦，使每个方程只包含一个坐标，称为主坐标。主坐标下的运动方程可以像单自由度系统那样求解，求解以后再变换回到原来的物理坐标，得到系统的响应。

设多自由度系统的运动方程为

$$\boldsymbol{M}\ddot{\boldsymbol{x}} + \boldsymbol{K}\boldsymbol{x} = \boldsymbol{F} \tag{6-21}$$

求出所有的固有频率和振型向量，并将振型向量组成下面的振型矩阵：

$$\boldsymbol{u} = \begin{bmatrix} \boldsymbol{X}_1 & \boldsymbol{X}_2 & \cdots & \boldsymbol{X}_n \end{bmatrix} \tag{6-22}$$

采用线性变换

$$\boldsymbol{x} = \boldsymbol{u}\boldsymbol{y} \tag{6-23}$$

$$\boldsymbol{y} = \begin{bmatrix} y_1 & y_2 & \cdots & y_n \end{bmatrix}^{\mathrm{T}}$$

将其代入运动方程式(6-21)并左乘 $\boldsymbol{u}^{\mathrm{T}}$，注意到 $\boldsymbol{M}$ 和 $\boldsymbol{K}$ 为对称矩阵，可得

$$\boldsymbol{u}^{\mathrm{T}} \boldsymbol{M} \boldsymbol{u} \ddot{\boldsymbol{y}} + \boldsymbol{u}^{\mathrm{T}} \boldsymbol{K} \boldsymbol{u} \boldsymbol{y} = \boldsymbol{u}^{\mathrm{T}} \boldsymbol{F} \tag{6-24}$$

根据振型向量的正交性，对质量矩阵有

$$\boldsymbol{u}^{\mathrm{T}} \boldsymbol{M} \boldsymbol{u} = \begin{bmatrix} \boldsymbol{X}_1^{\mathrm{T}} \boldsymbol{M} \boldsymbol{X}_1 & \boldsymbol{X}_1^{\mathrm{T}} \boldsymbol{M} \boldsymbol{X}_2 & \cdots & \boldsymbol{X}_1^{\mathrm{T}} \boldsymbol{M} \boldsymbol{X}_n \\ \boldsymbol{X}_2^{\mathrm{T}} \boldsymbol{M} \boldsymbol{X}_1 & \boldsymbol{X}_2^{\mathrm{T}} \boldsymbol{M} \boldsymbol{X}_2 & \cdots & \boldsymbol{X}_2^{\mathrm{T}} \boldsymbol{M} \boldsymbol{X}_n \\ \vdots & \vdots & \ddots & \vdots \\ \boldsymbol{X}_n^{\mathrm{T}} \boldsymbol{M} \boldsymbol{X}_1 & \boldsymbol{X}_n^{\mathrm{T}} \boldsymbol{M} \boldsymbol{X}_2 & \cdots & \boldsymbol{X}_n^{\mathrm{T}} \boldsymbol{M} \boldsymbol{X}_n \end{bmatrix} = \begin{bmatrix} M_1 & 0 & \cdots & 0 \\ 0 & M_2 & \cdots & 0 \\ \vdots & \vdots & \ddots & \vdots \\ 0 & 0 & \cdots & M_n \end{bmatrix} = \widetilde{\boldsymbol{M}}$$

$$\tag{6-25}$$

同理，对于刚度矩阵有

$$\boldsymbol{u}^{\mathrm{T}} \boldsymbol{K} \boldsymbol{u} = \begin{bmatrix} K_1 & 0 & \cdots & 0 \\ 0 & K_2 & \cdots & 0 \\ \vdots & \vdots & \ddots & \vdots \\ 0 & 0 & \cdots & K_n \end{bmatrix} = \widetilde{\boldsymbol{K}} \tag{6-26}$$

于是式(6-24)成为解耦的运动微分方程

$$\widetilde{\boldsymbol{M}} \ddot{\boldsymbol{y}} + \widetilde{\boldsymbol{K}} \boldsymbol{y} = \boldsymbol{q} \tag{6-27}$$

式中，$\widetilde{\boldsymbol{M}}$ 和 $\widetilde{\boldsymbol{K}}$ 都是对角阵，$\boldsymbol{y}$ 为主坐标，$\boldsymbol{q}$ 为主坐标下的激励力向量：

$$\boldsymbol{q} = \begin{bmatrix} q_1 \\ q_2 \\ \vdots \\ q_n \end{bmatrix} = \boldsymbol{u}^{\mathrm{T}} \boldsymbol{F} = \begin{bmatrix} \boldsymbol{X}_1^{\mathrm{T}} \boldsymbol{F} \\ \boldsymbol{X}_2^{\mathrm{T}} \boldsymbol{F} \\ \vdots \\ \boldsymbol{X}_n^{\mathrm{T}} \boldsymbol{F} \end{bmatrix} \tag{6-28}$$

式(6-27)展开后每一个微分方程为

$$M_i \ddot{y}_i + K_i y_i = q_i, \quad i = 1, 2, \cdots, n \tag{6-29}$$

以上过程说明,通过线性变换 $x = uy$ 可使原来耦合的微分方程解耦,变成单自由度问题。另外,为了计算主坐标的响应,还需要知道 y 的初始速度和位移。可用下式将 x 转换成 y:

$$\dot{y}_0 = u^{-1} \dot{x}_0, \quad y_0 = u^{-1} x_0 \tag{6-30}$$

求出主坐标下的响应后,再转换成原坐标下的响应:

$$x = uy = \sum_{i=1}^n y_i X_i \tag{6-31}$$

从式(6-31)可见,原坐标的响应由各振型叠加而成,而主坐标的响应 y_i 成为各振型的权因子。

事实上根据线性代数理论,矩阵不同特征值的特征向量(即振型向量)是线性无关或线性独立的(即振型向量正交性),它们组成 n 维空间的一组基。因此 n 维空间中的任意向量都可以表示为这 n 个特征向量的线性组合。这就是式(6-31)也就是振型叠加法的数学理论根据。

若采用正则振型矩阵 $\boldsymbol{\Phi} = [\boldsymbol{\Phi}_1 \quad \boldsymbol{\Phi}_2 \quad \cdots \quad \boldsymbol{\Phi}_n]$ 进行解耦,则有

$$\boldsymbol{\Phi}^T M \boldsymbol{\Phi} \ddot{y} + \boldsymbol{\Phi}^T K \boldsymbol{\Phi} y = \boldsymbol{\Phi}^T F \tag{6-32}$$

其中每一个解耦的微分方程为

$$\ddot{y}_i + \omega_i^2 y_i = p_i, \quad i = 1, 2, \cdots, n \tag{6-33}$$

例 6-5 试计算图 6-7 所示二自由度系统在单位阶跃激励作用下的响应,假设系统的初始条件为 $x_1(0) = 0, x_2(0) = 0, \dot{x}_1(0) = v, \dot{x}_2(0) = 0$。

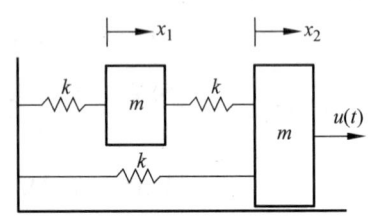

图 6-7 二自由度系统的响应计算

解:系统的运动方程为

$$\begin{bmatrix} m & 0 \\ 0 & m \end{bmatrix} \begin{bmatrix} \ddot{x}_1 \\ \ddot{x}_2 \end{bmatrix} + \begin{bmatrix} 2k & -k \\ -k & 2k \end{bmatrix} \begin{bmatrix} x_1 \\ x_2 \end{bmatrix} = \begin{bmatrix} 0 \\ u(t) \end{bmatrix}$$

根据系统的特征矩阵求出固有频率和振型:

$$K - \omega^2 M = \begin{bmatrix} 2k - m\omega^2 & -k \\ -k & 2k - m\omega^2 \end{bmatrix}$$

$$|K - \omega^2 M| = (2k - m\omega^2)^2 - k^2 = (2k - m\omega^2 + k)(2k - m\omega^2 - k) = 0$$

$$\omega_1^2 = \frac{k}{m}, \quad \omega_2^2 = \frac{3k}{m}$$

$$\text{adj}(K - \omega^2 M) = \begin{bmatrix} 2k - m\omega^2 & k \\ k & 2k - m\omega^2 \end{bmatrix}$$

$$X_1 = \begin{bmatrix} 1 \\ 1 \end{bmatrix}, \quad X_2 = \begin{bmatrix} 1 \\ -1 \end{bmatrix}, \quad u = [X_1 \, X_2] = \begin{bmatrix} 1 & 1 \\ 1 & -1 \end{bmatrix}$$

令 $x = uy$,对运动方程进行解耦:

$$u^T M u \ddot{y} + u^T K u y = u^T F$$

$$u^T M u = \begin{bmatrix} 1 & 1 \\ 1 & -1 \end{bmatrix} \begin{bmatrix} m & 0 \\ 0 & m \end{bmatrix} \begin{bmatrix} 1 & 1 \\ 1 & -1 \end{bmatrix} = \begin{bmatrix} 2m & 0 \\ 0 & 2m \end{bmatrix}$$

$$u^T K u = \begin{bmatrix} 1 & 1 \\ 1 & -1 \end{bmatrix} \begin{bmatrix} 2k & -k \\ -k & 2k \end{bmatrix} \begin{bmatrix} 1 & 1 \\ 1 & -1 \end{bmatrix} = \begin{bmatrix} 2k & 0 \\ 0 & 6k \end{bmatrix}$$

$$u^T F = \begin{bmatrix} 1 & 1 \\ 1 & -1 \end{bmatrix} \begin{bmatrix} 0 \\ u(t) \end{bmatrix} = \begin{bmatrix} u(t) \\ -u(t) \end{bmatrix}$$

得到主坐标下的运动方程：

$$2m\ddot{y}_1 + 2ky_1 = u(t)$$
$$2m\ddot{y}_2 + 6ky_2 = -u(t)$$

初始条件变换：

$$\begin{bmatrix} y_1(0) \\ y_2(0) \end{bmatrix} = u^{-1} x(0) = \begin{bmatrix} 0 \\ 0 \end{bmatrix}$$

$$\begin{bmatrix} \dot{y}_1(0) \\ \dot{y}_2(0) \end{bmatrix} = u^{-1} \dot{x}(0) = \frac{1}{2}\begin{bmatrix} 1 & 1 \\ 1 & -1 \end{bmatrix} \begin{bmatrix} v \\ 0 \end{bmatrix} = \frac{1}{2}\begin{bmatrix} v \\ v \end{bmatrix}$$

主坐标的响应：

$$y_1(t) = \frac{v}{2\omega_1}\sin\omega_1 t + \frac{1}{2k}(1 - \cos\omega_1 t)$$

$$y_2(t) = \frac{v}{2\omega_2}\sin\omega_2 t - \frac{1}{6k}(1 - \cos\omega_2 t)$$

原坐标的响应：

$$\begin{bmatrix} x_1(t) \\ x_2(t) \end{bmatrix} = uy = \begin{bmatrix} 1 & 1 \\ 1 & -1 \end{bmatrix} \begin{bmatrix} y_1(t) \\ y_2(t) \end{bmatrix} = \begin{bmatrix} y_1(t) + y_2(t) \\ y_1(t) - y_2(t) \end{bmatrix}$$

6.5 阻尼的处理

多自由度系统振型向量的正交性只对无阻尼系统成立,因为解耦只能将质量矩阵和刚度矩阵变成对角阵,无法将阻尼矩阵也转变成对角阵。

阻尼系统的运动方程为

$$M\ddot{x} + C\dot{x} + Kx = F \tag{6-34}$$

若用正则振型矩阵对式(6-34)进行解耦,可得

$$\Phi^T M \Phi \ddot{y} + \Phi^T C \Phi \dot{y} + \Phi^T K \Phi y = \Phi^T F \tag{6-35}$$

式中,$\Phi^T M \Phi$ 和 $\Phi^T K \Phi$ 为对角阵,但 $\Phi^T C \Phi$ 一般不是对角阵,因此对阻尼系统的微分方程不能解耦。若阻尼矩阵可以用所谓的比例阻尼来表示：

$$C = \alpha M + \beta K \tag{6-36}$$

式中,α 和 β 为系数,运动方程就能解耦。说明如下：

将上述比例阻尼矩阵代入式(6-35),可得

$$\boldsymbol{\Phi}^{\mathrm{T}}\boldsymbol{C}\boldsymbol{\Phi} = \boldsymbol{\Phi}^{\mathrm{T}}(\alpha\boldsymbol{M}+\beta\boldsymbol{K})\boldsymbol{\Phi} = \alpha\boldsymbol{I}+\beta\begin{bmatrix}\ddots & \cdots & 0\\ \vdots & \omega_i^2 & \vdots\\ 0 & \cdots & \ddots\end{bmatrix} \tag{6-37}$$

$$\ddot{y}_i + (\alpha+\beta\omega_i^2)\dot{y}_i + \omega_i^2 y_i = p_i, \quad i=1,2,\cdots,n \tag{6-38}$$

于是阻尼振动系统也可以解耦,变成单自由度的计算问题。

另一种方法是计算主坐标的振动响应时,在无阻尼系统解耦后的运动方程中加入模态阻尼比 ζ_i,此时运动方程成为

$$\ddot{y}_i + 2\zeta_i\omega_i\dot{y}_i + \omega_i^2 y_i = p_i, \quad i=1,2,\cdots,n \tag{6-39}$$

ζ_i 的数值可以根据经验选取,或根据试验确定。

阻尼不仅对瞬态振动的衰减快慢起决定作用,对稳态振动固有频率附近的振幅也起决定作用,从而对结构振动时的变形、应力和应变的大小起决定性作用。因此在计算系统的振动响应时,阻尼比 ζ_i 绝不可以随意取值,需要慎重考虑其对结果的影响。

6.6 振型截断法

上面介绍的振型叠加法需要求出多自由度系统的全部振型向量,组成振型矩阵后对微分方程进行解耦。对于大型结构振动问题,系统的自由度数目有成千上万甚至更多。很多计算问题,例如结构振动时的变形和应力,主要取决于结构的整体振动。而低频振型对结构整体振动起决定性作用,高频振型的影响则很小,可以忽略。因此在很多情况下可以只用系统的部分振型来计算振动响应,这样做既能满足一定的精度,又能节省大量的计算时间。这种方法称为振型截断法。

设 n 自由度系统的正则振型矩阵由前 m 阶振型组成,m 远远小于自由度数 n,如下:

$$\boldsymbol{\Phi} = [\boldsymbol{\Phi}_1 \quad \boldsymbol{\Phi}_2 \quad \cdots \quad \boldsymbol{\Phi}_m], \quad n\times m \text{ 矩阵}$$

令 $\boldsymbol{x}=\boldsymbol{\Phi}\boldsymbol{y}$,代入系统运动方程式(6-21),并左乘 $\boldsymbol{\Phi}^{\mathrm{T}}$($m\times n$ 矩阵),可得

$$\boldsymbol{\Phi}^{\mathrm{T}}\boldsymbol{M}\boldsymbol{\Phi}\ddot{\boldsymbol{y}} + \boldsymbol{\Phi}^{\mathrm{T}}\boldsymbol{K}\boldsymbol{\Phi}\boldsymbol{y} = \boldsymbol{\Phi}^{\mathrm{T}}\boldsymbol{F}$$

$$\begin{bmatrix}\ddot{y}_1\\ \vdots\\ \ddot{y}_m\end{bmatrix} + \begin{bmatrix}\omega_1^2 & \cdots & 0\\ \vdots & \ddots & \vdots\\ 0 & \cdots & \omega_m^2\end{bmatrix}\begin{bmatrix}y_1\\ \vdots\\ y_m\end{bmatrix} = \begin{bmatrix}p_1\\ \vdots\\ p_m\end{bmatrix} \tag{6-40a}$$

$$\ddot{y}_i + \omega_i^2 y_i = p_i, \quad i=1,2,\cdots,m \tag{6-40b}$$

可以看到,由于只用了 m 个振型,解耦以后只有 m 个方程,问题的规模大大减小。但是因为这 m 个振型向量不是完备的,所以无法用振型矩阵的逆矩阵将原坐标系的初始速度和位移转换成主坐标的初始速度和位移。但可以采用以下近似方法进行转换:

$$\dot{\boldsymbol{y}}_0 = \boldsymbol{\Phi}^{\mathrm{T}}\boldsymbol{M}\dot{\boldsymbol{x}}_0, \quad \boldsymbol{y}_0 = \boldsymbol{\Phi}^{\mathrm{T}}\boldsymbol{M}\boldsymbol{x}_0 \tag{6-41}$$

这是因为 $\boldsymbol{\Phi}^{\mathrm{T}}\boldsymbol{M}$ 是 $\boldsymbol{\Phi}$ 的广义逆矩阵,满足

$$\boldsymbol{\Phi}^{\mathrm{T}}\boldsymbol{M}\boldsymbol{\Phi} = \boldsymbol{I}$$

即
$$\boldsymbol{\Phi}^{-1} = \boldsymbol{\Phi}^{\mathrm{T}} \boldsymbol{M}$$

将主坐标下的响应计算出来以后,再转换到原来的物理坐标,便得到系统响应:

$$x = \boldsymbol{\Phi} y = \sum_{i=1}^{m} y_i \boldsymbol{\Phi}_i \tag{6-42}$$

注意,这里只有 m 个振型叠加,而不是所有的振型叠加。

6.7 多自由度系统频率响应函数矩阵和脉冲响应函数矩阵

6.7.1 多自由度系统频率响应函数矩阵

6.4 节的多自由度系统响应的振型叠加法,虽然建立在实模态分析的基础上,但是在实际工程应用中,尤其是在试验分析中,经常是在频率域中进行。物理坐标 x 变换到模态坐标 y,模态变化的线性性质,保证了两边傅里叶变换后,等式仍然成立,即

$$x = \boldsymbol{\Phi} y, \quad \boldsymbol{X}(\omega) = \boldsymbol{\Phi} \boldsymbol{Y}(\omega) \tag{6-43}$$

假设模态坐标下的响应为

$$y_j(t) = Y_j \mathrm{e}^{\mathrm{i}\omega t}, \quad j = 1, 2, \cdots n \tag{6-44}$$

代入式(6-35)得到

$$(-\omega^2 \boldsymbol{\Phi}^{\mathrm{T}} \boldsymbol{M} \boldsymbol{\Phi} + \mathrm{i}\omega \boldsymbol{\Phi}^{\mathrm{T}} \boldsymbol{C} \boldsymbol{\Phi} + \boldsymbol{\Phi}^{\mathrm{T}} \boldsymbol{K} \boldsymbol{\Phi}) \boldsymbol{Y} = \boldsymbol{\Phi}^{\mathrm{T}} \boldsymbol{F}(\omega) \tag{6-45}$$

式(6-45)中的 $\boldsymbol{F}(\omega)$ 是原激励力的傅里叶变换。由模态正交性可得

$$\left(\begin{bmatrix} K_1 & \cdots & 0 \\ \vdots & \ddots & \vdots \\ 0 & \cdots & K_n \end{bmatrix} - \omega^2 \begin{bmatrix} M_1 & \cdots & 0 \\ \vdots & \ddots & \vdots \\ 0 & \cdots & M_n \end{bmatrix} + \mathrm{i}\omega \begin{bmatrix} C_1 & \cdots & 0 \\ \vdots & \ddots & \vdots \\ 0 & \cdots & C_n \end{bmatrix} \right) \begin{bmatrix} Y_1 \\ \vdots \\ Y_n \end{bmatrix} = \begin{bmatrix} Q_1 \\ \vdots \\ Q_n \end{bmatrix} \tag{6-46}$$

$$\boldsymbol{Q} = \boldsymbol{\Phi}^{\mathrm{T}} \boldsymbol{F}(\omega) \tag{6-47}$$

其中,刚度矩阵、质量矩阵、阻尼矩阵的第 r 个对角线元素 K_r、M_r、C_r 分别称为第 r 阶模态刚度、模态质量和模态阻尼,Q_r 为第 r 阶模态力。对第 r 阶模态

$$(K_r - \omega^2 M_r + \mathrm{i}\omega C_r) Y_r(\omega) = Q_r(\omega) \tag{6-48}$$

$$Y_r(\omega) = \frac{Q_r(\omega)}{K_r - \omega^2 M_r + \mathrm{i}\omega C_r} \tag{6-49}$$

在单点输入、单点输出的情况下,如简谐激励点在 p,则有

$$\boldsymbol{F}(\omega) = \begin{bmatrix} 0 & 0 & \cdots & f_p(\omega) & \cdots & 0 & 0 \end{bmatrix}^{\mathrm{T}} \tag{6-50}$$

$$Q_r = \boldsymbol{\Phi}_r^{\mathrm{T}} \boldsymbol{F}(\omega) = \phi_{pr} f_p(\omega) \tag{6-51}$$

式中,ϕ_{pr} 为第 r 阶模态的第 p 个分量。因此,可得

$$Y_r(\omega) = \frac{\phi_{pr} f_p(\omega)}{K_r - \omega^2 M_r + \mathrm{i}\omega C_r} \tag{6-52}$$

由 $\boldsymbol{X}(\omega) = \boldsymbol{\Phi} \boldsymbol{Y}(\omega) = \boldsymbol{\Phi} [Y_1 \cdots Y_r \cdots Y_n]^{\mathrm{T}}$ 可以得到结构上任意点 l 的响应

$$X_l(\omega) = \sum_{r=1}^{n} \frac{\phi_{lr}\phi_{pr}f_p(\omega)}{K_r - \omega^2 M_r + \mathrm{i}\omega C_r} \tag{6-53}$$

p 点激励 l 点的频率响应函数为

$$\frac{X_l(\omega)}{f_p(\omega)} = \sum_{r=1}^{n} \frac{\phi_{lr}\phi_{pr}}{K_r - \omega^2 M_r + \mathrm{i}\omega C_r} = H_{lp}(\omega) \tag{6-54}$$

则频率响应函数矩阵为 $n \times n$ 阶矩阵，即

$$\boldsymbol{H}_{n \times n}(\omega) = \begin{bmatrix} H_{11} & \cdots & H_{1n} \\ \cdots & H_{lp} & \cdots \\ H_{n1} & \cdots & H_{nn} \end{bmatrix}$$

如模态从 n 截断到 k，则

$$\frac{X_l(\omega)}{f_p(\omega)} \approx \sum_{r=1}^{k} \frac{\phi_{lr}\phi_{pr}}{K_r - \omega^2 M_r + \mathrm{i}\omega C_r} = H_{lp}(\omega) \tag{6-55}$$

6.7.2 多自由度系统脉冲响应函数矩阵

多自由度有阻尼系统在 p 点脉冲激励下的运动方程为

$$\boldsymbol{M}\ddot{\boldsymbol{x}} + \boldsymbol{C}\dot{\boldsymbol{x}} + \boldsymbol{K}\boldsymbol{x} = \boldsymbol{F} \tag{6-56}$$

$$\boldsymbol{F} = \begin{bmatrix} 0 & 0 & \cdots & \delta_p(t) & \cdots & 0 & 0 \end{bmatrix}^{\mathrm{T}}$$

其中，$\boldsymbol{C}$ 矩阵假设为可对角化的线性阻尼矩阵。假设已解得 n 阶模态频率和模态振型，作变换 $\boldsymbol{x} = \boldsymbol{\Phi}\boldsymbol{y}$，代入上式，左乘模态矩阵的转置，可得

$$\boldsymbol{\Phi}^{\mathrm{T}}\boldsymbol{M}\boldsymbol{\Phi}\ddot{\boldsymbol{y}} + \boldsymbol{\Phi}^{\mathrm{T}}\boldsymbol{C}\boldsymbol{\Phi}\dot{\boldsymbol{y}} + \boldsymbol{\Phi}^{\mathrm{T}}\boldsymbol{K}\boldsymbol{\Phi}\boldsymbol{y} = \boldsymbol{\Phi}^{\mathrm{T}}\boldsymbol{F} \tag{6-57}$$

式(6-57)可简化为

$$\boldsymbol{M}'\ddot{\boldsymbol{y}} + \boldsymbol{C}'\dot{\boldsymbol{y}} + \boldsymbol{K}'\boldsymbol{y} = \boldsymbol{\Phi}^{\mathrm{T}}\boldsymbol{F} \tag{6-58}$$

在考虑的单点输入、单点输出的情况下，第 r 阶模态力和对应的微分方程分别为

$$F_r = \boldsymbol{\Phi}_r^{\mathrm{T}}\boldsymbol{F} = \phi_{pr}\delta_p(t)$$

$$M_r\ddot{y}_r + C_r\dot{y}_r + K_r y_r = \phi_{pr}\delta_p(t), \quad r = 1, 2, \cdots, n$$

由冲量定理或杜哈梅积分，第 r 阶模态力作用下的响应为

$$y_r(t) = \frac{\phi_{pr}}{M_r\omega_{\mathrm{dr}}} \mathrm{e}^{-\zeta\omega_r(t-\tau)} \sin\omega_{\mathrm{dr}}(t-\tau) \tag{6-59}$$

式中，$\omega_{\mathrm{dr}} = \sqrt{1-\zeta^2}\,\omega_r$。
由

$$\boldsymbol{x} = \boldsymbol{\Phi}\boldsymbol{y} = \boldsymbol{\Phi}\begin{bmatrix} y_1 & \cdots & y_r & \cdots & y_n \end{bmatrix}^{\mathrm{T}}$$

得到 p 点激励 l 点的脉冲响应函数为

$$x_l(t) = h_{lp}(t) = \sum_{r=1}^{n} \frac{\phi_{lr}\phi_{pr}}{M_r\omega_{\mathrm{dr}}} \mathrm{e}^{-\zeta\omega_r(t-\tau)} \sin\omega_{\mathrm{dr}}(t-\tau)$$

因此，脉冲响应函数矩阵为

$$\boldsymbol{h}_{n \times n}(t) = \begin{bmatrix} h_{11} & \cdots & h_{1n} \\ \cdots & h_{lp} & \cdots \\ h_{n1} & \cdots & h_{nn} \end{bmatrix} \tag{6-60}$$

利用傅里叶变换可以得到

$$F[h_{lp}(t)] = \sum_{r=1}^{n} \frac{\phi_{lr}\phi_{pr}}{(K_r - \omega^2 M_r + i\omega C_r)} = H_{lp}(\omega) \tag{6-61}$$

$$\boldsymbol{H}_{n\times n}(\omega) = \begin{bmatrix} H_{11} & \cdots & H_{1n} \\ \cdots & H_{lp} & \cdots \\ H_{n1} & \cdots & H_{nn} \end{bmatrix} \tag{6-62}$$

6.8 状态空间法

除了用振型叠加法计算多自由度系统的振动响应，还可以用数值仿真方法直接计算系统的响应。计算振动响应的数值方法有很多种，读者可以参考专门的书籍。一种常用的求解一阶微分方程组的通用数值计算方法叫做龙格-库塔法，已编成 MATLAB 的程序指令，可以直接调用进行数值仿真计算。龙格-库塔法不仅可以求解线性微分方程，也可用于求解非线性微分方程。下面介绍如何将二阶微分方程转换成一阶微分方程组，以便用龙格-库塔法的 MATLAB 程序计算多自由度系统振动响应。

系统的振动状态可以用速度和位移来描述，对于多自由度系统则可以用速度和位移向量表示其振动状态。这两个向量放在一起就成为系统的状态向量，组成状态空间。

对多自由度系统运动方程

$$\boldsymbol{M}\ddot{\boldsymbol{x}} + \boldsymbol{C}\dot{\boldsymbol{x}} + \boldsymbol{K}\boldsymbol{x} = \boldsymbol{F} \tag{6-63}$$

引入状态向量

$$\boldsymbol{z} = \begin{bmatrix} \boldsymbol{x} \\ \dot{\boldsymbol{x}} \end{bmatrix} \tag{6-64}$$

于是式(6-43)可以改写成

$$\dot{\boldsymbol{z}} = \begin{bmatrix} \dot{\boldsymbol{x}} \\ \ddot{\boldsymbol{x}} \end{bmatrix} = \begin{bmatrix} \boldsymbol{0} & \boldsymbol{I} \\ -\boldsymbol{M}^{-1}\boldsymbol{K} & -\boldsymbol{M}^{-1}\boldsymbol{C} \end{bmatrix} \begin{bmatrix} \boldsymbol{x} \\ \dot{\boldsymbol{x}} \end{bmatrix} + \begin{bmatrix} \boldsymbol{0} \\ \boldsymbol{M}^{-1}\boldsymbol{F} \end{bmatrix} \tag{6-65a}$$

或写成

$$\dot{\boldsymbol{z}} = \boldsymbol{A}\boldsymbol{z} + \boldsymbol{u} \tag{6-65b}$$

式中

$$\boldsymbol{A} = \begin{bmatrix} \boldsymbol{0} & \boldsymbol{I} \\ -\boldsymbol{M}^{-1}\boldsymbol{K} & -\boldsymbol{M}^{-1}\boldsymbol{C} \end{bmatrix}, \quad \boldsymbol{u} = \begin{bmatrix} \boldsymbol{0} \\ \boldsymbol{M}^{-1}\boldsymbol{F} \end{bmatrix}$$

引入状态向量后把二阶微分方程组变成了一阶微分方程组，但是维数增加了一倍。其中状态向量的前 n 个分量代表系统的位移，后 n 个分量代表系统的速度。式(6-65)称为多自由度系统的状态方程，它是线性的。分析、求解状态方程的方法叫做状态空间法。龙格-库塔法是求解一阶微分方程组的通用数值方法，既可用于计算线性状态方程，也可用于计算非线性状态方程。具体的算例在附录 A 中有详细介绍。

6.9 计算基频的近似方法

在很多时候只需要知道系统的最低阶固有频率就可以了,而不必花很多时间去计算系统的所有固有频率。系统的最低阶固有频率也叫做基频,可以用近似方法求解。本节介绍两种常用的计算系统基频的近似方法,它们不仅可以用于离散系统,也可用于第 7 章将要介绍的连续系统。

6.9.1 瑞利法

在本书第 2 章的能量法一节里介绍了无阻尼自由振动系统的最大动能等于最大位能,根据这一原则以及简谐运动的特性可以直接计算单自由度系统的固有频率,而不必建立运动微分方程。对于多自由度系统这些原则依然适用,只是多自由度系统动能和位能的计算要用到矩阵和向量。以下是瑞利(Rayleigh)法的基本原理。

已知对多自由度系统的第 i 阶固有频率与振型有

$$\omega_i^2 = \frac{\boldsymbol{X}_i^\mathrm{T} \boldsymbol{K} \boldsymbol{X}_i}{\boldsymbol{X}_i^\mathrm{T} \boldsymbol{M} \boldsymbol{X}_i} \tag{6-66}$$

式(6-66)也可以从系统的能量关系导出。从分析力学可知,系统以固有频率 ω_i 作第 i 阶主振动时最大动能和最大位能分别为

$$T_{\max} = \frac{1}{2}\omega_i^2 \boldsymbol{X}_i^\mathrm{T} \boldsymbol{M} \boldsymbol{X}_i, \quad U_{\max} = \frac{1}{2}\boldsymbol{X}_i^\mathrm{T} \boldsymbol{K} \boldsymbol{X}_i$$

而且有 $T_{\max} = U_{\max}$,故式(6-19)也可以根据能量关系得到。

如果将第一阶振型向量 $\boldsymbol{X}_1$ 代入式(6-19),则有

$$\omega_1^2 = \frac{\boldsymbol{X}_1^\mathrm{T} \boldsymbol{K} \boldsymbol{X}_1}{\boldsymbol{X}_1^\mathrm{T} \boldsymbol{M} \boldsymbol{X}_1}$$

问题是事先并不知道第一阶振型向量 $\boldsymbol{X}_1$,因此只能假设一个与 $\boldsymbol{X}_1$ 比较接近的振型 $\boldsymbol{X}$ 代入上式,从而得到系统第一阶固有频率的估计值:

$$\omega_1^2 \approx \frac{\boldsymbol{X}^\mathrm{T} \boldsymbol{K} \boldsymbol{X}}{\boldsymbol{X}^\mathrm{T} \boldsymbol{M} \boldsymbol{X}} \tag{6-67}$$

式(6-67)称为瑞利商。瑞利商的驻值就是系统各个固有频率的平方,其中的最小值为系统的基频。假设的振型不可能恰是第一阶振型,换句话说,假设的振型由各个振型的线性组合而成。从数学上可以证明,通过瑞利商估算的基频总是高于第一阶固有频率的实际值。系统的静变形一般比较接近第一阶振型,如果用系统的静变形近似作为第一阶振型代入式(6-67),则估算出来的基频与实际值很接近。

例 6-6 试用瑞利法估算图 6-8 所示三自由度系统的基频。

解: 系统的运动方程为

$$\begin{bmatrix} m & 0 & 0 \\ 0 & m & 0 \\ 0 & 0 & m \end{bmatrix} \begin{bmatrix} \ddot{x}_1 \\ \ddot{x}_2 \\ \ddot{x}_3 \end{bmatrix} + \begin{bmatrix} 2k & -k & 0 \\ -k & 2k & -k \\ 0 & -k & k \end{bmatrix} \begin{bmatrix} x_1 \\ x_2 \\ x_3 \end{bmatrix} = \begin{bmatrix} 0 \\ 0 \\ 0 \end{bmatrix}$$

将假设振型

$$\boldsymbol{X} = \begin{bmatrix} 1 & 2 & 3 \end{bmatrix}^{\mathrm{T}}$$

代入瑞利商,估算的基频为

$$\omega_1^2 \approx \frac{\boldsymbol{X}^{\mathrm{T}} \boldsymbol{K} \boldsymbol{X}}{\boldsymbol{X}^{\mathrm{T}} \boldsymbol{M} \boldsymbol{X}} = \frac{3k}{14m}, \quad \omega_1 \approx 0.463 \sqrt{\frac{k}{m}}$$

而精确解为

$$\omega_1 = 0.445 \sqrt{\frac{k}{m}}$$

可见估计值的精度还是不错的。

6.9.2 邓克列公式

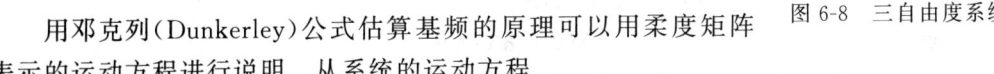

图 6-8 三自由度系统

用邓克列(Dunkerley)公式估算基频的原理可以用柔度矩阵表示的运动方程进行说明。从系统的运动方程

$$\boldsymbol{A} \boldsymbol{M} \ddot{\boldsymbol{x}} + \boldsymbol{x} = \boldsymbol{0}$$

可以导出用柔度矩阵表示的特征矩阵方程为

$$\left(\frac{1}{\omega^2} \boldsymbol{I} - \boldsymbol{A} \boldsymbol{M} \right) \boldsymbol{x} = \boldsymbol{0}$$

式中,

$$\boldsymbol{AM} = \begin{bmatrix} a_{11} & a_{12} & \cdots & a_{1n} \\ a_{21} & a_{22} & \cdots & a_{2n} \\ \vdots & \vdots & \ddots & \vdots \\ a_{n1} & a_{n2} & \cdots & a_{nn} \end{bmatrix} \begin{bmatrix} m_1 & 0 & \cdots & 0 \\ 0 & m_2 & \cdots & 0 \\ \vdots & \vdots & \ddots & \vdots \\ 0 & 0 & \cdots & m_n \end{bmatrix} = \begin{bmatrix} a_{11}m_1 & a_{12}m_2 & \cdots & a_{1n}m_n \\ a_{21}m_1 & a_{22}m_2 & \cdots & a_{2n}m_n \\ \vdots & \vdots & \ddots & \vdots \\ a_{n1}m_1 & a_{n2}m_2 & \cdots & a_{nn}m_n \end{bmatrix}$$

从而得到计算系统固有频率的特征方程为

$$\begin{vmatrix} \frac{1}{\omega^2} - a_{11}m_1 & -a_{12}m_2 & \cdots & -a_{1n}m_n \\ -a_{21}m_1 & \frac{1}{\omega^2} - a_{22}m_2 & \cdots & -a_{2n}m_n \\ \vdots & \vdots & \ddots & \vdots \\ -a_{n1}m_1 & -a_{n2}m_2 & \cdots & \frac{1}{\omega^2} - a_{nn}m_n \end{vmatrix}$$

$$= \left(\frac{1}{\omega^2} - a_{11}m_1 \right) \left(\frac{1}{\omega^2} - a_{22}m_2 \right) \cdots \left(\frac{1}{\omega^2} - a_{nn}m_n \right) + \cdots = 0 \quad (6\text{-}68)$$

该特征方程也可写成

$$\left(\frac{1}{\omega^2} - \frac{1}{\omega_1^2} \right) \left(\frac{1}{\omega^2} - \frac{1}{\omega_2^2} \right) \cdots \left(\frac{1}{\omega^2} - \frac{1}{\omega_n^2} \right) = 0 \quad (6\text{-}69)$$

式中,$\omega_1, \omega_2, \cdots, \omega_n$ 为系统的各个固有频率。比较式(6-68)和式(6-69)中 $\frac{1}{\omega^{2n-2}}$ 的系数可得

$$\frac{1}{\omega_1^2} + \frac{1}{\omega_2^2} + \cdots + \frac{1}{\omega_n^2} = a_{11}m_1 + a_{22}m_2 + \cdots + a_{nn}m_n \quad (6\text{-}70)$$

式(6-70)的右边第一项是基频平方的倒数,大于其他各项。若忽略其他各项,便得到基频的近似估算公式,即邓克列公式:

$$\frac{1}{\omega_1^2} \approx a_{11}m_1 + a_{22}m_2 + \cdots + a_{nn}m_n$$

$$= \frac{m_1}{k_{11}} + \frac{m_2}{k_{22}} + \cdots + \frac{m_n}{k_{nn}}$$

$$= \frac{1}{\omega_{11}^2} + \frac{1}{\omega_{22}^2} + \cdots + \frac{1}{\omega_{nn}^2} \tag{6-71}$$

式中,k_{11},k_{22},$\cdots$,k_{nn} 分别为柔度系数 a_{11},a_{22},$\cdots$,a_{nn} 的倒数。频率 ω_{ii} 的物理意义为:不考虑其他各点,只考虑系统 i 点的刚度系数 k_{ii} 和质量块 m_i 组成的单自由度系统的固有频率。根据式(6-70)可知,用邓克列公式估计的基频总是低于实际值。

如果系统的运动方程用刚度矩阵表示,即

$$M\ddot{x} + Kx = 0$$

且系统不存在刚体位移,那么根据柔度矩阵和刚度矩阵的互逆关系可得

$$AM = K^{-1}M = D$$

$$\frac{1}{\omega_1^2} \approx \mathrm{tr}D \tag{6-72}$$

式中,tr 代表求矩阵的迹,即矩阵对角线元素之和。

例 6-7 试用邓克列公式估计图 6-8 所示三自由度系统的基频,并与瑞利法的计算结果进行比较。

解:根据柔度系数的定义,有

$$a_{11} = \frac{1}{k}, \quad a_{22} = \frac{2}{k}, \quad a_{33} = \frac{3}{k}$$

代入邓克列公式,得到

$$\frac{1}{\omega_1^2} \approx a_{11}m + a_{22}m + a_{33}m = \frac{6m}{k}, \quad \omega_1 \approx 0.408\sqrt{\frac{k}{m}}$$

可见用邓克列公式估计的基频小于实际值,且误差较大;而瑞利法估计的基频大于实际值。

习 题 6

6-1 求题 6-1 图中等截面刚度为 EI 的梁的柔度矩阵。忽略梁的质量,且质量块将梁等分为 4 份。

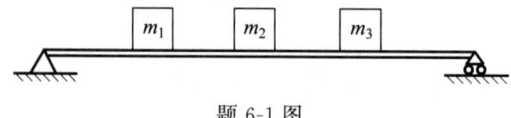

题 6-1 图

6-2 求题 6-2 图所示系统的固有频率和主振型(杆为刚性杆,不计质量)。

6-3 建立题 6-3 图所示弹簧-质量系统的运动方程。

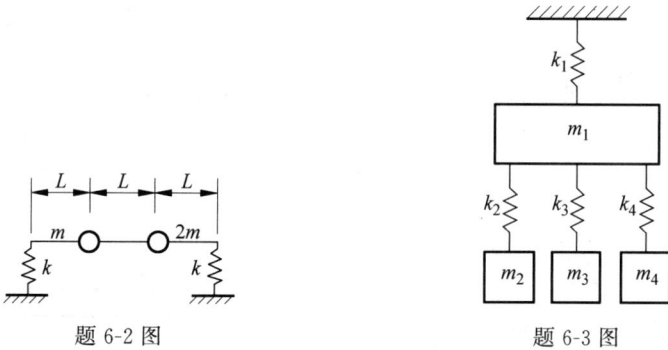

题 6-2 图　　　　题 6-3 图

6-4 如题 6-4 图所示,三个数学摆串接在一起做小摆角微幅振动,$l_1=l_2=l_3=l$,$m_1=m_2=m_3=m$,试用拉格朗日方程建立系统的运动微分方程。

6-5 求题 6-5 图所示简化皮带轮系统做自由角振动时的固有圆频率及主振型,图中 I_1,I_2 分别为两轮绕定轴的转动惯量,r_1,r_2 分别为其半径,K 为皮带的拉伸弹簧刚度。

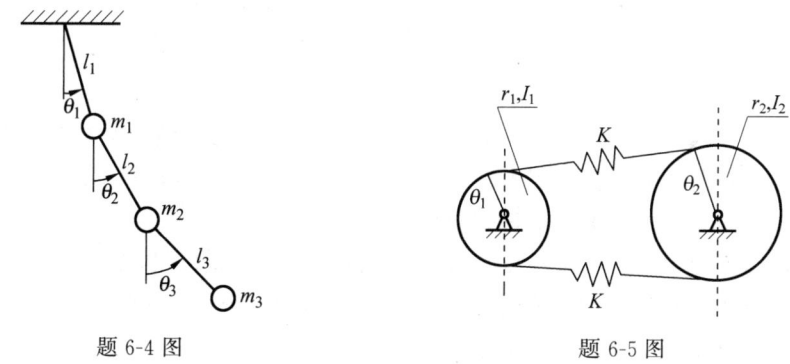

题 6-4 图　　　　题 6-5 图

6-6 如题 6-6 图所示,质量为 M 的水平台用两根长为 l 的绳子悬挂起来,半径为 r 的圆柱体,质量为 m,沿水平做无滑动的滚动,试以 θ 和 x 为广义坐标列出此系统的微摆动微分方程,并求其摆动频率。

6-7 如题 6-7 图所示,质量为 M 的刚体,用长为 a 的两根绳子对称地悬挂起来,下部有两个质量为 m、摆长为 b 的单摆,试列出此系统的微振动微分方程及频率方程。如设 $M=2m$,$a=b=l$,计算各阶固有圆频率及相应的主振型,并画出主振型图。

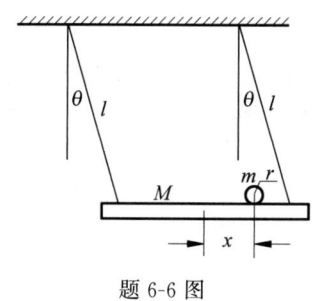 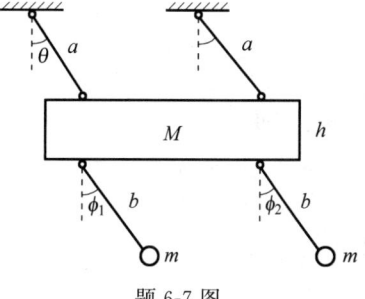

题 6-6 图　　　　题 6-7 图

6-8 一发电厂的汽轮机及其隔振系统的简化模型如题 6-8 图所示,导出对 x-y-θ 坐标的振动微分方程,并求系统的固有频率及主振型。且设 $s_1=\frac{1}{4}s_2=b=s$,$K_1=2K_2=K$,$I_0=9ms^2$,O 点为重心,m 为汽轮机的质量。

6-9 对指定的广义坐标,写出题 6-9 图所示结构的固有圆频率及主振型,梁视为刚性,柱为柔性,设 $m_1=m_2=m_3=m$,$h_1=h_2=h_3=h$,$EJ_1=3EJ$,$EJ_2=2EJ$,$EJ_3=EJ$。

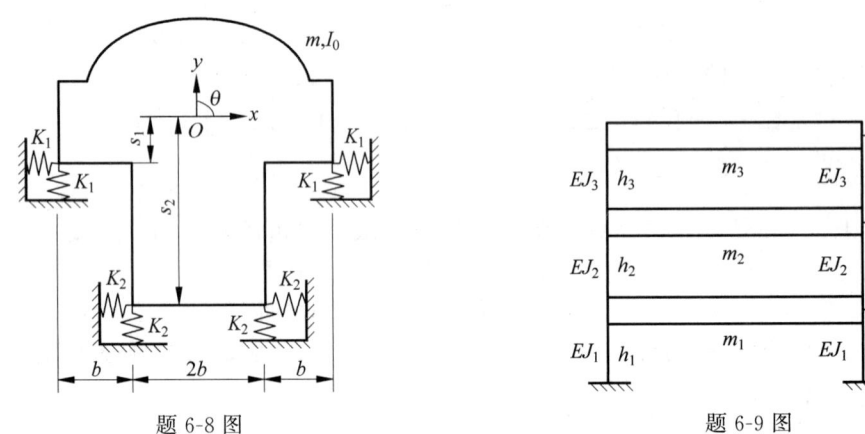

题 6-8 图　　　　　　　　　　题 6-9 图

6-10 题 6-10 图所示弹簧-质量系统,如 $m_1=m_2=m_3=m$,$k_1=k_2=k_3=k$,求其各阶固有圆频率及主振型。如将广义坐标改为 $z_1=x_1$,$z_2=x_2-x_1$,$z_3=x_3-x_2$,再求系统固有圆频率及主振型,圆频率和主振型有什么变化?

6-11 如题 6-11 图所示,长度为 l 质量为 m 的均质杆铰接于圆盘中心,圆盘在水平面上做纯滚动。圆盘半径 $R=l/4$,质量为 m,求系统小振动的固有频率。选择圆盘的位置 x 和杆偏离竖直位置的摆角 θ 作为广义坐标。

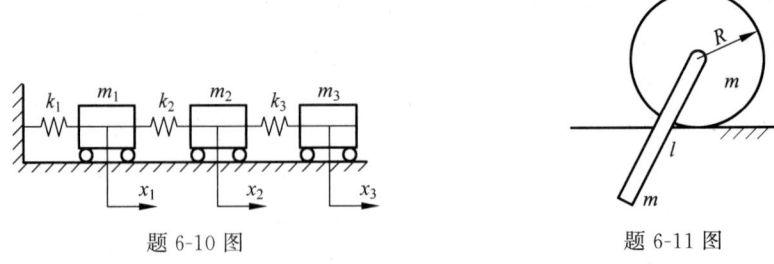

题 6-10 图　　　　　　　　　　题 6-11 图

6-12 题 6-12 图示为一桥式起重机的模型,桥架可以简化成弯曲刚度为 EI 的简支梁,梁的质量等效在跨中为 M,重物的质量为 m,通过代表钢丝绳的等效弹簧 k 悬吊在空中。建立系统自由振动的运动微分方程。

6-13 一转子安装在支承上,如题 6-13 图所示。转子的质量为 M,质心在 O 点,垂直于轴中心线的惯性矩为 J_0。假定转子在离开 O 点沿轴中心线距离为 b 处有一旋转失衡量为 me,试建立转速为 ω 时转子在图示平面内的运动微分方程。

6-14 弯曲刚度为 EI 的悬臂梁上有两个小球,如题 6-14 图所示。建立这两个小球的运动微分方程。

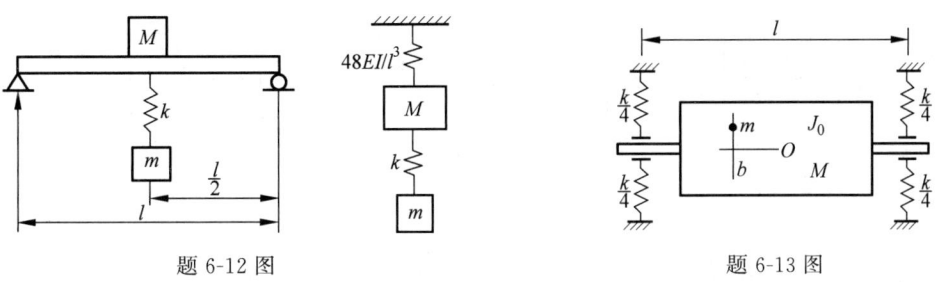

题 6-12 图   题 6-13 图

6-15 两根长度相等但质量不同的均质杆用弹簧连接和支承,如题 6-15 图所示。建立它们的运动微分方程,并求固有频率和振型。

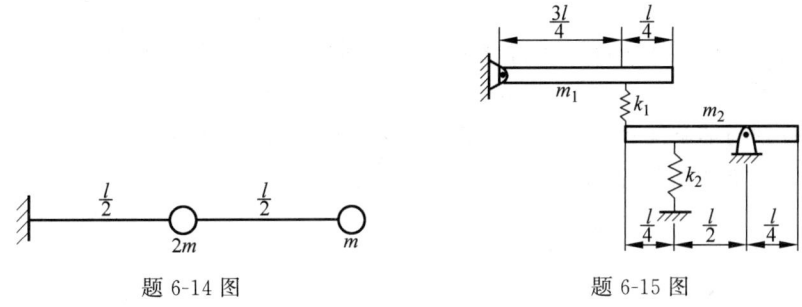

题 6-14 图   题 6-15 图

6-16 三自由度弹簧-质量系统如题 6-16 图所示,$\boldsymbol{X}_0 = [2\ \ 2\ \ 0]^T$,$\dot{\boldsymbol{X}}_0 = [0\ \ 0\ \ 0]^T$,试用模态叠加法求系统在初始条件下的响应。

6-17 如题 6-17 图所示系统中,各个质量块只能沿铅垂方向运动,设在质量块 $4m$ 上作用有铅垂力 $P_0 \sin\omega t$,以图中所示 x_1,x_2 和 x_4 为坐标建立运动微分方程,试求各重物的振幅。

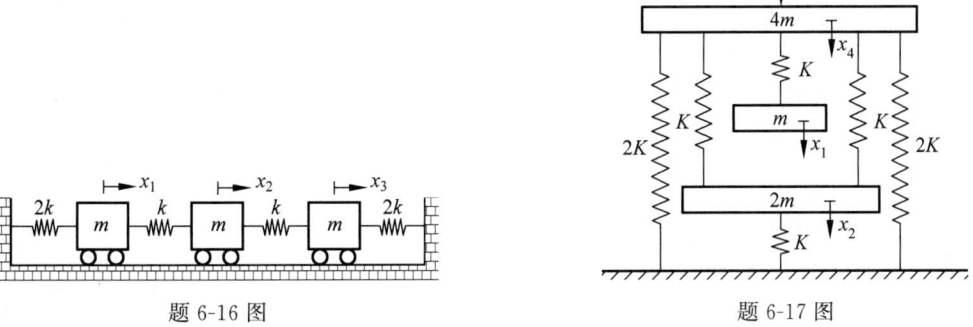

题 6-16 图   题 6-17 图

6-18 一轴盘扭振系统如题 6-18 图所示,给定初始条件:①$\theta_{10}=\theta_0$,$\theta_{20}=0$,$\theta_{30}=-\theta_0$;$\dot{\theta}_{10}=\dot{\theta}_{20}=\dot{\theta}_{30}=0$;②$\theta_{10}=\theta_{20}=\theta_{30}=0$,$\dot{\theta}_{10}=\omega$,$\dot{\theta}_{20}=\dot{\theta}_{30}=0$,试用模态叠加法求系统的响应。

6-19 用振型叠加法求题 6-19 图示扭转系统的强迫振动稳态响应。

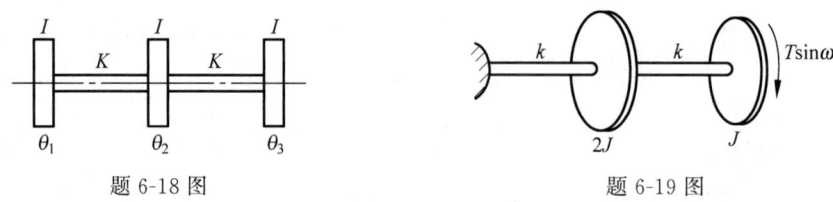

题 6-18 图　　　　　　　　题 6-19 图

6-20 两层楼框架结构可简化成不计质量的悬臂梁与两个集中质量 m_1、m_2 构成的系统,如题 6-20 图所示。楼层 1 与地面和楼层 1 与楼层 2 之间的横向连结刚度分别为 k_1 和 k_2,并设 $m_1=m_2=m$ 和 $k_1=k_2=k$。假定地震时地面水平加速度 $\ddot{x}_g$ 为幅值 $A=1\mathrm{m/s}^2$、持续时间为 T 的方波激励,设地震前结构处于静止状态,求结构在地震作用下相对于大地的水平振动响应。

6-21 用瑞利法计算等截面悬臂梁的第一阶固有频率。用不同的假设振型曲线计算,比较它们的结果。

6-22 分别用瑞利法和邓克列法计算题 6-22 图示系统的第一阶固有频率,并比较它们的结果。设弦的张力等于 T,微幅振动时张力保持不变。

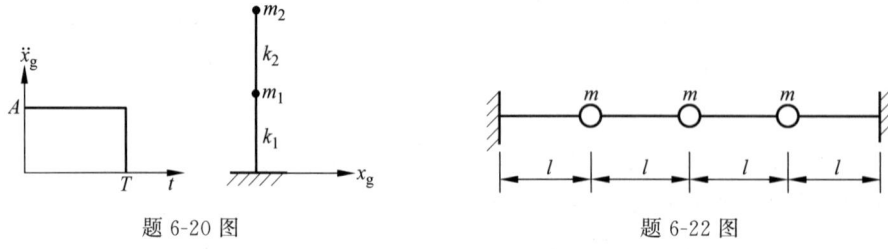

题 6-20 图　　　　　　　　题 6-22 图

第 7 章

连续系统振动

第7章
课件

在单自由度或多自由度振动分析的力学模型中,机械和结构需要被简化成离散的质量、弹簧和阻尼等要素。但是机器零部件和工程结构件严格意义上都是连续体。例如,转子的轴、汽轮机叶片、架空输电线、铁路钢轨和桁架桥梁结构件等,它们具有分布质量和分布弹性的性质。对连续体进行振动分析要用偏微分方程,振动物理量既是时间又是空间的函数,是无限多自由度系统的振动问题。虽然在很多情况下可以对连续体进行离散化处理,简化成多自由度系统进行分析,但是在一些情形下仍要用偏微分方程研究连续体的振动问题。例如,用有限元法对建筑、船舶、飞机和航天器等大型结构进行动态分析时,其组成单元就是杆、梁、板、壳、块等基本的连续体。又如在研究弹性体振动的声辐射问题时,也需要对振动在连续体中的传播特性进行研究。

本章研究一维连续体的振动问题,包括杆的轴向振动、轴的扭转振动、弦振动和梁振动。基本内容分成两部分:第一部分介绍杆的轴向振动、轴的扭转振动和弦振动,它们的运动方程在形式上相同,称为波动方程;其振动传播特性即波动性质也是相同的,即波速不随振动频率而变。第二部分介绍梁的横向振动,其振动传播速度随频率而变化,在物理上称为色散波。除了介绍连续体振动的基本性质,本章还要介绍计算连续体振动响应的振型叠加法和格林函数法,以及如何用瑞利法和邓克列法估算连续系统的基频。

在学习本章的过程中,要将振动和波动联系起来,本书第 2 章和第 3 章的单自由度系统的振动解的基本形式是

$$x(t) = e^{-\zeta\omega_n t}(A_1 e^{i\omega_d t} + A_2 e^{-i\omega_d t})$$

而本章将要论述的连续体,如弦的波动方程的基本解是

$$y(x,t) = C_1 e^{i(\omega t - kx)} + C_2 e^{i(\omega t + kx)}$$

相对于振动解多了和波数 k 相关的一项,后续将详细介绍。而有限结构的波动和第 4、5 章的模态的概念紧密相关,可以进一步体会到本书第 1 章论述的"振动和波动是自然界最基本的运动形式"的内涵。此外,第 4 章的冲击响应计算方法在连续体的振动分析中同样发挥重要的作用。

7.1 波 动 方 程

7.1.1 杆的纵向自由振动

图 7-1 中均质杆的截面积为 A、密度为 ρ,$u(x,t)$ 表示杆在 x 断面 t 时刻的轴向位移。截取杆在 x 处的微段 $\mathrm{d}x$ 作为分析对象,用 u 表示 x 处的位移,$u + \dfrac{\partial u}{\partial x}\mathrm{d}x$ 表示 $x + \mathrm{d}x$ 处的

位移,则微段 dx 的变形量为

$$\left(u+\frac{\partial u}{\partial x}dx\right)-u=\frac{\partial u}{\partial x}dx$$

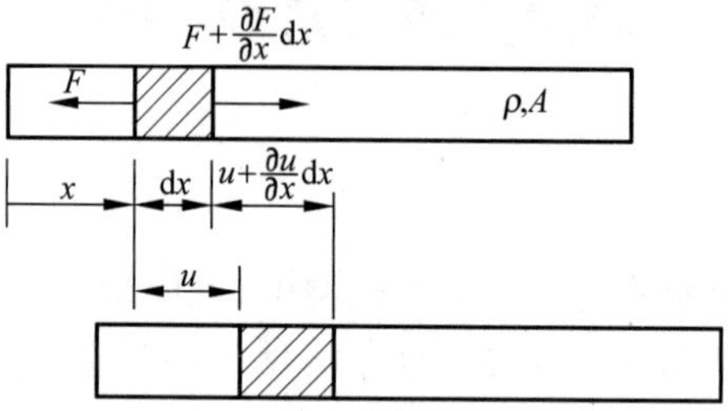

图 7-1 杆的纵向振动

而微段 dx 的应变为

$$\varepsilon_x=\frac{\partial u}{\partial x}$$

由材料力学胡克定律知,微段的应力与应变关系为

$$\frac{F}{A}=E\varepsilon_x=E\frac{\partial u}{\partial x} \tag{7-1}$$

式中,E 为材料的弹性模量。

下面建立杆的动力方程。杆的微段质量为 $\rho A dx$,受到的合力为左右两侧内力之和,应用牛顿第二运动定律可得微段的运动方程为

$$\rho A dx \frac{\partial^2 u}{\partial t^2}=\left(F+\frac{\partial F}{\partial x}dx\right)-F=\frac{\partial F}{\partial x}dx \tag{7-2}$$

对式(7-1)的两边求 x 的偏导数,得到

$$\frac{\partial F}{\partial x}=EA\frac{\partial^2 u}{\partial x^2}$$

表示杆中力变化率与应变变化率之间的关系。将上式代入式(7-2),得到杆的纵向振动运动方程为

$$\frac{\partial^2 u}{\partial t^2}=\frac{E}{\rho}\frac{\partial^2 u}{\partial x^2} \tag{7-3}$$

或写成

$$\frac{\partial^2 u}{\partial t^2}=c_L^2\frac{\partial^2 u}{\partial x^2} \tag{7-4}$$

式中,$c_L=\sqrt{\frac{E}{\rho}}$ 是纵向振动波的传播速度,取决于介质的弹性和惯性,与其他因素无关。

式(7-4)左边是位移对时间的二阶偏导数,代表加速度;右边是位移对长度的二阶偏导数,系数为振动波在介质中传播的速度即波速的平方。这种形式的方程称为一维波动方程,更为普遍的是三维波动方程。波动方程可以描述包括弹性体振动在内的多种物理现象,如声音的传播、电磁场等。至于为什么式(7-4)叫做波动方程,c_L 为什么代表振动波的传播速度,将在 7.1.4 节作出解释。

7.1.2 圆轴的扭转自由振动

图 7-2 为等截面均质圆轴,其截面极惯矩为 I_p,密度为 ρ。在 x 处截取微段 dx 进行分析。微段的转动惯量为 $\rho I_p dx$,$\theta(x,t)$ 表示轴在 x 断面 t 时刻的扭转角位移,微段左右截面上的扭矩分别为 T 和 $T+\dfrac{\partial T}{\partial x}dx$。应用牛顿第二运动定律建立微段的运动方程为

$$\rho I_p dx \frac{\partial^2 \theta}{\partial t^2} = T + \frac{\partial T}{\partial x}dx - T = \frac{\partial T}{\partial x}dx \quad (7\text{-}5)$$

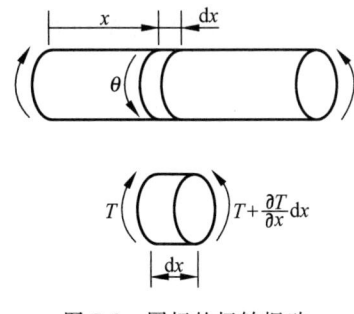

图 7-2 圆杆的扭转振动

从材料力学知,轴的扭矩 T、扭转刚度 GI_p(G 为材料的剪切弹性模量)、单位长度的角位移 $\partial \theta/\partial x$ 之间有以下关系

$$T = GI_p \frac{\partial \theta}{\partial x} \quad (7\text{-}6)$$

对式(7-6)两边求 x 的偏导数,代入式(7-5)便得到轴的扭转振动方程:

$$\frac{\partial^2 \theta}{\partial t^2} = \frac{G}{\rho} \frac{\partial^2 \theta}{\partial x^2} \quad (7\text{-}7)$$

或写成

$$\frac{\partial^2 \theta}{\partial t^2} = c_T^2 \frac{\partial^2 \theta}{\partial x^2} \quad (7\text{-}8)$$

式中,$c_T = \sqrt{\dfrac{G}{\rho}}$ 是扭转振动波的传播速度,仅与轴的材料性能有关。

比较杆的纵向振动方程式(7-4)和轴的扭转振动方程式(7-8)可以看到,二者在形式上完全相同,都是一维波动方程。

7.1.3 弦的自由振动

图 7-3 表示从一根张紧的弦上截取的微段 dx 的受力图。受张力 T 作用的弦做横向微幅振动,因振幅很小,在振动过程中弦的张力可以近似认为不变。设 y 为弦的位移曲线,θ 为位移曲线 y 的切线与水平的夹角,它们既是坐标 x 又是时间 t 的函数。假定 ρ 为弦的线密度,应用牛顿第二运动定律得到微段 dx 的横向运动方程为

$$\rho dx \frac{\partial^2 y}{\partial t^2} = T\left(\theta + \frac{\partial \theta}{\partial x}dx\right) - T\theta = T\frac{\partial \theta}{\partial x}dx \quad (7\text{-}9)$$

θ 可用位移曲线的斜率表示,即 $\theta = \dfrac{\partial y}{\partial x}$,代入式(7-9)可得

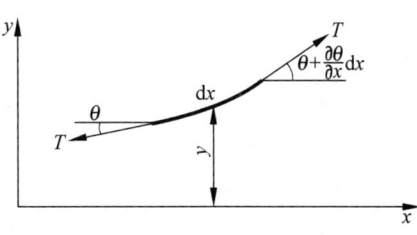

图 7-3 弦的横向振动

$$\frac{\partial^2 y}{\partial t^2} = \frac{T}{\rho} \frac{\partial^2 y}{\partial x^2} \tag{7-10}$$

或写成

$$\frac{\partial^2 y}{\partial t^2} = c^2 \frac{\partial^2 y}{\partial x^2} \tag{7-11}$$

式中，$c = \sqrt{\dfrac{T}{\rho}}$ 是振动波的传播速度，由弦的张力与密度确定。可见弦的横向振动方程与杆的纵向振动、轴的扭转振动方程形式上完全相同。

7.1.4 无限长弦齐次波动方程的行波解

1. 振动波在一维弹性体中的传播过程

以上建立了杆纵向振动、轴扭转振动和弦振动的运动方程，虽然物理量各不相同，但最终得到形式统一的一维波动方程。下面讨论波动方程解的性质，分析振动波在一维弹性体中的传播过程。

波动方程是偏微分方程，其通解是坐标 x 和时间 t 的待定函数。而常微分方程待定系数是常数，两者是不同的。对一维波动方程，先假设弦为无穷长，故没有边界条件，只考虑初始位移和初始速度。波动方程为式(7-11)，初始条件为

$$y|_{t=0} = \varphi(x), \quad \frac{\partial y}{\partial t}\bigg|_{t=0} = \psi(x)$$

假设其解为

$$y = C_1 e^{i(\omega t - kx)} \quad \text{或} \quad y = C_2 e^{i(\omega t + kx)}$$

代入波动方程式(7-11)，可得

$$\omega^2 = c^2 k^2$$

因为各物理量都是正数，故可以写成

$$k = \frac{\omega}{c} = \frac{2\pi f}{f\lambda} = \frac{2\pi}{\lambda} \tag{7-12}$$

式中，λ 为波长；k 为波数；c 为振动波的传播速度，即波速；$\omega = 2\pi f$ 为振动的圆频率。

比较波数和圆频率的表达式

$$k = \frac{2\pi}{\lambda} \quad \text{与} \quad \omega = \frac{2\pi}{T}$$

可见波数 k 与圆频率 ω 很相似：前者代表振动波在单位长度内的变化频数，后者代表振动波在单位时间内的变化频数，都是 2π 代表一个周波。

当一维波动方程解的形式用 e 的指数函数表达时，指数为纯虚数时为周期运动，其相位 $\omega t \pm kx$ 由时间和空间共同确定。式中正号代表向 x 负方向传播的振动波，负号代表向 x 正方向传播的振动波。一般情况下这两种波都存在，故波动方程的完整解为

$$y(x,t) = C_1 e^{i(\omega t - kx)} + C_2 e^{i(\omega t + kx)} \tag{7-13}$$

式中，$e^{i(\omega t - kx)}$ 和 $e^{i(\omega t + kx)}$ 分别代表向 x 正方向和 x 负方向传播的振动波。

波动方程的解式(7-13)也可以写成以下形式：
$$y(x,t)=f_1(ct-x)+f_2(ct+x) \tag{7-14}$$
式中，$f_1(ct-x)$和$f_2(ct+x)$分别代表向x正方向和x负方向传播的振动波。

下面以$f_1(x-ct)$为例，说明波动朝x正方向的传播过程。将$\mathrm{e}^{\mathrm{i}(\omega t-kx)}$表示成
$$\mathrm{e}^{\mathrm{i}(\omega t-kx)}=\exp\left[\mathrm{i}k\left(\frac{\omega}{k}t-x\right)\right]=\exp[\mathrm{i}k(ct-x)]$$

在图7-4中观察$(t+\Delta t,x+\Delta x)$时刻的波，可见在$\Delta x=c\Delta t$位置的波与(t,x)时刻的波是完全相同的，即满足
$$\exp\{\mathrm{i}k[c(t+\Delta t)-(x+\Delta x)]\}=\exp[\mathrm{i}k(ct-x)]$$

表明(t,x)时刻的波经过Δt以后向x的正方向移动了Δx距离，这就是波的传播过程。因为连续体中的振动波沿x的正、负方向传播，所以也称为行波。

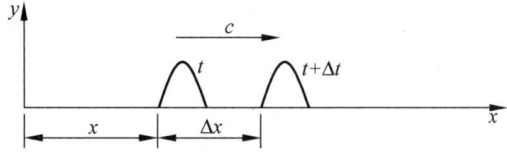

图 7-4 波的传播过程

将式(7-13)与单自由度系统的自由振动解
$$x(t)=A_1\mathrm{e}^{\mathrm{i}\omega_\mathrm{n}t}+A_2\mathrm{e}^{-\mathrm{i}\omega_\mathrm{n}t}=|A|\left[\mathrm{e}^{\mathrm{i}(\omega_\mathrm{n}t+\theta)}+\mathrm{e}^{-\mathrm{i}(\omega_\mathrm{n}t+\theta)}\right]$$

进行对比，可以发现，弦上各点的振动，既具有简谐振动的特点，同时又是位置的函数，具有波动的特点。当然这是最简单的情况，$\omega=ck$，波速c不变。当波速c随频率变化时，称为频散或色散。如7.2节要论述的梁的弯曲振动波。

当一个行波$y=\mathrm{e}^{\mathrm{i}(\omega t-kx)}$在弦上向$x$方向传播，某一点的振动速度是$\dot y=\mathrm{i}\omega\mathrm{e}^{\mathrm{i}(\omega t-kx)}$，弦在这点左边的部分对右边的部分的作用力是$-T\dfrac{\partial y}{\partial x}=\dfrac{\mathrm{i}\omega T}{c}\mathrm{e}^{\mathrm{i}(\omega t-kx)}$，作用力和速度之比是

$$z=\frac{\dfrac{\mathrm{i}\omega T}{c}\mathrm{e}^{\mathrm{i}(\omega t-kx)}}{\mathrm{i}\omega\mathrm{e}^{\mathrm{i}(\omega t-kx)}}=\frac{T}{c}=\rho c$$

这是由弦的性质决定的参数，与波的性质无关，z称为弦的波阻抗。对无色散波来说，弦的波阻抗是一个常数。

2. 一维波动方程的达朗贝尔行波解

设初始条件$y(x,0)=\varphi(x)$，$\left.\dfrac{\partial y}{\partial t}\right|_{t=0}=\psi(x)$，代入式(7-14)
$$y(x,0)=f_1(-x)+f_2(x)=\varphi(x) \tag{7-15}$$
$$\dot y(x,0)=cf_1'(-x)+cf_2'(x)=\psi(x) \tag{7-16}$$

将式(7-16)对x积分一次
$$f_2(x)-f_1(-x)=\frac{1}{c}\int_0^x\psi(\xi)\mathrm{d}\xi+C \tag{7-17}$$

由式(7-15)和式(7-17)解出

$$f_1(-x) = \frac{1}{2}\varphi(x) - \frac{1}{2c}\int_0^x \psi(\xi)\mathrm{d}\xi - \frac{C}{2} \tag{7-18}$$

$$f_2(x) = \frac{1}{2}\varphi(x) + \frac{1}{2c}\int_0^x \psi(\xi)\mathrm{d}\xi + \frac{C}{2} \tag{7-19}$$

代回式(7-14)可得一维波动方程的达朗贝尔行波解为

$$y(x,t) = \frac{1}{2}[\varphi(x-ct) + \varphi(x+ct)] + \frac{1}{2c}\int_{x-ct}^{x+ct} \psi(\xi)\mathrm{d}\xi \tag{7-20}$$

式(7-20)表示任意点的横向位移响应可以分解为由初始位移激励产生的位移和由初速度引起的位移两部分。任意点的横向位移沿 x 变化构成了波的传播,传播方向和质点振动方向垂直,故称为横波。波的传播方向和质点振动方向相同,称为纵波。注意上述推导过程中,波的传播速度和质点振动速度是两个不同的概念。波速取决于惯性和恢复到平衡状态的张力(弹性),是一个常量,而各点振速是时空变化的。由于上述解答仅仅是在初始位移和初始速度激励下引起的振动和波动,属于自由振动。

如只有初始位移激励,则

$$y(x,t) = \frac{1}{2}[\varphi(x-ct) + \varphi(x+ct)] \tag{7-21}$$

如只有初始速度激励,则

$$y(x,t) = \frac{1}{2c}\int_{x-ct}^{x+ct} \psi(\xi)\mathrm{d}\xi \tag{7-22a}$$

特别是,如初始速度激励为 δ 函数,则设初始条件 $\left.\dfrac{\partial y}{\partial t}\right|_{t=0} = \psi(x) = \delta(x)$

$$y(x,t) = \frac{1}{2c}\int_{x-ct}^{x+ct} \delta(\xi)\mathrm{d}\xi = \begin{cases} \dfrac{1}{2c}, & ct \geqslant |x| \\ 0, & ct < |x| \end{cases} \tag{7-22b}$$

这里直接利用了一般激励下响应介绍的知识,但是这里的 δ 函数是位置 x 的函数。进一步对式(7-22b)求导

$$\dot{y}(x,t) = \frac{1}{2}[\delta(x-ct) + \delta(x+ct)]$$

称为波动方程沿 $x+ct$ 的特征线。

系统的总能量是动能和势能之和。注意到 $T = \rho c^2$,单位长度弦的能量为

$$E = \frac{1}{2}\left[\rho \dot{y}^2 + T\left(\frac{\partial y}{\partial x}\right)^2\right] = \frac{1}{2}\rho\left[\dot{y}^2 + c^2\left(\frac{\partial y}{\partial x}\right)^2\right]$$

将式(7-14)代入后得到

$$E = \rho c^2 [f_1'^2(x-ct) + f_2'^2(x+ct)]$$

式中,符号"'"表示对函数自变量求偏导。对一个正向传播的波,动能和势能每时每刻相等 $E = \dfrac{\rho c^2}{2}[f_1'(x-ct)]^2$,向正向传播。这和振动不同,振动时每一点的动能和势能在每时每刻相互转化。

3. 无限长弦波动方程的傅里叶变换解

弦的波动方程及初始条件为

$$\frac{\partial^2 y}{\partial t^2} = c^2 \frac{\partial^2 y}{\partial x^2}, \quad y\big|_{t=0} = \varphi(x), \quad \frac{\partial y}{\partial t}\bigg|_{t=0} = \psi(x)$$

两边对变量 x 按式(7-23)进行傅里叶变换，注意到 $\omega/c = k$

$$F(t;k) = \int_{-\infty}^{+\infty} f(x,t) e^{-ikx} dx \tag{7-23}$$

$$Y''(t;k) - c^2 (ik)^2 Y(t;k) = 0 \tag{7-24}$$

$$Y\big|_{t=0} = \Phi(k), \quad Y'\big|_{t=0} = \Psi(k) \tag{7-25}$$

式中，";"表示 k 为参数。

变换的结果就是将偏微分方程转化为关于时间 t 的常微分方程，而波数 k 是参量。

$$Y''(t;k) + c^2 k^2 Y(t;k) = 0 \tag{7-26}$$

其通解为

$$Y(t;k) = A(k) e^{ikct} + B(k) e^{-ikct} \tag{7-27}$$

代入边界条件可以得到

$$A(k) = \frac{1}{2}\Phi(k) + \frac{1}{2c} \cdot \frac{1}{ik}\Psi(k) \tag{7-28}$$

$$B(k) = \frac{1}{2}\Phi(k) - \frac{1}{2c} \cdot \frac{1}{ik}\Psi(k) \tag{7-29}$$

$$Y(t;k) = \frac{1}{2}\Phi(k)e^{ikct} + \frac{1}{2c} \cdot \frac{1}{ik}\Psi(k)e^{ikct} + \frac{1}{2}\Phi(k)e^{-ikct} - \frac{1}{2c} \cdot \frac{1}{ik}\Psi(k)e^{-ikct} \tag{7-30}$$

最后对得到的 $Y(t;k)$ 进行傅里叶逆变换，应用延迟定理

$$F^{-1}[\Phi(k)e^{ikct}] = \varphi(x+ct), \quad F^{-1}[\Phi(k)e^{-ikct}] = \varphi(x-ct) \tag{7-31}$$

$$F^{-1}[\Psi(k)e^{ikct}] = \psi(x+ct), \quad F^{-1}[\Psi(k)e^{-ikct}] = \psi(x-ct) \tag{7-32}$$

再应用积分定理

$$\frac{1}{ik}\Psi(k)e^{ikct} = F\left[\int^{x+ct} \psi(\xi)d\xi\right]$$

$$\frac{1}{ik}\Psi(k)e^{-ikct} = F\left[\int^{x-ct} \psi(\xi)d\xi\right]$$

式(7-30)逆变换的结果为达朗贝尔公式

$$y(x,t) = \frac{1}{2}[\varphi(x-ct) + \varphi(x+ct)] + \frac{1}{2c}\int_{x-ct}^{x+ct} \psi(\xi)d\xi \tag{7-33}$$

4. 有限长不同边界条件下波动方程的解

现在来研究在 $x=0$ 处受力的弦，但它是有限的且夹持于 $x=l$。沿正 x 方向的行波在边界上被反射，并且反射过程不断重复，用正的和负的行波线性叠加来描述。对有限的、被固定在 l 端的弦，在起点受到横向简谐激励时，其响应 $y(x,t)$ 由式(7-13)给出。两个复常

数由两个边界条件计算,在受激励端

$$F\mathrm{e}^{\mathrm{i}\omega t} = -T\theta = -T\frac{\partial y}{\partial x} \tag{7-34}$$

可以解得

$$F = \mathrm{i}kTA_1 - \mathrm{i}kTA_2$$

在夹持端位移等于零

$$A_1 \mathrm{e}^{-\mathrm{i}kl} + A_2 \mathrm{e}^{\mathrm{i}kl} = 0 \tag{7-35}$$

由此可以解得

$$A_1 = \frac{F\mathrm{e}^{\mathrm{i}kl}}{\mathrm{i}2kT\cos kl} \tag{7-36}$$

$$A_2 = \frac{-F\mathrm{e}^{-\mathrm{i}kl}}{\mathrm{i}2kT\cos kl} \tag{7-37}$$

其中

$$\cos kl = \frac{\mathrm{e}^{\mathrm{i}kl} + \mathrm{e}^{-\mathrm{i}kl}}{2} \tag{7-38}$$

可以得到

$$y(x,t) = \frac{F}{\mathrm{i}2kT\cos kl}\{\mathrm{e}^{\mathrm{i}[\omega t+k(l-x)]} - \mathrm{e}^{\mathrm{i}[\omega t-k(l-x)]}\} \tag{7-39}$$

再利用

$$\sin k(l-x) = \frac{\mathrm{e}^{\mathrm{i}k(l-x)} - \mathrm{e}^{-\mathrm{i}k(l-x)}}{2\mathrm{i}}$$

最后得到

$$y(x,t) = \frac{F\sin[k(l-x)]\mathrm{e}^{\mathrm{i}\omega t}}{kT\cos kl} \tag{7-40}$$

式(7-40)表示,弦上各点随时间做同频率的简谐振动。式(7-39)表示两个行波的叠加可以形成如式(7-40)所示的驻波,其幅值最大的点对应 $\sin(kl-kx)=1$,称为波幅;零点对应 $\sin(kl-kx)=0$,称为波节或节点。在振动频率、波长、连续体尺寸、入射波和反射波的相位差(由边界条件决定)等因素的综合作用下,某些频率(波长)的振动波在一些位置得到加强,而在另一些位置被抵消。最后的效果是两节点之间的弦段似乎是独立的,如图 7-5 所示。无限长连续体因为没有边界,振动波不会被反射,所以不存在驻波,也就没有固有频率和振型。式(7-39)即驻波是行波的叠加,但是碰到"硬"边界反射后变负,即所谓的半波损失。$\cos kl = 0$ 的点,表示共振频率或固有频率,对应的余弦函数就是固有函数。

从式(7-13)中任取一波型,则

$$A\mathrm{e}^{-\mathrm{i}(kx-\omega t)} = A[\cos(kx-\omega t) - \mathrm{i}\sin(kx-\omega t)] \tag{7-41}$$

$$\cos(kx-\omega t) = \cos kx\cos\omega t + \sin kx\sin\omega t \tag{7-42}$$

$$\sin(kx-\omega t) = \sin kx\cos\omega t - \cos kx\sin\omega t \tag{7-43}$$

因此,行波也是驻波的叠加。

如右端点边界为

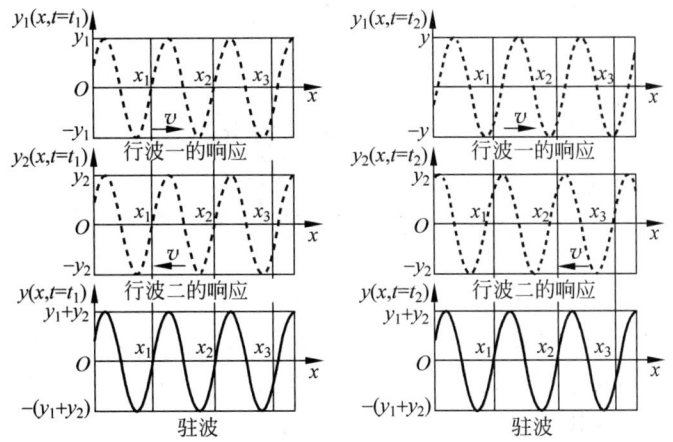

图 7-5 驻波示意图

$$\left.\frac{\partial y}{\partial x}\right|_{x=l}=0$$

则按上述推导过程,可以得到

$$y(x,t)=\frac{F\mathrm{e}^{\{\mathrm{i}[\omega t+k(l-x)]\}}}{\mathrm{i}kT(\mathrm{e}^{\mathrm{i}kl}-\mathrm{e}^{-\mathrm{i}kl})}+\frac{F\mathrm{e}^{\{\mathrm{i}[\omega t-k(l-x)]\}}}{\mathrm{i}kT(\mathrm{e}^{\mathrm{i}kl}-\mathrm{e}^{-\mathrm{i}kl})} \tag{7-44}$$

$$y(x,t)=\frac{F\sin\left[k(l-x)-\dfrac{\pi}{2}\right]\mathrm{e}^{\mathrm{i}\omega t}}{kT\sin kl} \tag{7-45}$$

从式(7-44)可以看出,一个正向波碰到"软"边界后,其反射波的幅值符号不变。式(7-45)与固定边界的结果式(7-40)相对比,固有频率和相位都差了 90°。

7.1.5 弦自由振动的驻波解

本节介绍如何求解波动方程、计算振动的固有频率与振型。驻波可以在空间和时间上分离开来,即求解采用分离变量法,假定波动方程的解由 x 的函数和 t 的函数的乘积组成

$$y(x,t)=Y(x)\phi(t)$$

将其代入一维波动方程,可得

$$Y(x)\frac{\mathrm{d}^2\phi(t)}{\mathrm{d}t^2}=c^2\frac{\mathrm{d}^2Y(x)}{\mathrm{d}x^2}\phi(t) \tag{7-46a}$$

或写成

$$\frac{1}{\phi(t)}\frac{\mathrm{d}^2\phi(t)}{\mathrm{d}t^2}=c^2\frac{1}{Y(x)}\frac{\mathrm{d}^2Y(x)}{\mathrm{d}x^2}=-\omega^2 \tag{7-46b}$$

式中一边是 t 的函数,另一边是 x 的函数,只有等于常数,等式才可能成立。由此得到两个独立的常微分方程

$$\frac{\mathrm{d}^2\phi(t)}{\mathrm{d}t^2}+\omega^2\phi(t)=0 \tag{7-47}$$

和

$$\frac{d^2 Y(x)}{dx^2} + k^2 Y(x) = 0 \tag{7-48}$$

它们的解分别为

$$\phi(t) = A\cos\omega t + B\sin\omega t$$

和

$$Y(x) = C\cos kx + D\sin kx$$

即

$$y(x,t) = Y(x)\phi(t) = (C\cos kx + D\sin kx)(A\cos\omega t + B\sin\omega t) \tag{7-49}$$

式中，$k=\omega/c$，A、B、C、D 均为常数。A 和 B 由初始条件，即初始位移和初始速度确定；C 和 D 则由边界条件确定。在根据边界条件确定任意常数 C 和 D 的过程中，可以得到振动的固有频率 ω 和振型函数 $Y(x)$。常见边界条件为

固定端：$Y=0$，位移为 0

自由端：$\dfrac{dY}{dx}=0$，应变为 0

更一般的边界条件，对应图 7-6(a)

$$P(x)\frac{\partial y(x=0,t)}{\partial x} = P(x)\frac{\partial y(x=l,t)}{\partial x} = 0, \quad t \geqslant 0$$

对应图 7-6(b)右端

$$P\frac{\partial y(x=l,t)}{\partial x} = -ky(x=l,t), \quad t \geqslant 0$$

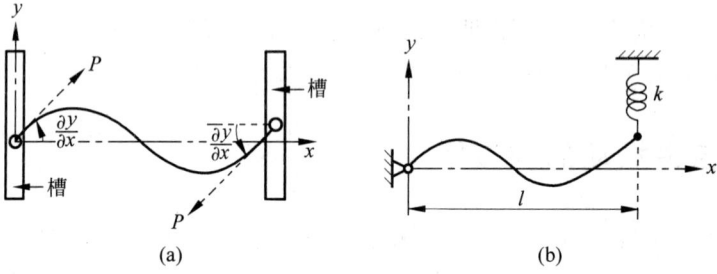

图 7-6　边界条件示意图

例 7-1　计算长度为 l 的固定-固定弦振动的固有频率和振型，以及在初始位移 $y(x,0)$ 和初始速度 $\dot{y}(x,0)$ 条件下的自由振动。

解：由式(7-49)以及边界条件两端固定可得

$$y(x,t) = Y(x)T(t) \Rightarrow Y(0)=0; \quad Y(l)=0$$

$$Y(x) = C\cos\frac{\omega x}{c} + D\sin\frac{\omega x}{c} \Rightarrow C=0; \quad D\sin\frac{\omega l}{c}=0$$

由于 D 等于零没有意义，因此只有

$$\sin\frac{\omega l}{c}=0 \quad \frac{\omega_n l}{c}=n\pi, \quad n=1,2,\cdots \Rightarrow \omega_n=\frac{nc\pi}{l}, \quad n=1,2,\cdots$$

从而

$$y_n(x,t) = Y_n(x)T_n(t) = \sin\frac{n\pi x}{l}\left(A_n\cos\frac{nc\pi t}{l} + B_n\sin\frac{nc\pi t}{l}\right)$$

其中,y_n 称为第 n 阶主振动;Y_n 称为第 n 阶固有振型或特征函数,其固有频率为 ω_n。$n=1$ 的振型称为基本振型;ω_1 称为基频。在所有时刻 $Y_n=0$ 的点,称为节点。图 7-7 中,第一阶振型有两个节点,第二阶振型有三个节点。满足波动方程及其边界条件的通解,是所有振型的叠加

$$y(x,t) = \sum y_n(x,t) = \sum Y_n(x)T_n(t) = \sum \sin\frac{n\pi x}{l}\left(A_n\cos\frac{nc\pi t}{l} + B_n\sin\frac{nc\pi t}{l}\right)$$

A_n 和 B_n 由初始条件决定。如给定初始位移 $y(x,0)$ 和初始速度 $\dot{y}(x,0)$,则

$$y(x,0) = \sum A_n \sin\frac{n\pi x}{l}$$

$$\dot{y}(x,0) = \sum B_n \frac{nc\pi}{l}\sin\frac{n\pi x}{l}$$

其中 A_n 和 B_n 由下式计算得到

$$A_n = \frac{2}{l}\int_0^l y_0(x)\sin\frac{n\pi x}{l}\mathrm{d}x, \quad B_n = \frac{2}{nc\pi}\int_0^l \dot{y}_0(x)\sin\frac{n\pi x}{l}\mathrm{d}x$$

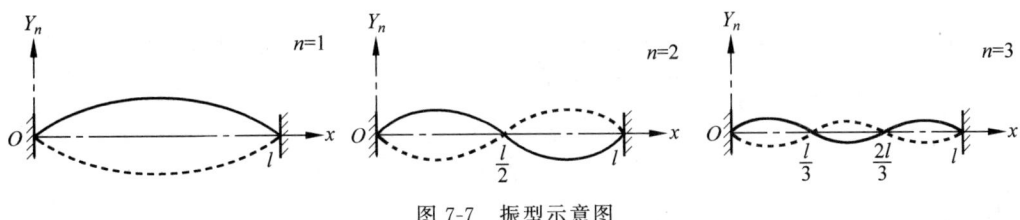

图 7-7 振型示意图

例 7-2 计算长度为 l 的固定-固定弦在如图 7-8 所示初始位移 $y_0(x,0)$ 条件下的自由振动。

解:各点的初始速度均为零,则
$$\dot{y}_0(x) = 0 \Rightarrow B_n = 0$$

与常微分方程不同,初始位移和速度不仅在边界上,而且在全域上满足偏微分方程的函数。本例中要注意并不是仅仅在中点满足初始位移条件。各点的初始位移应满足

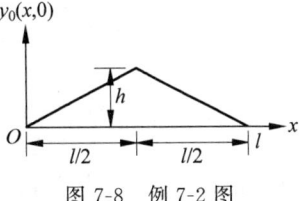

图 7-8 例 7-2 图

$$y_0(x) = \begin{cases} \dfrac{2hx}{l} & 0 \leqslant x \leqslant \dfrac{l}{2} \\ \dfrac{2h(l-x)}{l} & \dfrac{l}{2} \leqslant x \leqslant l \end{cases}$$

因此问题的解为

$$y(x,t) = \sum_{n=1}^{+\infty} A_n \sin\frac{n\pi x}{l}\cos\frac{nc\pi t}{l}$$

$$A_n = \frac{2}{l}\int_0^l y_0(x)\sin\frac{n\pi x}{l}\mathrm{d}x$$

进一步可得

$$A_n = \frac{2}{l}\left[\int_0^{\frac{l}{2}} \frac{2hx}{l}\sin\frac{n\pi x}{l}\mathrm{d}x + \int_{\frac{l}{2}}^{l} \frac{2h}{l}(l-x)\sin\frac{n\pi x}{l}\mathrm{d}x\right]$$

$$= \begin{cases} \dfrac{8h}{\pi^2 n^2}\sin\dfrac{n\pi}{2}, & n = 1,3,5,\cdots \\ 0, & n = 2,4,6,\cdots \end{cases}$$

$$y(x,t) = \sum_{n=1}^{+\infty}\frac{8h}{\pi^2 n^2}\sin\frac{n\pi}{2}\sin\frac{n\pi x}{l}\cos\frac{nc\pi t}{l}, \quad n=1,3,5,\cdots$$

可见，由于初始位移的对称性，所有偶数阶模态贡献为零。

例 7-3 计算长度为 l 的自由-自由杆振动的固有频率和振型，以及在初始位移 $u(x,0)$ 和初始速度 $\dot{u}(x,0)$ 条件下的自由振动。

解：自由-自由杆的边界条件为两端应变均为 0，即

$$\left.\frac{\mathrm{d}U}{\mathrm{d}x}\right|_{x=0} = 0 \quad \text{和} \quad \left.\frac{\mathrm{d}U}{\mathrm{d}x}\right|_{x=l} = 0$$

对振型函数 $U(x) = C\cos kx + D\sin kx$ 求导，得

$$\frac{\mathrm{d}U(x)}{\mathrm{d}x} = k(D\cos kx - C\sin kx)$$

根据边界条件当 $x=0$ 时，因为 $\sin kx = 0, \cos kx \neq 0$，所以 $D=0$；当 $x=l$ 时，因为 $C \neq 0$，所以 $\sin kl = 0, k_n l = n\pi$。因此自由-自由杆振动的固有频率为

$$\omega_n = k_n c = \frac{n\pi}{l}c = \frac{n\pi}{l}\sqrt{\frac{E}{\rho}} \tag{a}$$

振型函数为

$$U_n(x) = C_n \cos k_n x = C_n \cos\left(\frac{n\pi}{l}x\right) \tag{b}$$

因为每阶振型都是满足边界条件的解，所以自由-自由杆的振动响应由各阶振型叠加而成：

$$u(x,t) = \sum_{n=1}^{+\infty} U_n(x)\varphi_n(t) = \sum_{n=1}^{+\infty}(A_n\cos\omega_n t + B_n\sin\omega_n t)\cos\frac{n\pi}{l}x \tag{c}$$

式中，振型函数的任意常数 C_n 不再出现，因为 C_n 乘以 A_n 或 B_n 仍然是任意常数。由于只考虑自由-自由杆的弹性振动，不考虑刚体位移，所以 n 从 1 开始。

根据式(c)，初始条件应满足

$$u(x,0) = \sum_{n=1}^{\infty} A_n \cos\frac{n\pi}{l}x, \quad \dot{u}(x,0) = \sum_{n=1}^{\infty}\omega_n B_n \cos\frac{n\pi}{l}x$$

由于响应是各阶振型叠加而成的，初始位移和初始速度也由各阶振型叠加而成，即可分解为空间的傅里叶级数。根据三角函数的正交性质，它们的系数分别由以下两式计算：

$$A_n = \frac{2}{l}\int_0^l u(x,0)\cos\frac{n\pi}{l}x\,\mathrm{d}x, \quad B_n = \frac{2}{\omega_n l}\int_0^l \dot{u}(x,0)\cos\frac{n\pi}{l}x\,\mathrm{d}x$$

例 7-4 长度为 l、截面积为 A 的均质杆，其上端固定，自由端连结质量块 M，如图 7-9 所示，求杆纵向振动的固有频率。

解：已知杆振动的振型函数为

$$U(x) = C\cos k_n x + D\sin k_n x$$

式中，$k_n = \omega_n/c$。

由固定端边界条件 $U|_{x=0} = 0$，得第 n 阶振型函数为

$$U_n(x) = D_n \sin \frac{\omega_n}{c} x$$

考虑第 n 阶振动，杆自由端受质量块 M 的惯性力为

$$-M \frac{\partial^2 u_n}{\partial t^2}\bigg|_{x=l} = M\omega_n^2 D_n \sin \frac{\omega_n l}{c}(A_n \cos\omega_n t + B_n \sin\omega_n t)$$

而杆自由端的应变为

$$\frac{\partial u_n}{\partial x}\bigg|_{x=l} = \frac{\omega_n}{c} D_n \cos \frac{\omega_n l}{c}(A_n \cos\omega_n t + B_n \sin\omega_n t)$$

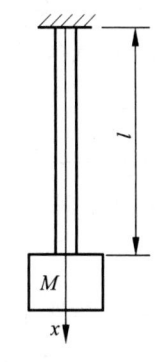

图 7-9　例 7-4 图

根据应力与应变的关系

$$-M \frac{\partial^2 u_n}{\partial t^2}\bigg|_{x=l} = EA \frac{\partial u_n}{\partial x}\bigg|_{x=l}$$

可得

$$M\omega_n^2 \sin\left(\frac{\omega_n l}{c}\right) = EA \frac{\omega_n}{c} \cos\left(\frac{\omega_n l}{c}\right)$$

从上式得

$$\frac{\omega_n l}{c} \tan\left(\frac{\omega_n l}{c}\right) = \frac{\rho A l}{M} \quad \left(\text{因为 } c^2 = \frac{E}{\rho}\right)$$

求解超越方程

$$k_n l \tan k_n l = \alpha \quad (\alpha = \rho A l / M)$$

便可得到固有频率 ω_n。

现考虑 $\rho A l \ll M$，即杆的质量远小于自由端质量块 M 情况。此时因为 $\alpha = \rho A l / M$ 很小，故可认为 $k_n l$ 很小，且 $\tan k_n l \approx k_n l$，从而有

$$k_n l \tan k_n l \approx k_n^2 l^2 = \frac{\omega_n^2 l^2}{E/\rho} \approx \frac{\rho A l}{M}$$

所以

$$\omega_n \approx \sqrt{\frac{EA/l}{M}}$$

即弹簧-质量振子的情形。

该例子中，下端的边界条件为运动质量的约束，更一般的边界条件如图 7-10 所示。

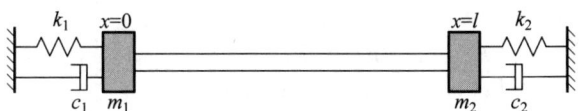

图 7-10　边界条件示意图

左端：$AE \dfrac{\partial u}{\partial x}(0,t) - k_1 u(0,t) - c_1 \dfrac{\partial u}{\partial t}(0,t) - m_1 \dfrac{\partial^2 u}{\partial t^2}(0,t) = 0$

右端：$AE\dfrac{\partial u}{\partial x}(l,t)+k_2 u(l,t)+c_2\dfrac{\partial u}{\partial t}(l,t)+m_2\dfrac{\partial^2 u}{\partial t^2}(l,t)=0$

例 7-5 如图 7-11 所示，计算长度为 l 的固定-固定杆振动的固有频率和振型，以及在中点施加载荷 P 然后突然释放后的自由振动。

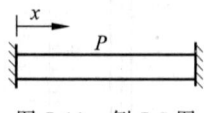

图 7-11 例 7-5 图

解： 两端固定的等直杆纵向自由振动时的解为

$$u(x,t)=\sum_{n=1}^{+\infty}C_n\sin\dfrac{\omega_n}{c}x\sin(\omega_n t+\varphi_n) \tag{a}$$

式中，$\omega_n=\dfrac{n\pi}{l}c$；$c=\sqrt{\dfrac{E}{\rho}}$；$\rho$ 为杆的密度。

初始条件为 $t=0$ 时

$$u(x,0)=\begin{cases}\dfrac{Px}{2EA}, & 0\leqslant x\leqslant\dfrac{l}{2}\\[2mm]\dfrac{P(l-x)}{2EA}, & \dfrac{l}{2}<x\leqslant l\end{cases}$$

$$\dot{u}(x,0)=0$$

将式(a)两边同时乘以 $\sin\dfrac{\omega_n}{c}x$ 并沿杆全长积分，由主振型的正交性可得，$t=0$ 时，

$$C_n\sin\varphi_n=\dfrac{2}{l}\int_0^l u(x,0)\sin\dfrac{\omega_n}{c}x\,\mathrm{d}x \tag{b}$$

同理，将式(a)对时间取一阶导数，左右同时乘以 $\cos\dfrac{\omega_n}{c}x$ 并沿杆全长积分可得，$t=0$ 时，

$$C_n\omega_n\cos\varphi_n=\dfrac{2}{l}\int_0^l \dot{u}(x,0)\cos\dfrac{\omega_n}{c}x\,\mathrm{d}x \tag{c}$$

将初始条件代入式(c)可得

$$\varphi_n=\dfrac{\pi}{2},\quad \sin\varphi_n=1$$

将上式代入式(b)得

$$C_n=\dfrac{2}{l}\int_0^{\frac{l}{2}}\dfrac{Px}{2EA}\sin\dfrac{\omega_n}{c}x\,\mathrm{d}x+\dfrac{2}{l}\int_{\frac{l}{2}}^{l}\dfrac{P(l-x)}{2EA}\sin\dfrac{\omega_n}{c}x\,\mathrm{d}x$$

$$=-\dfrac{Pl}{2EA}\dfrac{1}{n\pi}\cos\dfrac{n\pi}{2}+\dfrac{Pl}{EA}\dfrac{1}{(n\pi)^2}\left(\sin\dfrac{n\pi}{l}x\right)\bigg|_0^{\frac{l}{2}}+$$

$$\dfrac{Pl}{2EA}\dfrac{1}{n\pi}\cos\dfrac{n\pi}{2}-\dfrac{Pl}{EA}\dfrac{1}{(n\pi)^2}\left(\sin\dfrac{n\pi}{l}x\right)\bigg|_{\frac{l}{2}}^{l}$$

$$=\dfrac{2Pl}{EA}\dfrac{(-1)^{\frac{n-1}{2}}}{(n\pi)^2}\quad(n=1,3,5,\cdots)$$

因此

$$u(x,t) = \frac{2Pl}{\pi^2 EA} \sum_{n=1,3,5,\cdots}^{+\infty} (-1)^{\frac{n-1}{2}} \frac{1}{n^2} \sin\frac{n\pi}{l} x \cos\omega_n t$$

7.1.6 波动方程的强迫振动解

本节介绍两种方法：一是冲量法，二是格林函数法。弦在分布外力 $F(x,t) = \rho f(x,t)$ 作用下的非齐次偏微分方程为

$$\frac{\partial^2 y}{\partial t^2} = c^2 \frac{\partial^2 y}{\partial x^2} + f(x,t) \tag{7-50}$$

假定弦的边界和初始条件为

$$y(0,t) = 0, \quad y(l,t) = 0, \quad y(x,0) = 0, \quad \left.\frac{\partial y}{\partial t}\right|_{t=0} = 0 \tag{7-51}$$

1. 冲量法

同第 4 章任意激励下的响应计算冲量法一样，先求出系统在脉冲激励下的响应，然后将非齐次方程式(7-50)和式(7-51)转化为初始速度激励下的齐次方程，即自由振动方程，初始速度就是单位脉冲下的响应。将 $F(x,t) = \rho f(x,t)$ 这个持续作用的力看作一系列前后相续的"瞬时"力，作用在时间区间 $(t, t+dt)$ 的冲量为

$$d\hat{F} = F(x,\tau)d\tau$$

瞬时力为

$$F(x,\tau)\delta(t-\tau)d\tau = \rho f(x,\tau)\delta(t-\tau)d\tau$$

在该瞬时力作用下的偏微分方程为（响应 y 用 h 表示脉冲响应函数）

$$\frac{\partial^2 h}{\partial t^2} - c^2 \frac{\partial^2 h}{\partial x^2} = f(x,\tau)\delta(t-\tau) \tag{7-52}$$

边界条件和初始条件为

$$h(0,t) = 0, \quad h(l,t) = 0, \quad h(x,t)|_{t=\tau-0} = 0, \quad \left.\frac{\partial h}{\partial t}\right|_{t=\tau-0} = 0 \tag{7-53}$$

对式(7-52)在瞬时力作用的微小时间段积分

$$\int_{\tau-0}^{\tau+0} \frac{\partial \dot{h}}{\partial t} dt - c^2 \int_{\tau-0}^{\tau+0} \frac{\partial^2 h}{\partial x^2} dt = \int_{\tau-0}^{\tau+0} f(x,\tau)\delta(t-\tau) dt$$

由于作用时间很短，还没有位移，只有速度变化，因此得到

$$\dot{h}(\tau+0) - \dot{h}(\tau-0) = f(x,\tau) \tag{7-54}$$

因此，首先将式(7-52)和式(7-53)转化为齐次方程

$$\frac{\partial^2 h}{\partial t^2} - c^2 \frac{\partial^2 h}{\partial x^2} = 0 \tag{7-55}$$

$$h(0,t) = 0, \quad h(l,t) = 0, \quad h(x,t)|_{t=\tau+0} = 0, \quad \left.\frac{\partial h}{\partial t}\right|_{t=\tau+0} = f(x,\tau) \tag{7-56}$$

式(7-55)可利用 7.1.5 节弦的自由振动求解方法或行波方法求解。如果求解系统受任意激励力 $F(t)$ 作用时的响应，可把 $F(t)$ 的作用分割为无限多个冲量 $F\Delta\tau$，上面解得的 h，

相当于第 4 章中的单自由度系统在 $F\Delta\tau$ 作用下的脉冲响应 Δh，因此就可以仿照第 4 章方法，进一步利用叠加原理，系统在 t 时刻的响应等于之前所有冲量引起的响应之和，即

$$y(x,t)=\sum_{\tau=0}^{\tau=t}h(x,t-\tau)\Delta\tau \tag{7-57}$$

令 $\Delta\tau\to 0$，用积分代替求和，式(7-57)变成

$$y(x,t)=\int_0^t h(x,t-\tau)\mathrm{d}\tau \tag{7-58}$$

例 7-6 求下列波动方程的解。

$$\frac{\partial^2 y}{\partial t^2}-c^2\frac{\partial^2 y}{\partial x^2}=A\cos\frac{\pi x}{l}\sin\omega t$$

$$\frac{\partial y}{\partial x}(0,t)=0,\quad \frac{\partial y}{\partial x}(l,t)=0,\quad y(x,0)=0,\quad \frac{\partial y}{\partial t}\bigg|_{t=0}=0$$

解：先求任意时刻 t 的脉冲响应

$$\frac{\partial^2 h}{\partial t^2}-c^2\frac{\partial^2 h}{\partial x^2}=0$$

$$\frac{\partial h}{\partial x}(0,t)=0,\quad \frac{\partial h}{\partial x}(l,t)=0,$$

$$h\big|_{t=\tau+0}=0,\quad \frac{\partial h}{\partial t}\bigg|_{t=\tau+0}=A\cos\frac{\pi x}{l}\sin\omega\tau$$

参照边界条件，试把解 h 展开为傅里叶余弦级数

$$h(x,t;\tau)=\sum_{n=0}^{+\infty}T_n(t;\tau)\cos\frac{n\pi x}{l}$$

把这余弦级数代入齐次方程

$$\sum_{n=0}^{+\infty}\left(T_n''+\frac{n^2\pi^2 c^2}{l^2}T_n\right)\cos\frac{n\pi x}{l}=0$$

由此分离出 T_n 的常微分方程

$$T_n''+\frac{n^2\pi^2 c^2}{l^2}T_n=0$$

该常微分方程的解是

$$T_n(t;\tau)=A_n(\tau)\cos\frac{n\pi c(t-\tau)}{l}+B_n(\tau)\sin\frac{n\pi c(t-\tau)}{l}$$

这样，解 h 的傅里叶余弦级数是

$$h(x,t;\tau)=\sum_{n=0}^{+\infty}\left[A_n(\tau)\cos\frac{n\pi c(t-\tau)}{l}+B_n(\tau)\sin\frac{n\pi c(t-\tau)}{l}\right]\cos\frac{n\pi x}{l}$$

系数 $A_n(\tau)$ 和 $B_n(\tau)$ 则由初始条件确定。为此，把上式代入初始条件

$$\sum_{n=0}^{+\infty}A_n(\tau)\cos\frac{n\pi x}{l}=0$$

$$\sum_{n=0}^{+\infty}B_n(\tau)\frac{n\pi c}{l}\cos\frac{n\pi x}{l}=A\cos\frac{\pi x}{l}\sin\omega\tau$$

右边的 $A\cos\frac{\pi x}{l}\sin\omega\tau$ 也是傅里叶余弦级数，它只有一个单项，即 $n=1$ 的项。比较两边系

数,得

$$A_n(\tau) = 0, \quad B_1(\tau) = A\frac{l}{\pi c}\sin\omega\tau, \quad B_n(\tau) = 0, \quad n \neq 1$$

至此,已求出

$$h(x,t;\tau) = A\frac{l}{\pi c}\sin\omega\tau \sin\frac{\pi c(t-\tau)}{l}\cos\frac{\pi x}{l}$$

按照式(7-58),得出答案

$$y(x,t) = \int_0^t h(x,t;\tau)\mathrm{d}\tau = \frac{Al}{\pi c}\cos\frac{\pi x}{l}\int_0^t \sin\omega\tau \sin\frac{\pi c(t-\tau)}{l}\mathrm{d}\tau$$

$$= \frac{Al}{\pi c}\frac{1}{\omega^2 - \pi^2 c^2/l^2}\left(\omega\sin\frac{\pi c}{l}t - \frac{\pi c}{l}\sin\omega t\right)\cos\frac{\pi x}{l}$$

2. 格林函数法

在上述求解过程中,连续外力作用下的总响应可以看作一系列前赴后继的瞬时力作用下响应的叠加。如果进一步将外力在空间上的分布也看作相邻之间排列的许许多多的点源,即

$$f(x,t) = \int_{\tau=0}^t \int_{\xi=0}^l f(\xi,\tau)\delta(x-\xi)\delta(t-\tau)\mathrm{d}\xi\mathrm{d}\tau \tag{7-59}$$

则对应式(7-57)有在 ξ 处 t 时间的脉冲力作用下的非齐次波动方程

$$\frac{\partial^2 G}{\partial t^2} - c^2\frac{\partial^2 G}{\partial x^2} = \delta(x-\xi)\delta(t-\tau) \tag{7-60}$$

$$G(0,t) = 0, \quad G(l,t) = 0, \quad G(l,t)\big|_{t=\tau+0} = 0, \quad \frac{\partial G}{\partial t}\bigg|_{t=\tau+0} = 0 \tag{7-61}$$

式(7-61)将冲量法使用的函数名 $h(t)$ 用 G 取代,表示格林函数的意思。仿冲量法,式(7-60)和式(7-61)转化为齐次方程

$$\frac{\partial^2 G}{\partial t^2} - c^2\frac{\partial^2 G}{\partial x^2} = 0 \tag{7-62}$$

$$G(0,t) = 0, \quad G(l,t) = 0, \quad G(l,t)\big|_{t=\tau+0} = 0, \quad \frac{\partial G}{\partial t}\bigg|_{t=\tau+0} = \delta(x-\xi)\delta(t-\tau) \tag{7-63}$$

解出 G 后可以得到波动方程的响应

$$\frac{\partial^2 y}{\partial t^2} - c^2\frac{\partial^2 y}{\partial x^2} = f(x,t) \tag{7-64}$$

$$y(0,t) = 0, \quad y(l,t) = 0, \quad y(l,0) = 0, \quad \frac{\partial y}{\partial t}\bigg|_{t=0} = 0 \tag{7-65}$$

$$y(x,t) = \int_{\tau=0}^t \int_{\xi=0}^l f(\xi,\tau)G(x-\xi,t-\tau)\mathrm{d}\xi\mathrm{d}\tau \tag{7-66}$$

例 7-7 重新解答例 7-6。采用格林函数法。

解:先求格林函数 $G(x,t;\xi,\tau)$

$$G_{tt} - c^2 G_{xx} = \delta(x-\xi)\delta(t-\tau)$$

$$G_x\big|_{x=0} = 0, \quad G_x\big|_{x=l} = 0$$

$$G\big|_{t=0} = 0, \quad G_t\big|_{t=0} = 0$$

式中,下标表示函数对该变量求偏导。

这个定解问题可转化为
$$G_{tt} - c^2 G_{xx} = 0$$
$$G_x \big|_{x=0} = 0, \quad G_x \big|_{x=l} = 0$$
$$G \big|_{t=\tau+0} = 0, \quad G_t \big|_{t=\tau+0} = \delta(x-\xi)$$

我们已经熟悉这个齐次方程和边界条件的解的一般形式：
$$G(x,t;\xi,\tau) = \sum_{n=0}^{+\infty} \left[A_n(\xi,\tau) \cos \frac{n\pi c(t-\tau)}{l} + B_n(\xi,\tau) \sin \frac{n\pi c(t-\tau)}{l} \right] \cos \frac{n\pi x}{l}$$

系数 $A_n(\xi,\tau)$ 和 $B_n(\xi,\tau)$ 由初始条件确定。为此,把上式代入初始条件
$$\sum_{n=0}^{+\infty} A_n(\xi,\tau) \cos \frac{n\pi x}{l} = 0$$
$$\sum_{n=1}^{+\infty} B_n(\xi,\tau) \frac{n\pi c}{l} \cos \frac{n\pi x}{l} = \delta(x-\xi)$$

把右边的 $\delta(x-\xi)$ 也展开为傅里叶余弦级数
$$\delta(x-\xi) = \frac{2}{l} \sum_{n=0}^{+\infty} \frac{1}{\delta_n} \cos \frac{n\pi \xi}{l} \cos \frac{n\pi x}{l}$$

于是,比较两边系数,得
$$A_n(\xi,\tau) = 0, \quad B_n(\xi,\tau) = \frac{2}{n\pi c} \cos \frac{n\pi \xi}{l} \quad (n \neq 0)$$

至此,已求出格林函数
$$G(x,t;\xi,\tau) = \frac{1}{l}(t-\tau) + \frac{2}{\pi c} \sum_{n=1}^{+\infty} \frac{1}{n} \sin \frac{n\pi c(t-\tau)}{l} \cos \frac{n\pi \xi}{l} \cos \frac{n\pi x}{l}$$

按照式(7-66),得出答案
$$y(x,t) = \int_{\tau=0}^{t} \int_{\xi=0}^{l} f(\xi,\tau) G(x,t;\xi,\tau) \mathrm{d}\xi \mathrm{d}\tau$$
$$= \frac{1}{l} \int_{\tau=0}^{t} \int_{\xi=0}^{l} (t-\tau) A \cos \frac{\pi \xi}{l} \sin \omega \tau \mathrm{d}\xi \mathrm{d}\tau +$$
$$\frac{2A}{\pi c} \sum_{n=1}^{\infty} \frac{1}{n} \cos \frac{n\pi x}{l} \times \int_{\tau=0}^{t} \int_{\xi=0}^{l} \cos \frac{\pi \xi}{l} \sin \omega \tau \sin \frac{n\pi c(t-\tau)}{l} \cos \frac{n\pi \xi}{l} \mathrm{d}\xi \mathrm{d}\tau$$
$$= \frac{2A}{\pi c} \sum_{n=1}^{\infty} \frac{1}{n} \cos \frac{n\pi x}{l} \int_{\xi=0}^{l} \cos \frac{\pi \xi}{l} \cos \frac{n\pi \xi}{l} \mathrm{d}\xi \times \int_{\tau=0}^{t} \sin \omega \tau \sin \frac{n\pi c(t-\tau)}{l} \mathrm{d}\tau$$

当 $n \neq 1$ 时,关于 ξ 的积分等于零。对于 $n=1$,这个积分等于 $l/2$。于是,
$$y(x,t) = \frac{Al}{\pi c} \cos \frac{\pi x}{l} \int_{\tau=0}^{t} \sin \omega \tau \sin \frac{\pi c(t-\tau)}{l} \mathrm{d}\tau$$
$$= \frac{Al}{\pi c} \frac{1}{\omega^2 - \pi^2 c^2 / l^2} \left(\omega \sin \frac{\pi c t}{l} - \frac{\pi c}{l} \sin \omega t \right) \cos \frac{\pi x}{l}$$

例 7-8 图 7-12 所示为一运动缆车,以不变重力 P 作用在张紧的索道上。设张紧力 T 不变。单位长度索道质量为 m。求索道的振动规律。

解：索道的运动方程为

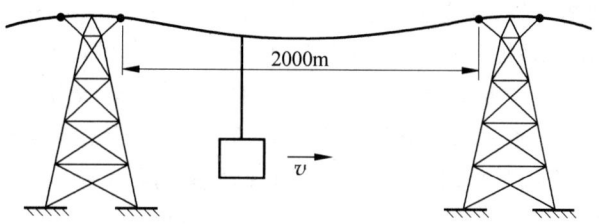

图 7-12 例 7-8 图

$$m\frac{\partial^2 y}{\partial t^2} - T\frac{\partial^2 y}{\partial x^2} = P\delta(x-x_0) = P\delta(x-vt) \tag{a}$$

设

$$y(x,t) = \sum Y_n(x)q_n(t) \quad Y_n(x) = \sin\frac{n\pi}{l}x \tag{b}$$

代入式(a),两边乘 Y_m,沿全长积分,利用主振型的正交性及 δ 函数的性质,得到

$$\ddot{q}_n + \omega_n^2 q_n = \frac{2P}{ml}\int_0^l Y_n\delta(x-x_0)\,\mathrm{d}x = \frac{2P}{ml}Y_n(x_0) \tag{c}$$

$$\omega_n^2 = \left(\frac{n\pi}{l}\right)^2 \frac{T}{m}$$

通解为

$$q_n(t) = C_n\sin\omega_n t + D_n\cos\omega_n t + \frac{2P}{ml}\frac{\sin\frac{n\pi v}{l}t}{\omega_n^2 - \left(\frac{n\pi v}{l}\right)^2} \tag{d}$$

初始位移 $q_n(x,0)=0$ 和初始速度 $\dot{q}_n(x,0)=0$,因此

$$D_n = 0, \quad C_n = -\frac{\dfrac{2Pv}{mlc}}{\left(\dfrac{n\pi}{l}\right)^2(c^2-v^2)}, \quad c = \sqrt{\frac{T}{m}}$$

代入(d)可得

$$q_n(t) = \frac{2Pl}{m}\frac{\left(\sin\dfrac{n\pi v}{l}t - \dfrac{v}{c}\sin\omega_n t\right)}{(c^2-v^2)n^2\pi^2}$$

$$y(x,t) = \sum Y_n(x)q_n(t) = \sum \frac{2Pl}{m}\frac{\left(\sin\dfrac{n\pi v}{l}t - \dfrac{v}{c}\sin\omega_n t\right)}{(c^2-v^2)n^2\pi^2}\sin\frac{n\pi}{l}x$$

7.2 梁的横向振动

梁的横向振动涉及梁的弯曲变形,梁的弯曲变形在材料力学中用挠曲线表示。对于跨度远大于截面高度的细长梁,梁弯曲的基本理论认为挠曲线曲率仅与弯矩有关,这种梁称为欧拉梁(或欧拉-伯努利梁)。更深入的研究发现,当梁高与梁的跨度相比不是很小时,梁的

挠曲线曲率除了与弯矩有关,还受剪切变形和转动惯量的影响。此外当梁的振动频率较高时(几百赫兹以上),即使是细长梁,忽略剪切变形和转动惯量的影响也将引起较大的误差。在梁振动模型中若考虑剪切变形和转动惯量的影响,这样的梁称为铁摩辛柯梁。本节主要讨论欧拉梁的振动理论。首先要建立梁振动的运动方程,接着对梁振动的基本解和振动传播特性进行分析,然后介绍如何求解梁振动的固有频率与振型,最后讨论剪切变形和转动惯量的影响。

7.2.1 梁振动的运动方程及解的性质

在图7-13梁的力学模型中,截取长度为 dx 的微段进行分析,微段两侧截面分别受剪力与弯矩 Q、M 和 $Q+\dfrac{\partial Q}{\partial x}dx$,$M+\dfrac{\partial M}{\partial x}dx$ 作用。微段的质量为 $\rho A dx$,ρ 为材料密度、A 为梁截面积。根据牛顿第二运动定律建立微段 dx 的运动方程

$$\rho A dx \frac{\partial^2 y}{\partial t^2} = Q - \left(Q + \frac{\partial Q}{\partial x}dx\right) = -\frac{\partial Q}{\partial x}dx$$

式中,$\partial^2 y/\partial t^2$ 代表微段的加速度。对上式化简得

$$\rho A \frac{\partial^2 y}{\partial t^2} = -\frac{\partial Q}{\partial x} \tag{a}$$

若不考虑转动惯量的影响,由微段力矩平衡得

$$M + Qdx - \left(M + \frac{\partial M}{\partial x}dx\right) = 0$$

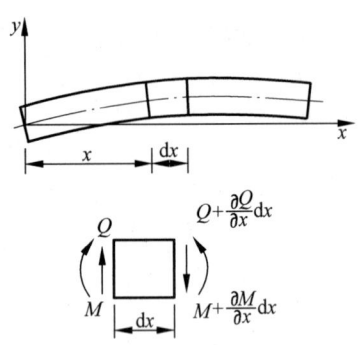

图 7-13 梁的横向振动力学模型

即

$$\frac{\partial M}{\partial x} = Q \tag{b}$$

由材料力学中梁的基本理论知,梁的挠曲线曲率与弯矩的关系为

$$M = EI\frac{\partial^2 y}{\partial x^2} \tag{c}$$

式中,E 为材料的弹性模量;I 为梁截面的惯性矩。

综合式(a)、式(b)和式(c),可得梁的弯曲振动方程

$$\rho A \frac{\partial^2 y}{\partial t^2} + EI \frac{\partial^4 y}{\partial x^4} = 0 \tag{7-67}$$

式(7-67)代表梁的自由振动。若梁受分布力 $f(x,t)$ 作用,只需将 $f(x,t)$ 放入方程右边即可。梁振动方程是四阶偏微分方程,也可用分离变量法求解。设解为

$$y = Y(x)e^{i\omega t} = Ce^{i(\omega t + \beta x)} \tag{7-68}$$

式中,C 为任意常数。将上式代入式(7-67),分别对 t 和 x 求二阶和四阶偏导数,并约去公因子 $e^{i(\omega t+\beta x)}$,得到

$$-\rho A \omega^2 + EI\beta^4 = 0$$

解出 β 的四个根

$$\beta = \pm\left(\frac{\rho A}{EI}\omega^2\right)^{1/4} \quad \text{和} \quad \pm i\left(\frac{\rho A}{EI}\omega^2\right)^{1/4} \tag{7-69}$$

将这四个根分别代入式(7-68)，它们的线性组合构成梁振动的通解

$$y(x,t) = C_1 e^{i\omega t - \beta x} + C_2 e^{i\omega t + \beta x} + C_3 e^{i(\omega t + \beta x)} + C_4 e^{i(\omega t - \beta x)}$$
$$= (C_1 e^{-\beta x} + C_2 e^{\beta x} + C_3 e^{-i\beta x} + C_4 e^{i\beta x}) e^{i\omega t} \tag{7-70}$$

式中，$C_1 \sim C_4$ 为任意常数，由梁的边界条件确定；$\beta = \left(\dfrac{\rho A}{EI}\omega^2\right)^{1/4}$ 为波数，其物理意义与前面式(7-12)的波数 k 相同。由于梁的波数是频率的非线性函数，波的传播速度随频率变化，所以此处用 β 表示以区别于杆的纵波、轴的扭转波和弦的波数 k。式(7-70)中 β 前面的符号有四种组合，$\pm$ 和 $\pm i$($i=\sqrt{-1}$)，它们分别代表不同类型的振动波："$-$"号代表振动沿 x 轴正向传播，"$+$"代表振动沿 x 轴负向传播；前面带 i 的振动波为行波，不带 i 的振动波称为近场波。后者随着距离的增加很快衰减，因此在离开激励点稍远处只有行波存在。图 7-14 表示了这四种弯曲振动波。

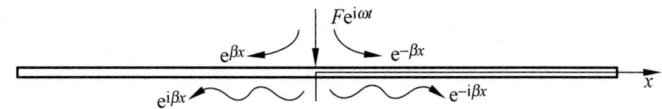

图 7-14　弯曲振动波在梁中的传播

根据式(7-12)波数、波速和频率之间的关系，对于梁的弯曲振动波有

$$\beta = \frac{\omega}{c_B} = \left(\frac{\rho A}{EI}\omega^2\right)^{1/4}, \quad c_B = \left(\frac{EI}{\rho A}\omega^2\right)^{1/4} \tag{7-71}$$

式中，c_B 代表弯曲振动波的波速。弯曲振动波的重要特征是波速随频率 ω 而变，在物理学上称为色散波。而杆的纵波、轴的扭转波和弦的振动波的波速都是常数，不随频率改变。对由多种频率成分组合而成的弯曲振动波而言，经传播一段距离后，其波形将发生改变，如图 7-15

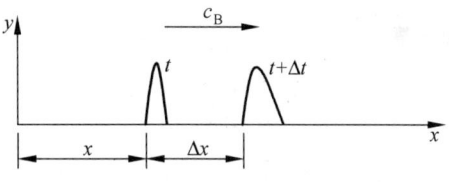

图 7-15　色散波的传播

所示。这是因为色散波各种频率成分的波速是不同的，传播一段距离后它们之间的相位关系改变了，所以组合以后的波形发生改变。

7.2.2　梁振动的固有频率与振型

本节介绍如何根据梁的边界条件计算梁振动的固有频率与振型函数。采用分离变量法，设梁振动方程的解为

$$y(x,t) = Y(x)\varphi(t) \tag{7-72}$$

代入梁振动方程式(7-67)，求导后得

$$\rho A Y(x) \frac{d^2 \varphi(t)}{dt^2} + EI \frac{d^4 Y(x)}{dx^4} \varphi(t) = 0$$

分离变量后得

$$\frac{d^2 \varphi(t)}{dt^2} \frac{1}{\varphi(t)} = -\frac{EI}{\rho A} \frac{d^4 Y(x)}{dx^4} \frac{1}{Y(x)} = -\omega^2$$

将上式写成关于时间 t 和空间 x 的两个独立的微分方程

$$\frac{d^2\varphi(t)}{dt^2} + \omega^2 \varphi(t) = 0 \tag{7-73}$$

和

$$\frac{d^4 Y(x)}{dx^4} - \beta^4 Y(x) = 0 \tag{7-74}$$

式中

$$\beta^4 = \frac{\rho A}{EI}\omega^2$$

方程式(7-73)与单自由度无阻尼自由振动方程相同，其解为

$$\varphi(t) = C_1 \cos\omega t + C_2 \sin\omega t \tag{7-75}$$

式中，C_1 和 C_2 为任意常数，由初始条件确定。方程式(7-74)为四阶常微分方程，其解为

$$Y(x) = A\cosh\beta x + B\sinh\beta x + C\cos\beta x + D\sin\beta x \tag{7-76}$$

式中，A、B、C、D 为任意常数，由梁的边界条件确定。事实上，式(7-76)与式(7-70)中 x 的函数部分

$$C_1 e^{-\beta x} + C_2 e^{\beta x} + C_3 e^{-i\beta x} + C_4 e^{i\beta x}$$

完全相同，二者只是表达不同。

$Y(x)$ 即梁振动的振型函数。根据梁的边界条件确定 $Y(x)$ 的任意常数，便可求出梁振动的固有频率，或得到关于固有频率的超越方程。梁的常见边界条件有：

固定端　$Y = 0, \dfrac{dY}{dx} = 0$；

简支端　$Y = 0, \dfrac{d^2 Y}{dx^2} = 0 (M = 0)$；

自由端　$\dfrac{d^2 Y}{dx^2} = 0 (M = 0), \dfrac{d^3 Y}{dx^3} = 0 (Q = 0)$。

例 7-9　求解简支梁的固有频率和振型。

解：简支梁可以用解析方法求出其固有频率。对振型函数

$$Y(x) = A\cosh\beta x + B\sinh\beta x + C\cos\beta x + D\sin\beta x$$

求二阶导数，得

$$\frac{d^2 Y}{dx^2} = \beta^2 (A\cosh\beta x + B\sinh\beta x - C\cos\beta x - D\sin\beta x)$$

根据简支梁的边界条件，可得

$$Y|_{x=0} = 0 \Rightarrow A + C = 0, \quad \frac{d^2 Y}{dx^2}\bigg|_{x=0} = 0 \Rightarrow A - C = 0, \quad 故 A = C = 0$$

$$Y|_{x=l} = 0 \Rightarrow B\sinh\beta l + D\sin\beta l = 0, \quad \frac{d^2 Y}{dx^2}\bigg|_{x=l} = 0 \Rightarrow B\sinh\beta l - D\sin\beta l = 0$$

因为 A、B、C、D 四个任意常数不能全等于 0，所以有

$$B = 0 \quad 和 \quad \sin\beta l = 0 \Rightarrow \beta l = n\pi, \quad n \text{ 为正整数}$$

从而得到简支梁的固有频率：

$$\omega_n = \beta_n^2 \sqrt{\frac{EI}{\rho A}} = \frac{n^2 \pi^2}{l^2} \sqrt{\frac{EI}{\rho A}}$$

和振型函数：

$$Y_n(x) = D_n \sin\beta_n x = D_n \sin\frac{n\pi}{l}x$$

除了简支梁，其他边界条件的梁只能根据边界条件得到一个求解固有频率的超越方程，无法得到固有频率的解析解。好在前人已经做了工作，把各种边界条件下梁的固有频率和振型函数计算出来了。表 7-1 给出了梁在常见边界条件下的频率方程和振型函数，图 7-16 则给出了不同边界条件下梁的前几阶振型。

表 7-1 梁的常见边界条件和振型函数

梁的端点条件	频率方程	振型函数	$\beta_n l$ 的值
铰支　铰支	$\sin\beta_n l = 0$	$W_n(x) = C_n(\sin\beta_n x)$	$\beta_1 l = \pi$ $\beta_2 l = 2\pi$ $\beta_3 l = 3\pi$ $\beta_4 l = 4\pi$
自由　自由	$\cos\beta_n l \cosh\beta_n l = 1$	$W_n(x) = C_n[\sin\beta_n x + \sinh\beta_n x + \alpha_n(\cos\beta_n x + \cosh\beta_n x)]$， 其中 $\alpha_n = \dfrac{\sin\beta_n l - \sinh\beta_n l}{\cosh\beta_n l - \cos\beta_n l}$	$\beta_1 l = 4.730041$ $\beta_2 l = 7.853205$ $\beta_3 l = 10.995608$ $\beta_4 l = 14.137165$ （对刚体振型，$\beta l = 0$）
固定　固定	$\cos\beta_n l \cosh\beta_n l = 1$	$W_n(x) = C_n[\sinh\beta_n x - \sin\beta_n x + \alpha_n(\cosh\beta_n x - \cos\beta_n x)]$， 其中 $\alpha_n = \dfrac{\sin\beta_n l - \sinh\beta_n l}{\cos\beta_n l - \cosh\beta_n l}$	$\beta_1 l = 4.730041$ $\beta_2 l = 7.853205$ $\beta_3 l = 10.995608$ $\beta_4 l = 14.137165$
固定　自由	$\cos\beta_n l \cosh\beta_n l = -1$	$W_n(x) = C_n[\sin\beta_n x - \sinh\beta_n x - \alpha_n(\cos\beta_n x - \cosh\beta_n x)]$， 其中 $\alpha_n = \dfrac{\sin\beta_n l + \sinh\beta_n l}{\cosh\beta_n l + \cos\beta_n l}$	$\beta_1 l = 1.875104$ $\beta_2 l = 4.694091$ $\beta_3 l = 7.854757$ $\beta_4 l = 10.995541$
固定　铰支	$\tan\beta_n l - \tanh\beta_n l = 0$	$W_n(x) = C_n[\sin\beta_n x - \sinh\beta_n x + \alpha_n(\cosh\beta_n x - \cos\beta_n x)]$， 其中 $\alpha_n = \dfrac{\sin\beta_n l - \sinh\beta_n l}{\cos\beta_n l - \cosh\beta_n l}$	$\beta_1 l = 3.926602$ $\beta_2 l = 7.068583$ $\beta_3 l = 10.210176$ $\beta_4 l = 13.351768$
铰支　自由	$\tan\beta_n l - \tanh\beta_n l = 0$	$W_n(x) = C_n(\sin\beta_n x + \alpha_n \sinh\beta_n x)$， 其中 $\alpha_n = \dfrac{\sin\beta_n l}{\sinh\beta_n l}$	$\beta_1 l = 3.926602$ $\beta_2 l = 7.068583$ $\beta_3 l = 10.210176$ $\beta_4 l = 13.351768$ （对刚体振型，$\beta l = 0$）

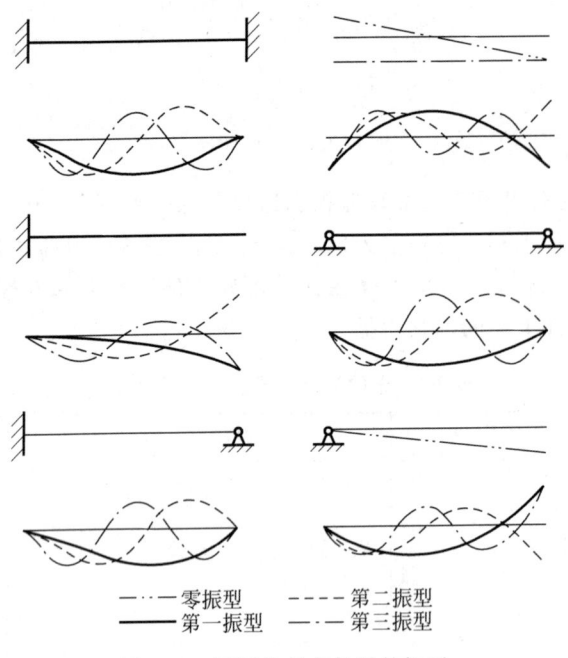

——— 零振型　――― 第二振型
——— 第一振型　—·— 第三振型

图 7-16　不同边界条件梁的振型

例 7-10　如图 7-17 所示，求解水塔的固有频率和振型。

解：水塔可模拟为一端固定，一端连接小球，可以用解析方法求出其固有频率。对振型函数：

第一种情况，假设梁的质量不计，截面形状均匀一致。梁的刚度可以由材料力学悬臂梁得到

$$k_{eq} = \frac{P}{\delta} = \frac{3EI}{l^3}$$

则固有频率为

$$\omega = \sqrt{\frac{k_{eq}}{m}}$$

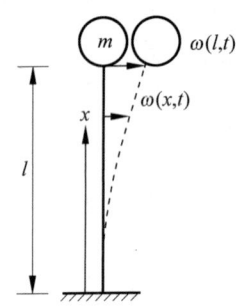

图 7-17　例 7-10 图

第二种情况，如果梁的质量不可忽略，则

$$W(x) = \frac{Px^2}{6EI}(3l - x), \quad W(l) = \frac{Pl^3}{3EI}$$

其横向振动可以表示为

$$\omega(x,t) = W(x)\cos\omega t$$

系统动能和系统势能分别为

$$T = \frac{1}{2}\int_0^l \dot{\omega}^2 \rho A(x) dx + \frac{1}{2}m[\dot{\omega}(l)]^2 \Rightarrow T_{max} = \frac{\omega^2}{2}\left\{\int_0^l \rho A(x)W^2(x) dx + m[W(l)]^2\right\}$$

$$V = \frac{1}{2}\int_0^l M d\theta \Rightarrow V_{max} = \frac{1}{2}\int_0^l EI(x)\left[\frac{d^2W(x)}{dx^2}\right]^2 dx$$

$$V_{\max} = U_{\max} \Rightarrow \omega_R^2 = \frac{\int_0^l EI(x)\left[\frac{\mathrm{d}^2 W(x)}{\mathrm{d}x^2}\right]^2 \mathrm{d}x}{\int_0^l \rho A(x)[W(x)]^2 \mathrm{d}x + m[W(l)]^2} \Rightarrow \omega_R^2 = \frac{3EI}{\left(m + \frac{33}{140}\rho Al\right)l^3}$$

第三种情况，精确解答，梁的振动方程为

$$c^2 \frac{\partial^4 \omega}{\partial x^4}(x,t) + \frac{\partial^2 \omega}{\partial t^2}(x,t) = 0$$

设解为

$$\omega(x,t) = W(x)T(t)$$

代入微分方程，得到

$$\frac{\mathrm{d}^4 W(x)}{\mathrm{d}x^4} - \beta^4 W(x) = 0, \quad \frac{\mathrm{d}^2 T(t)}{\mathrm{d}t^2} + \omega^2 T(t) = 0$$

其中

$$\beta^4 = \frac{\omega^2}{c^2} = \frac{\rho A \omega^2}{EI}$$

在固定端

$$\omega = 0, \quad \frac{\partial \omega}{\partial x} = 0$$

在小球端

$$M = EI\frac{\partial^2 \omega}{\partial x^2} = 0, \quad V = \frac{\partial}{\partial x}\left(EI\frac{\partial^2 \omega}{\partial x^2}\right) = m\frac{\partial^2 \omega}{\partial t^2}$$

得到特征方程

$$\begin{vmatrix} \sin\beta l + \sinh\beta l & \cos\beta l + \cosh\beta l \\ EI\beta^3(-\cos\beta l - \cosh\beta l) + & EI\beta^3(\sin\beta l - \sinh\beta l) + \\ m\omega^2(\sin\beta l - \sinh\beta l) & m\omega^2(\cos\beta l - \cosh\beta l) \end{vmatrix} = 0$$

展开可得

$$1 + \cos\beta l \cosh\beta l + \frac{m\beta}{\rho A}(\cos\beta l \sinh\beta l - \cosh\beta l \sin\beta l) = 0$$

是超越方程，附录给出 MATLAB 程序。

7.2.3 剪切变形和转动惯量的影响

在欧拉梁中不考虑剪切变形和转动惯量的影响。一般情况下梁的内力除了弯矩还有剪力，所以梁的挠曲线斜率也受剪切变形的影响。另外挠曲线斜率表明梁振动时截面发生了转动，因此还应考虑转动惯量的影响。对于梁高远小于跨度的细长梁，在振动频率比较低时剪切变形和转动惯量的影响很小，可以忽略。但是在振动频率比较高时，若忽略剪切变形和转动惯量的影响同样会产生较大的误差。考虑剪切变形和转动惯量影响的梁振动模型称为铁摩辛柯梁。当振动频率比较高，即使是细长梁，也应该采用铁摩辛柯梁进行计算。

在图 7-18 的铁摩辛柯梁模型中，y 代表梁中心线的挠度，ψ 为梁截面法线的斜率，$\partial y/\partial x$

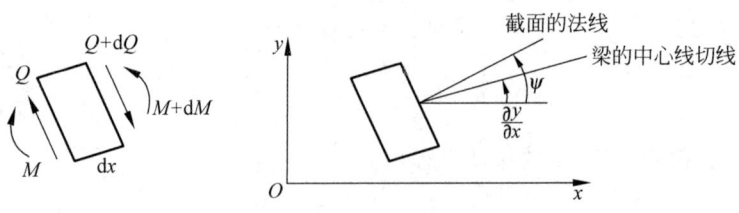

图 7-18　铁摩辛柯梁模型

为梁中心线的斜率,二者的差值即为剪切角。

根据梁弯曲的基本理论,弯曲变形引起的斜率 ψ 与弯矩 M 的关系为

$$\frac{\partial \psi}{\partial x} = \frac{M}{EI} \tag{7-77}$$

式中,EI 为梁的弯曲刚度。此外,剪切角与剪力 Q 的关系为

$$\psi - \frac{\partial y}{\partial x} = \frac{Q}{\kappa AG} \tag{7-78}$$

式中,A 为截面积;G 为剪切弹性模量;κ 为考虑剪应力在截面上分布不均匀的系数,与截面形状有关。例如对矩形截面,$\kappa = 2/3$。引入系数 κ 以后,按名义平均分布的剪应力计算得到的剪切角,与实际不均匀分布的剪应力引起的剪切角相等。

铁摩辛柯梁有两个动力方程:一个代表平动,另一个代表转动。参考图 7-18,它们分别为

$$\rho A \frac{\partial^2 y}{\partial t^2} = -\frac{\partial Q}{\partial x} \tag{7-79}$$

$$\rho I \frac{\partial^2 \psi}{\partial t^2} = \frac{\partial M}{\partial x} - Q \tag{7-80}$$

在欧拉梁模型中不考虑转动惯量的影响,故式(7-80)蜕变为静力平衡方程。

考虑力与变形关系式(7-77)与式(7-78)后,动力方程式(7-79)和式(7-80)变为

$$\rho \frac{\partial^2 y}{\partial t^2} - \kappa G \left(\frac{\partial^2 y}{\partial x^2} - \frac{\partial \psi}{\partial x} \right) = 0 \tag{7-81}$$

$$\rho I \frac{\partial^2 \psi}{\partial t^2} - EI \frac{\partial^2 \psi}{\partial x^2} - \kappa G \left(\frac{\partial y}{\partial x} - \psi \right) = 0 \tag{7-82}$$

从式(7-81)和式(7-82)中消去 ψ,可以将这两个方程合并成一个方程:

$$\rho A \frac{\partial^2 y}{\partial t^2} + EI \frac{\partial^4 y}{\partial x^4} - \rho I \left(1 + \frac{E}{\kappa G} \right) \frac{\partial^4 y}{\partial x^2 \partial t^2} + \frac{\rho^2 I}{\kappa G} \frac{\partial^4 y}{\partial t^4} = 0 \tag{7-83}$$

这就是铁摩辛柯梁的运动方程。式(7-83)中后面两项是考虑剪切变形和转动惯量的影响而附加的项。

为了考察剪切变形和转动惯量的影响,研究长度为 l 的简支梁振动。假设第 n 阶振动可用简谐函数表示为

$$y = \sin \frac{n \pi x}{l} \cos \omega_n t$$

代入式(7-83)后可以得到频率方程

$$EI\left(\frac{n\pi}{l}\right)^4 - \rho A \omega_n^2 - \rho I\left(1+\frac{E}{\kappa G}\right)\left(\frac{n\pi}{l}\right)^2 \omega_n^2 + \frac{\rho^2 I}{\kappa G}\omega_n^4 = 0 \tag{7-84}$$

式(7-84)最后一项与其他几项相比通常很小,因而可以略去不计,于是求得 ω_n^2 的近似值为

$$\omega_n^2 \approx \frac{EI}{\rho A}\left(\frac{n\pi}{l}\right)^4\left[1 - \frac{I}{A}\left(1+\frac{E}{\kappa G}\right)\left(\frac{n\pi}{l}\right)^2\right] \tag{7-85}$$

式中第一项为欧拉梁的固有频率,第二项表示剪切变形和转动惯量的影响。对式(7-85)进行简单的分析可以看出:

(1) 用铁摩辛柯梁计算的固有频率低于欧拉梁;
(2) 若梁高比较大,I/A 也比较大,用欧拉梁计算的固有频率误差增加;
(3) 用欧拉梁计算的固有频率误差随着振动频率(阶数 n)增高而变大。

7.3 连续系统振型函数的正交性

在多自由度系统这一章介绍了振型向量的正交性,利用振型向量的正交性可以对线性微分方程组进行解耦,从而可以用振型叠加法计算多自由度系统的振动响应。连续系统与多自由度系统一样,振型函数也有正交性,但是表现方式不同。本节对杆振动和梁振动分别介绍它们振型函数的正交性。

7.3.1 杆的振型函数正交性

已知杆振动的第 i 阶与第 j 阶振型函数 $U_i(x)$ 和 $U_j(x)$ 分别满足下列微分方程

$$\frac{\mathrm{d}^2 U_i(x)}{\mathrm{d}x^2} + \frac{\omega_i^2}{c^2}U_i(x) = 0 \tag{a}$$

$$\frac{\mathrm{d}^2 U_j(x)}{\mathrm{d}x^2} + \frac{\omega_j^2}{c^2}U_j(x) = 0 \tag{b}$$

将式(a)乘以 $U_j(x)$,式(b)乘以 $U_i(x)$,然后将所得方程相减,并在杆长范围内积分,可得

$$\frac{\omega_i^2 - \omega_j^2}{c^2}\int_0^l U_i U_j \mathrm{d}x = -\int_0^l (U_i'' U_j - U_i U_j'')\mathrm{d}x = -(U_i' U_j - U_i U_j')\Big|_0^l \tag{c}$$

杆的常见边界条件为

$$\text{固定端}: U = 0; \qquad \text{自由端}: U' = 0$$

可见无论何种边界条件,式(c)右边的积分总是等于0。但是 $\omega_i^2 \neq \omega_j^2$,故有

$$\int_0^l U_i U_j \mathrm{d}x = 0 \tag{7-86}$$

这就是杆的振型函数的正交性。以上性质同样适用于弦振动和轴扭转振动。

7.3.2 梁的振型函数正交性

已知梁振动的第 i 阶与第 j 阶振型函数 $Y_i(x)$ 和 $Y_j(x)$ 分别满足

$$EI\frac{d^4 Y_i(x)}{dx^4} - \rho A \omega_i^2 Y_i(x) = 0 \qquad (a)$$

$$EI\frac{d^4 Y_j(x)}{dx^4} - \rho A \omega_j^2 Y_j(x) = 0 \qquad (b)$$

把式(a)乘以 $Y_j(x)$,式(b)乘以 $Y_i(x)$,然后将所得方程相减,并在梁长度区间内积分,得到

$$\rho A(\omega_i^2 - \omega_j^2)\int_0^l Y_i Y_j \, dx = EI\int_0^l (Y_i''''Y_j - Y_i Y_j'''') \, dx \qquad (c)$$

式(c)右边的积分结果为

$$EI\int_0^l (Y_i''''Y_j - Y_i Y_j'''') \, dx = (Y_i'''Y_j - Y_i Y_j''' + Y_i' Y_j'' - Y_i'' Y_j')\big|_0^l \qquad (d)$$

根据梁的边界条件

固定端:$Y=0, \dfrac{dY}{dx}=0$;简支端:$Y=0, \dfrac{d^2 Y}{dx^2}=0$;自由端:$\dfrac{d^2 Y}{dx^2}=0, \dfrac{d^3 Y}{dx^3}=0$

可知以上任一边界条件都能使式(d)等于 0。但是 $\omega_i^2 \neq \omega_j^2$,故有

$$\int_0^l Y_i Y_j \, dx = 0 \qquad (7\text{-}87)$$

这便是梁的振型函数的正交性。

定义 Y_i 为正则振型,若

$$\rho A \int_0^l Y_i Y_j \, dx = \begin{cases} 1, & i=j \\ 0, & i \neq j \end{cases} \qquad (7\text{-}88)$$

此时,因为

$$EI\frac{d^4 Y_i}{dx^4} = \rho A \omega_i^2 Y_i$$

所以

$$EI\int_0^l \frac{d^4 Y_i}{dx^4} Y_j \, dx = \begin{cases} \omega_i^2, & i=j \\ 0, & i \neq j \end{cases} \qquad (7\text{-}89)$$

7.4 梁强迫振动的振型叠加法

7.4.1 时域振型叠加法

根据连续系统振型函数的正交性,可以用振型叠加法计算连续系统的振动响应。本节只介绍梁振动的振型叠加法,杆振动、弦振动和轴扭转振动的振型叠加法与梁振动相似,可以类推,不再赘述。

设梁振动响应由各阶振型叠加而成

$$y(x,t) = \sum_{i=1}^n Y_i(x) \varphi_i(t) \qquad (7\text{-}90)$$

式中,$Y_i(x)$ 为正则振型。将式(7-90)代入梁振动微分方程

$$\rho A \frac{\partial^2 y}{\partial t^2} + EI \frac{\partial^4 y}{\partial x^4} = f(x,t) \tag{7-91}$$

可得

$$\rho A \sum_{i=1}^{n} Y_i(x) \frac{d^2 \varphi_i(t)}{dt^2} + EI \sum_{i=1}^{n} \frac{d^4 Y_i(x)}{dx^4} \varphi_i(t) = f(x,t) \tag{7-92}$$

两边同乘 $Y_j(x)$，并在梁长度区间内对 x 积分，根据梁振型函数的正交性可得

$$\frac{d^2 \varphi_i(t)}{dt^2} + \omega_i^2 \varphi_i(t) = \int_0^l f(x,t) Y_i(x) dx = q_i(t), \quad i=1,2,\cdots,n \tag{7-93}$$

式中，$q_i(t)$ 为第 i 阶振型主坐标下的激励力，时间函数 $\varphi_i(t)$ 相当于单自由度振动系统的响应。将梁的初始速度和位移 $\dot{y}(x,0)$ 和 $y(x,0)$ 用振型函数表示为

$$y_0(x,0) = \sum_{i=1}^{n} Y_i(x) \varphi_{i0} \tag{7-94}$$

$$\dot{y}_0(x,0) = \sum_{i=1}^{n} Y_i(x) \dot{\varphi}_{i0} \tag{7-95}$$

并将它们乘以 $\rho A Y_j(x) dx$ 后在梁长度区间内积分，根据振型函数的正交性可得

$$\varphi_{i0} = \rho A \int_0^l Y_i(x) y(x,0) dx \tag{7-96}$$

$$\dot{\varphi}_{i0} = \rho A \int_0^l Y_i(x) \dot{y}(x,0) dx \tag{7-97}$$

如果第 i 阶振型主坐标下的激励力 $q_i(t)$ 为简谐激励力，可以按照单自由度简谐激励下的响应求解。一般情况下，第 i 阶振型主坐标下的激励力 $q_i(t)$ 是任意激励力，主坐标下的响应 $\varphi_i(t)$ 按一般激励下的冲量法可以写成

$$\varphi_i(t) = \varphi_{i0} \cos\omega_i t + \frac{\dot{\varphi}_{i0}}{\omega_i} \sin\omega_i t + \int_0^t q_i(\tau) h(t-\tau) d\tau \tag{7-98}$$

对无阻尼系统，即

$$\varphi_i(t) = \varphi_{i0} \cos\omega_i t + \frac{\dot{\varphi}_{i0}}{\omega_i} \sin\omega_i t + \frac{1}{\omega_i} \int_0^t q_i(\tau) \sin\omega_i(t-\tau) d\tau \tag{7-99}$$

这相当于单自由度系统的响应计算，最后将 $\varphi_i(t)$ 代入式(7-90)便得到梁振动的响应。

特别当外力为作用在点 ξ 的 δ 脉冲函数，对简支梁，式(7-93)为

$$Y_n(x) = D_n \sin\beta_n x = D_n \sin\frac{n\pi}{l} x \tag{7-100}$$

$$q_i(t) = \int_0^l \delta(t-\tau) \delta(x-\xi) Y_i(x) dx = Y_i(\xi) \delta(t-\tau), \quad i=1,2,\cdots,n \tag{7-101}$$

$$\frac{d^2 \varphi_i(t)}{dt^2} + \omega_i^2 \varphi_i(t) = Y_i(\xi) \delta(t-\tau), \quad i=1,2,\cdots,n \tag{7-102}$$

式(7-102)就是在 $Y_i(\xi) \delta(t-\tau)$ 脉冲激励下的响应，解得

$$\varphi_i(t) = Y_i(\xi) h(t) = G_i(\xi,t) \tag{7-103}$$

式(7-103)就是格林函数，或点源影响函数。由此推广到对任意分布外力，利用卷积公式，可以得到 $\varphi_i(t)$ 的一般表达式

$$\varphi_i(t) = \int_0^t f(x,t) G_i(x, t-\tau) d\tau$$

作为一个特例，对单点激励，如果作用点的位置是时间的函数时

$$q_i(t) = \int_0^l \delta(x-\xi) Y_i(x) dx = Y_i(\xi(t)), \quad i=1,2,\cdots,n \tag{7-104}$$

作用点位置是时间的函数例题见例 7-13。

7.4.2 频域振型叠加法

一个两端简支梁在 $x=a$ 点受到简谐激励

$$\rho A \frac{\partial^2 y}{\partial t^2} + EI \frac{\partial^4 y}{\partial x^4} = \delta(x-a) F_y e^{i\omega t} \tag{7-105}$$

设梁振动响应由各阶振型叠加而成

$$y(x,t) = \text{Re}\Big[\sum_{i=1}^n Y_i(x) q_i(\omega) e^{i\omega t}\Big] \tag{7-106}$$

式中，$q_i(\omega)$ 为对应第 i 阶模态的复模态幅值。将式(7-106)代入(7-105)，可得

$$\sum_{i=1}^n (EI Y_i''''(x) q_i(\omega) - \omega^2 \rho A Y_i(x) q_i(\omega)) dx = F_y \delta(x-a) \tag{7-107}$$

两边乘以第 j 阶模态 $Y_j(x)$ 后沿全长积分

$$\sum_{i=1}^n \Big[EI \int_0^l Y_i''''(x) Y_j(x) q_i(\omega) dx - \omega^2 \rho A \int_0^l Y_j(x) Y_i(x) q_i(\omega) dx\Big] = \int_0^l Y_j(x) F_y \delta(x-a) dx$$

利用正交性，容易得到

$$K_i q_i(\omega) - \omega^2 m_i q_i(\omega) = F_i \tag{7-108}$$

式中，$K_i = EI \int_0^l Y_i'''' Y_i dx = m_i \omega_i^2, m_i = \rho A \int_0^l Y_i^2 dx, F_i = \int_0^l Y_i(x) F_y \delta(x-a) dx = Y_i(a) F_y$。

代入式(7-108)得到

$$q_i(\omega) = \frac{Y_i(a) F_y}{m_i(\omega_i^2 - \omega^2)} \tag{7-109}$$

$$y(x,\omega) = \sum_{i=1}^n Y_i(x) q_i(\omega) = \sum_{i=1}^n \frac{Y_i(x) Y_i(a) F_y}{m_i(\omega_i^2 - \omega^2)} \tag{7-110a}$$

$$\dot{y}(x,\omega) = \sum_{i=1}^n Y_i(x) q_i(\omega) = i\omega \sum_{i=1}^n \frac{Y_i(x) Y_i(a) F_y}{m_i(\omega_i^2 - \omega^2)} \tag{7-110b}$$

如考虑阻尼，则对黏性阻尼和材料阻尼的计算公式分别为

$$y(x,\omega) = \sum_{i=1}^n Y_i(x) q_i(\omega) = \sum_{i=1}^n \frac{Y_i(x) Y_i(a) F_y}{m_i(\omega_i^2 - \omega^2 + 2\zeta_i \omega_i \omega)} \tag{7-111}$$

$$y(x,\omega) = \sum_{i=1}^n Y_i(x) q_i(\omega) = \sum_{i=1}^n \frac{Y_i(x) Y_i(a) F_y}{m_i[\omega_i^2(1+i\eta) - \omega^2]} \tag{7-112}$$

例 7-11 如图 7-19 所示，长度为 l 的均质简支梁在 $x=x_1$ 处受一简谐力 $P\cos\omega t$ 作用，

假定 $t=0$ 时梁处于静止状态，求梁的振动响应。

解：梁的运动方程为

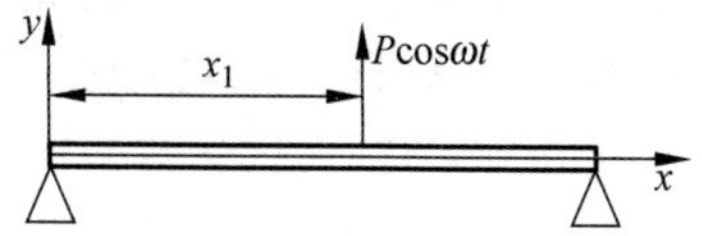

$$\rho A \frac{\partial^2 y}{\partial t^2} + EI \frac{\partial^4 y}{\partial x^4} = \delta(x - x_1) P \cos\omega t$$

简支梁的第 i 阶固有频率和振型函数分别为

$$\omega_i = \frac{i^2 \pi^2}{l^2} \sqrt{\frac{EI}{\rho A}}, \quad Y_i(x) = D_i \sin\frac{i\pi}{l}x$$

图 7-19 例 7-11 图

根据正则振型函数的正交性有

$$\rho A \int_0^l Y_i^2 \mathrm{d}x = 1, \quad \text{故 } D_i = \sqrt{\frac{2}{\rho A l}}$$

确定振型函数为

$$Y_i(x) = \sqrt{\frac{2}{\rho A l}} \sin\frac{i\pi}{l}x$$

根据振型函数计算主坐标的模态力

$$q_i(t) = \int_0^l Y_i(x) \delta(x - x_1) P \cos\omega t \, \mathrm{d}x = \sqrt{\frac{2}{\rho A l}} P \sin\frac{i\pi x_1}{l} \cos\omega t = F_i \cos\omega t$$

对应的解耦后的微分方程

$$\frac{\mathrm{d}^2 \varphi_i(t)}{\mathrm{d}t^2} + \omega_i^2 \varphi_i(t) = F_i \cos\omega t, \quad i = 1, 2, \cdots, n$$

并得到主坐标的响应

$$\varphi_i(t) = \frac{1}{\omega_i} \int_0^t F_i \sin\frac{i\pi x_1}{l} \cos\omega\tau \sin\omega_i(t-\tau) \mathrm{d}\tau$$

因为

$$\int_0^t \cos\omega\tau \sin\omega_n(t-\tau) \mathrm{d}\tau$$

$$= \frac{1}{2} \int_0^t \{\sin[(\omega - \omega_n)\tau + \omega_n t] - \sin[(\omega + \omega_n)\tau - \omega_n t]\} \mathrm{d}\tau$$

$$= \frac{1}{2} \left\{ \frac{\cos[(\omega - \omega_n)\tau + \omega_n t]}{\omega - \omega_n} + \frac{\cos[(\omega + \omega_n)\tau - \omega_n t]}{\omega + \omega_n} \right\} \Big|_0^t$$

$$= (\cos\omega t - \cos\omega_n t) \left(\frac{-\omega_n}{\omega^2 - \omega_n^2} \right)$$

所以

$$\varphi_i(t) = \sqrt{\frac{2}{\rho A l}} P \sin\frac{i\pi x_1}{l} \frac{1}{\omega_i^2 - \omega^2} (\cos\omega t - \cos\omega_i t)$$

最后得到梁振动响应

$$y(x, t) = \sum_{i=1}^n Y_i(x) \varphi_i(t) = \frac{2P}{\rho A l} \sum_{i=1}^n \frac{1}{\omega_i^2 - \omega^2} \sin\frac{i\pi x_1}{l} \sin\frac{i\pi x}{l} (\cos\omega t - \cos\omega_i t)$$

在上述推导过程中，假设系统是无阻尼的。对实际的系统，阻尼总是存在的，因此上述方程可以简化为

$$y(x, t) = \sum_{i=1}^n Y_i(x) \varphi_i(t) = \frac{2P}{\rho A l} \sum_{i=1}^n \frac{1}{\omega_i^2 - \omega^2} \sin\frac{i\pi x_1}{l} \sin\frac{i\pi x}{l} \cos\omega t$$

特别要指出的是，当边界条件为简支时，梁在集中力激励下的响应可以表示为上述简单的求和。当作用点在中点时，响应是各奇数阶模态的叠加，偶数阶模态的贡献为零。

例 7-12 试求解图 7-20 所示的简支梁在任意简谐激励力 $q(x,t)=q(x)\sin\omega t$ 作用下的稳态响应。

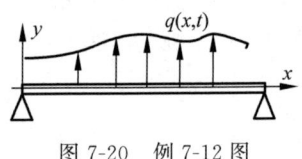

图 7-20 例 7-12 图

解：梁的振动微分方程为

$$EJ\frac{\partial^4 y}{\partial x^4}+\rho A\frac{\partial^2 y}{\partial t^2}=q(x)\sin\omega t \tag{a}$$

由简支梁的各阶主振型为

$$\sin\frac{n\pi x}{l}$$

可设

$$y(x,t)=\sum_{n=1}^{+\infty}C_n\sin\frac{n\pi x}{l}\sin\omega t$$

代入微分方程

$$\sum_{n=1}^{+\infty}C_n\left[EJ\left(\frac{n\pi}{l}\right)^4+\rho A\omega^2\right]\sin\frac{n\pi}{l}x=q(x) \tag{b}$$

将 $q(x)$ 也展开成傅里叶级数

$$q(x)=\sum_{n=1}^{+\infty}D_n\sin\frac{n\pi x}{l},\quad D_n=\frac{2}{l}\int_0^l q(x)\sin\frac{n\pi x}{l}\mathrm{d}x \tag{c}$$

简支梁各阶固有频率的平方

$$\omega^2=\left(\frac{n\pi}{l}\right)^2\frac{EJ}{\rho A} \tag{d}$$

将式(c)和式(d)代入微分方程

$$y(x,t)=\sum_{n=1}^{+\infty}\frac{D_n}{\rho A(\omega_n^2-\omega^2)}\sin\frac{n\pi x}{l}\sin\omega t$$

如 $q(x,t)=q_0\sin\omega t$，则

$$D_n=\frac{2}{l}\int_0^l q_0\sin\frac{n\pi x}{l}\mathrm{d}x=\frac{4q_0}{n\pi}$$

得到

$$y(x,t)=\frac{4q_0}{\pi\rho A}\sum_{n=1,3,5,\ldots}^{+\infty}\frac{1}{n(\omega_n^2-\omega^2)}\sin\frac{n\pi x}{l}\sin\omega t$$

例 7-13 长度为 l 的均质简支梁受运动载荷 P_0 作用，如图 7-21 所示，求梁的振动响应。

解：两端简支梁的振型可取

$$W_n(x)=\sin\beta_n x=\sin\frac{n\pi x}{l}$$

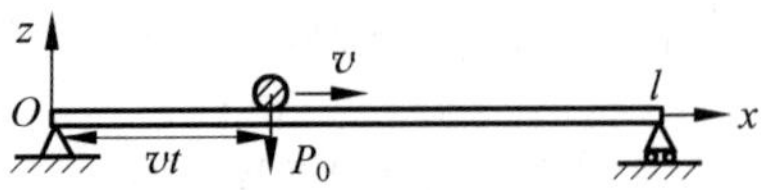

位移为空间和时间可分离的两个函数的乘积

$$\omega(x,t)=\sum_{n=1}^{+\infty}W_n(x)q_n(t)$$

图 7-21 例 7-13 图

代入梁的微分方程

$$EI\frac{\partial^4 \omega}{\partial x^4}(x,t) + \rho A \frac{\partial^2 \omega}{\partial t^2}(x,t) = f(x,t)$$

得到

$$\sum_{n=1}^{+\infty}\omega_n^2 W_n(x)q_n(t) + \sum_{n=1}^{+\infty} W_n(x)\frac{\mathrm{d}^2 q_n(t)}{\mathrm{d}t^2} = \frac{1}{\rho A}f(x,t)$$

该方程右端的外力是随时间变化的，可以表达为

$$f(x,t) = \begin{cases} -P_0\delta(x-vt), & 0 \leqslant t \leqslant l/v \\ 0 & t > l/v \end{cases}$$

代入上式，并两边同乘以 $W_n(x)$ 后沿全长积分，得到

$$\frac{\mathrm{d}^2 q_n(t)}{\mathrm{d}t^2} + \omega_n^2 q_n(t) = \frac{2}{\rho Al}Q_n(t)$$

其中（利用 δ 函数的积分性质）

$$Q_n(t) = \int_0^l f(x,t)W_n(x)\mathrm{d}x = \begin{cases} -P_0\sin\dfrac{n\pi vt}{l}, & 0 \leqslant t \leqslant l/v \\ 0, & t > l/v \end{cases}$$

因此得到

$$\frac{\mathrm{d}^2 q_n(t)}{\mathrm{d}t^2} + \omega_n^2 q_n(t) = -\frac{2P_0}{\rho Al}\sin\frac{n\pi vt}{l},\ 0 \leqslant t \leqslant l/v$$

假设 $\omega = n\pi v/l$，由杜哈梅积分可得

$$\begin{aligned}q_n(t) &= \frac{2}{\rho Al\omega_n}\int_0^t Q_n(\tau)\sin\omega_n(t-\tau)\mathrm{d}\tau \\ &= -\frac{2P_0}{\rho Al\omega_n}\int_0^t \sin\omega\tau\sin\omega_n(t-\tau)\mathrm{d}\tau \\ &= -\frac{2P_0}{\rho Al(\omega_n^2-\omega^2)}\left(\sin\omega t - \frac{\omega}{\omega_n}\sin\omega_n t\right),\quad 0 \leqslant t \leqslant l/v\end{aligned}$$

当 $t > l/v$ 时，可得

$$\frac{\mathrm{d}^2 q_n(t)}{\mathrm{d}t^2} + \omega_n^2 q_n(t) = 0,\quad t > l/v$$

即

$$q_n(t) = q_n(t_1)\cos\omega_n(t-t_1) + \frac{\dot{q}_n(t_1)}{\omega_n}\sin\omega_n(t-t_1),\quad t > l/v$$

式中，$t_1 = l/v$。

最后利用叠加原理，总的响应是所有模态贡献的总和。

$$\omega(x,t) = \sum_{n=1}^{+\infty} W_n(x)q_n(t)$$

7.5 梁振动的波动解简介

应该指出，关于梁的横向振动，我们并没有介绍自由振动的波动解法和强迫振动的波数频率域解法，这部分内容超出本教材的范围，在此仅作简要介绍。

7.5.1 半无限长梁自由振动的波动解

梁从负无穷大延伸到简支端 $x=0$ 处,如图 7-23 所示。
从负无穷远端输入有入射波
$$y_i(x,t) = A e^{i(\omega t - \beta x)}$$
在简支端有反射波
$$y_r(x,t) = (B_1 e^{i\beta x} + B_2 e^{\beta x}) e^{i\omega t}$$
由简支端边界位移条件和弯矩平衡条件
$$y_i(x,t) + y_r(x,t) = 0$$
$$\frac{\partial^2 y_i(x,t)}{\partial x^2} + \frac{\partial^2 y_r(x,t)}{\partial x^2} = 0$$

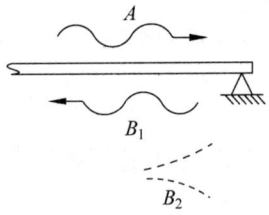

图 7-23 半无限长简支梁

可以得到 $B_1 = -A, B_2 = 0$,读者自证。
从而得到
$$y(x,t) = A[e^{i(\omega t - \beta x)} - e^{i(\omega t + \beta x)}] = 2iA \sin(\beta x) e^{i\omega t}$$

入射波、反射波和合成驻波场如图 7-24 所示。

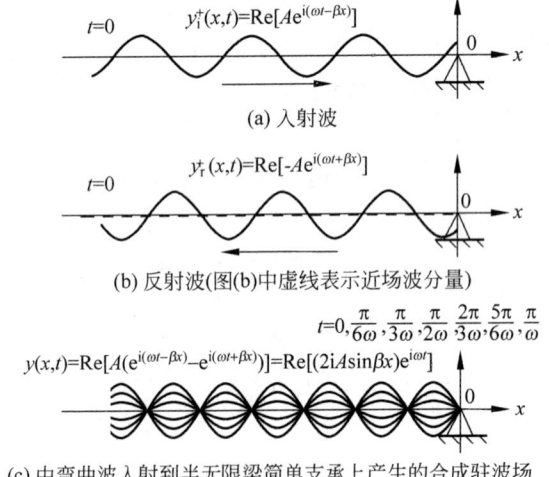

(a) 入射波

(b) 反射波(图(b)中虚线表示近场波分量)

(c) 由弯曲波入射到半无限梁简单支承上产生的合成驻波场

图 7-24 半无限长梁振动波的传播

7.5.2 简支梁强迫振动的波动解

下面采用波动法进行求解例 7-11。由式(7-76)可知,以外力作用点 $x=x_1$ 处为原点,向左向右分别建立坐标系,假设 $-x_1 < x < 0, 0 < x < l - x_1$ 简支梁的响应表达式为 $y(x,t) = Y_j(x)\cos\omega t$,$Y_j(x)$ 的表达式分段如下

$$Y_0(x) = C_{10} e^{-\beta x} + C_{20} e^{\beta x} + C_{30} e^{-i\beta x} + C_{40} e^{i\beta x}, \quad -x_1 < x < 0$$

$$Y_1(x) = C_{11} e^{-\beta x} + C_{21} e^{\beta x} + C_{31} e^{-i\beta x} + C_{41} e^{i\beta x}, \quad 0 < x < l - x_1$$

由 $Y_j(x)$ 的表达式求导可得：

$$\frac{\partial Y_j(x)}{\partial x} = \beta(-C_{1j}e^{-\beta x} + C_{2j}e^{\beta x} - iC_{3j}e^{-i\beta x} + iC_{4j}e^{i\beta x}), \quad j=0,1$$

$$\frac{\partial Y_j^2(x)}{\partial x^2} = \beta^2(C_{1j}e^{-\beta x} + C_{2j}e^{\beta x} - C_{3j}e^{-i\beta x} - C_{4j}e^{i\beta x}), \quad j=0,1$$

$$\frac{\partial Y_j^3(x)}{\partial x^3} = \beta^3(-C_{1j}e^{-\beta x} + C_{2j}e^{\beta x} + iC_{3j}e^{-i\beta x} - iC_{4j}e^{i\beta x}), \quad j=0,1$$

由左半部分 $x=-x_1$ 和右半部分 $x=l-x_1$ 的简支边界条件，可得

$$Y_0(-x_1) = C_{10}e^{\beta x_1} + C_{20}e^{-\beta x_1} + C_{30}e^{i\beta x_1} + C_{40}e^{-i\beta x_1} = 0$$

$$\frac{\partial^2 Y_0(-x_1)}{\partial x^2} = \beta^2(C_{10}e^{\beta x_1} + C_{20}e^{-\beta x_1} - C_{30}e^{i\beta x_1} - C_{40}e^{-i\beta x_1}) = 0$$

$$Y_1(l-x_1) = C_{11}e^{-\beta(l-x_1)} + C_{21}e^{\beta(l-x_1)} + C_{31}e^{-i\beta(l-x_1)} + C_{41}e^{i\beta(l-x_1)} = 0$$

$$\frac{\partial^2 Y_1(l-x_1)}{\partial x^2} = \beta^2[C_{11}e^{-\beta(l-x_1)} + C_{21}e^{\beta(l-x_1)} - C_{31}e^{-i\beta(l-x_1)} - C_{41}e^{i\beta(l-x_1)}] = 0$$

由以上四式得到

$$C_{10} = -C_{20}e^{-2\beta x_1}, \quad C_{30} = -C_{40}e^{-i2\beta x_1}, \quad C_{11} = -C_{21}e^{2\beta(l-x_1)}, \quad C_{31} = -C_{41}e^{i2\beta(l-x_1)}$$

根据 $x=0^-$ 和 $x=0^+$ 处与外力 P 的平衡条件

$$P + EI\beta^3(-C_{10} + C_{20} + iC_{30} - iC_{40}) - EI\beta^3(-C_{11} + C_{21} + iC_{31} - iC_{41}) = 0 \quad \text{(a)}$$

根据 $x=0^-$ 和 $x=0^+$ 处的弯矩平衡条件 $EI\dfrac{\partial^2 Y(0^+)}{\partial x^2} = EI\dfrac{\partial^2 Y(0^-)}{\partial x^2}$，可得

$$(C_{10} + C_{20} - C_{30} - C_{40}) = (C_{11} + C_{21} - C_{31} - C_{41}) \quad \text{(b)}$$

根据 $x=0^-$ 和 $x=0^+$ 处的位移连续条件 $Y(0^+) = Y(0^-)$，可得

$$C_{10} + C_{20} + C_{30} + C_{40} = C_{11} + C_{21} + C_{31} + C_{41}$$

根据 $x=0^-$ 和 $x=0^+$ 处的斜率连续条件 $\dfrac{\partial Y(0^+)}{\partial x} = \dfrac{\partial Y(0^-)}{\partial x}$，可得

$$(-C_{10} + C_{20} - iC_{30} + iC_{40}) = (-C_{11} + C_{21} - iC_{31} + iC_{41}) \quad \text{(c)}$$

由式(a)、式(b)和式(c)可得

$$C_{20} = C_{21}\frac{1-e^{2\beta(l-x_1)}}{1-e^{-2\beta x_1}}, \quad C_{41} = C_{40}\frac{1-e^{-i2\beta x_1}}{1-e^{i2\beta(l-x_1)}}$$

$$C_{21} = -iC_{40}\frac{1-e^{-i2\beta x_1}}{1-e^{2\beta(l-x_1)}}\frac{\coth[i\beta(l-x_1)] + \coth(i\beta x_1)}{\coth(2\beta x_1) + \coth[\beta(l-x_1)]}$$

将上述关系代入外力平衡条件式(a)，可得

$$C_{40} = \frac{P}{2iEI\beta^3(1-e^{-i2\beta x_1})\{\coth[i\beta(l-x_1)] + \coth(i\beta x_1)\}}$$

从而得到 $Y_0(x)$ 的表达式为

$$Y_0(x) = \frac{P}{2iEI\beta^3} \left\{ \frac{1}{\coth[i\beta(l-x_1)] + \coth(i\beta x_1)} \frac{e^{i\beta x} - e^{-i2\beta x_1} e^{-i\beta x}}{1 - e^{-i2\beta x_1}} - \right.$$

$$\left. i \frac{1}{\coth(2\beta x_1) + \coth[\beta(l-x_1)]} \frac{e^{\beta x} - e^{-2\beta x_1} e^{-\beta x}}{1 - e^{-2\beta x_1}} \right\}$$

同理可以建立 $Y_1(x)$ 中各个系数的表达式。

在 $x_1 = \dfrac{l}{2}, x = 0$ 条件下,得到在梁中心点施加激励、梁中心点的响应为

$$Y_0(x=0) = \frac{P}{4EI\beta^3} \left[\tan\beta \frac{l}{2} - \tanh\left(i\beta \frac{l}{2}\right) \right]$$

上述求解过程中,$Y_j(x)$ 同时包含了近场波和行波的结果。

7.5.3 梁振动的波数频率域解法

坐落于无限大障板上的两端简支梁,长度为 a,第 p 阶模态如图 7-25 所示。考虑到一般教科书中采用 k 而不是 β 表示波数,在本节中用 k 表示弯曲波波数。

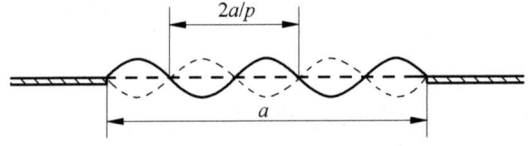

图 7-25 梁的第 p 阶振动模态

我们知道,时域信号和频域信号之间是一傅里叶变换对

$$F(\omega) = \int_{-\infty}^{+\infty} f(t) e^{-i\omega t} dt, \quad f(t) = \frac{1}{2\pi} \int_{-\infty}^{+\infty} F(\omega) e^{i\omega t} d\omega$$

同理,空间各个位置的响应,如位移响应和波数域响应之间也可以构成一傅里叶变换对

$$Y(k) = \int_{-\infty}^{+\infty} y(x) e^{-ikx} dx, \quad y(x) = \frac{1}{2\pi} \int_{-\infty}^{+\infty} Y(k) e^{ikx} dk$$

两者可以合起来表示为

$$y(x,t) = \frac{1}{(2\pi)^2} \iint Y(k,\omega) e^{i\omega t} e^{ikx} d\omega dk, \quad Y(k,\omega) = \iint y(x,t) e^{-i\omega t} e^{-ikx} dt dx$$

在波数频率中描述振动的优势在于,一方面,由于结构表面声辐射特性取决于弯曲波,当弯曲波速度大于声固耦合界面声传播速度时,声辐射才有效;另一方面,弯曲波波数和频率之间的非线性关系,即色散关系可以在波数频率域中表示出来。因此,采用波数频率域方法描述结构振动能够很好的和结构声辐射联系起来。结构振动响应的典型波数频率域谱如图 7-26 所示。在上述算例中,梁的长度为 10m,横截面为 $0.1m \times 0.1m$ 的矩形,密度为 $7850 kg/m^3$,弹性模量为 $2.1 \times 10^{11} N/m^2$,泊松比为 0.3,结构损耗因子为 0.01,单位法向简谐激励位于 2.5m 处,声学介质为水,其密度和声速分别为 $1000 kg/m^3$ 和 $1482 m/s$。

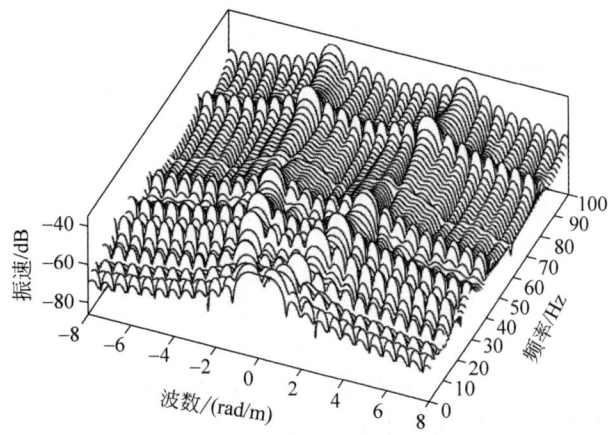

图 7-26 法向振速的波数频率域谱(单位法向简谐激励点在 $a/4$)

7.6 连续系统固有频率的近似计算

很多时候只需要知道连续体振动的第一阶固有频率,这时可以用近似方法计算。在多自由度系统中介绍了两种近似计算振动系统第一阶固有频率的方法,瑞利法和邓克列法。它们同样可以应用于连续系统,但在具体用法上有所不同。

多自由度系统瑞利法的计算公式为

$$\omega_1^2 \approx \frac{\boldsymbol{X}_s^T \boldsymbol{K} \boldsymbol{X}_s}{\boldsymbol{X}_s^T \boldsymbol{M} \boldsymbol{X}_s}$$

式中,ω_1 为第一阶固有频率的近似值;$\boldsymbol{K}$ 和 $\boldsymbol{M}$ 分别是系统的刚度矩阵和质量矩阵;$\boldsymbol{X}_s$ 为假设的振型,可以用系统的静变形近似作为第一阶振型。因为连续系统没有离散的刚度矩阵和质量矩阵,所以不能直接使用以上公式计算。事实上,对于离散系统有

系统第一阶振动的动能: $T = \frac{1}{2}\omega_1^2 \boldsymbol{X}_1^T \boldsymbol{M} \boldsymbol{X}_1$

系统第一阶振动的位能: $U = \frac{1}{2}\boldsymbol{X}_1^T \boldsymbol{K} \boldsymbol{X}_1$

可见瑞利法是根据简谐运动的速度和位移之间关系,以及系统最大位能和最大动能相等,用瑞利商估算系统的第一阶固有频率。对于连续系统,只要写出系统的位能和动能的表达式,同样可用瑞利商近似计算第一阶固有频率。

例 7-14 用瑞利法计算悬臂梁振动(见图 7-27)的第一阶固有频率。

解:悬臂梁在均布载荷下的静变形为

$$y = \frac{q}{24EI}(x^4 - 4lx^3 + 6l^2x^2)$$

其变形能为

$$U = \frac{1}{2}\int_0^l EI\left(\frac{\mathrm{d}^2 y}{\mathrm{d}x^2}\right)^2 \mathrm{d}x = \frac{EI}{2}\left(\frac{q}{24EI}\right)^2 \frac{144l^5}{5}$$

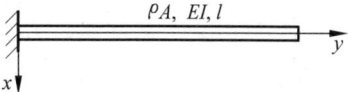

图 7-27 例 7-14 图

动能则为

$$T = \frac{1}{2}\int_0^l \rho A \dot{y}^2 \mathrm{d}x = \frac{1}{2}\int_0^l \rho A \omega_1^2 y^2 \mathrm{d}x = \frac{\rho A}{2}\omega_1^2 \left(\frac{q}{24EI}\right)^2 \frac{104l^9}{45}$$

根据 $T=U$,可得

$$\omega_1 = 3.53\sqrt{\frac{EI}{\rho A l^4}}$$

而精确解为

$$\omega_1 = 3.52\sqrt{\frac{EI}{\rho A l^4}}$$

可见用瑞利法计算得到的第一阶固有频率非常接近精确解。

多自由度系统邓克列法的计算公式为

$$\frac{1}{\omega_1^2} \approx \frac{m_1}{k_{11}} + \frac{m_2}{k_{22}} + \cdots + \frac{m_n}{k_{nn}} = \frac{1}{\omega_{11}^2} + \frac{1}{\omega_{22}^2} + \cdots + \frac{1}{\omega_{nn}^2}$$

式中,k_{ii} 和 m_i 分别是 i 处的节点刚度和质量,$k_{ii}=1/a_{ii}$,a_{ii} 为系统在 i 处的柔度。在已知多自由度系统柔度矩阵的情形下,邓克列法可以很方便地估算系统的第一阶固有频率。

对连续系统应用邓克列公式时,必须根据公式中 $1/\omega_{ii}^2 = m_i/k_{ii}$ 的实际含义进行分析计算。下面以端部带有集中质量的悬臂梁第一阶固有频率计算为例,介绍在连续系统中如何应用邓克列法。

例 7-15 用邓克列法计算端部带有集中质量 m 的悬臂梁振动(见图 7-28)第一阶固有频率,并假定悬臂梁质量与端部质量相等,即 $\rho A l = m$。

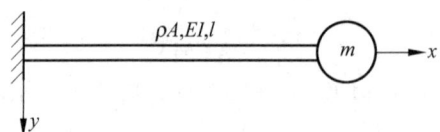

图 7-28 例 7-15 图

解:对图示系统根据邓克列公式可以写出

$$\frac{1}{\omega_1^2} \approx \frac{1}{\omega_{11}^2} + \frac{1}{\omega_{22}^2}$$

式中,ω_{11} 为不考虑悬臂梁端部质量时悬臂梁自身的固有频率;ω_{22} 为不考虑悬臂梁质量、只考虑悬臂梁弹性时,悬臂梁与其端部质量 m 组成的系统的固有频率。这两个频率可以分别计算:

$$\omega_{11}^2 = 12.5\frac{EI}{\rho A l^4} = 12.5\frac{EI}{ml^3}, \quad \omega_{22}^2 = \frac{3EI}{ml^3}$$

ω_{11} 就是例题 7-14 近似计算的结果。将它们代入邓克列公式,得到系统第一阶固有频率的估算值为

$$\omega_1^2 \approx 2.42\frac{EI}{ml^3}$$

习 题 7

7-1 乐器的弦两端固定,长为 2m,直径为 0.5mm,密度为 7800kg/m³。为使其基频为 1Hz 和 5Hz,求张紧力分别为多大?

7-2 求题 7-2 图示阶梯杆纵向振动的频率方程。

7-3 长度为 l 的杆一端固定,另一端连接质量块 m 并通过刚度为 k 的弹簧与基础相连,如题 7-3 图所示。设弹性模量为 E,密度为 ρ,截面积为 A。试求

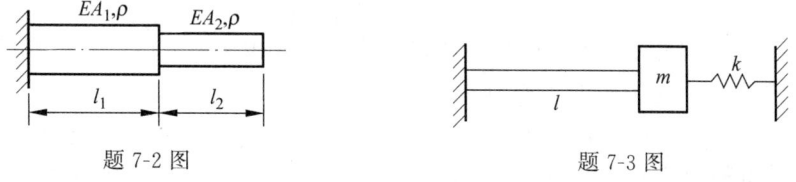

题 7-2 图　　　　　　　　题 7-3 图

(1) 建立杆纵向振动的运动方程,并写出边界条件;
(2) 推导求解固有频率的特征方程;
(3) 假定 $k=\infty$,求系统的固有频率。

7-4 如题 7-4 图所示,长度为 L、极惯性矩为 I_s 的轴两端各带有转动惯量为 I_0 圆盘(单位厚度),求轴和圆盘组成的扭转振动系统的频率方程,并在 $I_s \ll I_0$ 的情形下校验频率方程的正确性。

7-5 长度为 L 的轴一端固定,另一端自由,扭矩 $T_0 \sin\omega t$ 施加于自由端,求轴的稳态响应。设轴截面的抗扭刚度为 GI_p,密度为 ρ。

7-6 初始状态静止,长度为 l、两端固定、张力为 T 的弦中央受一阶跃力 P 作用,计算弦在 P 力作用下的振动位移响应。

7-7 弹性地基上长度为 l 的自由-自由梁如题 7-7 图所示,单位长度地基的刚度系数为 k_f,梁的弯曲刚度为 EI,单位长度质量为 ρA。试写出梁的运动微分方程及边界条件,并证明该梁弹性振动第 n 阶固有频率 p_n 可由下式表示:

$$p_n = \sqrt{\omega_n^2 + \omega_f^2}$$

式中,ω_n 为自由-自由梁第 n 阶固有频率;ω_f 为自由-自由梁在弹性地基上刚体振动的固有频率。

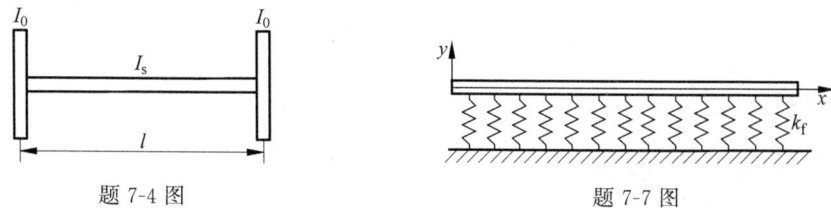

题 7-4 图　　　　　　　　题 7-7 图

7-8 长度为 l 的自由-自由梁支承在单位长度刚度系数为 k 的弹性地基上,如题 7-8 图

所示。梁的弯曲刚度为 EI，单位长度质量为 ρA，梁上还有均匀分布的弹簧-质量层（不能承受剪力）。假定弹簧层单位长度的刚度系数与弹性地基相同，质量层的单位长度质量与梁相同 $m=\rho A$，试建立系统（梁和质量层）的运动微分方程以及边界条件，并计算系统的最低两阶固有频率。

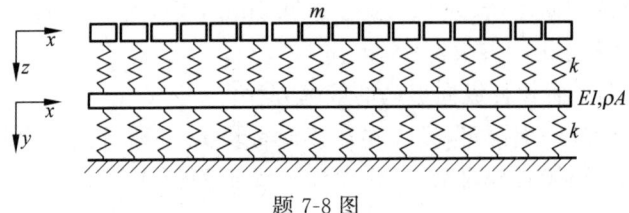

题 7-8 图

7-9 如题 7-9 图所示，当集中载荷 P 以速度 v 在长度为 l 的简支梁上移动时，计算梁振动的位移响应。设 $t=0$ 时梁处在静止状态，且 P 位于梁左端。

7-10 两端固支梁中间安装一质量为 100kg、转速为 3000r/min 的电动机，如题 7-10 图所示。若电动机的旋转失衡量 $me=0.5 \text{kg} \cdot \text{m}$，求梁的稳态响应。梁的长度为 2m，截面为 10cm×10cm 的正方形，材料为钢。

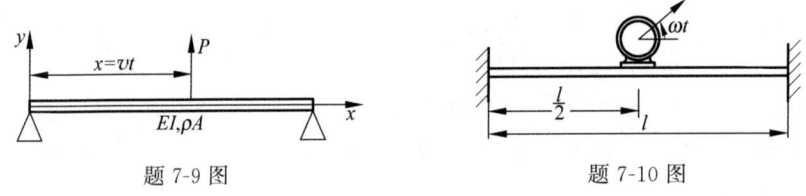

题 7-9 图　　　　　　　　题 7-10 图

7-11 用邓克利法求题 7-11 图所示有三个集中质量的简支梁横向振动的基频，梁本身质量不计。若振型列阵为 $\boldsymbol{\phi}^{\mathrm{T}}=\begin{bmatrix}1 & 1 & 1\end{bmatrix}$，用瑞利法估算其基频，若以简支梁的静挠度作为振型列阵，再用瑞利法估算其基频，哪一种与真实值更接近一些？

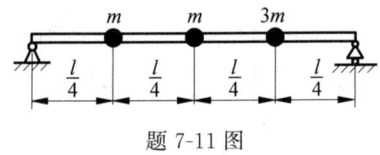

题 7-11 图

第 8 章

振动控制原理

在实际工程中,振动往往会导致机械零部件加剧磨损、紧固件松弛、裂纹形成与扩展,甚至结构和机械的破坏等危害,使得机械和设备需要频繁维修。长期处于振动环境中的人体会感到不适、疼痛和工作效率降低等。由于振动的这些危害,采用合适的振动控制技术就显得非常必要。前几章节里,对振动的基础理论进行了论述,本章将在这些基础理论上,延伸出相应的振动控制原理。

第 8 章 课件

本章围绕那些用于消除或减小振动的方法,对振动控制的基本原理进行介绍。首先对振源的产生原因及特性进行分析,然后介绍振动的危害和容许标准。在此基础上,从振动的传递路径衍生出不同的控制方法,包括振动的隔离、振动的阻尼控制、动力吸振器等被动控制方法,以及振动的半主动控制及主动控制方法。

8.1 振 动 源

在复杂的机械工程环境中,振源的种类是多种多样的。在进行振动治理时,尽量准确地了解振源的特性对于采取合理的控制方法至关重要。通常,振动源可能包括以下一些方面。

(1) 机械冲击常常出现在多种机械设备的工作过程中,例如利用冲击力做功的机械会产生强烈的冲击振动。典型的例子如冲床、锻锤汽锤、打桩机等。另外,内燃机缸内燃烧气体对活塞的冲击、动力设备的启动和停车都存在冲击作用。由于冲击发生的时间短暂,是典型的瞬态非周期信号,所以冲击力的扰动频谱成分非常丰富。

(2) 旋转机械是各种动力机械中最主要的振动源。最常见的振源如齿轮啮合引起的振动、轴承振动、质量偏心或质量不平衡等导致的周期激励力等。如啮合的齿轮对或齿轮组在传动时,由于相互的碰撞或摩擦激起齿轮体振动,成为振动源。旋转机械,如泵、风机、电机等静、动平衡相对比较容易实现,但是由于加工、装配和安装精度等原因,不可避免地存在质量偏心;机器做旋转运动时产生不平衡离心力是旋转式机械主要的振动源;不平衡引起转子的挠曲和内应力,也会使机器产生振动。

(3) 往复式机械,如柴油机、往复式空气压缩机的曲柄-连杆机构运动无法达到完全平衡,机器运转时总存在周期性的扰动力。特别是缸数少的柴油机,一方面气缸内的压力不是完全的正弦形式,同时在活塞做往复运动并带动曲柄连杆机构运动时,曲柄销等部位会出现和转速相关的周期惯性力,使其成为各种机械设备上的主要振动源。

(4) 流体激励振动是工程中常见的激励形式,主要包括湍流激振、涡激振动及流体导致的结构不稳定振动等方面。典型的湍流激振如阵风导致的树枝摆动,汽车天线在行驶过程中受到的湍流激振,船舶受到的海流湍流激励,热交换器管道受到湍流激励的振动,机身受到湍流边界层的激励等。湍流激振通常具有随机谱特性,在分析时常采用随机振动的分析方法。涡致振动通常是由钝体随边涡发放导致的交变力引起的。当雷诺数达到一定数值时,在钝体随边上会出现周期交替的涡脱落,产生与流速方向垂直的激励力。流体导致的结构振动不稳定性可能是弹性结构在均匀气流中由于受到气动力、弹性力和惯性力的耦合作用而发生的振幅不衰减的自激振动,它是气动弹性力学中最重要的问题之一。

8.2 振动的危害和容许标准

在不同的行业里,如对于机械、船舶、航空器、建筑或人员均有不同的振动(或噪声)标准来规定相应对象允许的振动烈度。相应的标准包括国际标准、国家标准、行业标准及军标等。一般来说,可接受的振动强度是用无阻尼单自由度系统在谐波激励下的响应来描述的,那些边界线被标明在图中,称为振动列线图。振动列线图反应了位移、速度、加速度的许可幅值随振动频率的变化情况。人和机械所承受的振动往往含有多种频率成分,单一频率的情况是很少见的。在说明振动的强弱程度时一般用位移、速度和加速度的均方根表示。

针对人体的振动阈值,ISO 2631 规定了人对振动的敏感极限。有大量不同的产业工人在工作过程中承受着全身或者部分身体的振动。全身的振动可能是由支承身体的部件(如直升机座位)传递的。部分身体的振动可能是由工作过程造成的,比如冲压、钻削和切割作业。一般来说,人能承受的全身振动的最低频率是 4~8Hz。部分身体部位的振动在某一频率范围内会对身体的某些部位产生局部损害。此外,在不同频率的振动下,对人体伤害的表现也不同:视觉模糊(2~20Hz),语言障碍(1~20Hz),工作障碍(0.5~20Hz),过度疲劳(0.2~15Hz)。

针对机械设备的振动情况,ISO 10165(旧版为 ISO 2372)根据振动速度的均方根值对机械振动的强度进行了定义。当速度范围为 0.11~71 mm/s 时,ISO 对小型机械、中型机械、大型机械及涡轮机械 4 类机械设备划分了 15 个振动强度级别。可根据对应的振动量值来评价设备的振动情况是否良好或超标。在使用这些标准时,ISO 规定应在机械表面,如轴承盖等刚性较大的部位,按照相应的测试标准对频率在 10~1000Hz 的振动进行测量。

当有了针对特定研究对象的振动容许标准,就可以对其进行振动的评价。如果评价结果显示超出了相应的容许标准,则必须采用相应的振动控制措施。针对不同的具体问题,则需要采用各种有针对性的控制方法。

8.3 振动控制方法

前面的章节讲到,振动的三个要素包括振源、传递路径和受控对象。对振动进行控制时,在三个环节中均可以采取相应的措施。振动控制的方法多种多样,按照所采用的抑制振动手段可将振动控制分为如图 8-1 所示的几个大类。

(1) 消振:消除或减弱振动源,是治本的

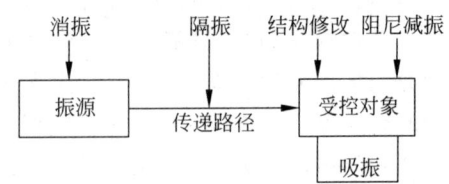

图 8-1 振动控制方法

方法,但依据目前的工业技术水平,还没有完全成熟的技术可以在不同的机械设备上完全或有效地消除振动源。

(2) 隔振:消除或减弱振动沿着振动路径的传输。通常在振源与受控对象之间串加一个子系统(隔振器),用以减小受控对象对振源激励的响应。按照振动能量的传递方式,又可将隔振分为两类。

① 积极隔振:用隔振器将振动的机器(振源)与地基隔离开,减小传递到地基上的动压力,从而抑制振源对周围设备的影响。

② 消极隔振:将需要保护的机器用隔振器与振动着的地基(振源)隔离开,减小地基振动对机器的影响。

(3) 吸振(动力吸振):在受控对象上附加一个子系统(动力吸振器),产生吸振力以减小受控对象对振源激励的响应。

(4) 阻尼减振:在受控对象上附加阻尼器或阻尼元件,通过消耗受控对象的能量使其响应减小。该方法对控制共振响应特别有效。

(5) 振动主动控制:通过作动器对被控对象施加作用力来实现振动抑制的一类控制方法,通常需要消耗外部能源,包括半主动和完全主动两种控制方法。

8.4 振源控制

研究振动控制首先要考虑的是从源头上降低振源强度,从而使整个系统的振动减小。但不是所有振源都是可控的,如地震激励、大气湍流、路面不平度等都是不可控的。但也有一些情况下振源的强度是可以改变的。譬如在机械设备的振动中,回转机械和往复机械中的不平衡量可以通过合理改进使其变小。机械零部件较小的公差和较低的表面粗糙度都有利于降低振动的影响。具体而言,包括以下一些方面。

机械冲击在机械加工中常常见到。机械冲击会引起被加工零件、机器部件和基础振动。控制此类振动的有效方法是在不影响产品加工质量等的情况下,改进加工工艺,即用非撞击的方法来代替撞击方法,如用焊接代替铆接、用压延代替冲压、用滚轧代替锤击等。

对于部分机械设备,如电动机、风机、泵类、蒸汽轮机、燃气轮机等,振动的主要来源是振源本身的不平衡力和力矩引起的对设备的激励。对这类设备可通过提高加工装配精度使其振动达到最小。此类机械大部分属高速运转类,每分钟在千转以上,因而其微小的质量偏心或安装间隙的不均匀都可能带来严重的振动危害。因此应尽可能地调整好其静、动平衡,提高其加工质量,严格控制其对中要求和安装间隙,以减小其离心偏心惯性力的产生。

柴油机、空压机等往复运动机械主要是曲柄连杆机构所组成的。对于此类机械,应从设计上采用各种平衡方法来改善其平衡性能。例如,在柴油机曲轴上安装平衡质量块、增加气缸数目并按合理的角度布置等方式,都能改善其振动水平。

除此之外,工业设备上各种管道的运用越来越多,由于传递输送介质(气、液、粉等)的不同而产生的管道振动也不一样。通常在管道内流动的介质,其压力、速度、温度和密度等往往是随时间而变化的,这种变化又常常是周期性的。例如,与压缩机相衔接的管道系统,由于周期性地注入和吸走气体,激发了气流脉动,而脉动气流形成了对管道的激振力,使管道产生机械振动。为此,在管道设计时,应注意合理配置各管道元件,以改善介质流动特性,避免气流共振,从而降低脉冲压力。

8.4.1　往复机械不平衡惯性力及其控制

由本书 1.6.2 节可知,如果将连杆质量用 B 和 C 点两个质量等效,等效惯量简化为

$$I'_e = I_{1A} + m'_B r^2 + (m_3 + m'_C) r^2 (\sin\alpha + \cos\alpha \tan\beta)^2 \tag{8-1}$$

其中,随时间变化的那部分惯量为

$$(m_3 + m'_C) r^2 (\sin\alpha + \cos\alpha \tan\beta)^2 \tag{8-2}$$

注意到 $\alpha = \omega_1 t$,活塞的速度和加速度分别为

$$v_C = (\sin\alpha + \cos\alpha \tan\beta) r \omega_1 \tag{8-3}$$

因为 $r = l \dfrac{\sin\beta}{\sin\alpha}$,所以当 $r/l < \dfrac{1}{4}$,$\tan\beta \approx \sin\beta$ 时,活塞的速度为

$$v_C = r \omega_e = \left(\sin\omega_1 t + \frac{r}{2l} \sin 2\omega_1 t \right) r \omega_1 \tag{8-4}$$

加速度为

$$a_C = \left(\cos\omega_1 t + \frac{r}{l} \cos 2\omega_1 t \right) r \omega_1^2 \tag{8-5}$$

由此得到活塞的惯性力

$$(m_3 + m'_C) a_C = (m_3 + m'_C) \left(\cos\omega_1 t + \frac{r}{l} \cos 2\omega_1 t \right) r \omega_1^2 \tag{8-6}$$

式中,第一项称为一次惯性力,第二项为二次惯性力。这是将连杆简化为两个质量得到的结果。实际上,连杆的质量是连续分布的,$\tan\beta \neq \sin\beta$,其惯性力的谐波分量也就有无穷多个。

实际上,柴油机在工作中是活塞的往复运动产生曲柄的旋转运动,但是惯性力随时间的变化是相同的。上面是对单缸柴油机简化得到的结果,对多缸柴油机,惯性力和惯性力矩可以在设计时互相抵消。

多缸发动机可以通过曲轴的合理排列实现部分或全部惯性力和惯性力矩的平衡。图 8-2(a) 是一有 N 个汽缸(这里只画出了 6 个汽缸)的发动机的布置图。设所有的曲轴和连杆的长度均分别为 r 和 l,所有的曲轴都维持恒定的角速度 ω。第 i 个汽缸到第 1 个汽缸的轴向距离以及方位角分别是 l_i 和 α_i,$i = 2, 3, \cdots, N$。由力的平衡图 8-2(b) 可知,由于对称分布,x 和 y 方向的惯性力都应该为零,因此

$$(F_x)_{\text{total}} = \sum_{i=1}^{N} (F_x)_i = 0, \quad (F_y)_{\text{total}} = \sum_{i=1}^{N} (F_y)_i = 0 \tag{8-7}$$

这里,$(F_x)_i$ 和 $(F_y)_i$ 分别是第 i 个汽缸的惯性力的水平分量和竖直分量,其表达式为

$$(F_x)_i = (m_3 + m'_C) \left(\cos\omega_1 t + \frac{r}{l} \cos 2\omega_1 t \right) r \omega_1^2 + (m_1 + m'_B) r \omega_1^2 \cos\omega_1 t$$

$$(F_y)_i = -(m_1 + m'_B) r \omega_1^2 \sin\omega_1 t$$

上式中的 $(F_x)_i$ 由两项构成,第一项是式(8-6)的活塞及连杆简化到活塞的质量产生的 x 方向惯性力,第二项是曲柄及连杆简化到曲柄的质量所产生的 x 方向惯性力。$(F_y)_i$ 是曲柄及连杆简化到曲柄的质量所产生的 y 方向惯性力。

为了简单起见,假定每个汽缸往复移动和转动的质量都是相等的,由式(8-7)可以求得力平衡的必要条件:

$$\sum_{i=1}^{N}\cos\alpha_i=0, \quad \sum_{i=1}^{N}\cos2\alpha_i=0, \quad \sum_{i=1}^{N}\sin\alpha_i=0 \tag{8-8}$$

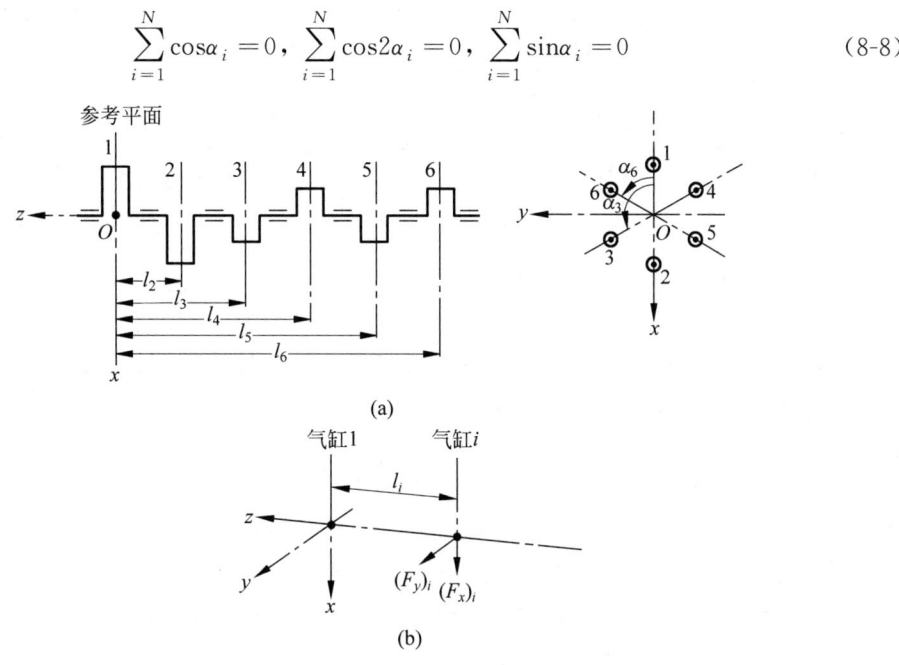

图 8-2 多缸发动机的布置

如图 8-2(b)所示,第 i 个汽缸的惯性力$(F_x)_i$ 和$(F_y)_i$ 分别对 y 轴和 x 轴产生力矩。对 y 轴和 x 轴的力矩分别是

$$M_y=\sum_{i=2}^{N}(F_x)_i l_i=0, \quad M_x=\sum_{i=2}^{N}(F_y)_i l_i=0 \tag{8-9}$$

将单个汽缸惯性力的表达式代入式(8-9),并令 $t=0$,可以得到满足对 y 轴和 x 轴的力矩平衡的必要条件为

$$\sum_{i=2}^{N}l_i\cos\alpha_i=0, \quad \sum_{i=2}^{N}l_i\cos2\alpha_i=0, \quad \sum_{i=2}^{N}l_i\sin\alpha_i=0 \tag{8-10}$$

因此,可以将多缸活塞式发动机的汽缸合理排列,以满足式(8-8)和式(8-10)。这样就实现了惯性力和力矩的平衡。

8.4.2 回转运动机械振源及其控制

这里以发动机为例,简要介绍回转机械的振源控制。

1. 转子机械不平衡

回转机械的不平衡是最主要的机械振动源。尤其对高速旋转机械,往往成为很严重的振动问题。常见回转机械的扰动频率见表 8-1。一般的船用螺旋桨,转速在 200r/min,电机转速在 1500~3000r/min,而发动机的转速可以高达上万甚至 5 万转每分钟。表 8-1 给出了一些常见机械设备的扰动频率。

表 8-1 常见机械设备的扰动频率

设备类型	振动基频/Hz	转速/(r/min)
风机类	1. 轴的转数；2. 轴的转数×叶片数	1500～3000
电机类	1. 轴的转数；2. 轴的转数×电机极数	1500～3000
齿轮	轴的转数×齿数	1500～3000
螺旋桨	轴频率×叶片数	40～200
压缩机	轴的转数	1500～3000
发动机	1. 轴的转数；2. 轴的转数×动叶片数×静叶片数	6000～50000

常用的回转机械的平衡方法有以下两种：

(1) 单面平衡：假定转子是一个刚性圆盘，位于轴的中心位置，但重心与轴心不重合，一边轻，一边重，旋转时的离心力将引起圆盘连轴系产生回转振动。消除不平衡的方法是在圆盘上位置 r 处附加质量为 m 的物体，其产生的离心力和偏心圆盘离心力方向相反，大小相等。

$$m \times r = M \times e$$

(2) 双面平衡：如果转子不再是刚性圆盘形式，则不仅会有重心偏移产生的不平衡，而且有不平衡力矩。可以设想，在两个平面上都有不平衡力，而且这两个不平衡力方向还不一致。这时候就需要在两个平面进行平衡，通常称为动态不平衡。为了方便起见，一般选择转子的两个端面(见图 8-3 的虚线部分)。

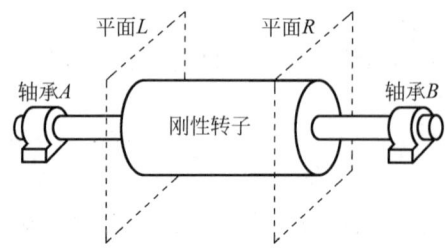

图 8-3 刚性转子的平衡

理想的平衡状态是不存在的。一般针对不同转速和转子的长径比规定平衡精度要求。

$$e\omega = C$$

$$e = \frac{10\mu}{M}$$

式中，e 为回转体允许偏心距；μ 为允许不平衡力矩；M 为回转体质量；ω 为转速；$e\omega$ 为动平衡精度；C 为常数，表示转速越高，e 越小，精度要求越高。

2. 转子内摩擦稳定性控制

本节讨论具有内阻尼的转子系统的稳定性条件。如系统除了支承给予的外阻尼，还有转子材料的迟滞阻尼，或者花键联轴器等内部摩擦阻尼，后者统称为内阻尼，则式(3-53)左边须加上内阻尼力 D_i

$$\ddot{z} + c_e \dot{z} + \omega_n^2 z = e\omega^2 e^{i\omega t} + D_i \qquad (8\text{-}11)$$

式中，$c_e = 2\zeta\omega_n$。

通常内阻尼力 D_i 用固结在圆盘上的旋转坐标 $Ox'y'z'$ 来表示。如图 8-4(a) 所示,当涡动速度 p 等于转动速度 ω 时,从点 1 到点 8 的应力状态不变,其中点 1 最小,点 5 最大,点 3 和点 7 等于零。当转动速度大于涡动速度时,5-7-1 是压缩过程,1-3-5 是膨胀过程。假设为结构阻尼,根据式(3-32),弹性力 kz 通过 O 点,由结构阻尼产生的阻尼力超前 90°,在涡动圆的切线方向,使涡动增大,也就是增加不稳定性。反之,当转动速度小于涡动速度时,阻尼力和涡动方向相反,系统是稳定的。如果内阻尼是线性的,在旋转坐标 $Ox'y'z'$,可以表达为

$$D'_i = -h\dot{z}' \tag{8-12}$$

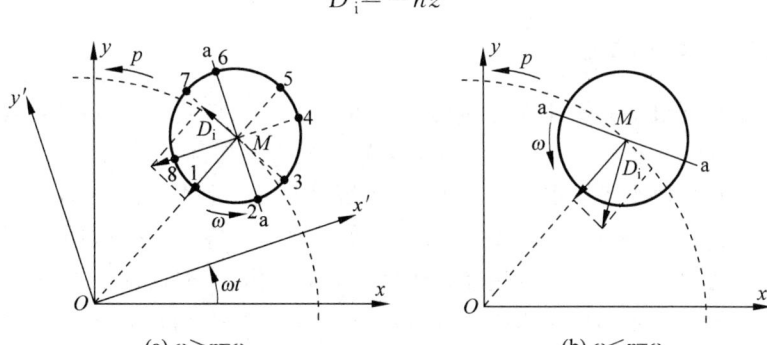

(a) $\omega > p = \omega_n$ (b) $\omega < p = \omega_n$

图 8-4 结构阻尼引起涡动不稳定原理图

内阻尼力在旋转坐标 $Ox'y'z'$ 和总体坐标下的相互关系为

$$D_i = D'_i e^{i\omega t}, \quad z = z' e^{i\omega t} \tag{8-13}$$

$$D_i = D'_i e^{i\omega t} = -h\dot{z}' e^{i\omega t} = -h(\dot{z} - i\omega z) \tag{8-14}$$

代入式(8-11)

$$\ddot{z} + c_e \dot{z} + h(\dot{z} - i\omega z) + \omega_n^2 z = e\omega^2 e^{i\omega t} \tag{8-15}$$

即

$$\ddot{x} + c_e \dot{x} + h(\dot{x} + \omega y) + \omega_n^2 x = e\omega^2 \cos\omega t$$
$$\ddot{y} + c_e \dot{y} + h(\dot{y} - \omega x) + \omega_n^2 y = e\omega^2 \sin\omega t \tag{8-16}$$

则强迫振动响应的解为

$$x = A\cos(\omega t + \beta)$$
$$y = A\sin(\omega t + \beta)$$
$$A = \frac{e\omega^2}{\sqrt{(\omega_n^2 - \omega^2) + (c_e \omega)^2}}, \quad \beta = \arctan\frac{-c_e \omega}{(\omega_n^2 - \omega^2)}$$

和无阻尼的解一致。内阻尼没有贡献。但是,对自由振动则有完全不一样的结果。式(8-14)左边等于零:

$$\ddot{z} + c_e \dot{z} + h(\dot{z} - i\omega z) + \omega_n^2 z = 0$$

假设解 $z = A^{\lambda t}$,代入上式,得到特征方程

$$\lambda^2 + (c_e + h) + \omega_n^2 - i\omega h = 0$$

其特征根是

$$\lambda_{1,2} = \frac{1}{2}\left[-(c_e + h) \pm \sqrt{(c_e + h)^2 - 4(\omega_n^2 - i\omega h)}\right]$$

近似地,

$$\lambda_{1,2} = -\frac{1}{2}\left[(c_e + h) \mp \frac{\omega h}{\omega_n}\right] \pm i\omega_n$$

$$z = A_1 \exp\left[-\frac{1}{2}\left(c_e + h - \frac{\omega h}{\omega_n}\right)t\right]e^{i\omega_n t} + A_2 \exp\left[-\frac{1}{2}\left(c_e + h + \frac{\omega h}{\omega_n}\right)t\right]e^{-i\omega_n t}$$

由上式第一项大于零,系统失稳,得到稳定性条件为

$$\left[-\frac{1}{2}\left(c_e + h - \frac{\omega h}{\omega_n}\right)t\right] > 0, \quad \omega > \left(1 + \frac{c_e}{h}\right)\omega_n$$

3. 过临界转速振动控制

超临界转子在通过临界转速时,振幅会显著增大。在工作状态下,也会出现临界转速频率点处的振动响应。一种有效的方法是在靠近转子质心处增加一个附加支承,如图 8-5(a)所示。当转子涡动幅值小于设置初始间隙 δ 时,弹性恢复力刚度如图 8-5(b)中 k_1 斜线表示,当转子涡动幅值超过间隙 δ 时,该支承会改变转轴支承特性,存在附加弹簧刚度 k_2,原转子系统的特性将改变。当转子通过临界转速后正常工作时,如振幅小于间隙 δ,附加弹簧不起作用。图 8-5(a)中采用板簧组结构,既可以增加阻尼,也可以增加非线性控制效果,如图 8-5(c)所示。

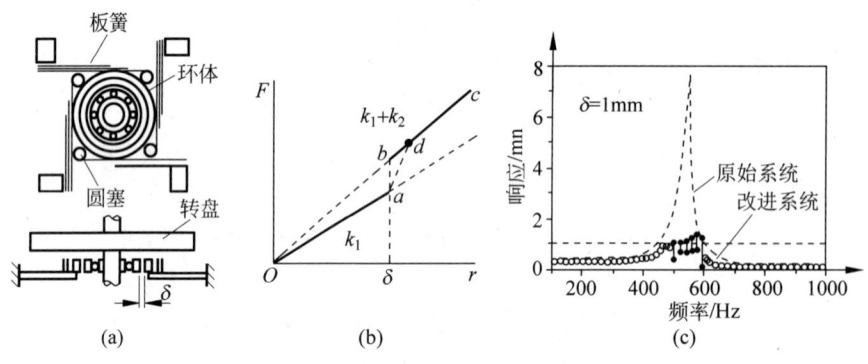

图 8-5 超临界转子振动控制

8.5 隔 振

回顾第 3 章关于单自由度在简谐激励下的幅频响应曲线(见图 8-6),可以根据频率的高低将其分为三段:

(1) 刚度控制区:当激励频率很低,即 $r \to 0$ 时,$X/F \to 1/k$,与阻尼的大小无关,即外力变化很慢时,在短暂时间内外力几乎是一个不变的力,振幅与静位移相近;此时,惯性力和阻尼力都很小,外力几乎与弹簧力构成平衡。

(2) 质量控制区:当激励频率很高,即 $r \gg 1$ 时,$X/F \to 1/\omega^2 m$,也与阻尼大小无关,即外力方向改变过快,振动物体由于惯性来不及跟随,将停留在平衡位置不动;此时,惯性力很大,外力几乎完全用于克服惯性力。

(3) 阻尼控制区：当激励频率与系统的固有频率接近时，即 $r \approx 1$ 时，$X/F \to 1/\omega c$，唯一的制约因素是阻尼；此时，振幅很大，惯性力与弹簧力成平衡，外力用于克服阻尼力，这一频率区域也称为阻尼控制区。

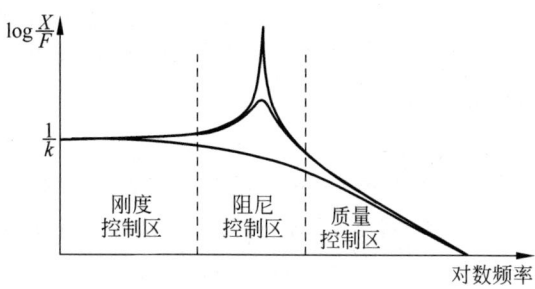

图 8-6　单自由度系统在简谐激励下的幅频响应曲线

从这些分析结果可以看出，要控制一个单自由度系统在简谐激励下的稳态响应，需要根据激励力的频段采取相应的对策。在低频段，即刚度控制区，增加刚度最有效；而在高频区，即质量控制区，则需要加大质量；而在共振频率周围则需要增大阻尼来降低共振响应。

隔振，就是在振动源与地基、地基与需要防振的机器设备之间，安装具有一定弹性的装置，使得振动源与地基之间或设备与地基之间的近刚性连接成为弹性连接，以隔离或减少振动能量的传递，达到减振降噪的目的。隔振前机械设备与地基之间是近刚性连接，连接刚度很大，设备运行时如果产生一个扰动力 $F = F_0 e^{i\omega t}$，这个扰动力几乎完全传递给地基，再通过地基向周围传播；如果将设备与地基之间的连接改为弹性连接，由于弹性装置的隔振作用，设备产生的扰动力向地基的传递特性将发生改变，设计合理时，振动传递将被降低，从而起到减振降噪的效果。

根据隔振目的的不同，通常将隔振分为积极隔振和消极隔振两类。如图 8-7(a) 所示的隔振系统，就是积极隔振系统，其隔振的目的是降低设备的扰动对周围环境的影响，同时使设备自身的振动减小。而图 8-7(b) 所示的隔振系统，就是消极隔振系统，其隔振的目的是减少地基的振动对设备的影响，使设备的振动小于地基的振动，达到保护设备的目的。

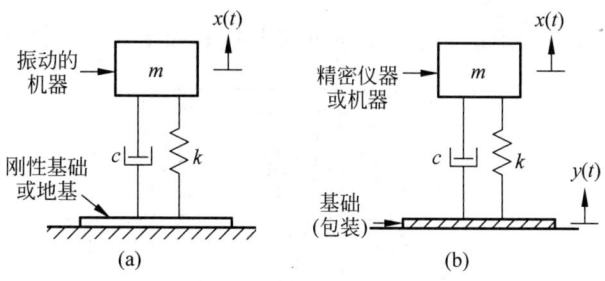

图 8-7　积极隔振与消极隔振

描述和评价隔振效果的物理量很多，最常用的是振动传递率 T。传递率的定义是指通过隔振元件传递的力与扰动力之间的比值，或传递的位移与扰动位移之间的比值，即

$$T_f = \left| \frac{F_t}{F} \right| \quad \text{或} \quad T_d = \left| \frac{X}{Y} \right| \tag{8-17}$$

T 越小,说明通过隔振元件传递的振动越小,隔振效果也越好。如果 $T=1$,则表明干扰全部被传递,没有隔振效果,在地基与设备之间不采取隔振措施就是这类情形;如果地基与设备之间采用了隔振装置,使得 $T<1$,则说明扰动只被部分传递,起到了一定的隔振效果;如果隔振系统设计失败,也可能出现 $T>1$ 的情形,这时振动被放大了。在工程设计和分析时,通常采用理论计算传递系数的方法来分析系统的隔振效果,有时也采用隔振效率来描述隔振系统的性能,隔振效率的定义为

$$\varepsilon=(1-T)\times100\% \tag{8-18}$$

单自由度振动系统是最简单的振动系统,但它却包含了隔振设计的基本原理和本质。以下就以单自由度隔振系统为例,简要说明刚性基础和部分弹性基础的振动隔离原理。

8.5.1 刚性基础的振动隔离

1. 线性阻尼系统隔振

根据第 3 章关于单自由度系统在简谐激励力作用下的稳态响应分析,可以得到关于积极隔振和消极隔振问题的力传递率和位移传递率分别为

$$\left|\frac{F_t}{F}\right|=\frac{1}{k}\frac{\sqrt{k^2+(c\omega)^2}}{\sqrt{(1-r^2)^2+(2\zeta r)^2}}=\frac{\sqrt{1+(2\zeta r)^2}}{\sqrt{(1-r^2)^2+(2\zeta r)^2}} \tag{8-19}$$

$$\left|\frac{X}{Y}\right|=\frac{\sqrt{k^2+(c\omega)^2}}{\sqrt{(k-m\omega^2)^2+(c\omega)^2}}=\frac{\sqrt{1+(2\zeta r)^2}}{\sqrt{(1-r^2)^2+(2\zeta r)^2}} \tag{8-20}$$

式中,$r=\frac{\omega}{\omega_n}$,$\omega_n=\sqrt{\frac{k}{m}}$,$\zeta=\frac{c}{2m\omega_n}$。

定义 $T_f=\left|\frac{F_t}{F}\right|=\left|\frac{X}{Y}\right|=T_d$ 为力传递率和位移传递率。传递率 T 随频率比 $r=\frac{\omega}{\omega_n}$ 的变化如图 8-8 所示。显然,为了达到隔振的目的,传递到基础的力应该小于激振力(或设备的振动位移小于基础的振动位移)。从图中可以看出,只有当激励频率大于系统固有频率的 $\sqrt{2}$ 倍时,才能有效地实现振动的隔离。针对积极隔振有如下几个结论。

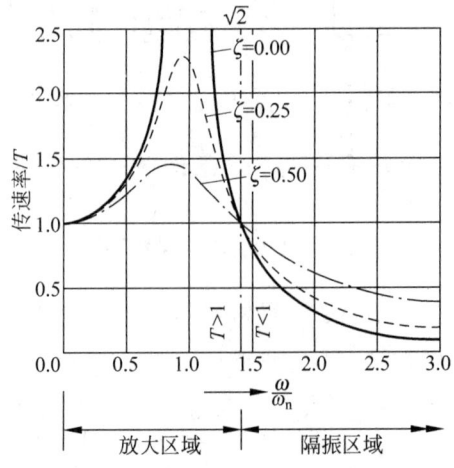

图 8-8 单自由度隔振系统传递特性的频率特性

振动传递率 T 与 $r=\omega/\omega_n$ 的关系主要表现在：

(1) 当 $r=0$ 时，即干扰力的频率小于隔振系统的固有频率时，$T=1$，说明干扰力通过隔振装置全部传给了基础，即隔振系统不起隔振作用。

(2) 当 $r=1$ 时，即干扰力的频率等于隔振系统的固有频率时，$T>1$，说明隔振系统不但起不到隔振作用，反而对系统的振动有放大作用，甚至会产生共振现象。这是隔振设计时必须避免的。

(3) 当 $r>\sqrt{2}$ 时，即干扰力的频率大于隔振系统的固有频率的 $\sqrt{2}$ 倍时，$T<1$；r 越大，T 越小，隔振效果越好。由于通常需要隔振的设备的特性是给定的，因此要想得到好的隔振效果，在设计隔振系统时就必须充分考虑系统的固有振动特性，使设备的整体振动频率 ω_n 比设备干扰频率 ω 小得多，从而得到好的隔振效果。从理论上讲，r 越大隔振效果越好，但是在实际工程中必须兼顾系统安装稳定性和成本等因素，通常设计 $r=\omega/\omega_n=2.5\sim 5$。这是因为通常 ω 是给定的，要进一步提高 r，就只有降低 ω_n，而设计过低的 ω_n 不仅在工艺上存在困难，而且造价高。

振动传递率 T 与阻尼比 c/c_c 的关系主要表现在：

(1) 当 $r<\sqrt{2}$ 时，即隔振系统不起隔振作用甚至发生共振的区域，阻尼越大，传递率 T 越小，这表明在这段区域增大阻尼对控制振动是有利的。特别是在系统共振时，这种有利的作用更明显。

(2) 在 $r>\sqrt{2}$ 时，即隔振系统起隔振作用的区域，阻尼比越小，则 T 值越小，表明在这段区域阻尼越小对控制振动越有利，也就是说此时阻尼对隔振是不利的。

以上分析表明：要取得比较好的隔振效果，首先必须保证 $r>\sqrt{2}$，即设计比较低的隔振系统频率。如果系统干扰频率 ω 比较低，系统设计时很难达到 $r>\sqrt{2}$ 的要求，则必须通过增大隔振系统阻尼的方法以抑制系统的振动响应。此外，对于旋转机械如电动机等，在这些机械的启动和停止过程中，其干扰频率是变化的，在这个过程中必然会出现隔振系统频率与机器扰动频率一致的情形，为了避免系统共振，设计这些设备的隔振系统时就必须考虑采用一定的阻尼以限制共振区附近的振动。通常隔振器的阻尼比 c/c_c 在 $2\%\sim 20\%$，钢制弹簧 $<1\%$，纤维垫约 $2\%\sim 5\%$，合成橡胶可达到或超过 20%。

同样的道理，对于消极隔振问题，可以根据基础激励频率与隔振系统的固有频率比，将整个频域分为几个不同的特性阶段，即放大区、共振区和隔振区。由于两种隔振问题的传递率表达式完全相同，所以对于不同频率区域隔振效率的讨论也完全类似，依次类推即可。

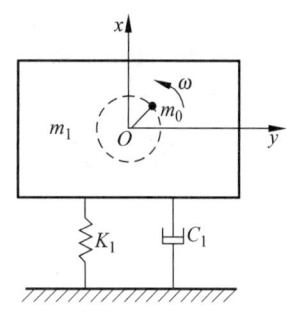

图 8-9 某柴油发电机组隔振系统力学模型

一个简单的例子，图 8-9 所示某柴油发电机组总质量 $m_1=10000\text{kg}$，转子的质量 $m_0=2940\text{kg}$，转子回转转速 1500r/min，偏心质量激振圆频率 $\omega=157\text{rad/s}$。多缸柴油发电机组(包括风机在内)的平衡品质等级为 G250，回转轴心与 m_1 的质心基本重合，试设计一次隔振系统动力参数。

(1) 确定频率比 ω/ω_n 和系统固有频率

绝对传递率 T 为 0.05，不计阻尼，$T=\left|\dfrac{1}{1-(\omega/\omega_n)^2}\right|$，隔振系统频率比为 $\dfrac{\omega}{\omega_n}=$

$$\sqrt{\frac{1}{T}+1} = \sqrt{\frac{1}{0.05}+1} = 4.58,设计时取为 4.5。$$

系统固有频率为
$$\omega_n = \omega/4.5 = 157/4.5 = 34.89\text{rad/s}$$

(2) 隔振器总刚度 K_1
$$\omega_n = \sqrt{K_1/m_1}, \quad K_1 = m_1\omega_n^2 = 10000 \times 34.89^2 = 12.17\text{kN/mm}$$

采用 8 个橡胶隔振器、对称布置,每个隔振器刚度 k_1 为
$$k_1 = K_1/8 = 12.17/8 = 1.52\text{kN/mm}$$

(3) 激振力幅值 F_0
$$F_0 = m_0 e\omega^2 = 2940 \times 0.0016 \times 157^2 = 116\text{kN}$$

式中,转子质量偏心半径为 $e = \dfrac{G}{\omega \times 10^6} = \dfrac{250}{157 \times 10^6} = 1.6\text{mm}$。

(4) 稳态响应振幅幅值 A
$$A = \frac{F_0}{K_1}\left|\frac{1}{1-(\omega/\omega_n)^2}\right| = \frac{116}{12.17}\left|\frac{1}{1-4.5^2}\right| = 0.49\text{mm}$$

(5) 传给基础的动载荷幅值
$$F_{t0} = K_1 A = 12.17 \times 0.49 = 5.96\text{kN}$$

2. 三参数隔振

前面介绍的隔振器都是由弹簧、阻尼构成的简单隔振系统,其主要缺点是有效频率范围较窄,高频时隔振效果差。本节介绍的三参数隔振系统(也称为弹性连接黏性阻尼隔振系统或 Zener 模型隔振系统),如图 8-10 所示。其主要优点是隔振的有效频率范围很宽,它既能降低共振时的振动传递率,又能提高高频隔振效果。

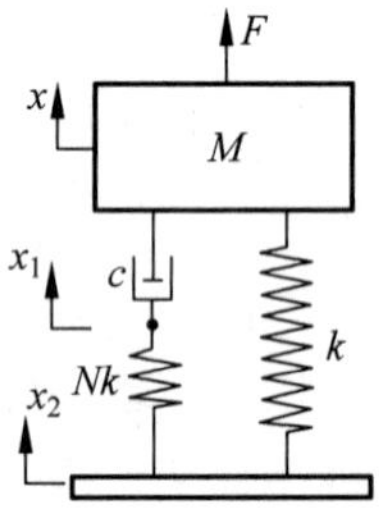

图 8-10 三参数隔振模型

对外力激励的情形,系统的微分方程为
$$m\ddot{x} + c(\dot{x} - \dot{x}_1) + k(x - x_2) = F \quad (8\text{-}21)$$
$$Nk(x_1 - x_2) = c(\dot{x} - \dot{x}_1) \quad (8\text{-}22)$$

对式(8-21)两边求导
$$m\dddot{x} + c(\ddot{x} - \ddot{x}_1) + k(\dot{x} - \dot{x}_2) = \dot{F} \quad (8\text{-}23)$$

由于基础固定,所以 $x_2 = 0$。综合式(8-21)、式(8-22)和式(8-23),得到三参数隔振的动力学方程
$$\left(\frac{mc}{Nk}\right)\dddot{x} + m\ddot{x} + c\left(\frac{N+1}{N}\right)\dot{x} + kx = F + \left(\frac{c}{Nk}\right)\dot{F} \quad (8\text{-}24)$$

对式(8-24)两边同时进行傅里叶变换,可以得到系统的传递函数
$$H(r) = \frac{1 + \mathrm{i}2\zeta r\dfrac{1}{N}}{k\left(1 - r^2 + \mathrm{i}2\zeta r\dfrac{N+1-r^2}{N}\right)} \quad (8\text{-}25\text{a})$$

和力传递率

$$T_f(r,N,\zeta) = \sqrt{\frac{1+4[(1+N)/N]^2\zeta^2 r^2}{(1-r^2)^2+(4/N^2)\zeta^2 r^2(N+1-r^2)^2}} \quad (8\text{-}25b)$$

式中，$\zeta=\dfrac{c}{2m\omega_n}$；$r=\dfrac{\omega}{\omega_n}$；$\omega_n=\sqrt{\dfrac{k}{m}}$。建议读者参考第3章例3-3的方式推导上式。

图8-11为不同阻尼系数下的传递率曲线，基础激励下的绝对位移传递率同式(8-25b)。由图8-11所示的共振峰随不同阻尼系数的变化规律可以得出，三参数隔振系统的阻尼系数存在最优值，此时的共振峰最小。由相关文献，图8-10所示的三参数隔振系统最优阻尼系数和对应的共振频率为

$$c = \frac{N\sqrt{2mk(N+2)}}{2(N+1)}, \quad \omega_{no}=\sqrt{\frac{2k(N+1)}{m(N+2)}}$$

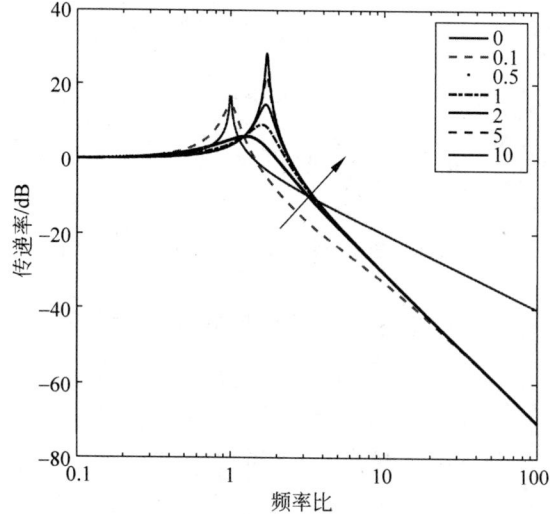

图8-11 不同阻尼系数下的传递率曲线

两式相乘得

$$\omega_{no} = \frac{\omega_{no}c}{c} = \frac{Nk}{c\sqrt{N+1}} \quad (8\text{-}25c)$$

由例3-3可知，三参数系统的等效刚度为

$$k_{eff} = \frac{\left[k+k(N+1)\left(\dfrac{\omega c}{Nk}\right)^2\right]}{1+\left(\dfrac{\omega c}{Nk}\right)^2} + i\frac{\omega c}{1+\left(\dfrac{\omega c}{Nk}\right)^2}, \quad k_{eff}=k_R+ik_I \quad (8\text{-}26a)$$

损耗因子可表示为虚部与实部的比值

$$\eta = \frac{\omega c}{k+k(N+1)\left(\dfrac{\omega c}{Nk}\right)^2} \quad (8\text{-}26b)$$

对式(8-26b)求导，令其为0，可以求得最大损耗因子对应的频率及最大损耗因子为

$$\omega_t = \frac{Nk}{c\sqrt{N+1}}, \quad \eta_{max} = \frac{N}{2\sqrt{N+1}} \quad (8\text{-}27)$$

由式(8-26a)可见,等效刚度的实部和虚部都是频率的函数,如图 8-12(a)所示。损耗因子存在极值,如式(8-27)所示。损耗因子极大值对应的频率 ω_t 称为转移频率,如图 8-12(b)所示。对比式(8-27)和式(8-25c)发现,最优阻尼下的三参数隔振系统共振频率等于最大损耗因子下的转移频率。

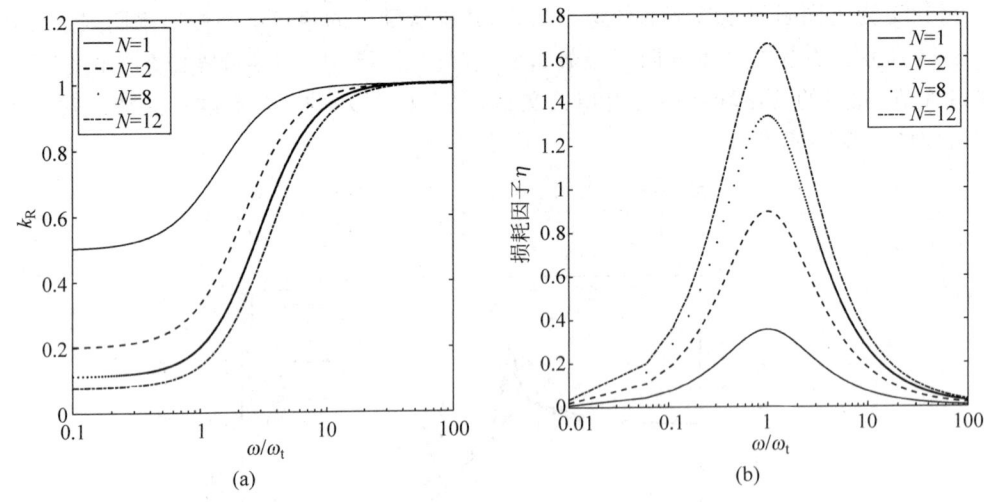

图 8-12　不同 N 值下的动态刚度和损耗因子

由式(8-27),系统的传递率可以表示为转移频率和最大损耗因子的函数:

$$T_f = \frac{\sqrt{(r^2+\Omega_t^2)^2+(2r\Omega_t\eta_{\max})^2}}{\sqrt{\left\{(r^2+\Omega_t^2)-r^2\left[r^2+\Omega_t^2(N+1)\right]\left[\dfrac{1+\Omega_t^2}{1+\Omega_t^2(N+1)}\right]\right\}^2+(2r\Omega_t\eta_{\max})^2}}$$

(8-28)

其中,$\Omega_t = \dfrac{\omega_t}{\omega_n}$。

当 $N=4$ 时,获得的传递率曲线如图 8-13 所示。当刚度比、刚度和阻尼参数满足 $\omega_t = \omega_n$(即 $\Omega_t = 1$),由于阻尼最佳,既可以有效控制共振峰,也能获得较佳的高频隔振效果。

图 8-14 给出了三参数隔振系统和单层隔振系统的传递率曲线。由图可见三参数隔振系统在高频段具有较好的隔振效果。当 N 从 ∞(相当于单层隔振系统)减小到 $N=1$,共振时的传递率只从 2.6 升高到 3.35,增大不到 0.3 倍,而当频率比为 100 时,三参数隔振系统的传递率要小 20 倍,大大提高了高频时的隔振效果。

8.5.2　弹性基础的振动隔离

在许多实际工程问题中,与隔振器相连的结构或基础自身具有一定弹性而难以完全简化成刚性,此时在进行隔振设计时需要考虑基础弹性。最典型的例子如安装在船上的动力机械或安装在机翼上的航空发动机,其支承点附近的区域也同隔振器一起运动。此时在进行系统建模时需要考虑基础的质量或弹性效应。

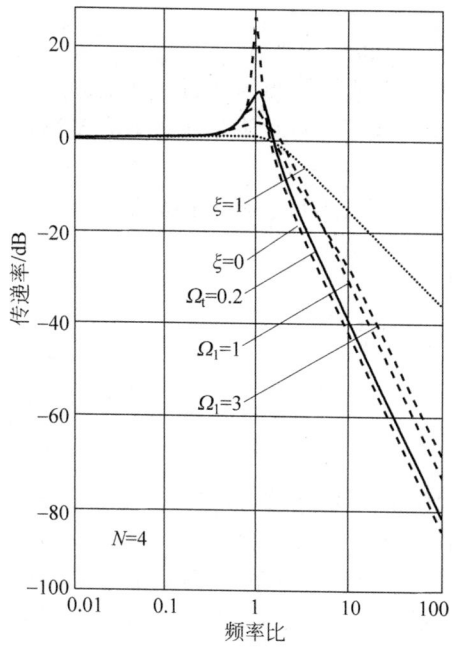

图 8-13 $N=4$ 下的系统传递率曲线

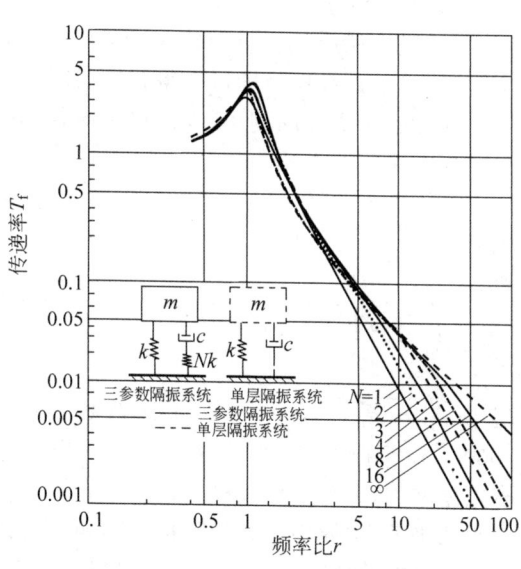

图 8-14 不同 N 值的系统传递率

图 8-15 给出了一个典型的考虑基础弹性的隔振设计问题,当然在工程实际中通常更为复杂。此时,定义基础的机械阻抗 $Z(\omega)$ 为使基础产生单位位移所需要的频率为 ω 的力

$$Z(\omega) = \frac{F(\omega)}{X(\omega)} \quad (8-29)$$

则系统的运动微分方程为

$$m_1 \ddot{x}_1 + k(x_1 - x_2) = F_0 \cos\omega t \quad (8-30)$$

$$k(x_1 - x_2) = -x_2 Z(\omega) \quad (8-31)$$

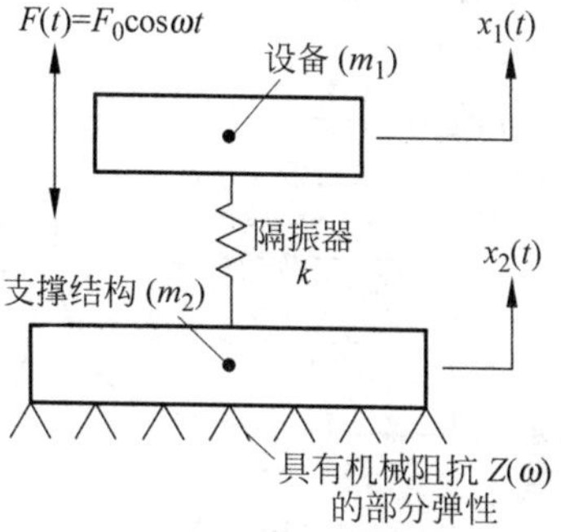

图 8-15 安装在弹性基础上具有隔振器的设备

假设稳态解为如下形式:

$$x_j(t) = X_j \cos\omega t, \quad j = 1, 2 \quad (8-32)$$

可求得系统的稳态解

$$\begin{cases} X_1 = \dfrac{[k + Z(\omega)] X_2}{k} = \dfrac{[k + Z(\omega)] F_0}{Z(\omega)(k - m_1\omega^2) - km_1\omega^2} \\ X_2 = \dfrac{kF_0}{Z(\omega)(k - m_1\omega^2) - km_1\omega^2} \end{cases} \quad (8-33)$$

被传递的力的幅值为

$$F_t = X_2 Z(\omega) = \frac{kZ(\omega)F_0}{Z(\omega)(k - m_1\omega^2) - km_1\omega^2} \quad (8-34)$$

则隔振器的传递率为

$$T_{\mathrm{f}} = \left|\frac{F_{\mathrm{t}}}{F_0}\right| = \left|\frac{kZ(\omega)}{Z(\omega)(k-m_1\omega^2) - km_1\omega^2}\right| \tag{8-35}$$

可以看出,针对这类系统作隔振设计时,考虑基础阻抗是很重要的。通常在实际应用时,可通过实验手段测得基础的阻抗特性,如采用力锤或激振器,同时测量输入力和基座的响应特性,然后在频域即可求得相应的阻抗。

作为一个简化的例子,如果仅考虑基础的质量而忽略支承刚度时,则基础的阻抗仅由质量效应决定,此时

$$Z(\omega) = -m_2\omega^2 \tag{8-36}$$

则有

$$T_{\mathrm{f}} = \left|\frac{F_{\mathrm{t}}}{F_0}\right| = \left|\frac{-m_2 k\omega^2}{(k-m_1\omega^2)(k-m_2\omega^2) - k^2}\right| = \left|\frac{1}{(1+m_1/m_2)(1-\omega^2/\omega_2^2)}\right| \tag{8-37}$$

式中,$\omega_2 = \sqrt{k(1/m_1 + 1/m_2)}$ 是系统的固有频率。图 8-16 给出了 $m_1 = 10\mathrm{kg}$ 和 $k_1 = 1000\mathrm{N/m}$ 但改变 m_2 时力传递率的变化情况。可以看到,随着基础质量的减小,系统的固有频率增加,并且在低频段力传递率减小;当频率远高于系统固有频率时,基础质量大小的差别几乎消失,原因是质量阻抗在高频时变得很大。总的来说,基础的质量及弹性都会影响系统的隔振效率,特别是在基础阻抗比较小时需要考虑其对隔振的影响。

也可以利用机械阻抗方法获取被隔振质量和弹性基础之间的相互影响。如图 8-17 所示,被隔振质量作用在基础上的力为

$$F_{\mathrm{R}}\mathrm{e}^{\mathrm{i}\omega t} = Z_{\mathrm{I}} v_{\mathrm{f}} \mathrm{e}^{\mathrm{i}\omega t}$$

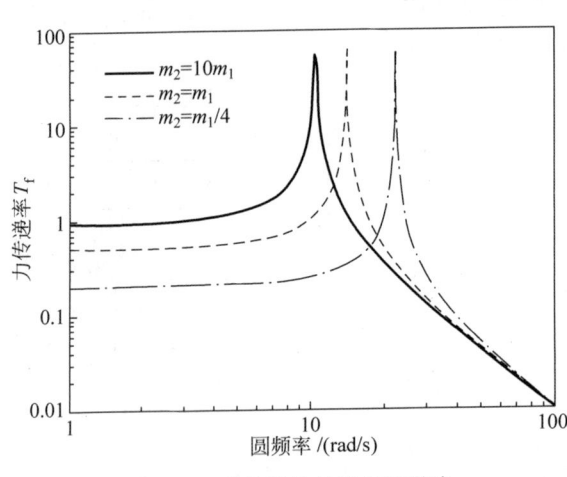

图 8-16 基础质量对隔振的影响

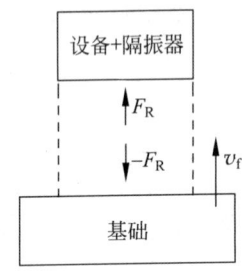

图 8-17 阻抗表示方法

式中,Z_{I} 是被隔振质量加上隔振器的阻抗;v_{f} 是安装质量后的速度,其和未安装质量时的基础的速度之间的关系是

$$v_{\mathrm{f}} = v_0 - \frac{F_{\mathrm{R}}}{Z_{\mathrm{F}}} = v_0 - \frac{Z_{\mathrm{I}} v_{\mathrm{f}}}{Z_{\mathrm{F}}}$$

式中,Z_{F} 是基座的阻抗。从而可以得到

$$v_{\mathrm{f}} = v_0 \left(1 + \frac{Z_{\mathrm{I}}}{Z_{\mathrm{F}}}\right)$$

因此，基础的速度输入会随基础阻抗的减小或被隔振质量的阻抗的增大而减小。另一方面，如果测得上面两种情况下的速度，可以得到作用在质量上的激励力。

8.5.3 双级隔振

单层隔振在当 $r>\sqrt{2}$ 隔振频率后，有每倍频程 12dB 的隔振效果。如要获得更高的隔振效果，除了 8.5.1 节的三参数法，可以运用本节的双级隔振方法，又称双层隔振。

由式(8-20)可知，对单自由度系统，当频率 ω 趋近于无穷大，即 r 远远大于 1 时，传递率可以简化为 $T_d = \left|\dfrac{X}{Y}\right| \to \dfrac{1}{r^2}$，可见，当 r 增大 1 倍(即频率 ω 变为 2ω 时)，也即相隔一个倍频程，$T_d(2\omega)/T_d(\omega)=4$，取分贝值则为 12dB，也即按照 12dB 每倍频程进行衰减。在传统隔振系统中只有当阻尼比接近于 0 时才能达到。即使如此，以 25Hz 的响应为例，如果在 25Hz 处需要衰减 30dB，则至少需要 2.5 个倍频程，也即隔振频率应取为 $25/2^{2.5}/1.414=3.1255$Hz，这也比较难以达到。提高隔振效果的一种有效方法是采用双层隔振。力激励下双层隔振的示意图如图 8-18 所示，在振动的机器 m_1 和基础之间再插入一个弹性 k_2 支承的中间质量块 m_2。其动力学方程和传递力为

$$m_1\ddot{x}_1 + k_1(x_1-x_2) + c_1(\dot{x}_1-\dot{x}_2) = F_0\sin\omega t \tag{8-38}$$

$$m_2\ddot{x}_2 + k_1(x_2-x_1) + k_2x_2 + c_1(\dot{x}_2-\dot{x}_1) + c_2\dot{x}_2 = 0 \tag{8-39}$$

$$F_t = k_2x_2 + c_2\dot{x}_2$$

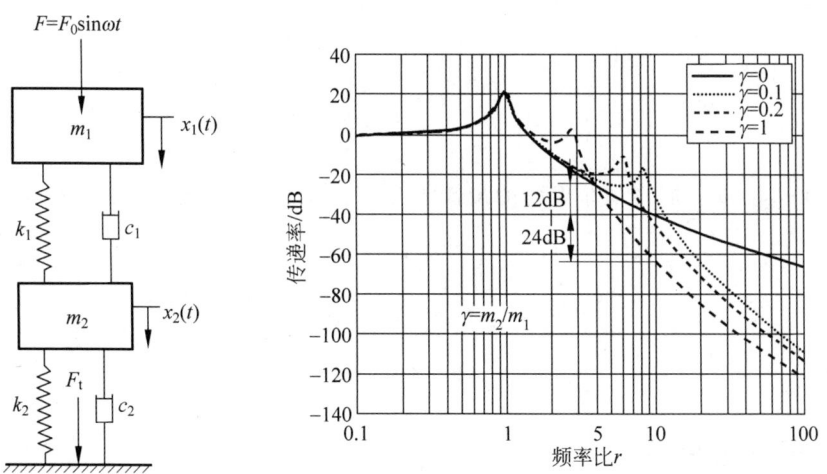

图 8-18 双层隔振和双层隔振系统的传递率

假设其解的形式为

$$x_j(t) = X_j e^{i\omega t}, \quad j=1,2 \tag{8-40}$$

代入式(8-38)和式(8-39)后可以求出稳态解的振幅为

$$X_1 = \dfrac{[k_1+k_2-m_2\omega^2+i\omega(c_1+c_2)]F_0}{(k_1-m_1\omega^2+i\omega c_1)[k_1+k_2-m_2\omega^2+i\omega(c_1+c_2)]-(k_1+i\omega c_1)^2}$$

$$X_2 = \frac{(k_1 + i\omega c_1)F_0}{(k_1 - m_1\omega^2 + i\omega c_1)[k_1 + k_2 - m_2\omega^2 + i\omega(c_1 + c_2)] - (k_1 + i\omega c_1)^2}$$

$$T_f = \left|\frac{F_t}{F_0}\right| = \left|\frac{(k_2 + i\omega c_2)(k_1 + i\omega c_1)}{(k_1 - m_1\omega^2 + i\omega c_1)[k_1 + k_2 - m_2\omega^2 + i\omega(c_1 + c_2)] - (k_1 + i\omega c_1)^2}\right|$$

(8-41)

为了方便分析,引入下列无量纲的记号:

$$\mu = m_1/m_2, \quad \lambda = \omega/\omega_1, \quad \alpha = \omega_2/\omega_1, \quad \omega_1^2 = k_1/m_1, \quad \omega_2^2 = k_2/m_2,$$

$$\zeta_1 = \frac{c_1}{2\sqrt{m_1 k_1}}, \quad \zeta_2 = \frac{c_2}{2\sqrt{m_2 k_2}}$$

T_f 的大小可以表示为

$$T_f = \frac{(\alpha^2 - 4\zeta_1\zeta_2\alpha\lambda^2) + i\lambda(2\zeta_1\alpha^2 + 2\zeta_2\alpha)}{[\lambda^4 - \lambda^2(\alpha^2 + 4\zeta_1\zeta_2\alpha + \mu + 1) + \alpha^2] - i[\lambda^3(2\zeta_2 + 2\zeta_1\mu + 2\zeta_1) - \lambda(2\zeta_1\alpha^2 + 2\zeta_2\alpha)]}$$

(8-42)

当频率 ω 趋近于无穷大,即 λ 远远大于 1 时,传递率可以简化为 $T_f \to \dfrac{1}{\lambda^4}$,当频率相差一倍时,其传递率相差 16 倍,取分贝值则为 24dB 每倍频程。双层隔振的传递率曲线如图 8-18 所示,可见采用双层隔振后,共振区以后传递率曲线的下降斜率增大一倍。这对于高频隔振是有效的。但是采用双层隔振后会增加一个共振峰值。如果中间质量块 m_2 取得足够大,这两个波峰将很靠拢。在实际设计双层隔振系统时,我们一般取的质量比不会大于 0.2。

在质量比给定的情况下,刚度比 $\gamma = \dfrac{k_2}{k_1}$ 和两个固有频率比的关系由式(8-43)所示

$$\frac{\omega_{CH}}{\omega_{CL}} = \frac{1}{2\sqrt{\dfrac{\gamma}{\mu}}}\left[\left(1 + \gamma + \frac{1}{\mu}\right) + \sqrt{\left(1 + \gamma + \frac{1}{\mu}\right)^2 - 4\frac{\gamma}{\mu}}\right]$$

(8-43)

可以求得当 ω_{CH}/ω_{CL} 取得最小值时的最佳刚度为 $\gamma_{op} = 1 + \dfrac{1}{\mu}$,此时的固有频率之比为

$$\frac{\omega_{CH}}{\omega_{CL}} = \frac{1 + \sqrt{1 + \dfrac{1}{\mu}}}{\sqrt{\dfrac{1}{\mu}}} = \sqrt{\mu} + \sqrt{\mu + 1}$$

8.5.4 极低频隔振

在第 1 章中,曾介绍了零刚度等效弹簧系统,其由若干线性弹簧组合而成,可以表现出非线性特征,一般呈现立方刚度,在拐点,其刚度为零,由于中间弹簧,系统可以承受较大的静力,故称为高静刚度低动刚度系统。现考察如图 8-19 所示系统,讨论其传递率。

假设系统初始位置为 $\theta = \theta_0$,安装质量块后达到静态平衡时的位置为水平,斜弹簧不起作用,重力由垂向弹簧承受,则静力学平衡方程为

$$k_v l_0 \sqrt{1 - \gamma^2} - mg = 0$$

(8-44)

式中，$\gamma = \cos\theta_0$。

图 8-19 中的模型质量块受到 $f(t) = F_0\cos\omega t$ 的力激励，假设 $k_v = k_o = k$，使用牛顿第二定律不难列出其运动方程

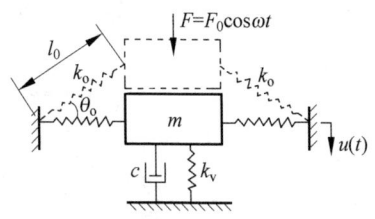

图 8-19 高静低动隔振器模型

$$m\frac{d^2 u}{dt^2} + c\frac{du}{dt} + kl_0(\alpha\tilde{u}^3 + \sqrt{1-\gamma^2}) - mg = F_0\cos\omega t \tag{8-45}$$

式中，$\tilde{u} = u/l_0$ 为以零刚度点为原点的无量纲位移；α 为系统获得准零刚度性能时所对应的立方刚度系数，取决于斜弹簧的刚度特性。引入以下参数：

$$\omega_n = \sqrt{\frac{k}{m}}, \quad r = \frac{\omega}{\omega_n}, \quad \tau = \omega_n t, \quad \zeta = \frac{c}{2m\omega_n}, \quad f_0 = \frac{F_0}{\omega_n^2 m l_0}$$

可以将式(8-45)进行无量纲化，结果为

$$\frac{d^2\tilde{u}}{d\tau^2} + 2\zeta\frac{d\tilde{u}}{d\tau} + \alpha\tilde{u}^3 = f_0\cos r\tau \tag{8-46}$$

对于阻尼比较小的系统，如果线性系统所受简谐激励的激励频率与这个频率非常接近，那么系统将发生共振，但是对于非线性隔振器系统，并没有一个这样的固有频率。定义最大响应值对应的激励频率为非线性系统的主振动频率。从工程应用的角度出发，我们期望的结果是准零刚度隔振器的固有频率能低于原线性隔振器的固有频率，以此获得更低的起始隔振频率，从而提高隔振器的隔振性能。

设其解的形式为

$$\tilde{u} = u_0\cos(r\tau + \varphi) \tag{8-47}$$

运用非线性振动的谐波分析法，就可以求得力激励下系统响应和主频率之间的关系

$$r_{1,2} = \frac{1}{2}\sqrt{3\alpha u_0^2 - 8\zeta^2 \pm \frac{4}{u_0}\sqrt{4\zeta^4 u_0^2 - 3\alpha u_0^4\zeta^2 + f_0^2}} \tag{8-48}$$

式(8-48)表示响应和主振动频率 $r_{1,2}$ 之间的非线性关系，当两条曲线相交时，对应响应的最大值

$$u_{0\text{peak}} = \sqrt{\frac{2\zeta^3 + \sqrt{4\zeta^6 + 3\alpha f_0^2}}{3\alpha\zeta}} \tag{8-49}$$

准零刚度隔振器的力传递率表达式为

$$T_f = \frac{\sqrt{(\alpha u_0^3)^2 + (2\zeta r u_0)^2}}{f_0} \tag{8-50}$$

准零刚度隔振器的力传递率和等效线性隔振器的力传递率趋于一致，但是在较大的静载荷下，可以降低隔振频率到 1Hz 以下，也就是说，对于频率太高的振动，不考虑其他因素，那么此时并没有必要使用负刚度调节器来降低系统的动态刚度，如图 8-20 所示，在高频区域，想要获得更好的衰减效果使用准零刚度隔振器是没有效果的，这在实际使用中要特别注意。准零刚度隔振器只在低频隔振领域才具有明显的优势。但在低频率段，呈现硬弹簧非线性，如图 8-21 所示。准零刚度隔振器也可以用于基础激励下的隔振，并可获得无谐振峰的效果。但不管是力输入下的积极隔振，还是基础输入下的消极隔振，对输入激励幅值等都有限制。读者可以参考相关文献。

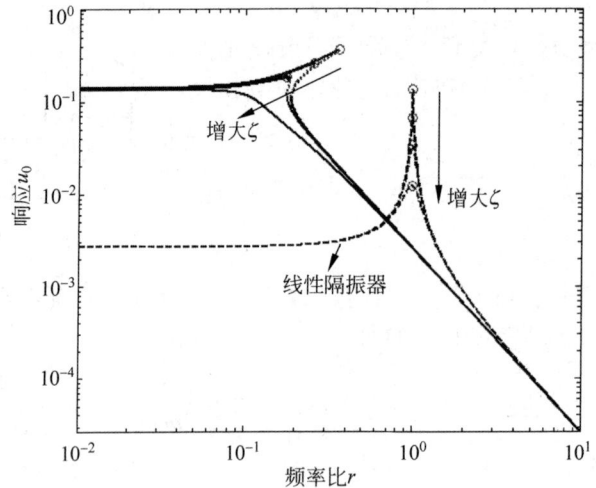

图 8-20　极低频隔振器和线性隔振器的频率响应曲线
"—"极低频隔振器响应；"…"非线性响应的不稳定解；"——"线性系统响应；"○"最大响应

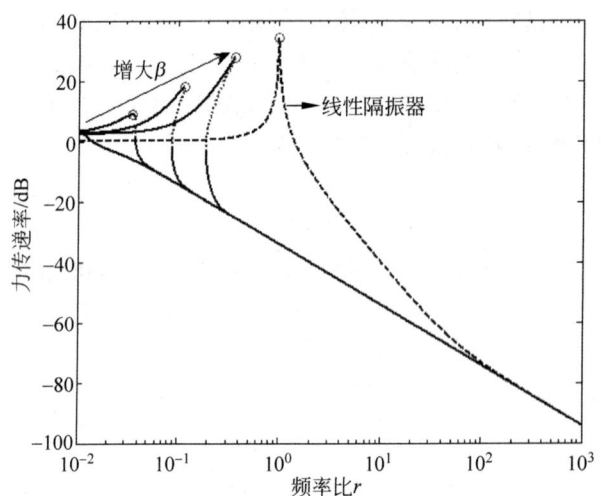

图 8-21　极低频隔振器和线性隔振器的力传递率曲线
"—"极低频隔振器力传递率；"…"非线性力传递率的不稳定解；"——"线性系统力传递率；
"○"最大力传递率（$\beta = \alpha f_0^2$）

8.5.5　隔振器及其驻波效应

1. 工程应用隔振器

隔振器是指用来对机械设备进行隔振的各类元器件。隔振器的类型是多种多样的，根据其基体材料的不同主要包括金属隔振器、橡胶隔振器、隔振垫和空气弹簧等。每种隔振器有其自身的优缺点，在选用时要根据实际的需求和使用环境及成本等进行选择。

钢弹簧隔振器是常用的一种隔振器，它有螺旋弹簧式隔振器和板条式钢板隔振器等结构形式(见图 8-22)。比较而言,钢弹簧隔振器的优点是:①可以达到较低的固有频率,例如 5Hz 以下;②可以得到较大的静态压缩量,通常可以取得 20mm 的压缩量;③可以承受较大的载荷;④耐高温、耐油污,性能稳定。其缺点是:①由于存在自振动现象,容易传递中频振动;②阻尼太小,临界阻尼比一般只有 0.005,因此对于共振频率附近的振动隔离能力较差。为了弥补钢弹簧的这一缺点,通常采用附加黏滞阻尼器的方法,或在钢弹簧钢丝外敷设一层橡胶,以增加钢弹簧隔振器的阻尼。

(a) 螺旋弹簧隔振器

(b) 给合式螺旋弹簧隔振器

(c) 板条式钢隔振器

图 8-22 钢弹簧隔振器

橡胶隔振器也是工程中常用的一种隔振装置。橡胶隔振器最大的优点是本身具有一定的阻尼,在共振点附近有较好的隔振效果。橡胶隔振器通常采用硬度和阻尼合适的橡胶材料制成,根据承力条件的不同,可以分为压缩型、剪切型、压缩剪切复合型等,如图 8-23 所示。

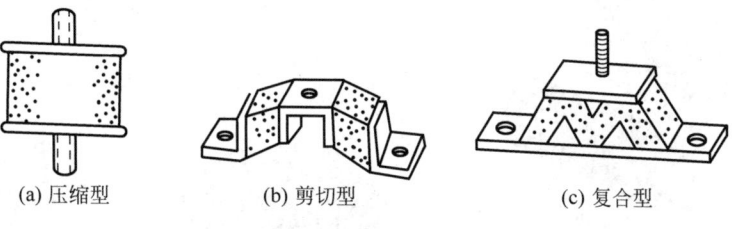

(a) 压缩型　　(b) 剪切型　　(c) 复合型

图 8-23 橡胶隔振器

橡胶减振器一般由约束面与自由面构成,约束面通常和金属相接,自由面则指垂直加载于约束面时产生变形的那一面。在受压缩负荷时,橡胶横向胀大,但与金属的接触面则受约束,因此,只有自由面能发生变形。这样,即使使用同样弹性系数的橡胶,通过改变约束面和自由面的尺寸,制成的隔振器的刚度也不同。就是说,橡胶隔振器的隔振参数,不仅与使用的橡胶材料成分有关,也与构成形状、方式等有关。设计橡胶隔振器时,其最终隔振参数需要由试验确定,尤其在要求较准确的情况下,更应如此。

橡胶隔振器实质上是利用橡胶弹性的一种"弹簧",与金属弹簧相比较,有以下特点:

(1) 形状可以自由选定,可以做成各种复杂形状,有效地利用有限的空间。

(2) 橡胶有内摩擦,即临界阻尼比较大,因此不会产生像钢弹簧那样的强烈共振,也不至于形成螺旋弹簧所特有的共振激增现象。另外,橡胶隔振器都是由橡胶和金属接合而成的,金属与橡胶的声阻抗差别较大,可以有效地起到隔声的作用。

(3) 橡胶隔振器的弹性系数可借助改变橡胶成分和结构而在相当大的范围内变动。

(4) 橡胶隔振器对太低的固有频率(如低于 5Hz)不适用,其静态压缩量也不能过大(如一般不应大于 1cm)。因此,对具有较低干扰频率的机组和重量特别大的设备不适用。

（5）橡胶隔振器的性能易受温度影响。在高温下使用,性能不好;在低温下使用,弹性系数也会改变。如用天然橡胶制成的橡胶隔振器,使用温度为 -30 ℃ ~ 60 ℃。橡胶一般是怕油污的,在油中使用,易损坏失效。如果必须在油中使用时则应改用丁腈橡胶。为了增强橡胶隔振器适应气候变化的性能,防止龟裂,可在天然橡胶的外侧涂上氯丁橡胶。此外,橡胶减振器使用一段时间后,应检查它是否老化而弹性变坏,如果已损坏应及时更换。

金属钢丝绳隔振器是以多股不锈钢丝绞合线,经均匀地按对称或反对称方式,在耐蚀金属夹板上螺旋状缠绕后,用适当方式固联而成,如图 8-24 所示。其主要原理是,利用螺旋环状多股钢丝绞合线在负荷作用下所具备的非线性弯曲刚度(软化型或软化-硬化型刚度)和多股钢丝间由于相对滑移而产生的非线性滞后(库仑阻尼),大量吸收和耗散系统运动能量,改善系统运动的动态平稳性,保护设备安全工作。

钢丝绳隔振器具有非线性载荷-变形曲线和较好的变阻尼特性,承受的载荷范围比较宽。从结构上看,不仅其圈数可大可小,而且还可长可短,制造方便;安装方式根据工况需要可受压、可斜置,也可剪切支承或吊支;性能稳定,寿命长,环境适应性好,高低温性能不变等。

空气弹簧是在一个封闭容器中冲入压缩空气,利用气体的可压缩性体现弹簧作用(见图 8-25)。常用的空气弹簧装置由弹簧体、附加气室和高度控制器三部分组成。

图 8-24 钢丝绳隔振器

图 8-25 单囊式和多囊空气弹簧隔振器

在机械设备等振动隔离系统中,采用空气弹簧的优点包括:设计时,弹簧的高度、承载能力、弹簧常数等是彼此独立的,并且可在相当宽的范围内选择;空气弹簧的刚度可以借助改变空气的工作压力,增加附加气室的容积来降低刚度,可以设计出很柔软的弹簧,隔振固有频率可低至 5Hz 以下,甚至 1Hz;空气弹簧的刚度随载荷而变,故在不同载荷下,其固有频率几乎保持不变,故系统的隔振效果也近似不变;空气弹簧对高、低频振动、冲击以及固体声均具有很好的隔离特性。空气弹簧的缺点是需要压缩气源及一套复杂的辅助系统,造价昂贵,并且荷重只限于一个方向,故一般工程上采用相对较少。

2. 隔振器驻波效应

从工程应用角度,将隔振器当作无质量的弹簧-阻尼系统在很大范围内都是既方便又有一定精度的,但是隔振器实际上是有质量的。因此,一个隔振器其实是一个弹簧-质量-阻尼系统,也有它自身的一系列固有频率。如果隔振频率范围要求较宽,隔振器的固有频率落在所要求的隔振频率范围之内,则会出现一系列和隔振器自身频率相关的响应峰值,称为驻波效应。

由本书 1.6.2 节可知,当计入弹簧(杆)的质量后,隔振器的固有频率会下降。在本书例 7-4 中,杆是具有弹性的。如果杆的长度较小,它就相等于一个隔振器,存在 n 个固有频率及其对应的模态。只不过这些模态频率通常出现在高频,称为驻波效应。在该例中,长度为 l、截面积为 A 的均质杆,其上端固定,自由端连接质量块 M,如图 8-26 所示。系统纵向振动的固有频率由下式给出。

$$M\omega_n^2 \sin \frac{\omega_n l}{c} = EA \frac{\omega_n}{c} \cos \frac{\omega_n l}{c} \tag{8-51}$$

可以用数值方法求解上述超越方程,也可用作图方法:

$$\frac{\omega_n l}{c} \tan \frac{\omega_n l}{c} = \frac{\rho A l}{M}$$

式中,$c^2 = \frac{E}{\rho}$。

$$\frac{\omega_n l}{c\alpha} = \cot \frac{\omega_n}{c} l$$

式中,$\alpha = \frac{\rho A l}{M}$。

直线 $y = \frac{\omega_n l}{c\alpha}$ 和余切函数的交点,就是方程的解,从而可得到固有频率 ω_n,如图 8-27 所示。

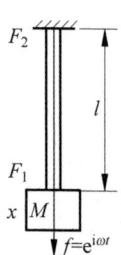

图 8-26 弹性杆-质量系统模型

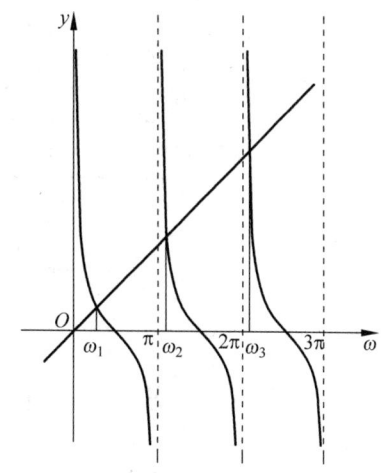

图 8-27 超越方程解

在外激励情况下,假设杆系统的解为

$$u(x,t) = U(x)e^{i\omega t} = \sum D_n \sin k_n x e^{i\omega t}$$

令 F_1 为质量块和杆之间的作用力,其表达式为

$$F_1 = EA \left.\frac{\partial u}{\partial x}\right|_{x=l} = \sum \frac{EA\omega_n}{c}\left(D_n \cos \frac{\omega_n l}{c}\right)$$

令 F_2 为杆固定端的作用力,其表达式为

$$F_2 = EA \left.\frac{\partial u}{\partial x}\right|_{x=0} = \sum \frac{D_n EA \omega_n}{c}$$

对质量块运用牛顿第二定律可得

$$f - F_1 = ma$$

该系统的力传递率为

$$T_f = \frac{F_2}{f} = \sum \frac{\dfrac{D_n EA \omega_n}{c}}{\dfrac{EA\omega_n}{c}\left(D_n \cos\dfrac{\omega_n l}{c}\right) - m\omega^2 \left(D_n \sin\dfrac{\omega_n l}{c}\right)} \tag{8-52}$$

如果将杆当作隔振器,则长度 l 相当于隔振器高度,一般相对于被隔振物体而言很小,而其纵波波速很大,因而隔振器自身固有频率相对于系统隔振频率很大,可以不考虑隔振器质量和其中的波动过程。但是,对某些特定的高频激励,隔振器本身的固有频率被激发,出现高频共振,这就是驻波效应。由图 8-28 可见,当被隔振对象,如采用信号调制的永磁电机,其振动频率很高,在 1kHz 以上;或者设备工作频率很高,如声制导仪器,其频率一般在 2kHz,在隔振设计时,必须注意到驻波效应问题。如要获得高频减振效果,采用三参数隔振方法也是一个很好的选项,可以在高频段获得大于单级隔振,甚至二级隔振的效果。

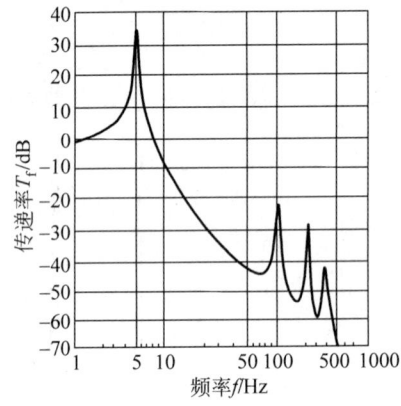

图 8-28 隔振器的驻波效应

8.6 阻尼减振

8.6.1 阻尼的分类及作用机制

固体振动时,使固体振动的能量尽可能多地耗散在阻尼层中的方法,称为阻尼减振。而阻尼是指阻碍物体的相对运动,并把运动能量转化为热能或其他可以耗散能量的一种作用。从工程应用的角度讲,阻尼的产生机理就是将广义振动的能量转换成可以损耗的能量,从而抑制振动、噪声。从物理现象上分,最主要的阻尼机制包括以下三种:

1) 材料的内阻尼

工程材料种类繁多,尽管其耗能的微观机制有差异,宏观效应却基本相同,都表现为对振动系统具有阻尼作用,由于这种阻尼起源于介质内部,故称为材料内阻尼。材料阻尼的机理是:宏观上连续的金属材料会在微观上因应力或交变应力的作用产生分子或晶界之间的位错运动、塑性滑移等,这种运动消耗能量产生阻尼效应。衡量材料内阻尼的指标通常用损耗因子,不同类型的材料具有不同的损耗因子。材料内阻尼模型通常为前面介绍的复刚度模型。

工程材料中另一种重要材料是黏弹性材料,它属于高分子聚合物,从微观结构上看,这种材料的分子与分子之间依靠化学键或物理键相互连接,构成三维分子网。高分子聚合物的分子之间很容易产生相对运动,分子内部的化学单元也能自由旋转,因此,受到外力时,曲折状的分子链会产生拉伸、扭曲等变形;分子之间的链段会产生相对滑移、扭转。当外力除去后,变形的分子链要恢复原位,分子之间的相对运动会部分复原,释放外力所做的功,这就是黏弹材料的弹性;但分子链段间的滑移、扭转不能全复原,产生了永久性变形,这就是黏弹材料的黏性,这一部分功转变为热能并耗散,这就是黏弹材料产生阻尼的原因。黏弹性材料的典型阻尼模型也是复刚度模型。

2)流体的黏滞阻尼

各种结构往往和流体相接触,而大部流体具有黏滞性,在运动过程中会损耗能量。如果流体不具有黏滞性,那么流体在管道中按同等速度运动;否则,流体各部分流动速度是不等的,多数情况下,呈抛物面形。这样,流体内部的速度梯度、流体和管壁的相对速度,均会因流体具有黏滞性而产生能耗及阻尼作用,称为黏性阻尼。黏性阻尼的阻力一般和速度成正比。为了增大黏性阻尼的耗能作用,制成具有小孔的阻尼器,当流体通过小孔时,形成涡流并损耗能量,所以小孔阻尼器的能耗损失实际包括粘滞损耗和涡流损耗两部分。线性黏滞阻尼模型是最常用的阻尼模型。

3)接合面阻尼与库仑摩擦阻尼

机械结构的两个零件表面接触并承受动态载荷时,能够产生接合面阻尼或库仑摩擦阻尼。譬如两个用螺钉连接或用自重相贴合的结构原件,如果承受一个激励力,当激励力逐渐增大时,假设零件不发生变形,但在接合面之间仍将产生相对的位移或产生接触应力和应变。通常这种相对变形或位移和外力之间的关系就是库仑摩擦阻尼和接合面阻尼产生的机理。

虽然以上三种阻尼的作用形式各不相同,但有时方便起见可以将结构阻尼和库仑阻尼等效到黏性阻尼上。对于简谐激励下稳态响应中阻尼等效的问题,可参考第3章的相关内容。

8.6.2 阻尼器原理

根据各种阻尼的作用机制,可以设计相应的阻尼元器件。阻尼器的实现原理可根据黏性阻尼和摩擦阻尼的成因得到。下面以两个特定的液压阻尼器和摩擦阻尼器为例进行说明。

图 8-29 是一个典型的同弹簧并联的双出杆式阻尼器。在该阻尼器中,当阻尼器两端做相对运动时,同时受到弹簧力和阻尼力。弹簧力与位移成正比,而阻尼力则主要通过阻尼室中的阻尼液从活塞的小孔流过时,产生的黏滞阻尼力。小孔由机械加工制成,也可采用钻

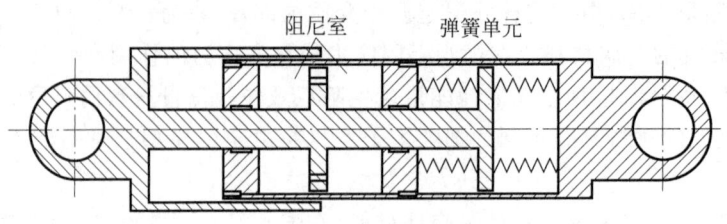

图 8-29 典型的液压阻尼器结构图

孔、弹簧压力球、提升阀或卷筒制成。按照流体力学，可以求出阻尼液流过小孔时的阻尼力

$$F_d = \left(8\pi v L + \frac{A\dot{u}_d}{2C_D^2}\right) \cdot \left(\frac{A^2 \rho}{A_0^2}\dot{u}_d\right)$$

式中，F_d 为阻尼力，N；A 为节流孔面积 $\frac{\pi}{4}D^2$，m^2；v 为流体动黏度系数，m^2/s；ρ 为流体密度，kg/m^3；L 为节流孔长度，m；C_D 为流量系数；$\dot{u}_d$ 为活塞速度，m/s。可以看出，阻尼力实际上不是完全的线性项，也包括了二次项。

图 8-30 是一种基于阻尼合金的摩擦筒式阻尼器。摩擦阻尼由带有石墨楔（外楔块）的铜合金衬垫和钢筒表面相互滑动而产生。当阻尼器两段的活塞杆相互运动时，内楔块带动外楔块运动，外楔块与筒壁上的摩擦块相接触。二者之间不停发生相对运动时，则会持续产生库仑摩擦力，消耗能量，起到阻尼器的作用。

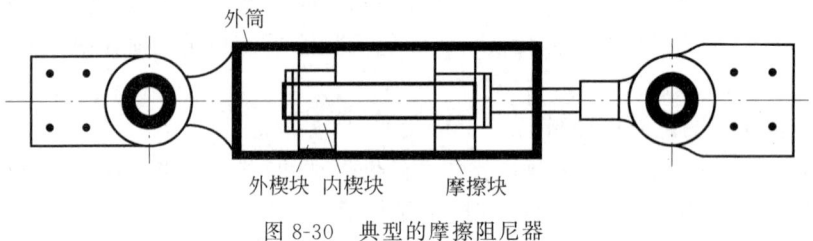

图 8-30 典型的摩擦阻尼器

8.6.3　黏弹性阻尼材料

黏弹性阻尼材料是目前应用最为广泛的一种阻尼材料，可以在相当大的范围内调整材料的成分及结构，从而满足特定温度及频率下的要求。黏弹性阻尼材料主要分橡胶类和塑料类，一般以胶片形式生产，使用时可用专用的黏结剂将它贴在需要减振的结构上。为了便于使用，还有一种压敏型阻尼胶片，即在胶片上预先涂好一层专用胶，然后覆盖一层隔离纸，使用时，只需撕去隔离纸，直接贴在结构上，加一定压力即可黏牢。使用自黏型阻尼材料时，首先要求清除锈蚀油迹，用一般溶剂如汽油、丙酮、工业酒精等去油污，如果室温较低，可在电炉上稍加烘烤，以提高压敏黏合剂的活性。对于通用型的阻尼材料，一般可选用环氧黏结剂等。选用黏结剂的原则是其模量要比阻尼材料的模量高 1～2 个数量级，同时考虑到施工方便、无毒、不污染环境的要求。施工时要涂刷得薄而均匀，厚度在 0.05～0.1mm 为佳。

黏弹性材料（热塑性材料、聚合物及橡胶等）具有非线性材料特性。当输入为谐波形式时，黏弹性材料通常以复模量 $E(1+j\eta)$ 或剪切模量 $G(1+j\eta)$ 定义其材料特性。也可以将

其模量写为 $E=E_R+jE_I$ 的形式,其中 E_R 称为储存模量,E_I 称为损失模量。同一种材料的特征参数 E、G、η 取决于频率、温度、应变幅度及预载等因素,其中频率相关性和温度相关性常常可以相互转化(高频等同于低温,反之亦然)。

阻尼材料在特定温度范围内有较高的阻尼性能,图 8-31 是阻尼材料性能随温度变化的典型曲线。根据性能的显著不同,可划分为三个温度区:温度较低时表现为玻璃态,此时模量高而损耗因子较小;温度较高时表现为橡胶态,此时模量较低且损耗因子也不高;在这两个区域中间有一个过渡区,过渡区内材料模量急剧下降,而损耗因子较大。损耗因子最大处称为阻尼峰值,达到阻尼峰值的温度称为玻璃态转变温度。

频率对阻尼材料性能也有很大影响,其影响取决于材料的使用温度区。在温度一定的条件下,阻尼材料的模量大致随频率的增高而增大,图 8-32 是阻尼材料性能随频率变化的示意图。对大多数阻尼材料来说,温度与频率两个参数之间存在着等效关系。对其性能的影响,高温相当于低频;低温相当于高频。这种温度与频率之间的等效关系是十分有用的,可以利用这种关系把这两个参数合成为一个参数,即当量频率 f_{aT}。对于每一种阻尼材料,都可以通过试验测量其温度及频率与阻尼性能的关系曲线,从而求出其温频等效关系,绘制出一张综合反映温度与频率对阻尼性能影响的总曲线图,也叫示性图。

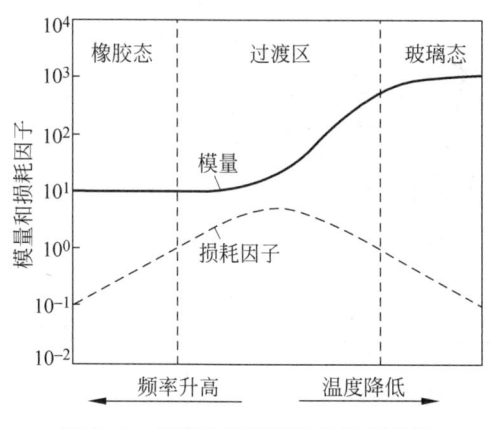

图 8-31 刚度与损耗因子的温频特性

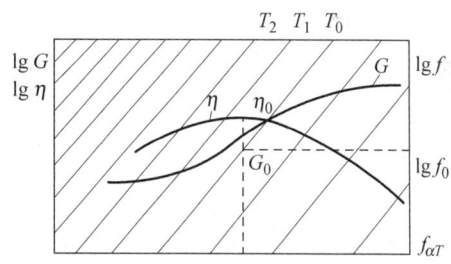

图 8-32 阻尼材料温频特性转换曲线

图 8-32 就是一张典型的阻尼材料性能总曲线图。图中横坐标为当量频率 f_{aT},左边纵坐标是实剪切模量 G 和损耗因子 η,右边纵坐标是实际工作频率 f,斜线坐标是测量温度 T。有了这张图,使用很方便。例如欲知频率为 f_0、温度为 T_0 时的实剪切模量 G_0 和损耗因子 η_0 之值,只需要在图上右边频率坐标找出 f_0 点,作水平线与 T_0 斜线相交,然后画交点的垂直线,与 G 和 η 曲线的交点所对应的分别为所求的 G_0 和 η_0 的值。

8.6.4 阻尼处理与约束阻尼层

阻尼减振技术是通过阻尼结构得以实施的,而阻尼结构又是各种阻尼基本结构与实际工程结构相结合而组成的。阻尼基本结构大致可分为离散型的阻尼器件和附加型的阻尼结构。

离散型阻尼器件可分为两类:一类是应用于振动隔离的阻尼器件,如金属弹簧减振器、黏弹性材料减振器、空气弹簧减振器、干摩擦减振器等；另一类是应用于吸收振动的阻尼器件，如阻尼吸振器、冲击阻尼吸振器等。

附加型阻尼结构可大致分为三类。第一类是直接黏附阻尼结构，如自由层阻尼结构、约束层阻尼结构、多层的约束阻尼结构、插条式阻尼结构等；第二类是直接附加固定的阻尼结构，如封砂阻尼结构、空气挤压薄膜阻尼结构；第三类是直接固定组合的阻尼结构，如接合面阻尼结构等。

附加阻尼结构是提高机械结构阻尼的主要结构形式之一。通过在各种结构件上直接黏附阻尼材料结构层，可增加结构件的阻尼性能，提高其抗振性和稳定性。附加阻尼结构特别适用于梁、板、壳件的减振，在汽车外壳、飞机舱壁、轮船等薄壳结构的抗振保护与控制中较广泛采用。直接黏附的阻尼结构主要有自由阻尼结构和约束阻尼结构。

自由阻尼结构是将一层大阻尼材料直接黏附在需要作减振处理的机器零件或结构件上，机械结构振动时，阻尼层随结构件变形，产生交变的应力和应变，起到减振和阻尼的作用。自由阻尼层结构结合梁的结构如图 8-33 所示，长度为 l 的均匀梁变形时的应变能可表达为

$$U = \frac{1}{2}EI\int_0^l \left(\frac{\mathrm{d}^2 y}{\mathrm{d}x^2}\right)^2 \mathrm{d}x \tag{8-53}$$

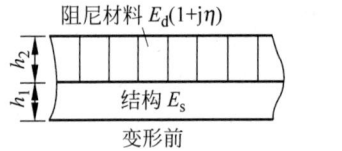

图 8-33　自由阻尼结构

损耗因子可定义为

$$\eta = \frac{1}{2\pi} \times \frac{\text{一个周期内的能量损耗}}{\text{一个周期内最大储存能量}} \tag{8-54}$$

令 η_b 表示整个复合结构的损耗因子，η_d 表示阻尼层的损耗因子，则有

$$\frac{\eta_b}{\eta_d} = \frac{\text{复合结构一个周期内的能量损耗}}{\text{复合结构一个周期内最大储存能量}} \div \frac{\text{阻尼层一个周期内的能量损耗}}{\text{阻尼层一个周期内最大储存能量}} \tag{8-55}$$

通常可假设主结构的损耗因子同阻尼层相比可以忽略不计，则有

$$\frac{\eta_b}{\eta_d} = \frac{\text{阻尼层一个周期内最大储存能量}}{\text{复合结构一个周期内最大储存能量}} \tag{8-56}$$

则可以得到

$$\frac{\eta_b}{\eta_d} = \frac{E_d I_d}{E_d I_d + E_s I_s} \tag{8-57}$$

式中，E_d，E_s 分别表示阻尼材料和结构的模量；而 I_d，I_s 则表示以复合结构中线计算出的截面惯性矩。可以看出，对于很薄的阻尼层，有

$$\frac{\eta_b}{\eta_d} \approx \frac{E_d I_d}{E_s I_s} \tag{8-58}$$

此时，要想得到很大的阻尼效果是比较困难的。只有当阻尼层厚度较厚时，才可能达到 $\eta_b \rightarrow \eta_d$ 的效果。因此，自由阻尼除了要求阻尼材料自身具有高阻尼外，还对阻尼层的厚度

提出了一定的要求。

图 8-34 给出了典型的自由阻尼层的损耗因子比与厚度和模量比的变化规律。由于复合结构的损耗因子既是阻尼厚度比的函数,也是阻尼层模量比的函数,由曲线可以发现:只有在厚度比较大时,η_b/η_d 才随阻尼层厚度的增大而增大,直到具有实际工程意义;当模量值值较小时,如 $\dfrac{E_d}{E_s}=10^{-4}$,附加阻尼层厚度比即使达到 1,η_b/η_d 也只有 0.001,当 $\dfrac{E_d}{E_s}$ 值一定时,η_b/η_d 随阻尼层厚度单调上升,并有一极限值,增大不会超过 1。

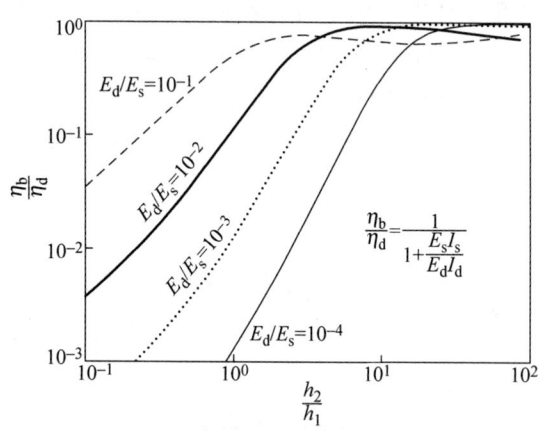

图 8-34　自由阻尼层损耗因子随厚度和模量比的变化

图 8-35 是约束阻尼结构,其由基本弹性层、阻尼材料层和弹性材料层(称约束层)构成。当基本弹性层产生弯曲振动时,阻尼层上下表面各自产生压缩和拉伸变形,使阻尼层受剪切应力和应变,从而耗散结构的振动能量。约束阻尼结构比自由阻尼结构可耗散更多的能量,因此具有更好的减振效果。

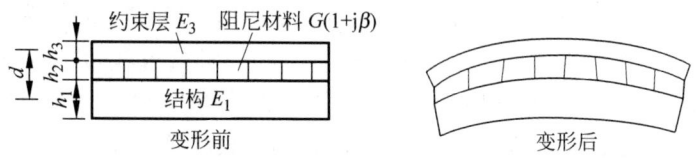

图 8-35　约束阻尼层

约束阻尼层具有三明治结构的形式,其能量损耗主要是通过阻尼层的剪切变形来消耗能量,所以阻尼材料的剪切损耗因子是主要的性能参数。同时,其约束层自身的拉伸刚度必须要比较大,这样较薄的阻尼层可能产生较好的阻尼效果。当然,总的阻尼效果仍然是频率相关的。

约束阻尼层的损耗因子推导比较复杂,仍然定义一个无量纲的量 η_b/β 来表征总结构的阻尼效应,式中,η_b 表示整个约束阻尼层结构的损耗因子,而 β 表示中间层阻尼材料的剪切损耗因子。

分析表明,η_b 主要和两个物理量相关,即几何因子 L 和剪切因子 g。

几何因子 L 的表达式为

$$L=\dfrac{(E_1h_1)(E_3h_3)d^2}{(E_1h_1+E_3h_3)(E_1I_1+E_3I_3)} \tag{8-59}$$

式(8-59)中,各参数的定义仍和自由阻尼层一致,对于芯层越厚的结构(d 越大),L 越大,反之则越小。剪切因子 g 的表达式为

$$g = \frac{G}{h_2 k_b^2}\left(\frac{1}{E_1 h_1} + \frac{1}{E_3 h_3}\right) \tag{8-60}$$

式(8-60)中,k_b 为弯曲波波数,g 在低频时大,高频时小。图 8-36 给出了典型的约束阻尼层的阻尼特性与几何因子及剪切因子之间的关系,可以看出,几何因子 L 越大时,整个结构的阻尼效果越明显。而阻尼特性和剪切因子 g 的关系是和频率密切相关的,当剪切因子趋近于 1 时,具有最为明显的阻尼效果。相反,在低频或高频时都会导致阻尼效果的下降。这主要是由于复合梁在作整体的弯曲振动时,只有在特定频率工作时,中心阻尼层的变形形式才最接近于剪切变形,此时能达到最优的阻尼效果。

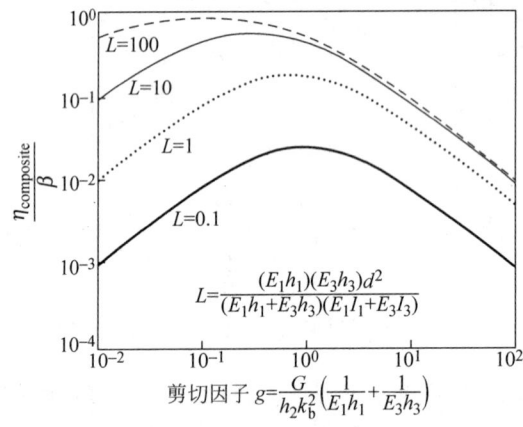

图 8-36　约束阻尼层的阻尼特性与几何因子及剪切因子之间的关系

在阻尼结构形式的选择上,应根据工作环境条件等要求合理选取、综合考虑。通常,自由阻尼结构适合于拉压变形,而约束阻尼结构适合于剪切变形。图 8-37 为几种典型的约束阻尼处理结构。用两种以上不同质地的阻尼材料制成多层结构,可提高阻尼性能。由于多层结构同时使用不同的玻璃态转变温度和模量的阻尼材料,这样可加宽温度带宽和频率带宽。阻尼处理位置对于减振性能影响显著,有时在结构的全面积上进行阻尼处理可能会造成浪费,而实际工程结构通常也只能进行局部阻尼处理。如何使局部阻尼处理达到最佳的阻尼效果是阻尼处理位置的优化问题,可以根据不同阻尼结构的阻尼机理,相应地进行优化处理,以达到最佳的性能价格比。

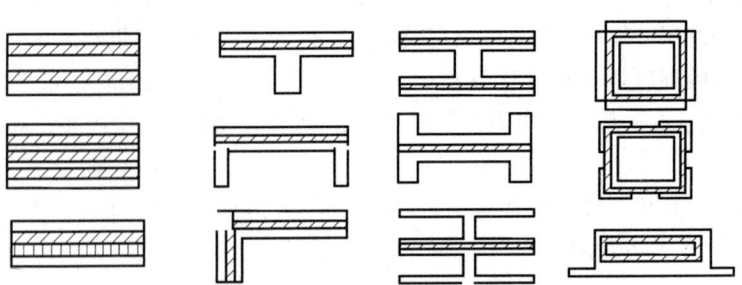

图 8-37　典型的约束阻尼处理结构

8.7 吸 振

8.7.1 动力吸振器

J. 奥蒙德罗伊德等在1928年提出了动力吸振器的方法,其原理是在振动物体上附加弹簧-质量共振系统,这种附加系统在共振时产生的反作用力可使振动物体的振动减小。图 8-38 给出了两种典型的动力吸振器应用场合,一种针对力激励系统,用一个辅助的单自由度系统 m_a 和 k_a 连接在主系统的质量块 m_p 上,使得传递到基础上的力降低;另一种针对基础激励下的响应问题,同样采用相同的动力吸振器,可以使主系统的质量块上的振动幅度得到有效的衰减。通常情况下,只有当激励力以固定的单一频率为主,或频率很低,不宜采用一般隔振器时,动力吸振器特别有用。对于多频激励,如附加一系列的动力吸振器,还可以抵消不同频率的振动,形成所谓的分布式动力吸振器。

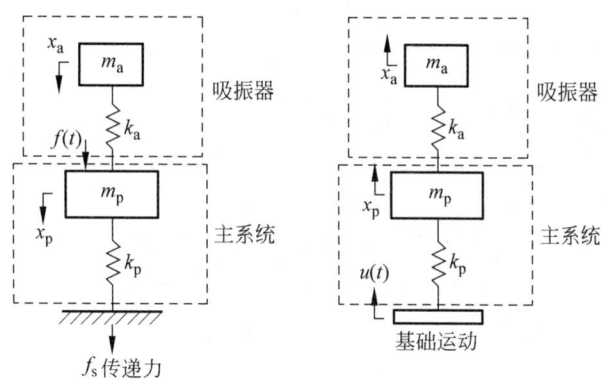

图 8-38 典型的约束阻尼处理结构

图 8-39 中给出了一个针对动力吸振器在弹性支承杆的应用实例。图 8-39(a)表示一个控制前的主结构,为一个由两个弹簧支承的刚性杆,杆上有两个质量块。考虑系统在平面内的运动,包含了一个平动自由度和一个转动自由度。当采用动力吸振器对主系统进行振动控制时,图 8-39(b)中在两个质量块系统中间的质心处放置一个单自由度平动弹簧和质量块,当整个系统做平动时,就能起到一个动力吸振器的作用。而在图 8-39(c)中,用一个两端带质量块的悬臂梁刚性连接在主杆的质心处。此时,新增加的悬臂梁系统既可以起到平动动力吸振器的作用,同时可以起到转动动力吸振器的作用。根据外力的激励力特性,通过改变吸振器上的质量,就可以调节最优的吸振频率,最终起到降低主系统的平动方向和转动方向的振动量。

无阻尼动力吸振器的基本原理可参见第 5 章的内容,可由两自由度系统的稳态振动分析来获得不同吸振质量时,对主振动体的动力吸振效果。由于单自由度系统增加无阻尼的动力吸振器后,不仅使系统原幅频特性曲线的共振点发生了移动,并且使共振频率增加到两个。因此,机械在启动和停车过程中经过第一个共振点时会引起较大的振幅。所以在实际应用中,都无一例外地采用有阻尼动力吸振器。图 8-40 表示了对应力激励下的单自由度系

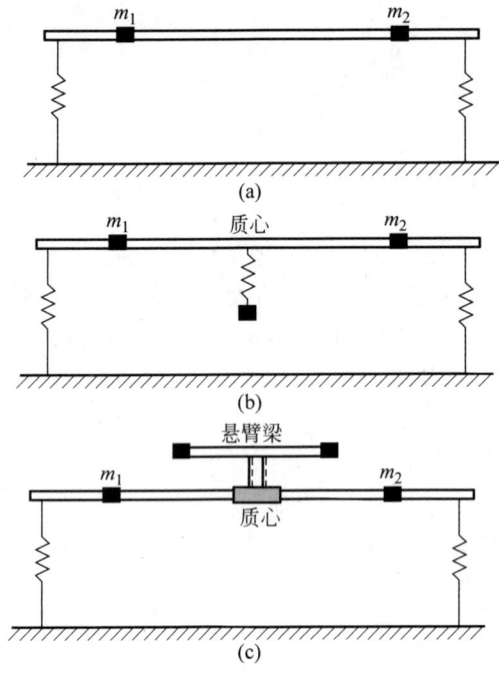

图 8-39 动力吸振器在弹性支承杆的应用实例

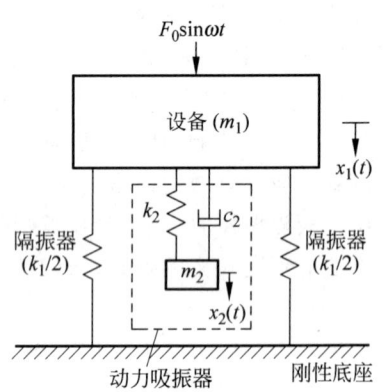

图 8-40 有阻尼动力吸振器

统采用有阻尼动力吸振器的情形。

对该系统进行分析建模,两个质量块的运动微分方程为

$$m_1\ddot{x}_1 + k_1x_1 + k_2(x_1 - x_2) + c_2(\dot{x}_1 - \dot{x}_2) = F_0\sin\omega t \tag{8-61}$$

$$m_2\ddot{x}_2 + k_2(x_2 - x_1) + c_2(\dot{x}_2 - \dot{x}_1) = 0 \tag{8-62}$$

假设其解的形式为

$$x_j(t) = X_j e^{i\omega t}, \quad j=1,2 \tag{8-63}$$

代入式(8-61)和式(8-62)后可以求出稳态解的振幅为

$$X_1 = \frac{F_0(k_2 - m_2\omega^2 + ic_2\omega)}{[(k_1 - m_1\omega^2)(k_2 - m_2\omega^2) - m_2k_2\omega^2] + i\omega c_2(k_1 - m_1\omega^2 - m_2\omega^2)} \tag{8-64}$$

$$X_2 = \frac{X_1(k_2 + ic_2\omega)}{(k_2 - m_2\omega^2 + i\omega c_2)} \tag{8-65}$$

为了方便分析,引入下列无量纲的记号:

$\mu = m_2/m_1$——质量比=吸振器质量/主质量;

$\delta_{st} = F_0/k_1$——系统静变形;

$\omega_a^2 = k_2/m_2$——吸振器固有频率的平方;

$\omega_n^2 = k_1/m_1$——主质量固有频率的平方;

$f = \omega_a/\omega_n$——固有频率比;

$g = \omega/\omega_n$——激励频率比;

$c_c = 2m_2\omega_n$——临界阻尼系数;

$\zeta = c_2/c_c$——阻尼比。

X_1 和 X_2 的大小可以表示为

$$\frac{X_1}{\delta_{st}} = \left\{ \frac{(2\zeta g)^2 + (g^2 - f^2)^2}{(2\zeta g)^2 (g^2 - 1 + \mu g^2)^2 + [\mu f^2 g^2 - (g^2 - 1)(g^2 - f^2)]^2} \right\}^{1/2} \quad (8\text{-}66)$$

$$\frac{X_2}{\delta_{st}} = \left\{ \frac{(2\zeta g)^2 + f^4}{(2\zeta g)^2 (g^2 - 1 + \mu g^2)^2 + [\mu f^2 g^2 - (g^2 - 1)(g^2 - f^2)]^2} \right\}^{1/2} \quad (8\text{-}67)$$

式(8-66)表明，主质量的振幅是 μ, f, g 和 ζ 的函数。图 8-41 是当 $f=1, \mu=1/20$ 时不同的 ζ 值对应的 $|X_1/\delta_{st}|$ 与频率比 $g = \omega/\omega_n$ 的关系曲线。

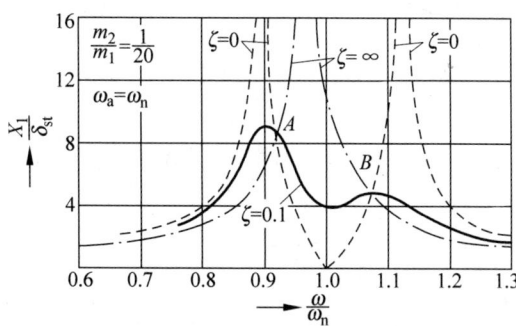

图 8-41 动力吸振器的传递特性

如果阻尼为零($c_2 = \zeta = 0$)，则共振发生在系统的两个无阻尼共振频率处，如图 8-41 所示。如果阻尼为无穷大($\zeta = \infty$)，两个质量块 m_1 和 m_2 实际上是被固结在一起，系统本质上就变成一个质量为$(m_1 + m_2) = (21/20)m$、刚度为 k 的单自由度系统。这时的共振将导致 $X_1 = \infty$，共振发生在

$$g = \frac{\omega}{\omega_n} = \frac{1}{\sqrt{1+\mu}} = 0.9759$$

因此当 $c_2 = 0$ 和 $c_2 = \infty$ 时，X_1 的峰值为无穷大。所以在这两个极限情况之间一定存在某一个阻尼值，能使 X_1 得峰值最小。

从图 8-41 可以看出，无论阻尼的大小如何，所有曲线都在 A 和 B 两点相交。将 $\zeta = 0$ 和 $\zeta = \infty$ 两种临界情况代入式(8-66)，并令两者相等，可以确定这两点的位置：

$$g^4 - 2g^2 \left(\frac{1 + f^2 + \mu f^2}{2 + \mu} \right) + \frac{2f^2}{2 + \mu} = 0 \quad (8\text{-}68)$$

式(8-68)的两个根对应着 A 和 B 两点的频率比，$g_A = \omega_A/\omega$ 和 $g_B = \omega_B/\omega$。将 g_A 和 g_B 分别代入式(8-66)就得到 A 点和 B 点的纵坐标。显然，当 A 点和 B 点的纵坐标相等时，吸振器的效果最好。这种情况要求

$$f = \frac{1}{1+\mu} \quad (8\text{-}69)$$

满足式(8-69)的吸振器称为调谐吸振器。虽然式(8-69)说明了怎么对吸振器进行调谐设计，却没有给出最优的阻尼比 ζ 以及相应的 X_1/δ_{st}。不难理解，ζ 的最优值应使响应曲线 X_1/δ_{st} 在峰值点 A, B 处尽可能的平缓。例如，像图 8-42 所示的那样，响应曲线在 A, B 两处的切线为水平直线。为此先将式(8-69)代入式(8-66)，使所得方程对应着最优调谐设计的情况。然后将化简后的式(8-66)对 g 求导，得到曲线 X_1/δ_{st} 的斜率。令斜率在 A 和 B 处为零，可得

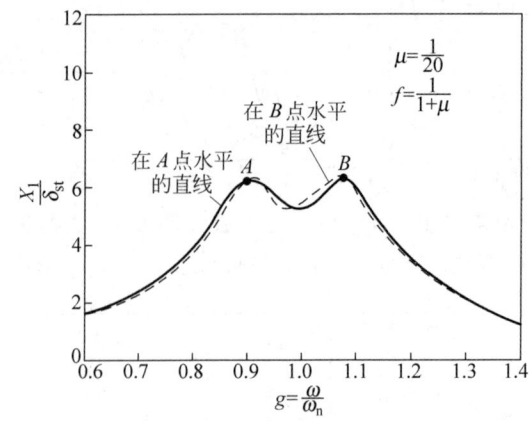

图 8-42 调整后的吸振器

对 A 点：
$$\zeta^2 = \frac{\mu\left(3-\sqrt{\frac{\mu}{\mu+2}}\right)}{8(1+\mu)^3} \tag{8-70}$$

对 B 点：
$$\zeta^2 = \frac{\mu\left(3+\sqrt{\frac{\mu}{\mu+2}}\right)}{8(1+\mu)^3} \tag{8-71}$$

设计时一般可以按下式取式(8-70)和式(8-71)的平均值：
$$\zeta_{\text{optimal}}^2 = \frac{3\mu}{8(1+\mu)^3} \tag{8-72}$$

相应的 X_1/δ_{st} 的最优解为
$$\left(\frac{X_1}{\delta_{\text{st}}}\right)_{\text{optimal}} = \left(\frac{X_1}{\delta_{\text{st}}}\right)_{\text{max}} = \sqrt{1+\frac{2}{\mu}} \tag{8-73}$$

总结以上分析，设计吸振器时应注意以下两个问题：

(1) 由式(8-67)可知，吸振器的振幅 X_2 总是远大于主质量的振幅 X_1。因此，设计时应考虑如何满足吸振器质量的大振幅要求。

(2) 因为期望 m_2 有大振幅，所以设计吸振器弹簧 k_2 时应考虑其疲劳问题。

8.7.2 动力反共振吸振器

动力反共振(dynamic anti-resonance vibration isolator，DAVI)是一种利用惯性耦合机制来产生反共振频率的隔振方法。与动力吸振器不同，动力反共振装置安装于系统的振动传递路径中，其隔振原理是在某一窄带频率范围，隔振器惯性质量产生的惯性力与隔振器弹簧产生的弹性力相互抵消而实现特定频率处的振动隔离。DAVI 的优势主要表现为：①DAVI 装置通过杠杆机制放大惯性力，与主系统之间有惯性耦合而无刚度耦合，不增加系统的自由度；②其隔振频率与被隔振对象的质量不相关，可用较小的隔振器重量实现较大的惯性力，容易满足被隔振对象对隔振器的质量约束；③在特定频率(反共振点)上具有非常高的隔振效率，不改变系统静刚度(不改变系统的支承特性)。DAVI 已在航空工业领域取得应用,其结构形式主要有机械杠杆式和液压式,本书主要给出机械杠杆式动力反共振吸振器。

如图 8-43 所示,DAVI 力学模型主要有两种形式,分别记为 Type I 和 Type II。两者均由主质量块 m、主刚度 k、连接杆 l_1 和惯性质量 m_a 组成,区别在于隔振对象支点位置 O_1 和 O_2 不同。整个结构可近似为线性系统,并假设:①连接杆为无质量刚性杆,仅考虑悬挂惯性体的质量;②被隔振对象和隔振器简化为弹簧-质量系统。

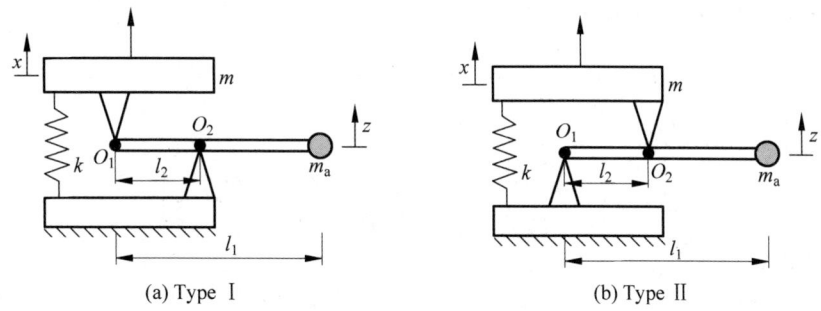

图 8-43 DAVI 两种基本结构形式

以 Type I 型 DAVI 为例,首先建立描述主质量块 m 和惯性质量 m_a 空间位置的坐标 x 和 z,并令 DAVI 杠杆比 $\alpha = l_1/l_2$,连接杆绕支点转动角度为 θ,O_1 处支反力为 F_R。根据牛顿运动定律,简谐激励作用下主质量块 m 和惯性质量 m_a 的运动方程为

$$m_a(l_1-l_2)^2\ddot{\theta} = F_R l_2 \tag{8-74}$$

$$m\ddot{x} + kx = F_R + F_0 e^{j\omega t} \tag{8-75}$$

考虑连接杆的小角度转动,连接杆满足运动关系 $\theta = z/(l_1-l_2)$,则式(8-74)可以变换为

$$m_a(\alpha-1)\ddot{z} = F_R \tag{8-76}$$

此外,考虑两组坐标系 x 和 z 满足如下转化关系:

$$z = -\frac{l_1-l_2}{l_2}x = (-\alpha+1)x \tag{8-77}$$

则式(8-76)可以进一步变换为

$$-m_a(\alpha-1)^2\ddot{x} = F_R \tag{8-78}$$

将式(8-78)代入式(8-75),可消去中间量 F_R,从而得到 DAVI 吸振系统的运动方程:

$$m\ddot{x} + m_a(\alpha-1)^2\ddot{x} + kx = F_0 e^{j\omega t} \tag{8-79}$$

通过式(8-79)不难看到,DAVI 的使用对系统的刚度并无影响,仅改变系统惯量;与动力吸振器相比,该方法不增加自由度,因此系统属于惯性耦合系统。

对式(8-79)进行无量纲化,令:

$$\omega_n^2 = \frac{k}{m}, \quad \mu = \frac{m_a}{m}, \quad \overline{F}_0 = \frac{F_0}{m} \tag{8-80}$$

则式(8-79)可简化为如下形式:

$$\ddot{x} + \mu(\alpha-1)^2\ddot{x} + \omega_n^2 x = \overline{F}_0 e^{j\omega t} \tag{8-81}$$

求解上述方程,可得到简谐激励下的稳态响应为

$$X(\omega) = \frac{\overline{F}_0}{\omega_n^2 - \omega^2 - \mu(\alpha-1)^2 \omega^2} \tag{8-82}$$

则外激励经由被隔振对象及吸振结构传递至基座的力为

$$F_h = kx - F_R - m_a \ddot{z} \tag{8-83}$$

根据式(8-74)、式(8-78)及式(8-83)可得

$$F_h = kx + m_a(\alpha-1)\alpha \ddot{x} = kx + m_a(\alpha-1)\alpha \ddot{x} \tag{8-84}$$

进一步无量纲化，可简化为

$$\overline{F}_h(\omega) = \frac{F_h}{m} = [\omega_n^2 - \mu(\alpha-1)\alpha\omega^2] X e^{j\omega t} \tag{8-85}$$

则力传递率可表示为

$$T_f(\omega) = \frac{|\overline{F}_h|}{\overline{F}_0} = \left| \frac{\omega_n^2 - \mu(\alpha-1)\alpha\omega^2}{\omega_n^2 - \omega^2 - \mu(\alpha-1)^2 \omega^2} \right| \tag{8-86}$$

取式(8-86)的零点，可得

$$\omega_z = \frac{\omega_n}{\sqrt{\mu\alpha(\alpha-1)}} = \sqrt{\frac{k}{m_a \alpha(\alpha-1)}} \tag{8-87}$$

如果 DAVI 的固有频率设计为 $\omega_z = \omega$，传递至基座的力将被抵消。ω_z 为隔振器主刚度、设备质量、惯性质量以及杠杆尺寸的函数，因此可根据相应激励频率进行参数设置。

此外，由于引入 DAVI，原共振峰左移，取式(8-86)极点，可得到该共振峰对应的频率如下：

$$\omega_p = \frac{\omega_n}{\sqrt{1+\mu(\alpha-1)^2}} = \sqrt{\frac{k}{m + m_a(\alpha-1)^2}} \tag{8-88}$$

由式(8-88)可知，引入悬挂质量将改变系统的固有频率，使之减小，但同时引入一个反共振峰。ω_p 同样为隔振器主刚度、设备质量、惯性质量以及杠杆尺寸的函数。

同理，可获得 Type Ⅱ 型 DAVI 力传递率 T_f 及其反共振频率：

$$T_f(\omega) = \frac{|\overline{F}_h|}{\overline{F}_0} = \left| \frac{\omega_0^2 - \mu(\alpha-1)\alpha\omega^2}{\omega_0^2 - \omega^2 - \mu\alpha^2 \omega^2} \right| \tag{8-89}$$

$$\omega_z = \frac{\omega_0}{\sqrt{\mu\alpha(\alpha-1)}} = \sqrt{\frac{k}{m_a \alpha(\alpha-1)}} \tag{8-90}$$

力传递率 T_f 随着频率比 $r = \omega/\omega_p$ 和 DAVI 杠杆比 α 的变化如图 8-44 所示，其中 w/o 为原始系统，共振峰所对应的无量纲频率为 1。可以看到：

(1) 由于 DAVI 吸振器的惯性耦合作用，引入悬挂质量使系统的固有频率降低；随着悬臂的增长，固有频率降低的幅度增加。

(2) 当反共振峰频率与激励频率相同时，则传递到支座的力被完全抵消，并且在随后的一个较大的频率范围内使力传递率小于 1。

(3) Type Ⅱ 型吸振器带宽要大于 Type Ⅰ 型，但 Type Ⅰ 型吸振器的零点和极点可以调换，当 $\mu > 1/(\alpha-1)$ 时，则 $\omega_p > \omega_z$；当 $\mu < 1/(\alpha-1)$ 时，则 $\omega_p < \omega_z$。

(4) 在实际工程中一般对动力吸振器的质量比 μ 有严格的限制，如 $\mu < 3\%$。因此，在这种情况下可以使用动力反共振吸振器。

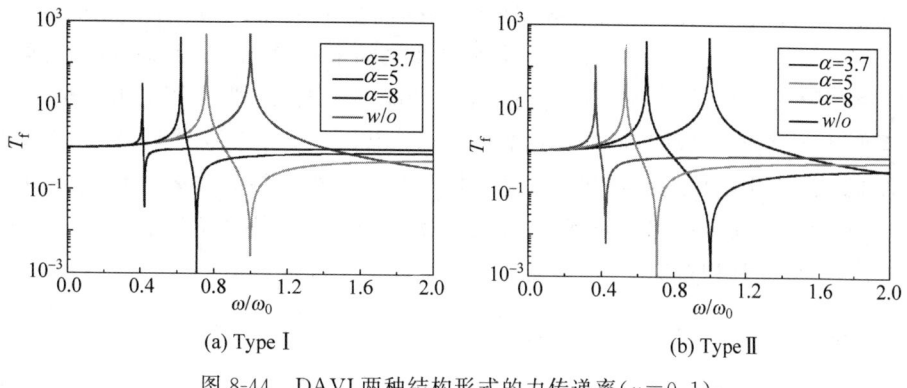

(a) Type Ⅰ (b) Type Ⅱ

图 8-44　DAVI 两种结构形式的力传递率($\mu=0.1$)

8.8　振动主动控制

8.8.1　概述

在之前的章节中讲到,被动控制可以有效地用于减少中高频率的振动在结构中的传播。而采用振动的主动控制时,用外部的受控激励源来使声波和振动减到最小,这种方式对于低频振动最为有效。本节主要介绍旨在减少结构振动的主动振动控制的物理特性和技术方法,并用一些简单例子来说明振动主动控制的主要原理、物理机制以及局限性。

图 8-45 以单自由度为例给出了被动、主动及半主动控制的基本思路。可以看出,采用被动控制时,通过在设计阶段,在质量块下方选择适当的刚度和阻尼,形成一个有效的隔振系统,来隔离作用在质量块上的激励力 $F(t)$。一旦 k 和 c 选定,在整个工作期间,完全是保持不变的。而在半主动控制中,刚度

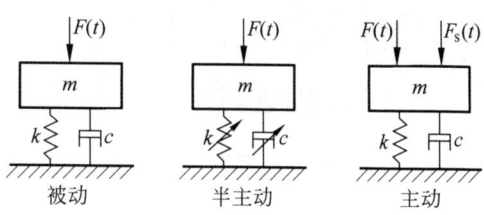

图 8-45　三种控制方式的示意图

或者阻尼都可能随着激励力的不同而发生变化,此时 k 和 c 不再是一个恒定值,而是随着 $F(t)$ 变化进行不断调整,从而起到一个比被动控制更为优化的控制作用。纯主动控制的方式则是通过外接能源,驱动一个作动器(如压电式、电磁式、液压式作动器),额外施加一个控制力 $F_s(t)$ 在质量块上。通过合适的控制算法,使得 $F_s(t)$ 能够部分或完全抵消激励力 $F(t)$ 的作用,从而降低整个质量块的振动及传递到基础上的振动能量。

8.8.2　半主动控制

结构半主动控制的原理与结构主动控制的原理基本相同,只是施加控制力的作动器需要少量的能量调节以便使其主动地甚至可以说是巧妙地利用结构振动的往复相对变形或相对速度,尽可能实现主动最优控制力。因此,半主动控制作动器通常是被动的刚度或阻尼装置与机械式主动调节器复合的控制系统。其中代表性的半主动控制装置主要有主动变刚度

系统(active variable stiffness system,AVS)和主动变阻尼系统(active variable damper,AVD)。由于半主动控制系统力求尽可能地实现主动最优控制力,因此主动控制理论(算法)是半主动控制的基础;但由于半主动控制系统能够实现的控制力形式和方向的有限性,因此又需要建立反应半主动控制力特点的控制算法来驱动半主动控制装置尽可能地实现主动最优控制力。半主动控制系统结合了主动控制系统与被动控制系统的优点,既具有被动控制系统的可靠性,又具有主动控制系统的强适应性,通过一定的控制力可以达到主动控制系统的控制效果,而且构造简单,不会使结构系统发生不稳定。

1. 主动变刚度控制系统(AVS)

图 8-46 是一个典型的主动变刚度隔振系统。质量块浮在空气弹簧上,并有轻质框架支承整个系统。通过通气管道将气源与空气弹簧相连,这样可根据外界激励力的频率特性,来调节冲击阀的充气与放气状态,当处于充气状态时,气囊内的压力会增大,从而增加支承刚度,整个隔振系统的频率也随之增加。相反,当释放气囊内的压力时,空气弹簧的刚度变低,整个系统的频率也随之降低,可以隔离的振动频率范围则向低频靠近。

图 8-47 所示的是一个典型的可变频率的动力吸振器,通过一个步进电机控制丝杠的进退,从而改变空气弹簧的压紧力,当压紧力增大时,弹簧片和吸振质量组成的动力吸振器频率变高,反之则变低。可根据被控制系统的具体需求作为反馈信号来控制步进电机,从而达到最优的振动控制效果。

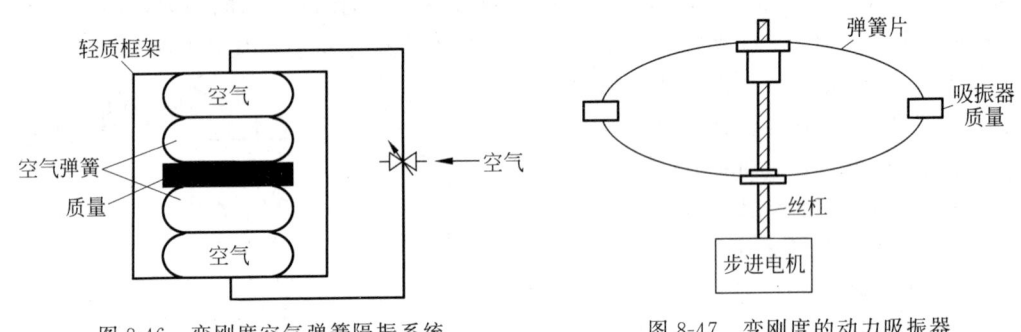

图 8-46 变刚度空气弹簧隔振系统　　　　图 8-47 变刚度的动力吸振器

2. 主动变阻尼控制系统(AVD)

主动变阻尼控制系统通过主动调节变阻尼控制装置的阻尼力,使其等于或接近主动控制力,从而达到与主动控制接近的减振效果。主动变阻尼控制装置一般在传统的液压流体阻尼器或黏滞流体阻尼器的基础上,设置可控伺服阀以构成具有控制流体流量、连续改变阻尼力、控制宽频带多种激励振动能力的"智能"阻尼器。

主动变阻尼装置是在被动黏滞液压缸的基础上增设伺服控制系统的旁通管路,控制器按照主动控制力的要求调节伺服阀的开口大小、控制流过伺服阀的液体流量,调节液压缸两腔内的压力差,从而给结构提供连续可变的阻尼力,以便实现与主动控制力相等或接近的阻尼力,从而达到与主动控制相近的减振效果。主动变阻尼控制装置主要由液压缸、活塞和电液伺服阀三部分组成。由于主动变阻尼控制装置只需要调节或控制伺服阀的开口大小,因此所需要的能源非常小,一般几十瓦就可以提供 100～200t 的阻尼力。

主动变阻尼控制装置提供的阻尼力与伺服阀的开口大小有关。当在控制实施过程中伺服阀开口始终保持完全打开状态时,主动变阻尼装置提供最小的阻尼力,相当于被动黏滞阻尼器,一般称为 Passive-off 状态;当控制实施过程中伺服阀始终保持完全关闭状态时,主动变阻尼装置提供最大的阻尼力值,也相当于被动黏滞阻尼器,一般称为 Passive-on 状态。

图 8-48 所示的是一种电磁阀控制节流孔半主动可调阻尼器的工作原理。在该型阻尼器中,当活塞杆运动方向不同时,产生不同的阻尼特性。当向下运动时,位于活塞上的单向阀门打开,而同活塞缸底部相连的单向阀关闭,此时同普通阻尼器一样工作。但当活塞杆向上运动时,位于活塞上的单向阀关闭,液体无法从该处流过。但阻尼液可以从位于上部的管道处的开口流出,而开口的大小则用电磁比例阀控制,此时可以根据需要设置相应的增益,使得阻尼力发生变化。从上部流出的阻尼液又可以流回油箱,并重新通过下部单向阀补充进入活塞缸。

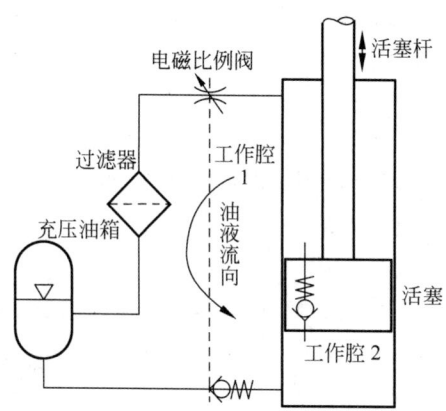

图 8-48　电磁阀控制节流孔半主动可调阻尼器工作原理

主动变阻尼控制装置只能实现与结构运动方向相反也即阻止结构运动的阻尼力,而不能像主动控制那样可以实现任意方向的控制力,既可以阻止结构运动也可以推动结构运动。正因为这个原因,结构主动变阻尼控制是无条件稳定的,而且具有很好的鲁棒性。

8.8.3　主动控制

结构主动控制是一种现代振动控制方法。主动控制系统的控制装置主要由仪器测量系统、控制系统、动力驱动系统等组成。传感器将测得的机械振动的信息传送到控制系统,通过计算机处理这些信息,按给定的控制算法计算所需的控制力,并发送控制信号给动力驱动系统,由此借助外部能源产生控制力,作用于机械结构,以减小设备的振动水平。

要对结构进行主动控制,必须时刻给结构施加最佳控制力。按控制力是否需要被控对象振动信息,主动控制分为两种:开环控制法和闭环控制法。

第一种方法较简单,它在机械设备激励源一端设置传感器,根据激励源调整控制力;而结构振动响应并未反映在控制中,即形成了所谓的开环控制系统。

第二种控制方法要用传感器测量结构振动,根据结构响应调整控制力,形成闭环控制系统。这种控制方法可将结构的振动特性确切地反映到控制回路中,通过反馈提高控制精度或性能。此外,还可以同时考虑两种控制方法,采用开、闭环回路并联控制。

1. 开环控制

根据整个控制系统的线性假设,前馈控制的基本思路是产生一个控制力作用在机械系统上,使得这个力的作用和原来的激励力作用叠加在一起,能够抵消或有效减小原激励力的作用。采用前馈控制方法的一个基本前提是激励源是可观的,或事先已知一些激励的基本信息,并且结构的动态特性是已知的。

为了更便于理解,以一个单自由度系统的前馈控制问题来举例说明。图 8-49 给出了一个力激励的单自由度系统,假设激励力为 $f_p(\omega)$,控制的目标是使得基础上的振动为零。按照控制力作用的位置,可以分为三种情况。

1) 控制力作用于质量块 m

该控制方法仍然将控制力 $f_s(\omega)$ 作用在质量块上。如果在理想状况下能完全预知外激励力的特性,则可令 $f_s(\omega) = -f_p(\omega)$,则可以得到 $x_1(\omega) = x_2(\omega) = 0$,则振动被完全消除。

2) 控制力作用于基础

如果控制力不作用在质量块上,而作用在基础上,如图 8-50 所示。则基础的速度响应(频率域)(假设 M_2 为基础的速度导纳)为

$$i\omega x_2(\omega) = M_2(\omega) f(\omega)$$

$$f(\omega) = f_s(\omega) + i\omega c [x_1(\omega) - x_2(\omega)] + k [x_1(\omega) - x_2(\omega)]$$

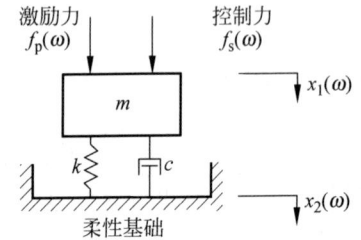

图 8-49 控制力作用在质量块上的开环控制系统

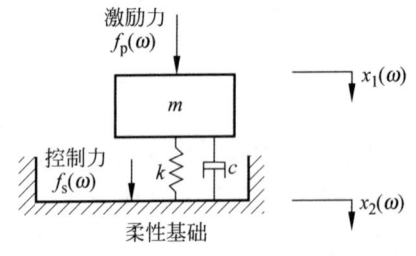

图 8-50 控制力作用在基础上的开环控制系统

质量块 m 的运动方程(频率域)为

$$-m\omega^2 x_1(\omega) + i\omega c [x_1(\omega) - x_2(\omega)] + k [x_1(\omega) - x_2(\omega)] = f_p(\omega)$$

如果要使得 $x_2 = 0$,则必须有

$$f_s(\omega) + (i\omega c + k) x_1(\omega) = 0$$

$$(-\omega^2 m + i\omega c + k) x_1(\omega) = f_p(\omega)$$

这样可以求出所需的控制力为

$$f_s(\omega) = \frac{-(i\omega c + k)}{(-\omega^2 m + i\omega c + k)} f_p(\omega)$$

3) 控制力同时作用于质量块 m 和基础

这种方式中,作动器的力可以同时作用在质量块和基础上,如图 8-51 所示。

此时基础的速度响应为

$$i\omega x_2(\omega) = M_2(\omega)\{f_s(\omega) + i\omega c [x_1(\omega) - x_2(\omega)] + k[x_1(\omega) - x_2(\omega)]\}$$

质量块 m 的运动方程为

$$-m\omega^2 x_1(\omega) + i\omega c [x_1(\omega) - x_2(\omega)] + k[x_1(\omega) - x_2(\omega)] = f_p(\omega) - f_s(\omega)$$

同样,如果要达到控制目标,即 $x_2 = 0$,可得

$$f_s(\omega) + (i\omega c + k)x_1(\omega) = 0$$

$$(-\omega^2 m + i\omega c + k)x_1(\omega) = f_p(\omega) - f_s(\omega)$$

根据方程组可以求出

$$x_1(\omega) = \frac{-f_p(\omega)}{\omega^2 m}$$

$$f_s(\omega) = \left(\frac{i\omega c + k}{\omega^2 m}\right) f_p(\omega)$$

可以看出,当三种力作用方式不同时,如果要达到相同的控制效果则需要的不同的控制力。作为对比,假设系统的阻尼比为 $\zeta = \dfrac{c}{2m\omega_n} = 0.01$,图 8-52 给出了所需控制力的大小。可以看出,当采用第一种方式即作动力施加到质量块上时,所需的控制力为恒定大小的力;当施加于基础上时,在低频区力的大小和作动力相同,在共振频率处则需要非常大的控制力,而在高频区则只需要远小于激励力的控制力;当同时施加于基础和质量块上时,则低频时需要的作动力大,而随着频率的增加则作动力逐渐减小。

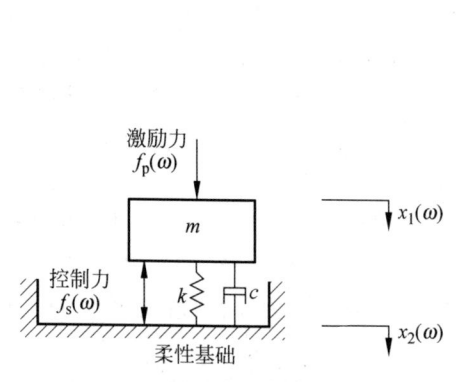

图 8-51 控制力同时作用在质量块和基础上的前馈控制系统

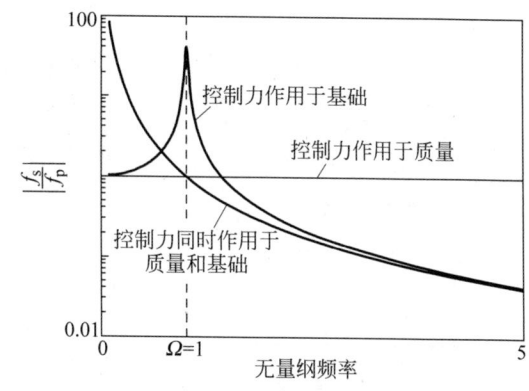

图 8-52 不同力作用方式下所需控制力的大小

2. 闭环控制

以单通道控制系统为例说明系统的工作原理。图 8-53 给出了相应的原理图。系统包括一个控制传感器及一个辅助作动器,以及一个单通道反馈控制器。传感器测得机械系统的总响应,然后将信号输入控制器,控制器根据相应的控制算法,生成控制信号并传输给作动器,然后产生相应的作动力重新作用到系统上去。

图 8-54 给出了单通道闭环控制系统等效信号框图,可以看出,作用在整个系统上的激

励力可以看成是外激励力与控制力之间的差。定义系统的传递函数 $G(s)$ 为输出信号的拉普拉斯变换 $W(s)$ 与输入信号的拉氏变换 $F_p(s)-F_s(s)$ 之比。相应的，控制通道的传递函数 $H(s)$ 则表示输出信号 $W(s)$ 与控制信号 $F_s(s)$ 之间的比值。

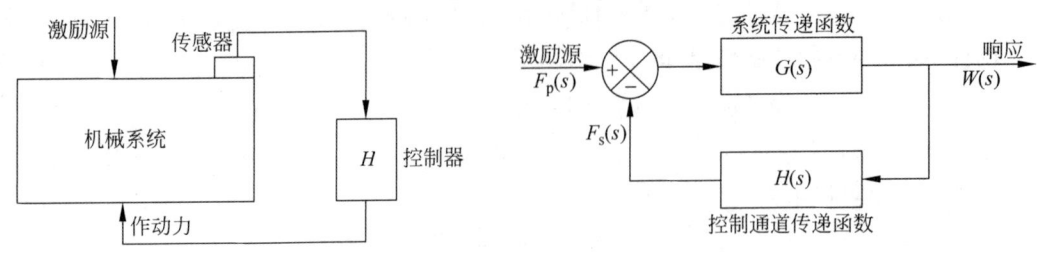

图 8-53 闭环控制系统原理图　　　图 8-54 闭环控制系统等效信号框图

采用线性系统的理论来分析系统的特性，可以根据原系统的传递函数 $G(s)$ 得到响应：

$$W(s)=G(s)\left[F_p(s)-F_s(s)\right] \tag{8-91}$$

同理，控制信号可以由控制器的传递函数表示为

$$F_s(s)=H(s)W(s) \tag{8-92}$$

合并以上两式，可得到

$$W(s)=G(s)\left[F_p(s)-H(s)W(s)\right] \tag{8-93}$$

通过简单的运算可得到带有控制系统的机械系统的传递函数为

$$\frac{W(s)}{F_p(s)}=\frac{G(s)}{1+G(s)H(s)} \tag{8-94}$$

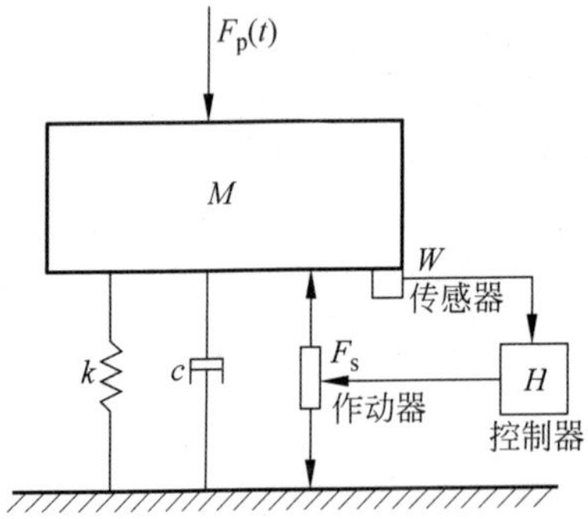

直观起见，本节以一个理想的单自由度系统为特例来说明闭环控制的应用。单自由度弹簧-质量系统及闭环控制系统如图 8-55 所示。假设信号传感器 W 测得的信号和质量块向下的位移成正比。而作动器对于质量块的作用仅产生单纯的力作用，且其大小同控制信号成比例。作动器的固有阻尼和刚度都可以通过串并联的方式将其保护在系统的 K 和 C 里。假设在施加控制力之前，作动器的力为零，则系统的动力学方程可以写为

$$M\ddot{w}(t)+C\dot{w}(t)+Kw(t)=f_p(t) \tag{8-95}$$

图 8-55 单自由度弹簧-质量系统及闭环控制系统

假设零初始条件 $x(0)=0, \dot{x}(0)=0$，则可以通过拉普拉斯变换得到

$$Ms^2W(s)+CsW(s)+KW(s)=F_p(s) \tag{8-96}$$

式中，$F_p(s)$ 和 $W(s)$ 分别为 $f_p(t)$ 和 $w(t)$ 的拉普拉斯变换。控制之前，机械系统的传递函数为

$$G(s)=\frac{W(s)}{F_p(s)} \tag{8-97}$$

从动力学方程中可以得到

$$G(s) = \frac{1}{Ms^2 + Cs + K} \tag{8-98}$$

为了得到闭环系统的响应,需要知道控制通道传递函数 $H(s)$。现在假设控制算比较简单,即控制力可分为三部分,分别与质量块上的加速度、速度及位移成比例,而增益常数表示为 g_a, g_v 和 g_d,则控制力的时域表示为

$$f_s(t) = g_a \ddot{w}(t) + g_v \dot{w}(t) + g_d w(t) \tag{8-99}$$

控制器的传递函数为

$$H(s) = \frac{F_s(s)}{W(s)} = g_a s^2 + g_v s + g_d \tag{8-100}$$

两个开环传递函数合并可以求得闭环传递函数:

$$\frac{W(s)}{F_p(s)} = \frac{G(s)}{1 + G(s)H(s)} = \frac{1}{(M+g_a)s^2 + (C+g_v)s + (K+g_d)} \tag{8-101}$$

从式(8-101)可以清晰地看出,反馈的加速度、速度、和位移项,都能修改整个系统的等效质量、阻尼和刚度,式(8-101)可以简化为

$$\frac{W(s)}{F_p(s)} = \frac{1}{M's^2 + C's + K'} \tag{8-102}$$

式中,$M' = M + g_a$ 表示修改后质量;$C' = C + g_v$ 表示修改后的阻尼;$K' = K + g_d$ 表示修改后的刚度。

在一个理想系统中,假定 M'、C' 和 K' 均为正,则闭环控制系统的稳定性是能够保证的。这可通过自动控制理论中的 Routh-Hurwitz 判据来分析。通过修改反馈控制器里的三个增益项,质量、阻尼和刚度都可单独进行修改。这样,理论上所有的机械参数都可通过调节增益实现从零到任意大进行调节。由于反馈等价于改变系统参数,为了直观的观察控制后的效果,下面分别对三种反馈的效果进行讨论。

1) 位移反馈的作用

位移反馈等效于刚度的变化。施加控制后,新系统的固有频率和阻尼比为

$$\omega'_n = \sqrt{\frac{K + g_d}{M}}, \quad \zeta' = \frac{C}{2\sqrt{(K + g_d)M}}$$

图 8-56 给出了不同反馈系数时,系统的频响变化。当增加位移反馈时,等同于增加刚度,此时系统的频率变高,等效阻尼系数变小。

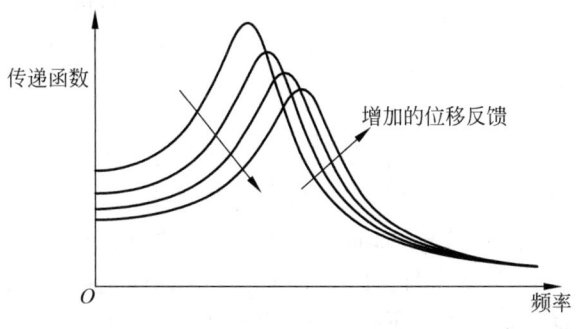

图 8-56 有位移反馈的频率响应

2) 速度反馈的作用

速度反馈等效于阻尼的变化。施加控制后，新系统的固有频率和阻尼比为

$$\omega'_n = \sqrt{\frac{K}{M}}, \quad \zeta' = \frac{C + g_v}{2\sqrt{KM}}$$

图 8-57 给出了不同反馈系数时，系统的频响变化。可以看出，当增加速度反馈系数时，系统的固有频率没有任何变化。但系统的阻尼比则随着反馈系数的增大而不断变大，在频响函数上主要体现在共振频率周围的响应随着阻尼增大而减小。

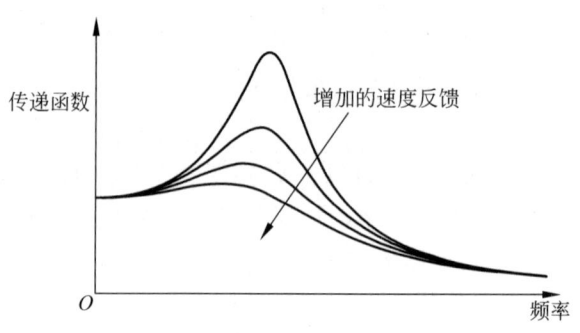

图 8-57　有速度反馈的频率响应

3) 加速度反馈的作用

加速度反馈等效于质量的变化。施加控制后，新系统的固有频率和阻尼比为

$$\omega'_n = \sqrt{\frac{K}{M + K_m}}, \quad \zeta' = \frac{C}{2\sqrt{K(M + g_a)}}$$

图 8-58 给出了不同反馈系数时，系统的频响变化。可以看出，当增加加速度反馈系数时，系统的固有频率明显降低。系统的阻尼比则随着反馈系数的增大而不断变小。

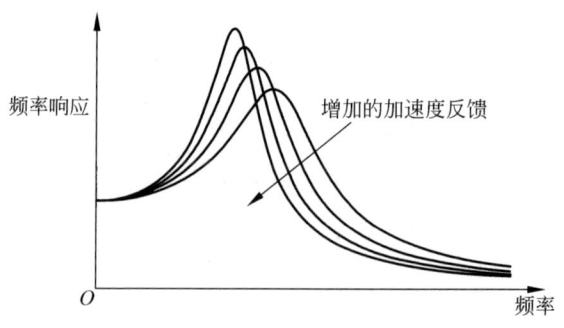

图 8-58　有加速度反馈的频率响应

图 8-59 是一个对圆盘电锯进行振动主动控制的实例。图 8-59(a)为实际的现场照片，图 8-59(b)为其工作原理示意图。该问题的背景是由于电锯在锯木头过程中，随着木头的进给，会导致圆盘电锯在厚度方向上的横向振动。如果增加电锯的厚度会降低振动，但同时会使得木头上的切痕变深，浪费木材。因此如何用更薄的电锯同时能降低横向振动是所需解决的问题。当采用如图所示的主动振动控制装置时，采用电涡流传感器来监测电锯盘片的横向振动，而通过一个电磁作动其施加作动力到盘片的外缘。通过一个闭环反馈控制系

统,通过 PID 控制,以盘片位移和速度作为反馈量,最终能使得盘片的刚度增大约 100%,阻尼增加约 50%,从而使得相同工作条件下,振动问题得到大幅改善。

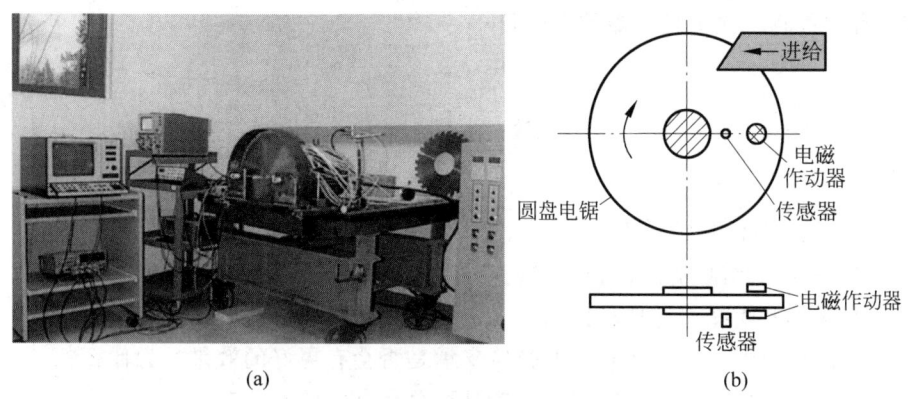

图 8-59　电锯盘面的横向振动控制

8.8.4　最优控制

在进行最优控制时,首先要将振动方程改用状态空间表示,将

$$M\ddot{y} + C\dot{y} + Ky = f(t) \tag{8-103}$$

写成

$$\ddot{y} = -M^{-1}Ky - M^{-1}C\dot{y} + M^{-1}f(t) \tag{8-104}$$

设

$$x = \begin{bmatrix} y \\ \dot{y} \end{bmatrix} \quad \text{和} \quad u = f(t) \tag{8-105}$$

可得

$$\dot{x} = \begin{bmatrix} 0 & I \\ -M^{-1}K & -M^{-1}C \end{bmatrix} x + \begin{bmatrix} 0 \\ M^{-1} \end{bmatrix} u \tag{8-106}$$

写成状态空间方程

$$\dot{x} = Ax + Bu \tag{8-107}$$

振动最优控制目标可以表示为

$$J = \int_0^{t_f} [x^T Q x + u^T R u] dt + x^T(t_f) S x(t_f) \tag{8-108}$$

式中,J 为性能指标;x 为系统的状态变量;u 为控制力;Q、R、S 为加权矩阵。Q、R 为半正定的对称矩阵,分别表示对于受控状态下的输出和输入量进行加权。而矩阵 S 则表示对受控系统的终态进行加权。

使性能指标达到最小的最优控制力 u 可以表示为

$$u(t) = G(t)x(t) \tag{8-109}$$

$G(t)$ 为最优反馈矩阵,由下式表示

$$G(t) = -R^{-1}B^T P(t) \tag{8-110}$$

式中 $P(t)$ 为 Riccati 矩阵方程的解:

$$\dot{P}(t) = -P(t)A - A^\mathrm{T}P(t) + P(t)BR^{-1}B^\mathrm{T}P(t) - Q \tag{8-111}$$
$$P(t_\mathrm{f}) = S$$

上述问题称为线性二次型控制器问题(LQR)。

习 题 8

8-1 列举几种工业振动源。

8-2 列举振动控制的几种可行方法。

8-3 吸振器和隔振器有什么区别?

8-4 机床的弹性底座使用较软的弹簧支承是否会有更好的效果?为什么?

8-5 动力吸振器辅助系统阻尼的存在是否总是有益的?

8-6 说明主动隔振与被动隔振的区别。

8-7 简述振动主动控制的基本思路,并比较主动控制与被动控制的优缺点。

8-8 一辆汽车行驶在按正弦规律变化的不平路面上。假设汽车可以简化为一个弹簧-质量系统。正弦路面的波长为 5m,振幅为 $Y=1\mathrm{mm}$。如果汽车的质量(包括成员)为 1500kg,系统的悬架刚度 k 是 400kN/m。求汽车成员能感受到振动时的行驶速度 v 的范围,并提出改进舒适性的方案。

8-9 洗衣机的质量为 50kg,工作转速为 1200r/min。求隔振 75% 的隔振器的最大刚度。假定隔振器的阻尼比为 7%。

8-10 无阻尼动力吸振器的质量为 30kg,刚度为 k,安装在一个质量为 40kg,刚度为 0.1MN/m 的弹簧-质量系统上。当主质量(40kg)受到一个幅值为 300N 的谐波激振力时,其稳态振幅为零。求吸振器质量的稳态振幅。

第 9 章

随 机 振 动

在工程实践中经常遇到一些无法预测的振动,例如大型工程结构如桥梁、电视塔或高层建筑在风作用下的振动,船舶或海上石油平台在海浪作用下的振动,以及车辆在不平路面上行驶产生的颠簸等。之所以无法预测这些工程结构在风、浪或车辆在路面不平作用下的振动响应,是因为引起振动的激励都是随机过程,这些激励随时间的变化无法用确定的函数表示,但是又服从一定的统计规律。既然激励是随机的,那么系统的振动响应也是随机的,这种由随机激励引起的振动就是随机振动。与随机振动相对的是确定性振动,即系统的激励和响应都是时间的确定性函数。前面章节所研究的振动都是确定性振动。

本章要解决的问题是如何计算或估计振动系统在随机激励作用下的响应,并从随机振动的角度分析系统的响应与激励之间的关系,也就是输出与输入之间的关系。在这里假定振动系统的质量、刚度和阻尼等参数都是确定性的,但系统的激励是随机的,系统的振动响应也是随机的。本章首先介绍随机变量和随机过程的基本概念,接下来介绍包括傅里叶变换、相关分析和谱分析等随机激励(信号)分析的基本方法,并介绍随机信号的一些基本特点;最后介绍在随机激励作用下系统振动响应的计算方法以及系统输出与输入之间的关系,包括单输入-单输出和多输入-多输出问题。

9.1 随机变量与随机过程

一个随机变量 X 的取值是不确定的,但是其取值的概率分布是服从统计规律的,这个统计规律就是随机变量 X 的概率分布函数:

$$F(x) = \text{Prob}[X \leqslant x] \tag{9-1}$$

$F(x)$ 代表随机变量 X 取值小于 x 的概率,为最大值等于 1 的连续函数。

更常用地,可以定义随机变量 X 的概率密度函数 $p(x)$ 如下

$$p(x) = \lim_{\Delta x \to 0} \frac{F(x + \Delta x) - F(x)}{\Delta x} = \frac{\mathrm{d}F(x)}{\mathrm{d}x} \tag{9-2}$$

即随机变量 X 取值落在区间 $[x, x+\Delta x]$ 的概率密度。

概率分布函数 $F(x)$ 可以通过对概率密度函数 $p(x)$ 进行积分得到

$$F(x) = \text{Prob}[X \leqslant x] = \int_{-\infty}^{x} p(x) \mathrm{d}x \tag{9-3}$$

由于随机变量 X 取值不会超出 $[-\infty, +\infty]$,所以必然有

$$\int_{-\infty}^{+\infty} p(x) \mathrm{d}x = F(+\infty) = \text{Prob}[X \leqslant +\infty] = 1 \tag{9-4}$$

通过随机变量 X 的均值 μ_x 与方差 σ_x^2，可以对随机变量的特性作进一步了解，它们的定义如下：

$$\mu_x = E[X] = \int_{-\infty}^{+\infty} x p(x) \mathrm{d}x \tag{9-5}$$

$$\sigma_x^2 = E[(X - \mu_x)^2] \tag{9-6}$$

均值 μ_x 表示随机变量 X 取值的平均数值，方差 σ_x^2 反映了随机变量 X 的取值对其均值的离散程度。均值和方差是随机变量最常用也是最重要的统计量。方差的平方根 σ_x 称为标准差。

自然界和社会生活中很多随机现象的概率服从或近似服从正态分布，也称为高斯分布，其概率密度函数为

$$p(x) = \frac{1}{\sqrt{2\pi}\sigma_x} \exp\left[-\frac{(x-\mu_x)^2}{2\sigma_x^2}\right] \tag{9-7}$$

式中，μ_x 和 σ_x 分别是均值和标准差。正态分布函数的图形呈钟形，如图 9-1 所示。

从正态分布图形可以了解到，随机变量在均值附近取值的概率较大，在远离均值的地方取值的概率很小。这与实际生活中的很多现象吻合，例如学生考试成绩的分布，机械加工零件尺寸的分布等。正态分布图形是对称的，$x = \mu_x$ 为其对称轴。

当 σ_x 比较小，正态分布图形比较尖，随机

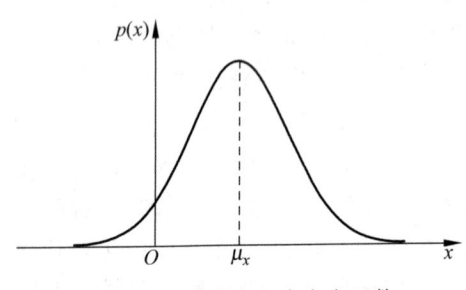

图 9-1 正态分布概率密度函数

变量取值大部分位于均值 μ_x 附近，离散程度比较小；当 σ_x 比较大，正态分布图形比较扁，随机变量取值离散程度比较大。因此 μ_x 和 σ_x 决定了正态分布的位置和形状。

一个随机变量 X 与时间参数联系起来就成为随机过程 $X(t)$。例如路面高低不平是个随机变量，如果车辆驶过高低不平的路面，这个随机变量就和时间联系起来，成为随机过程。随机过程 $X(t)$ 的一个记录称为一次实现，相当于随机变量的一个取值。例如对风速进行 N 次记录，每次记录的时间长度相同，那么这 N 次记录就是风速这个随机过程的 N 次实现，记为 $X_1(t), \cdots, X_N(t)$。

随机过程 $X(t)$ 的概率密度函数用下式进行定义：

$$p(x,t) = \mathrm{Prob}[x \leqslant X(t) \leqslant x + \mathrm{d}x]/\mathrm{d}x \tag{9-8}$$

由式(9-8)可以看到，随机过程的概率密度函数 $p(x,t)$ 是时间的函数。因为 $p(x,t)$ 可以随时间变化，还可定义随机过程 $X(t)$ 的联合分布概率密度函数如下：

$$p(x_1,t_1; x_2,t_2) = \mathrm{Prob}[x_1 \leqslant X(t_1) \leqslant x_1 + \mathrm{d}x_1 \& x_2 \leqslant X(t_2) \leqslant x_2 + \mathrm{d}x_2]/\mathrm{d}x_1\mathrm{d}x_2 \tag{9-9}$$

式(9-9)表示的是二维联合分布概率密度函数，更一般地还可以写出 n 维的联合分布概率密度函数。很明显，随机过程的概率密度函数比随机变量的概率密度函数复杂得多。

接下来的问题是，这些随时间变化的概率密度函数是如何计算得到的？与随机变量概率密度函数的计算方法类似，对随机过程 $X(t)$ 而言，上述概率密度函数是建立在集合平均的定义上。下面以一维分布和二维联合分布概率密度函数为例，结合图 9-2 对随机过程的

集合平均过程进行介绍。假定对随机过程 $X(t)$ 进行了 N 次记录,得到 N 条时间曲线,记为 $X_1(t),\cdots,X_N(t)$。在时刻 t_1 和 t_2 分别观察 N 条曲线的取值,得到两组观察值 $X_1(t_1),\cdots,X_N(t_1)$ 和 $X_1(t_2),\cdots,X_N(t_2)$。这两组观察值等同于随机变量的样本,计算它们的概率分布就可以得到两个一维概率密度函数 $p(x,t_1)$,$p(x,t_2)$ 和二维联合分布概率密度函数 $p(x_1,t_1;x_2,t_2)$。

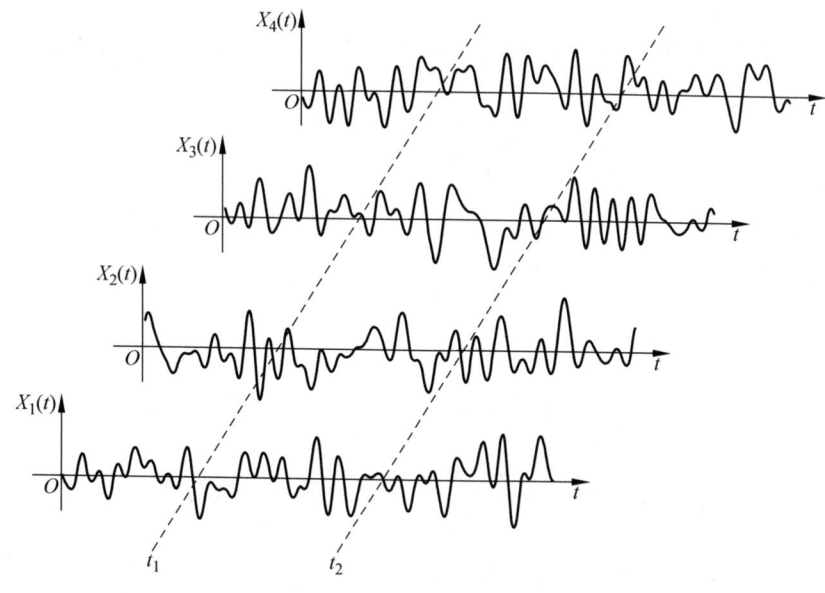

图 9-2 随机过程 $X(t)$ 的实现与统计规律的集合平均

如果随机过程的集合概率分布与时间无关(对二维和多维概率分布只与测量时间间隔有关),则称为平稳随机过程。对于平稳随机过程有

$$p(x,t)=p(x), \quad p(x_1,t_1;x_2,t_2)=p(x_1,x_2;t_2-t_1) \tag{9-10}$$

由于随机过程集合概率密度函数的计算或估计需要大量的样本,这在现实中很难实现,甚至是不可能的。如果随机过程所有的集合平均,如均值、方差等,与随机过程的任何一个记录或样本的时间平均值相同,那么这种随机过程称为各态历经随机过程。从性质上不难理解,各态历经随机过程必然是平稳随机过程。

对各态历经随机过程,只要对其中一个时间样本函数进行分析就可以了,因为其统计量的时间平均值与集合平均值相同。这个性质很重要。在工程应用中大都用时间平均来代替集合平均,因为集合平均的计算需要大量样本,在时间和成本上代价太大,难以实现。下面所分析的随机信号或随机振动,假定都是各态历经随机过程,只进行时间平均的计算与分析。

9.2 傅里叶变换

在随机振动理论中,对随机信号的分析计算既需要在时间域进行,也需要在频率域进行,并且经常需要在时间域和频率域之间进行转换。傅里叶变换是随机信号分析的重要工具,用于对时域信号进行频域分析。在第1章里对傅里叶级数分析周期运动的方法已经作了详细介绍。本节将从复数形式的傅里叶级数出发,通过考察傅里叶级数与傅里叶变换之间的关系,建立傅里叶变换的概念。

9.2.1 复数形式的傅里叶级数

在第1章里我们知道任意一个周期信号 $x(t)=x(t+T)$ 可以被分解成三角函数之和,即傅里叶级数为

$$x(t)=\frac{a_0}{2}+\sum_{n=1}^{+\infty}(a_n\cos n\omega_0 t+b_n\sin n\omega_0 t) \tag{9-11}$$

应用三角函数的指数表达式 $e^{\pm i\theta}=\cos\theta\pm i\sin\theta$,可以将三角函数表示为

$$a_n\cos n\omega_0 t=\frac{a_n}{2}(e^{-in\omega_0 t}+e^{in\omega_0 t}),\quad b_n\sin n\omega_0 t=\frac{ib_n}{2}(e^{-in\omega_0 t}-e^{in\omega_0 t})$$

将其代入式(9-11),傅里叶级数的表达式变成

$$x(t)=\frac{a_0}{2}+\sum_{n=1}^{+\infty}\frac{1}{2}(a_n+ib_n)e^{-in\omega_0 t}+\sum_{n=1}^{+\infty}\frac{1}{2}(a_n-ib_n)e^{in\omega_0 t} \tag{9-12}$$

令 $c_0=\dfrac{a_0}{2}$,$c_{-n}=\dfrac{a_n+ib_n}{2}$,$c_n=c_{-n}^*=\dfrac{a_n-ib_n}{2}$,式中 * 代表复数的共轭,上式可写成

$$x(t)=c_0+\sum_{n=1}^{+\infty}c_{-n}e^{-in\omega_0 t}+\sum_{n=1}^{+\infty}c_n e^{in\omega_0 t}$$

或

$$x(t)=\sum_{n=-\infty}^{+\infty}c_n e^{in\omega_0 t} \tag{9-13}$$

式(9-13)即为傅里叶级数的复数(指数)形式,与三角函数形式完全等价,系数 c_n 由下式计算

$$c_n=\frac{1}{T}\int_{-T/2}^{T/2}x(t)e^{-in\omega_0 t}\,dt \tag{9-14}$$

傅里叶级数的复数(指数)形式很简洁,便于理论分析。复数表达式中出现了负的频率 $-n\omega_0$,这是由于数学处理引起的,物理意义上频率总是正的。虽然数学运算使 $x(t)$ 分解成 $\pm n\omega_0$ 二个频率分量,但实际上 $-n\omega_0$ 那部分仍属于正的频率 $n\omega_0$。

根据式(9-13),并利用函数 $e^{in\omega_0 t}$ 的正交性,可以得到周期信号平均功率的计算式,称为Parseval(帕塞瓦尔)等式

$$P=\frac{1}{T}\int_{-T/2}^{T/2}x^2(t)\,dt=\sum_{n=-\infty}^{+\infty}|c_n|^2 \tag{9-15}$$

9.2.2 傅里叶变换

周期信号可以展开成傅里叶级数,但是非周期信号不能用傅里叶级数表示。若把非周期信号看成周期为无限长的周期信号,就可以从傅里叶级数推导出傅里叶变换。

设非周期信号 $x(t)$ 满足绝对可积 $\int_{-\infty}^{+\infty}|x(t)|\mathrm{d}t<+\infty$，将 $x(t)$ 展开为傅里叶级数，其系数为

$$c_n = \frac{1}{T}\int_{-T/2}^{T/2} x(t)\mathrm{e}^{-\mathrm{i}n\omega_0 t}\mathrm{d}t$$

若周期 T 趋于无穷大，则 c_n 变为无穷小，但乘积

$$Tc_n = \int_{-T/2}^{T/2} x(t)\mathrm{e}^{-\mathrm{i}n\omega_0 t}\mathrm{d}t$$

仍然为有限值。令 $T\to+\infty$，则 $\omega_0=\dfrac{2\pi}{T}=\Delta\omega\to 0$，于是 $n\omega_0=n\Delta\omega=\omega$ 成为连续变量，乘积 Tc_n 演变成连续函数 $X(\omega)$：

$$X(\omega)=\lim_{T\to+\infty}Tc_n=\lim_{T\to+\infty}\int_{-T/2}^{T/2} x(t)\mathrm{e}^{-\mathrm{i}n\omega_0 t}\mathrm{d}t=\int_{-\infty}^{+\infty}x(t)\mathrm{e}^{-\mathrm{i}\omega t}\mathrm{d}t \tag{9-16}$$

于是当周期 T 为无穷大时，时域信号 $x(t)$ 的傅里叶级数系数 c_n 与 T 的乘积转变成傅里叶变换：

$$X(\omega)=\int_{-\infty}^{+\infty}x(t)\mathrm{e}^{-\mathrm{i}\omega t}\mathrm{d}t,\quad -\infty<\omega<+\infty \tag{9-17}$$

另外，根据 $x(t)$ 的傅里叶级数表达式(9-13)可以写出

$$x(t)=\sum_{n=-\infty}^{+\infty}c_n\mathrm{e}^{\mathrm{i}n\omega_0 t}=\sum_{n=-\infty}^{+\infty}\frac{Tc_n}{T}\mathrm{e}^{\mathrm{i}n\omega_0 t}=\frac{1}{2\pi}\sum_{n=-\infty}^{+\infty}Tc_n\mathrm{e}^{\mathrm{i}n\omega_0 t}\omega_0$$

式中，$\omega_0=2\pi/T$ 为基频。当 $T\to+\infty$ 时上式变成

$$x(t)=\frac{1}{2\pi}\lim_{T\to+\infty}\sum_{n=-\infty}^{+\infty}Tc_n\mathrm{e}^{\mathrm{i}n\omega_0 t}\omega_0=\frac{1}{2\pi}\lim_{\Delta\omega\to 0}\sum_{n=-\infty}^{+\infty}X(\omega)\mathrm{e}^{\mathrm{i}n\Delta\omega t}\Delta\omega \tag{9-18}$$

将式(9-18)写成积分形式，便得到傅里叶反变换的表达式

$$x(t)=\frac{1}{2\pi}\int_{-\infty}^{+\infty}X(\omega)\mathrm{e}^{\mathrm{i}\omega t}\mathrm{d}\omega \tag{9-19}$$

于是，时域信号 $x(t)$ 与频域函数 $X(\omega)$ 组成由式(9-17)和式(9-19)定义的傅里叶变换对。

傅里叶变换的另一种表达方式为

$$X(f)=\int_{-\infty}^{+\infty}x(t)\mathrm{e}^{-\mathrm{i}2\pi f t}\mathrm{d}t,\quad -\infty<f<+\infty \tag{9-20}$$

$$x(t)=\int_{-\infty}^{+\infty}X(f)\mathrm{e}^{\mathrm{i}2\pi f t}\mathrm{d}f \tag{9-21}$$

式中，f 的单位为 Hz。因为 $\omega=2\pi f$，当频率采用赫兹后，傅里叶反变换中 2π 就不出现了。

9.2.3 傅里叶变换的重要性质

用 F 代表傅里叶变换运算符，$X(\omega)$ 代表 $x(t)$ 的傅里叶变换，$*$ 表示卷积(若用作上标，则表示共轭)，傅里叶变换的以下几个性质经常会用到：

(1) $\qquad X(-\omega)=X^*(\omega) \tag{9-22}$

(2) $\qquad F[\delta(t)]=1,\delta(t)$ 为单位脉冲函数 $\tag{9-23}$

(3) $\qquad F[x(t-t_0)]=\mathrm{e}^{-\mathrm{i}\omega t_0}X(\omega) \tag{9-24}$

(4) $\quad F[x(t)\mathrm{e}^{\mathrm{i}\omega_0 t}] = X(\omega - \omega_0)$ (9-25)

(5) $\quad F[h(t) * x(t)] = H(\omega)X(\omega)$ (9-26)

(6) $\quad F[h(t)x(t)] = \dfrac{1}{2\pi}H(\omega) * X(\omega)$ (9-27)

(7) $\quad F[\dot{x}(t)] = \mathrm{i}\omega X(\omega)$ (9-28)

(8) $\quad F\left[\int_{-\infty}^{t} x(t)\mathrm{d}t\right] = \dfrac{1}{\mathrm{i}\omega}X(\omega)$ (9-29)

9.3 随机信号的相关分析和谱分析

9.3.1 相关分析

系统的随机振动若不考虑其物理量就表现为随机信号,相关分析是了解随机信号性质的重要手段。随机信号 $x(t)$ 的自相关函数定义为

$$R_x(\tau) = E[x(t)x(t+\tau)] = \lim_{T \to +\infty} \frac{1}{T}\int_{-T/2}^{T/2} x(t)x(t+\tau)\mathrm{d}t \quad (9\text{-}30)$$

式中,变量 τ 表示时间的延迟。从 $R_x(\tau)$ 的表达式可以看到,它是 t 时刻的信号 $x(t)$ 与相隔时间 τ 以后的信号 $x(t+\tau)$ 的乘积的时间平均。自相关函数反映信号自身相隔一段时间后的相关程度。如果 $R_x(\tau) = 0$,则表示随机信号在相隔了一段时间 τ 以后是不相关的,或者说 τ 前后的随机信号是互相独立的。如果 $\tau = 0$,则有

$$R_x(0) = E[x^2(t)] = \lim_{T \to +\infty} \frac{1}{T}\int_{-T/2}^{T/2} x^2(t)\mathrm{d}t \quad (9\text{-}31)$$

此时 $R_x(0)$ 代表随机信号的均方值。可以证明 $R_x(0)$ 是 $R_x(\tau)$ 的最大值,这说明随机信号自身相关性最大,因为两者完全相同。如果随机信号 $x(t)$ 的均值为 0,此时 $R_x(0)$ 也代表随机信号的方差 σ_x^2。

经简单推导可以得到自相关函数的下列重要性质:

(1) $R_x(\tau) = R_x(-\tau)$,即自相关函数为偶函数;

(2) $R_x(0) \geqslant R_x(\tau)$;

(3) 对于周期信号 $x(t+T) = x(t)$,有 $R_x(\tau + T) = R_x(\tau)$,即周期信号的自相关也是周期函数,且周期相同。

根据随机信号自相关函数 $R_x(\tau)$ 的特点可以了解随机信号的一些重要性质。图 9-3 和图 9-4 分别给出了窄带随机信号和宽带随机信号及其自相关函数的图形。对两种信号进行比较可以看到:窄带信号具有一定的相关性,只要时间间隔不是很长,后面的信号与前面的信号总有一定的关联;且时间间隔越短,相关性越大。而宽带信号只要经过很短的时间间隔,前后信号就没有关联了,是互相独立的。

图 9-5 给出一个频率为 50 Hz 确定性信号与宽带随机信号叠加在一起的信号。因为 50 Hz 的信号比随机信号还要小,所以从时域的信号图上很难分辨出来。但是从信号的自相关函数很容易看出合成信号中含有周期信号,因为自相关函数呈现出周期性,并且可以知

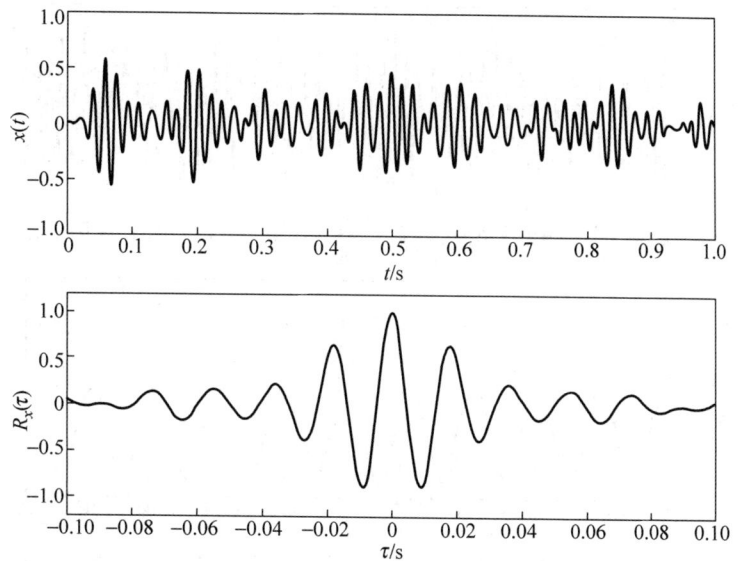

图 9-3　中心频率 $f_0=50\,\text{Hz}$，带宽 $\Delta f=30\,\text{Hz}$ 的窄带随机信号的自相关函数

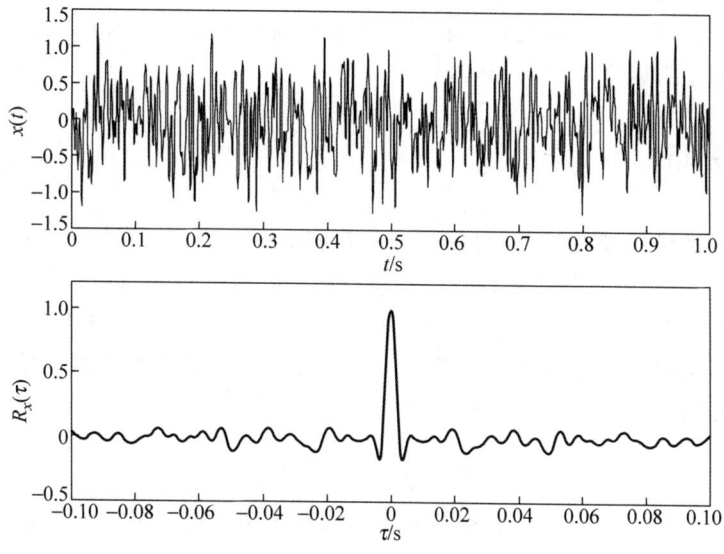

图 9-4　0～200 Hz 宽带随机信号的自相关函数

道所包含的周期信号的周期为 $0.02\,\text{s}$，即频率为 $50\,\text{Hz}$。

两个随机信号 $x(t)$ 和 $y(t)$ 的互相关函数定义为

$$R_{xy}(\tau)=E[x(t)y(t+\tau)]=\lim_{T\to+\infty}\frac{1}{T}\int_{-T/2}^{T/2}x(t)y(t+\tau)\mathrm{d}t \tag{9-32}$$

从中可以看出互相关函数与自相关函数的定义没有什么不同，只不过互相关函数表示两个信号之间的关系。

根据定义可以得出互相关函数有下列关系

$$R_{xy}(\tau)=R_{yx}(-\tau) \tag{9-33}$$

注意式(9-32)和式(9-33)中互相关函数下标的顺序。

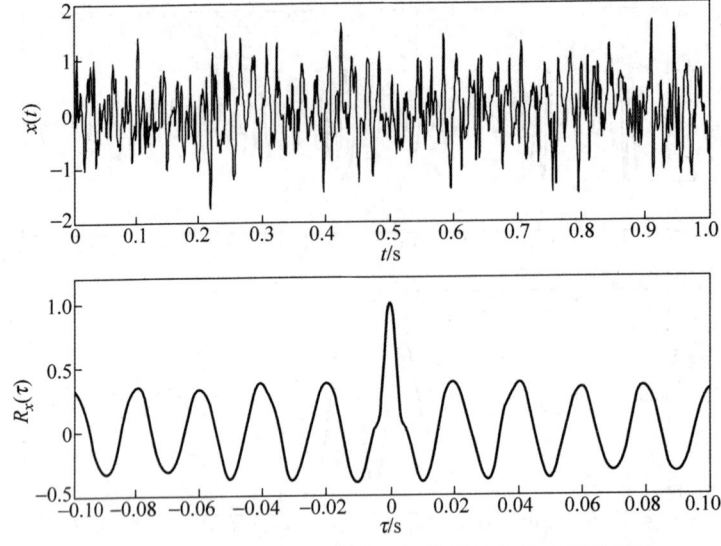

图 9-5　50 Hz 周期信号与宽带随机信号组合的自相关函数

分析随机振动时,可以用两个随机信号 $x(t)$ 和 $y(t)$ 分别表示系统的输入和输出,即系统的激励与响应。由于振动系统的激励与响应存在确定的关系,所以系统的输入与输出的互相关函数之间也有确定的关系,具体见下一节。

9.3.2　谱分析

以上介绍的随机信号的相关分析都是在时间域进行的。除了在时间域进行分析计算外,还可以在频率域对随机信号进行分析计算。通过频域分析不仅可以了解随机信号的频谱,而且频率域中输入、输出与系统之间的关系比较简单,可以用代数式表示。随机信号及系统的频域分析是以傅里叶变换为基础的,有关傅里叶变换的知识在前面已经作了介绍。

对随机信号的自相关函数 $R_x(\tau)$ 作傅里叶变换可得

$$S_x(\omega) = \int_{-\infty}^{+\infty} R_x(\tau) e^{-i\omega\tau} d\tau \tag{9-34}$$

$S_x(\omega)$ 称为随机信号的功率谱密度函数(PSD),简称为功率谱。根据傅里叶变换的定义,对式(9-34)进行逆变换就得自相关函数

$$R_x(\tau) = \frac{1}{2\pi} \int_{-\infty}^{+\infty} S_x(\omega) e^{i\omega\tau} d\omega \tag{9-35}$$

随机信号的自相关函数与功率谱密度构成傅里叶变换对,式(9-34)与式(9-35)称为维纳-辛钦(Wiener-Khinchin)关系。

在式(9-35)中令 $\tau = 0$,并根据自相关函数的定义,可得

$$R_x(0) = \lim_{T \to +\infty} \frac{1}{T} \int_{-T/2}^{T/2} x^2(t) dt = \frac{1}{2\pi} \int_{-\infty}^{+\infty} S_x(\omega) d\omega \tag{9-36}$$

式中,$R_x(0)$ 为随机信号的均方值,是在时间域里计算得到的平均功率,而等式右边的积分则是在频率域里计算得到的平均功率。根据积分的意义(不考虑因子 $1/2\pi$),$S_x(\omega)d\omega$ 代表信号在微小频率区间 $[\omega, \omega+d\omega]$ 的功率,因此 $S_x(\omega)$ 称为功率谱密度。式(9-36)还有另

外一个重要的物理意义,即随机信号的平均功率既可以从时域计算(方程的左边部分),也可以从频域计算(方程的右边部分),两者是相等的。

将傅里叶变换式(9-34)展开,并利用自相关函数 $R_x(\tau)$ 是偶函数的性质,可得

$$S_x(\omega) = \int_{-\infty}^{+\infty} R(\tau)(\cos\omega\tau - i\sin\omega\tau)d\tau = 2\int_{0}^{+\infty} R(\tau)\cos\omega\tau d\tau = S_x(-\omega) \quad (9-37)$$

即功率谱密度是实的偶函数。

计算随机信号的功率谱密度函数不一定非要先计算自相关函数,再对自相关函数进行傅里叶变换。式(9-34)只是一个理论上的定义。利用随机信号 $x(t)$ 的傅里叶变换 $X(\omega)$,通过下式可以直接得到功率谱密度:

$$S_x(\omega) = \frac{1}{T}|X(\omega)|^2 \quad (9-38)$$

以上计算式可以通过表示能量积分关系的帕塞瓦尔等式(Parseval's theorem)

$$\int_{-\infty}^{+\infty} x^2(t)dt = \frac{1}{2\pi}\int_{-\infty}^{+\infty} |X(\omega)|^2 d\omega \quad (9-39)$$

并综合式(9-36)得到。式(9-39)与傅里叶级数的帕塞瓦尔等式(9-15)是对应的,根据傅里叶级数和傅里叶变换的关系可以从式(9-15)导出式(9-39)。有关帕塞瓦尔等式的介绍可以查阅任何一本有关傅里叶变换的书籍。帕塞瓦尔等式的重要意义在于说明信号的能量既可以通过时域计算,也可以通过频域计算,两者是等价的。式(9-36)实际上是式(9-39)的另一种表达,只不过一个是平均功率,另一个是能量而已,两者只差一个系数 $1/T$。

负的频率只是一个数学概念,实际并不存在。因为功率谱密度是偶函数,可以把 $S_x(\omega)$ 在 $-\omega$ 的对称部分折叠到 $+\omega$ 这边来,得到单边的功率谱密度函数

$$G_x(\omega) = \begin{cases} 2S_x(\omega), & \omega \geqslant 0 \\ 0, & \omega < 0 \end{cases} \quad (9-40)$$

为了进一步了解典型随机信号的特点和加深理解随机信号相关分析与谱分析的意义,图9-6给出了宽带和窄带随机信号的图形以及它们的自相关函数和功率谱密度。为了进行比较,图中还给出了正弦信号的相应谱图。

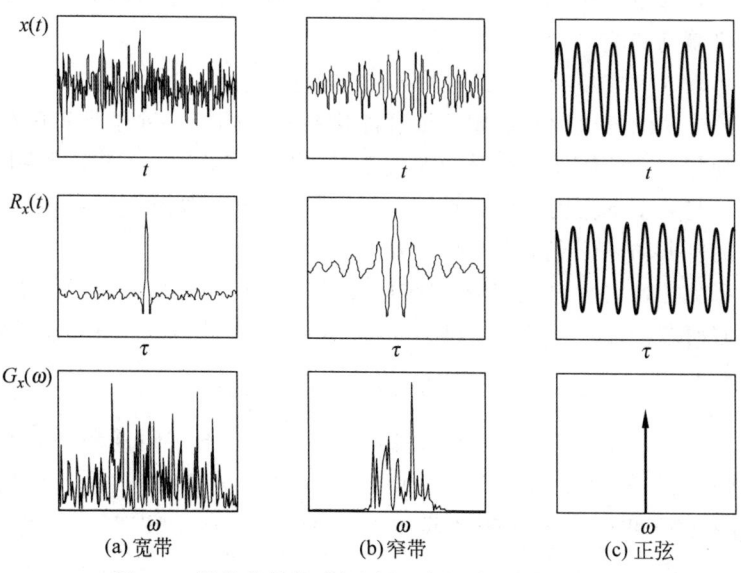

图9-6 随机信号的时间历程、自相关函数和功率谱

有一种理想的随机信号称为白噪声,它的功率谱密度(严格说应该是功率谱密度的数学期望)在整个频率范围等于常数。在振动试验中,将信号发生器产生的白噪声经滤波器滤波,就可以得到所需的宽带或窄带随机信号。

对两个随机信号 $x(t)$ 和 $y(t)$ 的互相关函数作傅里叶变换便得到互谱密度函数:

$$S_{xy}(\omega) = \int_{-\infty}^{+\infty} R_{xy}(\tau) e^{-i\omega\tau} d\tau \qquad (9-41)$$

对互谱密度函数函数 $S_{xy}(\omega)$ 作傅里叶逆变换就得到互相关函数:

$$R_{xy}(\tau) = \frac{1}{2\pi} \int_{-\infty}^{+\infty} S_{xy}(\omega) e^{i\omega\tau} d\omega \qquad (9-42)$$

即互相关函数和互谱密度函数构成傅里叶变换对。

根据互相关函数的性质 $R_{xy}(\tau) = R_{yx}(-\tau)$,从式(9-41)可以得到

$$S_{xy}(\omega) = S_{yx}^{*}(\omega) \qquad (9-43)$$

式中的 * 号表示复数取共轭。与功率谱密度函数不同,互谱密度函数是复数。

与功率谱密度相似,互谱密度可以用下式直接计算

$$S_{xy}(\omega) = \frac{1}{T}[X^{*}(\omega) Y(\omega)] \qquad (9-44)$$

式中,$X(\omega)$ 和 $Y(\omega)$ 分别为 $x(t)$ 和 $y(t)$ 的傅里叶变换。互谱密度函数可用于估算系统的频率响应函数,有关内容在后面介绍。

9.4 单输入-单输出系统对随机激励的响应

系统的自由度与输入、输出数目是不同的概念,单自由度系统可以受到一个或一个以上的输入,多自由度系统也可以只有一个输入和一个输出。随机振动的计算分析往往涉及多个输入和输出,以及输入、输出各自和相互间的相关性,而输入、输出数的多少又决定问题的复杂程度。所以在这里按输入、输出数对问题进行分类,而不是按照单自由度、多自由度来讨论系统对随机激励的响应。

首先研究单输入-单输出系统的随机振动响应计算问题。第4章介绍的杜哈梅积分计算确定性激励的响应的方法同样适用于计算随机激励的响应。除了计算随机振动响应,本节还要介绍激励与响应的统计规律之间的关系,例如输入与输出的功率谱密度、互谱密度之间的关系等。这些关系不仅用于计算响应,还可用于通过试验对振动系统的动态特性进行辨识。这也是随机振动理论应用的一个重要方面。

假定振动系统是确定性的,系统的单位脉冲响应 $h(t)$ 和频率响应函数 $H(\omega)$ 分别表示其时域和频域的动态特性。在随机激励力 $f(t)$ 作用下,通过卷积计算系统的响应:

$$x(t) = f(t) * h(t) = \int_{-\infty}^{+\infty} f(\tau) h(t-\tau) d\tau \qquad (9-45)$$

式(9-45)与第4章的式(4-17)是一致的。虽然这里的积分上下限延伸至无穷,但不会改变计算结果,因为 $\tau < 0$ 时 $f(\tau) = 0$,而 $\tau > t$ 时 $h(t-\tau) = 0$。对式(9-45)作傅里叶变换,根据"两个函数的卷积的傅里叶变换等于各函数的傅里叶变换的乘积"这一傅里叶变换的性质可得

$$X(\omega) = H(\omega)F(\omega) \tag{9-46}$$

式(9-46)表示输入与输出的傅里叶变换与系统的频率响应函数三者之间的关系。对式(9-46)两边取共轭,得

$$X^*(\omega) = H^*(\omega)F^*(\omega) \tag{9-47}$$

再将式(9-46)与式(9-47)的两边各自相乘,并应用式(9-38)得到

$$S_x(\omega) = |H(\omega)|^2 S_f(\omega) \tag{9-48}$$

式(9-48)表明了单输入-单输出系统随机激励与响应之间的重要关系,式中 $|H(\omega)|$ 为系统频率响应函数的模。如果随机激励为白噪声,其功率谱密度 $S_f(\omega)$ 等于常数,那么系统响应的谱密度 $S_x(\omega)$ 与 $|H(\omega)|^2$ 只差一个常数。不难理解,振动系统实际上相当于一个滤波器。尤其在阻尼比较小、共振峰比较尖锐的情况,白噪声经振动系统滤波后就变成窄带信号。

图 9-7 给出了固有频率为 50Hz,阻尼比为 0.05 的单自由度系统对白噪声激励的响应。从图中可见,虽然激励是白噪声,但响应是窄带随机振动。由于系统的阻尼比较小,相当于中心频率为 50Hz,带宽为 5Hz 的滤波器。带宽与阻尼的关系见第 3 章。

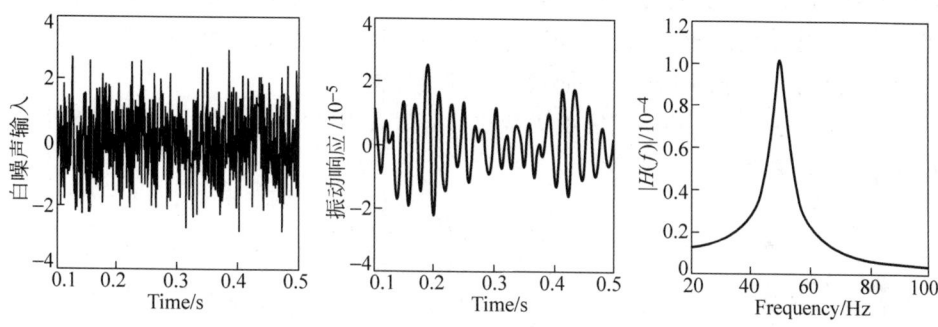

图 9-7 固有频率 $f_n = 50$Hz,阻尼比 $\zeta = 0.05$ 的系统对白噪声输入的响应

在随机振动试验中通过测量系统的激励与响应,并应用信号处理技术,就可以对系统的动态特性进行辨识。这也是随机振动理论应用的一个重要方面。系统辨识是以系统的输入、输出和频率响应函数之间的关系为基础的,例如式(9-46)和式(9-48)。更深入的理论分析表明,在存在测量噪声的情形下(实际上噪声总是存在,只是大小不同),用式(9-46)估计系统的频率响应函数 $H(\omega)$ 误差比较大。而用式(9-48)只能识别 $H(\omega)$ 的绝对值,不能辨识其相位。如果根据输入与输出的互谱密度 $S_{fx}(\omega)$、输入谱密度 $S_f(\omega)$ 和频率响应函数 $H(\omega)$ 之间的关系对系统进行辨识,则有较好的抗噪声干扰效果。

下面推导 $S_{fx}(\omega)$、$S_f(\omega)$ 和 $H(\omega)$ 之间的关系。根据互相关、自相关函数的定义以及输入与输出的卷积关系,可以求得系统的激励与响应之间的互相关函数为

$$\begin{aligned}
R_{fx}(\tau) &= E[f(t)x(t+\tau)] = E\left[f(t)\int_{-\infty}^{+\infty} f(t+\tau-\theta)h(\theta)\mathrm{d}\theta\right] \\
&= \int_{-\infty}^{+\infty} h(\theta)E[f(t)f(t+\tau-\theta)]\mathrm{d}\theta = \int_{-\infty}^{+\infty} h(\theta)R_f(\tau-\theta)\mathrm{d}\theta \\
&= h(\tau) * R_f(\tau)
\end{aligned} \tag{9-49}$$

对式(9-49)作傅里叶变换得

$$S_{fx}(\omega) = H(\omega)S_f(\omega) \tag{9-50}$$

于是有
$$H(\omega) = S_{fx}(\omega)/S_f(\omega) \qquad (9\text{-}51)$$

从式(9-51)可以看到,通过输入-输出的互谱密度 $S_{fx}(\omega)$ 和输入的谱密度 $S_f(\omega)$ 可以估算系统的频率响应函数。因为互谱密度 $S_{fx}(\omega)$ 是复数,所以能同时得到频率响应函数的幅值和相位。通过试验的方法对系统的动态特性进行辨识时,需要分别测量振动系统的输入与输出,然后对信号进行处理,得到互谱密度 $S_{fx}(\omega)$ 和输入谱密度 $S_f(\omega)$,再根据式(9-51)估算系统的传递函数。

随机振动理论是以随机信号的相关分析和谱分析以及系统的输入-输出关系分析为基础的,上一节和本节对此作了比较系统的介绍。下面介绍如何利用随机振动的基本理论解决系统的均方响应计算问题。

若系统受随机激励作用,随机激励 $f(t)$ 的统计规律用功率谱密度 $S_f(\omega)$ 表示,响应的统计规律——功率谱密度 $S_x(\omega)$ 可以用式(9-48)进行计算,均方响应则通过下式进行计算:

$$\overline{x}^2 = E[x^2(t)] = \frac{1}{2\pi}\int_{-\infty}^{+\infty} S_x(\omega)\,\mathrm{d}\omega = \frac{1}{2\pi}\int_{-\infty}^{+\infty} |H(\omega)|^2 S_f(\omega)\,\mathrm{d}\omega \qquad (9\text{-}52)$$

响应的均方值反映了振动的平均能量水平,可以作为机器结构疲劳强度计算的依据。另一类问题是,已知系统激励的功率谱以及系统振动能量的最大允许值,要求设计隔振装置,使系统在随机激励作用下的振动能量不超过允许值。

若随机激励为白噪声,功率谱密度为常数 S_0,那么用式(9-52)计算均方响应时 S_0 可以提到积分号外边,变成

$$\overline{x}^2 = \frac{S_0}{2\pi}\int_{-\infty}^{+\infty} |H(\omega)|^2\,\mathrm{d}\omega \qquad (9\text{-}53)$$

此时只要计算出积分 $\int_{-\infty}^{+\infty} |H(\omega)|^2\,\mathrm{d}\omega$ 即可,它的计算公式可以在本书附录找到。

作为均方响应计算的实例,研究图9-8的弹簧-质量-阻尼系统受白噪声激励的振动响应。系统的运动方程为

$$m\ddot{x} + c\dot{x} + kx = f(t)$$

对方程两边取傅里叶变换后成为

$$-m\omega^2 X(\omega) + \mathrm{i}\omega c X(\omega) + k X(\omega) = F(\omega)$$

得到系统的频率响应函数

$$H(\omega) = \frac{X(\omega)}{F(\omega)} = \frac{1}{k - m\omega^2 + \mathrm{i}c\omega}$$

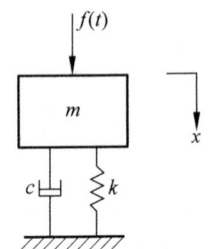

图 9-8 受随机激励的单自由度系统

当白噪声激励的功率谱为 S_0 时,从附录查出 $|H(\omega)|^2$ 的积分计算结果,得到系统的均方响应为

$$\overline{x}^2 = \frac{S_0}{2\pi}\int_{-\infty}^{+\infty} |H(\omega)|^2\,\mathrm{d}\omega = \frac{S_0 \omega_\mathrm{n}}{4\zeta k^2}$$

式中,$\omega_\mathrm{n} = \sqrt{k/m}$ 为系统的固有频率;$\zeta = c/2\sqrt{km}$ 为阻尼比。系统的均方响应与阻尼比成反比,因此增加阻尼可以降低均方响应。

接着讨论 $\zeta = 0$ 的情形,即无阻尼系统的情况,此时均方响应为无穷大。这是因为白噪声激励包含了各种频率成分,当激励力频率与系统固有频率相同时,响应将达到无穷大。当然实际系统总是存在阻尼,均方响应也不可能达到无穷大。

再来研究图 9-9 所示车辆在不平路面上行驶引起的随机振动计算问题。图中路面高度变化用 y 表示,是距离 z 的函数。路面高低不平可以看成由不同波长的简谐波叠加而成,用波数 γ 表示简谐波在空间的变化率:

$$\gamma = 2\pi/\lambda \tag{9-54}$$

式中 λ 为波长。从上式可以看出,波数 γ 表示单位长度内波的数目(以弧度计,2π 代表一个波),相当于时间域的圆频率 ω。当车辆以不变的速度 v 驶过波长为 λ 的路面,若以时间作为变量,则路面高低随时间变化的圆频率为

$$\omega = 2\pi v/\lambda = v\gamma \tag{9-55}$$

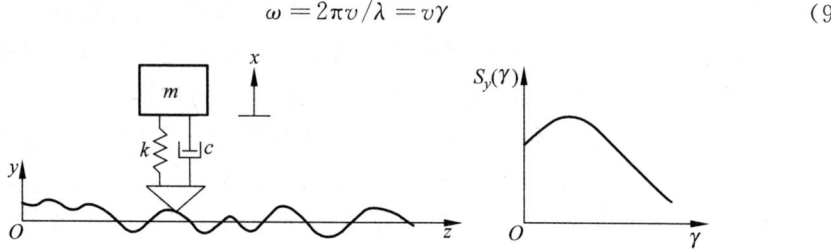

图 9-9　路面不平引起的随机激励

由于描述路面高低不平用的是以波数 γ 为自变量的谱密度 $S_y(\gamma)$,而计算振动均方响应时用的是以频率 ω 为自变量的谱密度 $S_y(\omega)$,因此需要找到两者之间的关系。将距离 ξ、速度 v 与时间 τ 的关系 $\tau = \xi/v$,以及式(9-55)表示的波数和频率之间的关系代入功率谱密度公式(9-34),得到

$$S_y(\omega) = \int_{-\infty}^{+\infty} R_y(\xi/v) e^{-i(v\gamma)\xi/v} \frac{1}{v} d\xi = \frac{1}{v} \int_{-\infty}^{+\infty} R_y(\xi) e^{-i\gamma\xi} d\xi = \frac{1}{v} S_y(\gamma) \tag{9-56}$$

车辆在高低不平路面上行驶属于基础激励问题,其运动方程为

$$m\ddot{x} + c\dot{x} + kx = c\dot{y} + ky$$

式中,y 代表激励,表征路面的高低不平;x 代表车辆振动的绝对位移响应。响应与激励的傅里叶变换之比就是系统的频率响应函数:

$$H(\omega) = \frac{X(\omega)}{Y(\omega)} = \frac{k + ic\omega}{k - m\omega^2 + ic\omega}$$

而响应的均方值为

$$\bar{x}^2 = \frac{1}{2\pi} \int_{-\infty}^{+\infty} S_y(\omega) |H(\omega)|^2 d\omega = \frac{1}{2\pi} \int_{-\infty}^{+\infty} \frac{1}{v} S_y(\gamma) |H(\omega)|^2 d\omega$$

若路面不平具有白噪声性质,其谱密度为常数 S_0,则有

$$\bar{x}^2 = \frac{S_0}{2\pi v} \int_{-\infty}^{+\infty} |H(\omega)|^2 d\omega$$

上式的积分计算结果可以从附录 B 中查到。代入具体参数 $n=2$,$B_0=k$,$B_1=c$,$A_0=k$,$A_1=c$,$A_2=m$,计算结果为

$$\int_{-\infty}^{+\infty} |H(\omega)|^2 d\omega = \frac{\pi(A_0 B_1^2 + A_2 B_0^2)}{A_0 A_1 A_2} = \frac{\pi(kc^2 + mk^2)}{kcm}$$

得到均方响应为

$$\bar{x}^2 = \frac{S_0}{2v} \frac{kc^2 + mk^2}{kcm} = \frac{S_0 \omega_n}{4\zeta v}(4\zeta^2 + 1)$$

分析均方响应的表达式可以发现,车辆的均方响应与阻尼和速度成反比(小阻尼情况下),但分母中的车辆速度 v 是由于路面谱从空间域转换至频率域而产生的,与车辆动力学没有关系。在小阻尼情况下增加阻尼可以降低均方响应。

9.5 多输入-单输出系统

与单输入-单输出系统不同的是,由于系统受到多个输入的作用,输入之间的相关性对系统的输出有重要影响。在单输入-单输出系统中则不存在这个问题。例如铁路车辆运行中受轨面不平顺激励而产生振动,振动过大会影响乘坐舒适性和运行平稳性。铁路车辆的两个转向架通常有 8 个车轮,每个车轮都会受到轨面不平顺的激励。虽然轨面不平顺是随机激励,但是这 8 个车轮处轨面不平顺之间的相关性如何考虑?这是一个比较复杂的问题。对于单侧钢轨上 4 个车轮而言,因为依次经过的是同一轨面,所以各个车轮处的激励是相关的;但是对于双侧钢轨上两组各自 4 个车轮而言,两根钢轨的轨面不平顺又是互不相关的(严格地说是部分相关)。各个车轮处的轨面不平顺是相关还是互不相关,对车辆振动响应有很大影响。因此对于多输入-单输出和多输入-多输出系统而言,为了准确计算系统在多个随机激励作用下的响应,必须研究输入之间的相关性对系统输出的影响。

9.5.1 响应的自相关函数和功率谱密度

图 9-10 为多输入-单输出系统原理框图。假定系统共有 M 个输入 $x_1, x_2, \cdots, x_M$ 和一个输出 y_1。系统第 i 个输入 x_i 与输出 y_1 之间的时域关系用单位脉冲响应函数 $h_{1i}(t)$ 表示,频域关系用频率响应函数 $H_{1i}(\omega)$ 表示。

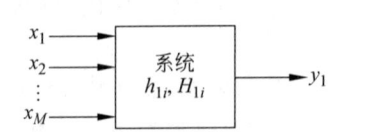

图 9-10 多输入-单输出系统

根据随机信号自相关函数的定义以及线性系统输入-输出之间的卷积关系,系统输出的自相关函数可以表示为

$$R_{y_1}(\tau) = E[y_1(t)y_1(t+\tau)] = E\left[\sum_{i=1}^{M} x_i(t) * h_{1i}(t) \sum_{j=1}^{M} x_j(t+\tau) * h_{1j}(t)\right]$$

$$= \sum_{i=1}^{M}\sum_{j=1}^{M} E\{[x_i(t) * h_{1i}(t)][x_j(t+\tau) * h_{1j}(t)]\}$$

$$= \sum_{i=1}^{M}\sum_{j=1}^{M} E\left[\int_{-\infty}^{+\infty} x_i(t-\theta_1)h_{1i}(\theta_1)\mathrm{d}\theta_1 \int_{-\infty}^{+\infty} x_j(t+\tau-\theta_2)h_{1j}(\theta_2)\mathrm{d}\theta_2\right]$$

$$= \sum_{i=1}^{M}\sum_{j=1}^{M} \int_{-\infty}^{+\infty}\int_{-\infty}^{+\infty} h_{1i}(\theta_1)h_{1j}(\theta_2) E[x_i(t-\theta_1)x_j(t+\tau-\theta_2)]\mathrm{d}\theta_1\mathrm{d}\theta_2$$

$$= \sum_{i=1}^{M}\sum_{j=1}^{M} \int_{-\infty}^{+\infty}\int_{-\infty}^{+\infty} h_{1i}(\theta_1)h_{1j}(\theta_2) R_{x_i x_j}(\tau-\theta_2+\theta_1)\mathrm{d}\theta_1\mathrm{d}\theta_2 \qquad (9-57)$$

式中,$R_{x_i x_j}(\tau)$ 为系统输入的相关函数,包括自相关和互相关。

由式(9-57)可见，多输入-单输出系统输出的自相关函数与各输入之间的相关函数有关。也就是说，系统在多个随机激励作用下，其响应的自相关函数不仅与各通道的单位脉冲响应函数有关，还受随机激励间相关性的影响。若各随机激励互不相关，即 $R_{x_i x_j}(\tau)=0$，$i \neq j$，则式(9-57)可以简化为

$$R_{y_1}(\tau) = \sum_{i=1}^{M} \int_{-\infty}^{+\infty} \int_{-\infty}^{+\infty} h_{1i}(\theta_1) h_{1i}(\theta_2) R_{x_i}(\tau - \theta_2 + \theta_1) \mathrm{d}\theta_1 \mathrm{d}\theta_2 \tag{9-58}$$

对输出的自相关函数作傅里叶变换，便可得到响应的功率谱密度。对式(9-57)中求和号内的积分式作傅里叶变换，可得

$$\begin{aligned} S_{ij}(\omega) &= \int_{-\infty}^{+\infty} \left[\int_{-\infty}^{+\infty} \int_{-\infty}^{+\infty} h_{1i}(\theta_1) h_{1j}(\theta_2) R_{x_i x_j}(\tau - \theta_2 + \theta_1) \mathrm{d}\theta_1 \mathrm{d}\theta_2 \right] \mathrm{e}^{-\mathrm{i}\omega\tau} \mathrm{d}\tau \\ &= \int_{-\infty}^{+\infty} h_{1i}(\theta_1) \mathrm{e}^{\mathrm{i}\omega\theta_1} \mathrm{d}\theta_1 \int_{-\infty}^{+\infty} h_{1j}(\theta_2) \mathrm{e}^{-\mathrm{i}\omega\theta_2} \mathrm{d}\theta_2 \int_{-\infty}^{+\infty} R_{x_i x_j}(\tau - \theta_2 + \theta_1) \cdot \\ &\quad \mathrm{e}^{-\mathrm{i}\omega(\tau - \theta_2 + \theta_1)} \mathrm{d}(\tau - \theta_2 + \theta_1) \\ &= H_{1i}^*(\omega) H_{1j}(\omega) S_{x_i x_j}(\omega) \end{aligned}$$

于是多输入-单输出系统响应的功率谱密度为

$$S_{y_1}(\omega) = \sum_{i=1}^{M} \sum_{j=1}^{M} H_{1i}^*(\omega) H_{1j}(\omega) S_{x_i x_j}(\omega) \tag{9-59}$$

式中，$S_{x_i x_j}(\omega)$ 为系统输入的谱密度函数，包括自谱和互谱。

由式(9-59)可见，多输入-单输出系统响应的功率谱不仅与各通道的频率响应函数有关，还与输入的互谱密度有关。在各输入互不相关的情形下，即 $S_{x_i x_j}(\omega)=0, i \neq j$，式(9-59)可以简化为

$$S_{y_1}(\omega) = \sum_{i=1}^{M} |H_{1i}(\omega)|^2 S_{x_i}(\omega) \tag{9-60}$$

若只有一个输入，即 $M=1$，便成为单输入-单输出系统的情形。由此可见，与单输入-单输出系统相比，多输入-单输出系统的情况要复杂许多。

根据线性代数知识，式(9-57)和式(9-59)表示的多输入-单输出系统响应的自相关和功率谱密度是二次型函数，可以写成矩阵表达式：

$$R_{y_1}(\tau) = \int_{-\infty}^{+\infty} \int_{-\infty}^{+\infty} \boldsymbol{h}_1(\theta_1) \boldsymbol{R}_{xx}(\tau - \theta_2 + \theta_1) \boldsymbol{h}_1^{\mathrm{T}}(\theta_2) \mathrm{d}\theta_1 \mathrm{d}\theta_2 \tag{9-61}$$

$$S_{y1}(\omega) = \boldsymbol{H}_1^*(\omega) \boldsymbol{S}_{xx}(\omega) \boldsymbol{H}_1^{\mathrm{T}}(\omega) \tag{9-62}$$

式中，$\boldsymbol{h}_1(t)$ 和 $\boldsymbol{H}_1(\omega)$ 分别为多输入-单输出系统的单位脉冲响应和频率响应函数矢量；$\boldsymbol{R}_{xx}(\tau)$ 和 $\boldsymbol{S}_{xx}(\omega)$ 分别为各个输入之间的相关函数矩阵和对应的谱密度矩阵。

$$\boldsymbol{h}_1(t) = \begin{bmatrix} h_{11}(t) & h_{12}(t) & \cdots & h_{1M}(t) \end{bmatrix} \tag{9-63}$$

$$\boldsymbol{H}_1(\omega) = \begin{bmatrix} H_{11}(\omega) & H_{12}(\omega) & \cdots & H_{1M}(\omega) \end{bmatrix} \tag{9-64}$$

$$\boldsymbol{R}_{xx}(\tau) = \begin{bmatrix} R_{x_1}(\tau) & R_{x_1 x_2}(\tau) & \cdots & R_{x_1 x_M}(\tau) \\ R_{x_2 x_1}(\tau) & R_{x_2}(\tau) & \cdots & R_{x_2 x_M}(\tau) \\ \vdots & \vdots & \ddots & \vdots \\ R_{x_M x_1}(\tau) & R_{x_M x_2}(\tau) & \cdots & R_{x_M}(\tau) \end{bmatrix} \tag{9-65}$$

$$\boldsymbol{S}_{xx}(\omega) = \begin{bmatrix} S_{x_1}(\omega) & S_{x_1 x_2}(\omega) & \cdots & S_{x_1 x_M}(\omega) \\ S_{x_2 x_1}(\omega) & S_{x_2}(\omega) & \cdots & S_{x_2 x_M}(\omega) \\ \vdots & \vdots & \ddots & \vdots \\ S_{x_M x_1}(\omega) & S_{x_M x_2}(\omega) & \cdots & S_{x_M}(\omega) \end{bmatrix} \tag{9-66}$$

9.5.2 系统对随机激励的均方响应

根据式(9-52),多输入-单输出系统在随机激励下的均方响应可按下式计算:

$$\bar{y}_1^2 = E[y_1^2(t)] = \frac{1}{2\pi}\int_{-\infty}^{+\infty} S_{y_1}(\omega)\mathrm{d}\omega = \frac{1}{2\pi}\sum_{i=1}^{M}\sum_{j=1}^{M}\int_{-\infty}^{+\infty} H_{1i}^*(\omega)H_{1j}(\omega)S_{x_i x_j}(\omega)\mathrm{d}\omega \tag{9-67}$$

如果各个输入为相互独立的,则有

$$\bar{y}_1^2 = \frac{1}{2\pi}\sum_{i=1}^{M}\int_{-\infty}^{+\infty}|H_{1i}(\omega)|^2 S_{x_i}(\omega)\mathrm{d}\omega \tag{9-68}$$

如果各个输入不仅相互独立,而且又是白噪声,其功率谱密度等于常数 S_{0i},则系统的均方响应变成各通道频率响应函数平方的积分的加权求和:

$$\bar{y}_1^2 = \frac{1}{2\pi}\sum_{i=1}^{M}S_{0i}\int_{-\infty}^{+\infty}|H_{1i}(\omega)|^2 \mathrm{d}\omega \tag{9-69}$$

9.6 多输入-多输出系统

图 9-11 为多输入-多输出系统原理框图,假定系统共有 M 个输入 $x_1, x_2, \cdots, x_M$ 和 N 个输出 $y_1, y_2, \cdots, y_N$。系统第 i 个输入 x_i 与第 r 个输出 y_r 之间的时域关系为单位脉冲响应函数 $h_{ri}(t)$,频域关系为频率响应函数 $H_{ri}(\omega)$。

图 9-11 多输入-多输出系统

与多输入-单输出系统类似,根据随机信号相关函数的定义以及线性系统输入-输出之间的卷积关系,系统任意两个输出 y_r 和 $y_s (r, s = 1, \cdots, N)$ 之间的相关函数可以表示为

$$\begin{aligned} R_{y_r y_s}(\tau) &= E[y_r(t)y_s(t+\tau)] = E\Big[\sum_{i=1}^{M} x_i(t) * h_{ri}(t) \sum_{j=1}^{M} x_j(t+\tau) * h_{sj}(t)\Big] \\ &= \sum_{i=1}^{M}\sum_{j=1}^{M} E\Big[\int_{-\infty}^{+\infty} x_i(t-\theta_1)h_{ri}(\theta_1)\mathrm{d}\theta_1 \int_{-\infty}^{+\infty} x_j(t+\tau-\theta_2)h_{sj}(\theta_2)\mathrm{d}\theta_2\Big] \\ &= \sum_{i=1}^{M}\sum_{j=1}^{M}\int_{-\infty}^{+\infty}\int_{-\infty}^{+\infty} h_{ri}(\theta_1)h_{sj}(\theta_2)R_{x_i x_j}(\tau-\theta_2+\theta_1)\mathrm{d}\theta_1\mathrm{d}\theta_2 \end{aligned} \tag{9-70}$$

与多输入-单输出系统不同的是,这里 $R_{y_r y_s}(\tau)$ 包含输出的自相关($r = s$)和互相关($r \neq s$)两部分。对式(9-70)作傅里叶变换,便得到输出 y_r 和 y_s 之间的谱密度函数:

$$S_{y_r y_s}(\omega) = \sum_{i=1}^{M}\sum_{j=1}^{M} H_{ri}^*(\omega)H_{sj}(\omega)S_{x_i x_j}(\omega) \tag{9-71}$$

同样地，这里的谱密度 $S_{y_r y_s}(\omega)$ 也包含了自谱和互谱两部分。

式(9-70)和式(9-71)表示的多输入-多输出系统响应的相关函数和谱密度可以写成矩阵表达式：

$$\boldsymbol{R}_{yy}(\tau) = \int_{-\infty}^{+\infty}\int_{-\infty}^{+\infty} \boldsymbol{h}(\theta_1) \boldsymbol{R}_{xx}(\tau - \theta_2 + \theta_1) \boldsymbol{h}^{\mathrm{T}}(\theta_2) \mathrm{d}\theta_1 \mathrm{d}\theta_2 \tag{9-72}$$

$$\boldsymbol{S}_{yy}(\omega) = \boldsymbol{H}^*(\omega) \boldsymbol{S}_{xx}(\omega) \boldsymbol{H}^{\mathrm{T}}(\omega) \tag{9-73}$$

式中，$\boldsymbol{h}(t)$ 和 $\boldsymbol{H}(\omega)$ 分别为系统的单位脉冲响应函数矩阵和频率响应函数矩阵；$\boldsymbol{R}_{yy}(\tau)$ 和 $\boldsymbol{S}_{yy}(\omega)$ 分别为输出的相关函数矩阵和谱密度矩阵。

$$\boldsymbol{h}(t) = \begin{bmatrix} h_{11}(t) & h_{12}(t) & \cdots & h_{1M}(t) \\ h_{21}(t) & h_{22}(t) & \cdots & h_{2M}(t) \\ \vdots & \vdots & \ddots & \vdots \\ h_{N1}(t) & h_{N2}(t) & \cdots & h_{NM}(t) \end{bmatrix} \tag{9-74}$$

$$\boldsymbol{H}(\omega) = \begin{bmatrix} H_{11}(\omega) & H_{12}(\omega) & \cdots & H_{1M}(\omega) \\ H_{21}(\omega) & H_{22}(\omega) & \cdots & H_{2M}(\omega) \\ \vdots & \vdots & \ddots & \vdots \\ H_{N1}(\omega) & H_{N2}(\omega) & \cdots & H_{NM}(\omega) \end{bmatrix} \tag{9-75}$$

$$\boldsymbol{R}_{yy}(\tau) = \begin{bmatrix} R_{y_1}(\tau) & R_{y_1 y_2}(\tau) & \cdots & R_{y_1 y_N}(\tau) \\ R_{y_2 y_1}(\tau) & R_{y_2}(\tau) & \cdots & R_{y_2 y_N}(\tau) \\ \vdots & \vdots & \ddots & \vdots \\ R_{y_N y_1}(\tau) & R_{y_N y_2}(\tau) & \cdots & R_{y_N}(\tau) \end{bmatrix} \tag{9-76}$$

$$\boldsymbol{S}_{yy}(\omega) = \begin{bmatrix} S_{y_1}(\omega) & S_{y_1 y_2}(\omega) & \cdots & S_{y_1 y_N}(\omega) \\ S_{y_2 y_1}(\omega) & S_{y_2}(\omega) & \cdots & S_{y_2 y_N}(\omega) \\ \vdots & \vdots & \ddots & \vdots \\ S_{y_N y_1}(\omega) & S_{y_N y_2}(\omega) & \cdots & S_{y_N}(\omega) \end{bmatrix} \tag{9-77}$$

作为多输入-多输出系统均方响应计算的实例，分析图 9-12 中汽车模型在路面不平顺随机激励下的均方响应计算问题。图中的汽车车身简化为平面刚体，悬挂装置与车轮简化为并联的弹簧和阻尼器。假定汽车的行驶速度为 v，前、后轮处的不平顺随机激励分别为 $x_1(t)$ 和 $x_2(t)$，以汽车质心的垂向位移 y 和绕质心的转角 θ 为广义坐标建立运动方程：

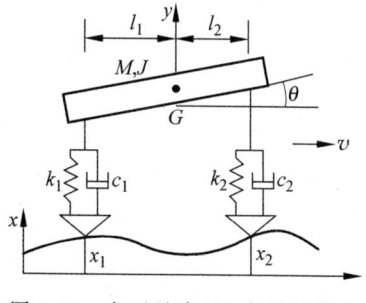

图 9-12 在不平路面上行驶的汽车

$$\begin{bmatrix} M & 0 \\ 0 & J \end{bmatrix} \begin{bmatrix} \ddot{y} \\ \ddot{\theta} \end{bmatrix} + \begin{bmatrix} c_1 + c_2 & c_2 l_2 - c_1 l_1 \\ c_2 l_2 - c_1 l_1 & c_1 l_1^2 + c_2 l_2^2 \end{bmatrix} \begin{bmatrix} \dot{y} \\ \dot{\theta} \end{bmatrix} + \begin{bmatrix} k_1 + k_2 & k_2 l_2 - k_1 l_1 \\ k_2 l_2 - k_1 l_1 & k_1 l_1^2 + k_2 l_2^2 \end{bmatrix} \begin{bmatrix} y \\ \theta \end{bmatrix}$$

$$= \begin{bmatrix} c_1 & c_2 \\ -c_1 l_1 & c_2 l_2 \end{bmatrix} \begin{bmatrix} \dot{x}_1 \\ \dot{x}_2 \end{bmatrix} + \begin{bmatrix} k_1 & k_2 \\ -k_1 l_1 & k_2 l_2 \end{bmatrix} \begin{bmatrix} x_1 \\ x_2 \end{bmatrix} \tag{9-78}$$

对方程两边取傅里叶变换,经整理后得

$$\begin{bmatrix} k_1 + k_2 - M\omega^2 + \mathrm{i}(c_1 + c_2)\omega & k_2 l_2 - k_1 l_1 + \mathrm{i}(c_2 l_2 - c_1 l_1)\omega \\ k_2 l_2 - k_1 l_1 + \mathrm{i}(c_2 l_2 - c_1 l_1)\omega & k_1 l_1^2 + k_2 l_2^2 - J\omega^2 + \mathrm{i}(c_1 l_1^2 + c_2 l_2^2)\omega \end{bmatrix} \begin{bmatrix} Y \\ \Theta \end{bmatrix}$$

$$= \begin{bmatrix} k_1 + \mathrm{i} c_1 \omega & k_2 + \mathrm{i} c_2 \omega \\ -k_1 l_1 - \mathrm{i} c_1 l_1 \omega & k_2 l_2 + \mathrm{i} c_2 l_2 \omega \end{bmatrix} \begin{bmatrix} X_1 \\ X_2 \end{bmatrix} \tag{9-79}$$

根据系统的输入-输出关系

$$\begin{bmatrix} Y \\ \Theta \end{bmatrix} = \begin{bmatrix} H_{11}(\omega) & H_{12}(\omega) \\ H_{21}(\omega) & H_{22}(\omega) \end{bmatrix} \begin{bmatrix} X_1 \\ X_2 \end{bmatrix}$$

对式(9-79)通过矩阵求逆和相乘,得到系统以路面不平顺作为输入的频率响应函数矩阵为

$$\boldsymbol{H}(\omega) = \begin{bmatrix} H_{11}(\omega) & H_{12}(\omega) \\ H_{21}(\omega) & H_{22}(\omega) \end{bmatrix}$$

$$= \begin{bmatrix} k_1 + k_2 - M\omega^2 + \mathrm{i}(c_1 + c_2)\omega & k_2 l_2 - k_1 l_1 + \mathrm{i}(c_2 l_2 - c_1 l_1)\omega \\ k_2 l_2 - k_1 l_1 + \mathrm{i}(c_2 l_2 - c_1 l_1)\omega & k_1 l_1^2 + k_2 l_2^2 - J\omega^2 + \mathrm{i}(c_1 l_1^2 + c_2 l_2^2)\omega \end{bmatrix}^{-1} \cdot$$

$$\begin{bmatrix} k_1 + \mathrm{i} c_1 \omega & k_2 + \mathrm{i} c_2 \omega \\ -k_1 l_1 - \mathrm{i} c_1 l_1 \omega & k_2 l_2 + \mathrm{i} c_2 l_2 \omega \end{bmatrix} \tag{9-80}$$

由于汽车的前后轮在同一路面上行驶,两个车轮处的不平顺激励具有相关性:

$$x_2(t) = x_1(t - l/v)$$

式中,$l = l_1 + l_2$ 为前后轮之间的距离,故相关函数为

$$R_{x_1 x_2}(\tau) = E[x_1(t) x_2(t+\tau)] = E[x_1(t) x_1(t - l/v + \tau)] = R_x(\tau - l/v)$$

若已知路面不平顺功率谱密度为 $S_x(\omega)$,则前后轮处随机激励的互谱密度为

$$S_{x_1 x_2}(\omega) = F[R_x(\tau - l/v)] = \mathrm{e}^{-\mathrm{i}\omega l/v} F[R_x(\tau)] = \mathrm{e}^{-\mathrm{i}\omega l/v} S_x(\omega) \text{ 和 } S_{x_2 x_1}(\omega) = \mathrm{e}^{\mathrm{i}\omega l/v} S_x(\omega)$$

于是激励的谱密度矩阵为

$$\boldsymbol{S}_{xx}(\omega) = S_x(\omega) \begin{bmatrix} 1 & \mathrm{e}^{-\mathrm{i}\omega l/v} \\ \mathrm{e}^{\mathrm{i}\omega l/v} & 1 \end{bmatrix} \tag{9-81}$$

将系统的频率响应函数和激励的谱密度矩阵代入式(9-73)计算响应的谱密度矩阵,并在其中选取质心垂向振动和绕质心转动的功率谱 $S_y(\omega)$ 和 $S_\theta(\omega)$,再对 $S_y(\omega)$ 和 $S_\theta(\omega)$ 进行频域积分便得到系统的均方响应。

在多输入-多输出系统的随机振动分析中,还可能用到输入与输出之间的互相关函数和互谱密度,它们组成矩阵表达式:

$$\boldsymbol{R}_{xy}(\tau) = \begin{bmatrix} R_{x_1 y_1}(\tau) & R_{x_1 y_2}(\tau) & \cdots & R_{x_1 y_N}(\tau) \\ R_{x_2 y_1}(\tau) & R_{x_2 y_2}(\tau) & \cdots & R_{x_2 y_N}(\tau) \\ \vdots & \vdots & \ddots & \vdots \\ R_{x_M y_1}(\tau) & R_{x_M y_2}(\tau) & \cdots & R_{x_M y_N}(\tau) \end{bmatrix} \tag{9-82}$$

$$\boldsymbol{S}_{xy}(\omega) = \begin{bmatrix} S_{x_1 y_1}(\omega) & S_{x_1 y_2}(\omega) & \cdots & S_{x_1 y_N}(\omega) \\ S_{x_2 y_1}(\omega) & S_{x_2 y_2}(\omega) & \cdots & S_{x_2 y_N}(\omega) \\ \vdots & \vdots & \ddots & \vdots \\ S_{x_M y_1}(\omega) & S_{x_M y_2}(\omega) & \cdots & S_{x_M y_N}(\omega) \end{bmatrix} \quad (9\text{-}83)$$

由下式进行计算：

$$\boldsymbol{R}_{xy}(\tau) = E[\boldsymbol{X}(t)\boldsymbol{Y}^{\mathrm{T}}(t+\tau)] = E\Big[\boldsymbol{X}(t)\int_{-\infty}^{+\infty} \boldsymbol{X}^{\mathrm{T}}(t+\tau-\theta)\boldsymbol{h}^{\mathrm{T}}(\theta)\mathrm{d}\theta\Big]$$

$$= \int_{-\infty}^{+\infty} E[\boldsymbol{X}(t)\boldsymbol{X}^{\mathrm{T}}(t+\tau-\theta)]\boldsymbol{h}^{\mathrm{T}}(\theta)\mathrm{d}\theta$$

$$= \int_{-\infty}^{+\infty} \boldsymbol{R}_{xx}(\tau-\theta)\boldsymbol{h}^{\mathrm{T}}(\theta)\mathrm{d}\theta \quad (9\text{-}84)$$

$$\boldsymbol{S}_{xy}(\omega) = \boldsymbol{S}_{xx}(\omega)\boldsymbol{H}^{\mathrm{T}}(\omega) \quad (9\text{-}85)$$

式中，$\boldsymbol{X}(t) = [x_1(t) \quad \cdots \quad x_M(t)]^{\mathrm{T}}$，$\boldsymbol{Y}(t) = [y_1(t) \quad \cdots \quad y_N(t)]^{\mathrm{T}}$。

习 题 9

9-1 锻锤以周期性时间间隔 T 工作，在基座上产生冲击力 $x(t)$，其近似时间历程如题 9-1 图(a)所示，每次冲击作用时间 $b \ll T$。离开锻锤一段距离处的地面加速度为 $y(t)$，其近似时间历程如题 9-1 图(b)所示，可表示为

$$y(t) = C\sin\Omega(t - t_0)\sin\frac{2\pi}{T}(t - t_0)$$

其中 C、Ω、T、t_0 均为常数。试求互相关函数 $R_{xy}(\tau)$ 和 $R_{yx}(\tau)$。

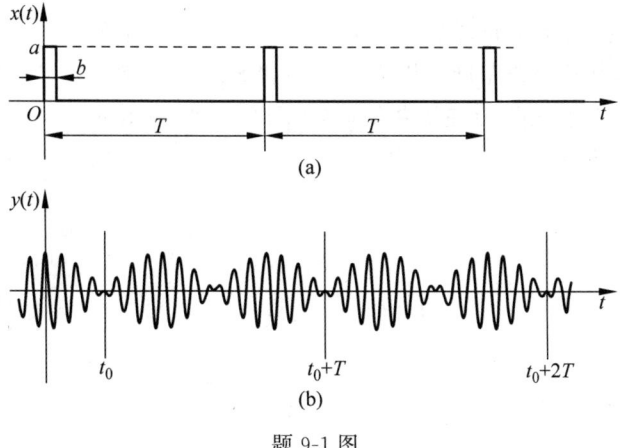

题 9-1 图

9-2 某机器部件变形 $x(t)$ 的单边谱密度在频带 $0 \sim 200\,\mathrm{Hz}$ 上为 $G_0 = 0.01\,\mathrm{cm}^2/\mathrm{Hz}$，大于 $200\,\mathrm{Hz}$ 时为 0。试求 $x(t)$ 的均方响应和自相关函数。

9-3 如题 9-3 图所示的系统，车身位移用 $x(t)$ 表示，质量块 m 相对车身的位移用 $y(t)$ 表示，试求：

(1) 输出 $y(t)$ 对输入加速度 $\ddot{x}(t)$ 的频率响应函数 $H(\omega)$；

(2) 车身作用单位加速度脉冲时，系统的单位脉冲响应 $h(t)$；

(3) 质量块 m 的均方响应 $E[y^2]$，设输入加速度为白噪声，谱密度等于常数 S_0。

9-4　质量为 60kg 的雷达反射屏受到如题 9-4 图所示谱密度的风力作用，若反射屏与支承系统的固有频率为 4Hz，阻尼比 $\zeta=0.5$，求雷达屏的均方响应。

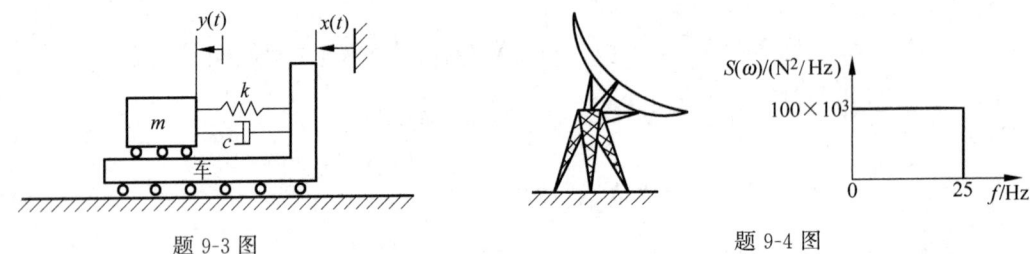

题 9-3 图　　　　　　　　　　题 9-4 图

9-5　飞机在阵风中飞行时机翼的振动可以简化为单自由度系统，如题 9-5 图所示。若机翼的固有频率和有阻尼自由振动频率分别为 ω_n 和 ω_d，机翼在谱密度函数为 $S(\omega)=S_0$ 的随机风力作用下的位移均方值为 δ，求系统的参数 m_{eq}，k_{eq} 和 c_{eq} 的表达式。

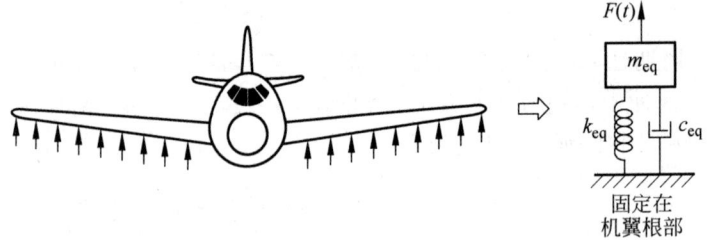

题 9-5 图

9-6　二自由度振动系统如题 9-6 图所示，f_1 和 f_2 为互相独立的宽带随机激励，其功率谱密度分别为 $S_1(\omega)$ 和 $S_2(\omega)$。建立系统的运动方程，求出系统的传递函数矩阵，并计算系统输出的功率谱密度 $S_{x1}(\omega)$ 和 $S_{x2}(\omega)$。

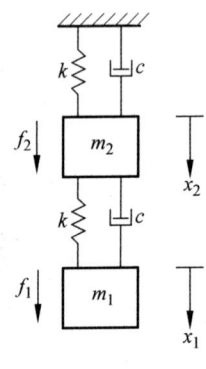

题 9-6 图

第 10 章

非线性振动

在前几章,我们系统地介绍了线性系统的振动理论及其在工程技术中的应用。严格意义上,机械及结构本质上是非线性的,其阻尼、弹性恢复力与系统的运动速度、位移和惯性力并不是线性关系。尽管对于大多数机械系统及结构,通过线性化,采用线性振动理论已能解释很多振动现象和解决很多的实际工程问题。但在实际问题中,往往会遇到一些线性振动理论不能解释的,像自激振动、参数激振、多频响应、超谐和亚谐、跳跃现象等复杂的现象。非线性系统的响应不是按线性比例增大。因此,线性系统中的叠加原理对非线性系统不适用。本章首先通过若干例子介绍机械及结构中的非线性因素,讨论非线性系统的定性和近似分析方法,而后通过分析,解释其跳跃、多频响应、超谐和亚谐现象,确定参激振动的稳定域,最后就分岔和混沌现象作个简单的介绍。

第 10 章
课件

10.1 机械及结构的非线性要素

10.1.1 非线性弹性

一般情况下,其阻尼、弹性恢复力和惯性力可线性化。然而,在振幅比较大的情况下,线性化的阻尼、弹性恢复力和惯性力不能反映其系统的振动特性,需考虑其非线性性质。构成非线性振动系统的原因很多,当振幅过大,材料超过线性弹性而进入非线性弹性,甚至超过弹性极限而进入塑性,这种由于材料本身的非线性特性而使系统成为非线性系统,通常称为材料非线性。另外由于几何上或构造上的原因,虽然材料本身仍符合线弹性,但由于位移过大,或变形过大而使结构的几何发生显著变化,而必须按变形后的关系建立运动方程,这样出现的非线性称为几何非线性。下面我们以几个简单的例子说明非线性恢复力。

对于无阻尼单自由度自由振动系统,其运动方程可以表示为

$$m\ddot{x} + F(x) = 0 \tag{10-1}$$

其中 $F(x)$ 是弹性恢复力,如图 10-1 所示,它和位移 x 不是线性关系,而是非线性关系。图 10-1(a)表示曲线的斜率随位移增加而增大,称为弹簧的硬特性;而图 10-1(b)则表示曲线的斜率随位移减小而变小,称为弹簧的软特性。

图 10-1 所示的非线性特性关系式,往往可以用 x 的幂级数来表示,如图 10-2 所示的梁、板、弦等结构在有限变形和大变形的情况下而引起的几何非线性恢复力可以表示为

$$F(x) = kx \pm \beta x^3 \tag{10-2}$$

其中 kx 表示线性恢复力,如图中虚线所示;βx^3 表示非线性恢复力。正号表示弹簧的硬特性,负号表示弹簧的软特性。对于弹性梁、板、壳,其非线性恢复力为正。当弦为通常弹性材

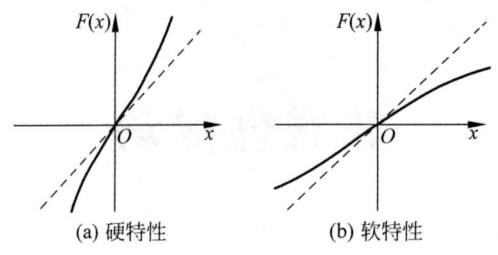

图 10-1 非线性弹簧

料时,其初始预应力小于杨氏模量 E,非线性恢复力为正,系统为硬特性非线性,如图 10-1(a)所示。对于超弹性材料,如果弦的初始预应力大于杨氏模量 E,非线性恢复力为负,系统为软特性非线性,如图 10-1(b)所示。

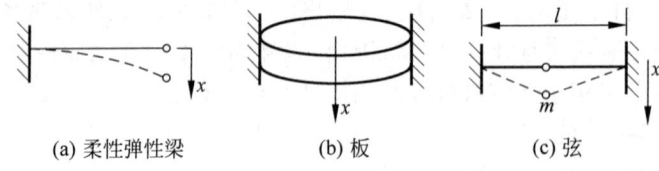

图 10-2 几何非线性结构

工程上,有些系统具有图 10-3 所示的组合弹簧,其弹簧特性在各区间内为线性,但从整体上看具有非线性,弹簧恢复力可以通过一组分段线性函数来表示。例如车辆的悬挂装置就是利用这种主、副弹簧机制以达到车辆在满载和空载时都具有良好的振动特性。

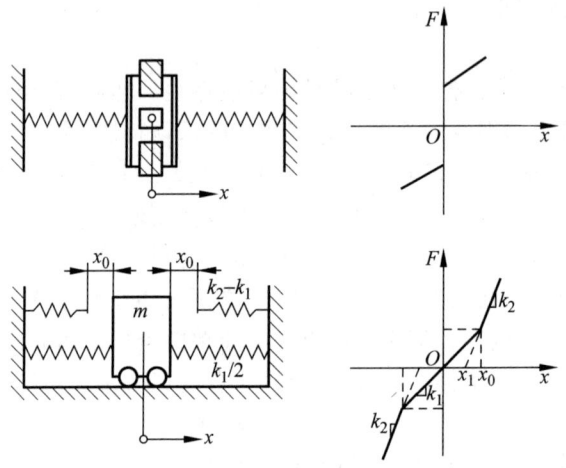

图 10-3 分段线性结构及恢复力

10.1.2 非线性阻尼

振动系统中的阻尼因素比较复杂,大多数情况下具有非线性特性,目前对阻尼的机理研究还不甚清楚,流体阻尼、干摩擦阻尼、材料阻尼、滑移阻尼是其主要的几种表现形式。其中流体阻尼、干摩擦阻尼指周围的介质或固体外界环境引起的阻尼,该阻尼随着速度的增加,阻尼力不再是速度的线性函数。

1. 干摩擦阻尼

系统受到干摩擦作用时(见图 10-4),其运动方程为

$$m\ddot{x} + kx + N_0 \text{sgn}(\dot{x}) = 0 \quad (10\text{-}3)$$

其中

$$\text{sgn}(\dot{x}) = \begin{cases} 1, & \dot{x} > 0 \\ -1, & \dot{x} < 0 \end{cases} \quad (10\text{-}4)$$

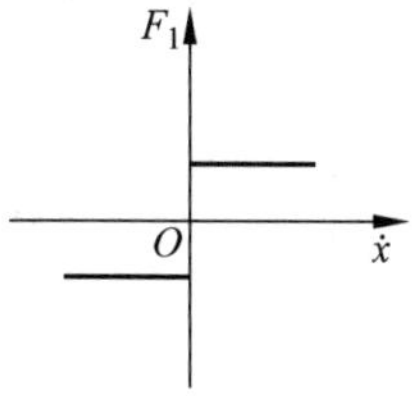

图 10-4 干摩擦力

这是一种强非线性情况,而不像前面非线性弹簧力那样,其非线性项只是对线性恢复力的修正。

2. 流体阻尼

在微幅振动下,黏性阻尼力通常简化为速度的线性函数,可表示为 $-c\dot{x}$,但当速度增大或在流体介质中运动时,阻尼力与速度的平方成正比,由于此阻尼力与运动速度方向相反,其非线性运动方程为

$$m\ddot{x} + kx + \text{sgn}(\dot{x})c\dot{x}^2 = 0 \quad (10\text{-}5)$$

10.1.3 时变系数

图 10-5 和图 10-6 分别表示齿轮传动系统、高速铁路受电弓系统的力学模型和等效刚度,对于这些系统,其弹性恢复力虽然是位移的线性函数,但具有时变性,其运动方程为表示为

$$m\ddot{x} + c\dot{x} + k(t)x = 0 \quad (10\text{-}6)$$

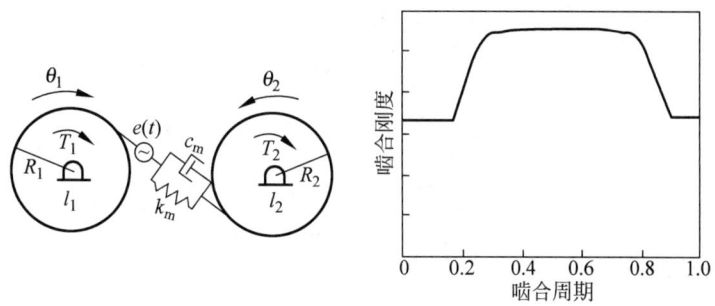

图 10-5 齿轮的力学模型及其啮合刚度

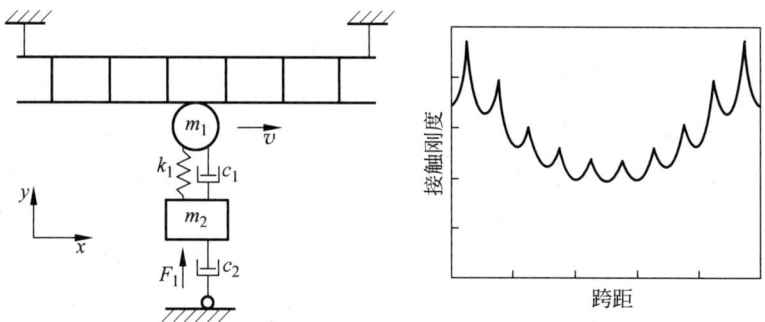

图 10-6 高速列车受电弓的力学模型及其接触刚度

对于这些具有时变刚度的系统,虽然其弹性恢复力或阻尼力为位移或速度的线性函数,但由于其系数是时变的,也表现出一些非线性系统特性。

10.2 非线性振动的定性分析方法

由于非线性振动的精确求解比较困难,即使是非常简单的系统,得到的解也很复杂。因此求解非线性振动不得不注意研究各种近似方法,这些方法大体上可以分为定性法和定量法。非线性振动的定性分析方法是由运动微分方程出发,直接研究解的性质以判断运动性态的方法。

10.2.1 相平面法

对于单自由度系统,以 x 和 $\dot{x}$ 为坐标轴定义的平面称为相平面。在相平面上表示系统运动状态的方法称为相平面法。相图上的每一个点表示了系统在某一时刻状态(位移与速度),系统的运动状态则用相图上的点的移动来表示,点的运动轨迹称为相轨迹,表示系统的解随时间是如何变化的。此外,对于相轨迹,我们还可以形象地把相空间内的相点想象成一种流体中的质点,相点的运动构成一种相流,因此相轨迹是不会相交的。

例 10-1 讨论线性无阻尼单自由度系统的相轨迹。

解:线性无阻尼单自由度系统的运动微分方程为

$$m\ddot{x} + kx = 0 \tag{a}$$

令 $x_1 = x, x_2 = \dot{x}$,式(a)可以写成状态方程

$$\begin{cases} \dot{x}_1 = x_2 \\ \dot{x}_2 = -\dfrac{k}{m} x_1 \end{cases} \tag{b}$$

可得

$$\frac{\mathrm{d} x_2}{\mathrm{d} x_1} = -\frac{k x_1}{m x_2} \tag{c}$$

对式(c)进行积分,得

$$\frac{1}{2} k x_1^2 + \frac{1}{2} m x_2^2 = E = \text{constant} \tag{d}$$

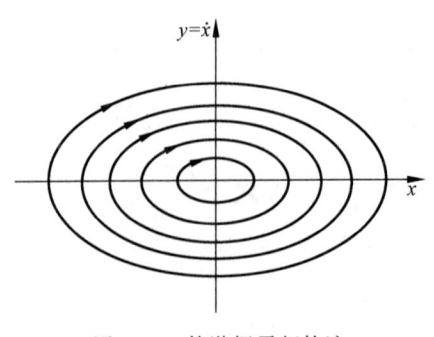

图 10-7 简谐振子相轨迹

这里,E 是积分常数,表示系统的总能量,由初始条件决定。如图 10-7 所示,式(d)表示系统在相平面($x_1 - x_2$ 平面)上的轨线是一族椭圆。此外,该族椭圆包围点($x_1 = 0, x_2 = 0$),称为中心。轨线的运动方向可以由式(b)确定,如在第二象限 $x_1 < 0, \dot{x}_1 > 0$,由式(b)可知 $\dot{x}_2 > 0$,运动为顺时针方向。

例 10-2 画出无阻尼单摆的相轨迹。

解:单摆的运动微分方程为

$$\ddot{\theta} + \omega^2 \sin\theta = 0, \quad \omega^2 = g/L \tag{a}$$

利用 $x_1 = \theta, x_2 = \dot{\theta}$，可化为状态方程

$$\begin{cases} \dot{x}_1 = x_2 \\ \dot{x}_2 = -\omega^2 \sin x_1 \end{cases} \tag{b}$$

由式(b)得

$$\frac{\mathrm{d}x_2}{\mathrm{d}x_1} = -\frac{-\omega^2 \sin x_1}{x_2} \tag{c}$$

对式(c)进行积分，得

$$\frac{1}{2}x_2^2 + V(x_1) = E = \text{constant} \tag{d}$$

其中，$\frac{1}{2}x_2^2$ 表示单位质量的动能；$V(x_1) = \omega^2(1-\cos x_1)$ 是单位质量的势能；E 为积分常数，表示系统单位质量的总机械能，由初始条件决定的。对于给定的 E 值，在 x_1, x_2 平面上的曲线称为等能量线(等高线)，或常能量线，或积分曲线；等能量线的各分支称为轨线。随着时间的流逝，在相平面上代表解的点沿着一条轨线移动。此点的运动方向可以通过其速度 x_2 来确定。显然，如果 x_2 为正，x_1 将增大。将式(d)可以改写成

$$x_2 = \pm\sqrt{2[E - V(x_1)]} \tag{e}$$

并注意到，当且仅当 $E > V(x_1)$ 时 x_2 的实数解存在，并且轨迹是关于 x_1 轴对称的。图 10-8 画出了具有代表性的三类相轨线分别对应于 $E = \omega^2$，$2\omega^2, 3\omega^2$。因为 $-\pi > x_1$ 和 $\pi < x_1$ 都包括在 $-\pi \leqslant x_1 \leqslant \pi$ 的物理空间，只给出该区间的相轨线。现在定性地说明相迹的性质：

(1) 当 $E = \omega^2 < 2\omega^2$ 时，可得围绕势能极小值的中心的封闭相迹，对应于周期运动。

(2) 当 $E < 2\omega^2$ 时，系统为周期振动；当 $E > 2\omega^2$ 时，单摆为周期旋转运动。

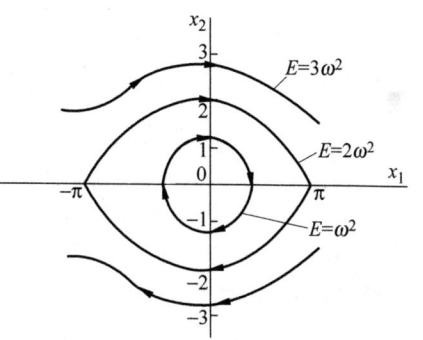

图 10-8 无阻尼单摆相轨线

(3) 当 $E = 3\omega^2 > 2\omega^2$ 时，得到逸散相迹，对应于单摆绕支承点的旋转运动。

10.2.2 平衡点的稳定性分析

考虑如下状态方程描述的单由度非线性振动系统：

$$\begin{cases} \dot{x}_1 = x_2(t) \\ \dot{x}_2 = f(x_1, x_2) \end{cases} \tag{10-7}$$

式中，$f(x_1, x_2)$ 是 x_1 和 x_2 的非线性函数。如果 $x_2 = 0$ 和 $f(x_1, x_2) = 0$，则振动速度和加速度为零，为系统平衡点，用 (x_{10}, x_{20}) 表示，在平衡点处，相轨线的斜率为

$$\frac{\mathrm{d}x_2}{\mathrm{d}x_1} = \frac{f(x_{10}, x_{20})}{x_{20}} = \frac{0}{0} \tag{10-8}$$

是不确定的,因此也称为奇点,研究式(10-7)在奇点附近的行为称为平衡点的稳定性分析。不失一般性,假设其零解(0,0)为系统平衡点,围绕该平衡点,对系统进行线性化,可得其扰动运动方程为

$$\ddot{q}(t) + a\dot{q}(t) + bq(t) = 0 \tag{10-9}$$

其中,a 和 b 为常数,假设 $q = q_1, \dot{q} = q_2$,其状态方程为

$$\begin{cases} \dot{q}_1 = q_2(t) \\ \dot{q}_2 = -bq_1(t) - aq_2(t) \end{cases} \tag{10-10}$$

用矩阵表示为

$$\dot{\boldsymbol{q}}(t) = \boldsymbol{A}\boldsymbol{q}(t) \tag{10-11}$$

其中,

$$\boldsymbol{q}(t) = [q_1(t) \quad q_2(t)]^T, \quad \boldsymbol{A} = \begin{bmatrix} 0 & 1 \\ -b & -a \end{bmatrix} \tag{10-12}$$

式(10-11)的解可以写成

$$\boldsymbol{q}(t) = \boldsymbol{u}e^{\lambda t} \tag{10-13}$$

其中 $\boldsymbol{u}$ 为一常数列阵,把式(10-13)代入式(10-11),得到特征值问题:

$$\boldsymbol{A}\boldsymbol{u} = \lambda \boldsymbol{u} \tag{10-14}$$

若 $\boldsymbol{u}$ 有不全为零的解,则 $\boldsymbol{u}$ 的系数行列式应当等于零,得特征方程

$$\det[\boldsymbol{A} - \lambda \boldsymbol{I}] = \det\begin{bmatrix} -\lambda & 1 \\ -b & -a-\lambda \end{bmatrix} = \lambda^2 + a\lambda + b = 0 \tag{10-15}$$

它的一对特征根为

$$\begin{cases} \lambda_1 \\ \lambda_2 \end{cases} = -\frac{a}{2} \pm \sqrt{\left(\frac{a}{2}\right)^2 - b} \tag{10-16}$$

这对特征根 λ_1, λ_2 是由系统参数 a, b 决定,可见对于不同的参数,式(10-11)的解有不同的形式,即零解邻域内的运动性质不同。假设对应特征根 λ_1, λ_2 的特征向量分别为 $\boldsymbol{u}_1$ 和 $\boldsymbol{u}_2$,为了便于讨论,我们引入坐标 z_1, z_2 来对 $\boldsymbol{q}(t)$ 进行线性变换得

$$\boldsymbol{q}(t) = \boldsymbol{u}_1 z_1(t) + \boldsymbol{u}_2 z_2(t) \tag{10-17}$$

在新的坐标系 z_1, z_2 中,式(10-11)变为

$$\dot{z}_1(t) = \lambda_1 z_1(t), \quad \dot{z}_2(t) = \lambda_2 z_2(t) \tag{10-18}$$

这样式(10-18)的解可以写成

$$z_1(t) = z_{10} e^{\lambda_1 t}, \quad z_2(t) = z_{20} e^{\lambda_2 t} \tag{10-19}$$

其中,z_{10}, z_{20} 分别为 $z_1(t), z_2(t)$ 的初始条件。

下面给出不同的 a, b 值所得不同特征根 λ_1, λ_2,从而得到系统在平衡点附近相轨迹的分布情况,并由此决定奇点的类型。

1. λ_1, λ_2 是两个同号实根

如特征根式(10-16)的根号中 $a^2 > 4b$,则式(10-16)的解为两个实根。两个实根为同号的情况下,其平衡点称为结点。

对于不同的 λ 值结点还有稳定与不稳定之分,结点附近的相轨迹也有几种形式。

图 10-9 为 $\lambda_1 \neq \lambda_2$ 时的相轨迹。由图 10-9 可以看到，如果两个根均为负，则结点邻域的相点随时间趋近该点，因此该结点为稳定的。如果两个根均为正，则在结点邻域的相点随时间远离该点，因此为不稳定的结点。

(a) $0>\lambda_2>\lambda_1$　(b) $0>\lambda_1>\lambda_2$　(c) $\lambda_2>\lambda_1>0$　(d) $\lambda_1>\lambda_2>0$

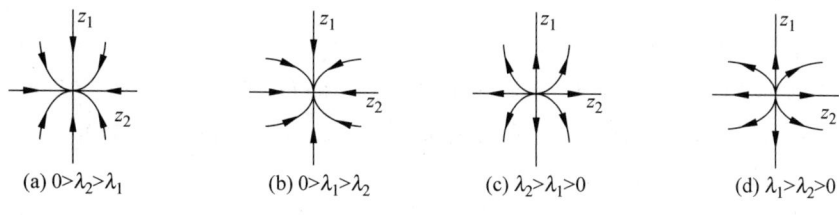

图 10-9　$\lambda_1 \neq \lambda_2$ 时稳定与不稳定的结点

当 $\lambda_1 = \lambda_2$ 时，这时的相轨线为通过平衡点的直线。如果 $\lambda_1 = \lambda_2 < 0$，如图 10-10(a)所示，相轨迹趋向平衡点，因此平衡点是一个稳定的结点；而当 $\lambda_1 = \lambda_2 > 0$ 时，则相轨迹背离平衡点，如图 10-10(b)所示，因此平衡点是一个不稳定结点。

2. λ_1, λ_2 是两个反号实根

如果式(10-16)根号中 $a^2 > 4b$，但两个实根为异号的情况。这种情况下的相轨迹为双曲线，因此其奇点为鞍点，如图 10-11 所示。我们知道，鞍点是不稳定的。但是有四条流线通过鞍点，其中流向鞍点的两条流线是稳定的，另外流离鞍点的两条流线是不稳定的。

(a) $\lambda_1=\lambda_2<0$　(b) $\lambda_1=\lambda_2>0$

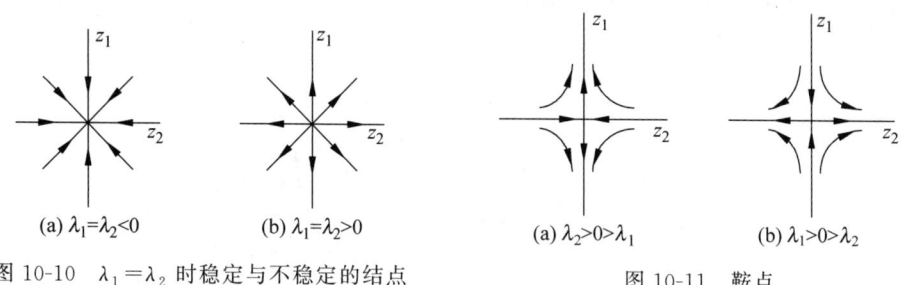

图 10-10　$\lambda_1 = \lambda_2$ 时稳定与不稳定的结点

(a) $\lambda_2>0>\lambda_1$　(b) $\lambda_1>0>\lambda_2$

图 10-11　鞍点

3. λ_1, λ_2 是两个共轭复根

当 $a^2 < 4b$ 时，式(10-16)的两个根为共轭复根，可写成

$$\lambda_1 = \alpha + \mathrm{i}\beta, \quad \lambda_2 = \bar{\lambda}_1 = \alpha - \mathrm{i}\beta \tag{10-20}$$

其特征向量 $\boldsymbol{x}_{01} = \bar{\boldsymbol{x}}_{02}$，因此其模态坐标也必定为共轭复数 $z_1(t) = \bar{z}_2(t)$，并且其初始条件也应为共轭复数 $z_{10} = \bar{z}_{20}$，

$$z_{10} = |z_{10}| \mathrm{e}^{-\mathrm{i}\phi} \tag{10-21}$$

如果 $a^2 < 4b$，则式(10-16)的解为两个复根，这时的奇点为焦点。当系统的特征根为复数时，这种情况下的相轨线是对数螺旋线，系统的平衡点称为焦点。焦点也有稳定与不稳定之分。当实部为负值时，系统的平衡点是螺旋线簇的渐近点。当时间 $t \to \infty$ 时，螺旋线簇趋近于它，这样的焦点是稳定的，如图 10-12(a)所示；当实部为正值时，系统从平衡点发散开来，这时的焦点是不稳定的，如图 10-12(b)所示。可见实部的大小代表螺旋线半径的增长

或衰减速度,特征根虚部的大小则代表了轨线的转动速度。

4. 中心点

当特征方程的两个虚根的实部 a 等于零时,则这时螺旋线的矢径不随时间变化,相轨线成为围绕着平衡点的是封闭的曲线族,系统的平衡点成了封闭轨线曲线族的中心,称为"中心点",中心点附近的封闭的椭圆曲线,代表系统做周期运动。根据虚部的正负不同,相轨线上的相点可以是顺时针的或逆时针的方向转动。根据稳定性的定义,周期运动满足稳定性的两个条件,因而中心点是稳定的平衡点。我们讨论在无阻尼单摆的自由振荡时已经看到,这个中心点是椭圆点,是稳定的不动点。

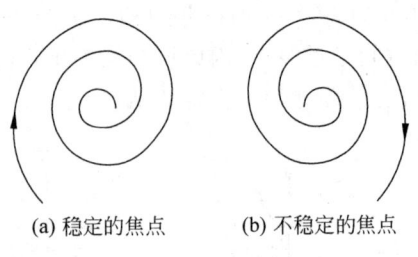

图 10-12 焦点

最后,我们在参数 a,b 平面上来讨论一下根 λ 的分布。在 a,b 平面上各类奇点的情况如图 10-13 所示。首先,在 a,b 平面的下半部分,这里是 $b<0$ 的区域,因此在这个区域内的奇点是鞍点。而在 a,b 平面上半部情况比较复杂,这里由抛物线 $a^2=4b$ 将上半部分为 4 个区。其中抛物线 $a^2=4b$ 将第一象限划分成稳定的结点($a^2>4b$)与稳定的焦点($a^2<4b$)两部分。而抛物线 $a^2=4b$ 将第二象限划分成不稳定的结点($a^2>4b$)与不稳定的焦点($a^2<4b$)两部分。最后在正 b 轴上,这里 $a=0$,根 λ 的实部等于零,它是纯虚数,因此平衡点是中心点,围绕中心点附近的轨线是椭圆。

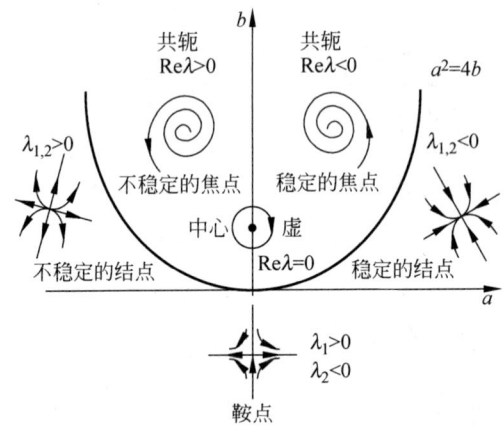

图 10-13 a,b 平面上各类奇点的分布

例 10-3 讨论图 10-14 所示单摆无阻尼和有阻尼情况下奇点的性质。

解:通过受力分析,单摆无阻尼时运动方程为

$$\ddot{\theta}+\omega^2\sin\theta=0 \tag{a}$$

其中,$\omega=\sqrt{g/l}$ 表示非线性方程中的角频率。利用 $\theta_1=\theta,\theta_2=\dot{\theta}$,可化为状态方程

$$\begin{cases}\dot{\theta}_1=\theta_2\\ \dot{\theta}_2=-\omega^2\sin\theta_1\end{cases} \tag{b}$$

得系统的平衡点为

$$\theta_1 = \pm j\pi, \quad j=0,1,2,\cdots; \theta_2 = 0 \tag{c}$$

虽然数学上，该系统具有无穷多个平衡点，但物理上该系统只有两个平衡点

$$\begin{aligned} e_1: \theta_1 &= 0, \theta_2 = 0 \\ e_2: \theta_1 &= \pi, \theta_2 = 0 \end{aligned} \tag{d}$$

在平衡点 e_1 的邻域，对系统进行线性化，可得状态方程系数矩阵

$$\boldsymbol{A} = \begin{bmatrix} 0 & 1 \\ -\omega^2 & 0 \end{bmatrix} \tag{e}$$

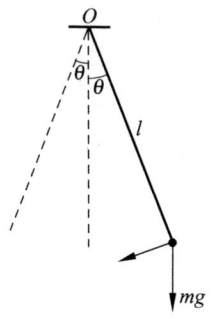

图 10-14

显然，其特征根为

$$\begin{matrix} \lambda_1 \\ \lambda_2 \end{matrix} = \pm \mathrm{i}\omega \tag{f}$$

因为两个特征根为一对纯虚根，这表明平衡点 e_1 是中心型奇点，对应于系统的稳定平衡状态。相反，在平衡点 e_2 的邻域，对系统进行线性化，可得状态方程系数矩阵

$$\boldsymbol{A} = \begin{bmatrix} 0 & 1 \\ \omega^2 & 0 \end{bmatrix} \tag{g}$$

由此可得其特征根为

$$\begin{cases} \lambda_1 \\ \lambda_2 \end{cases} = \pm \omega \tag{h}$$

这两个特征根为实数，一个为正，一个为负，表明平衡点 e_2 是鞍点型奇点，对应于系统的不稳定平衡状态。这从线性化方程可以直接做出判断。

下面讨论有阻尼单摆运动，假设其阻尼比为 ζ，其运动方程为

$$\ddot{\theta} + 2\zeta\omega\dot{\theta} + \omega^2 \sin\theta = 0 \tag{i}$$

一阶线性化方程为

$$\begin{cases} \dot{\theta}_1 = \theta_2 \\ \dot{\theta}_2 = -2\zeta\omega \pm \omega^2 \theta_1 \end{cases} \tag{j}$$

正负号分别代表下平衡位置和上平衡位置，状态方程系数矩阵为

$$\boldsymbol{A} = \begin{bmatrix} 0 & 1 \\ \pm\omega^2 & -2\zeta\omega \end{bmatrix} \tag{k}$$

特征方程为

$$\lambda^2 + 2\zeta\omega\lambda \pm \omega^2 = 0 \tag{l}$$

对于下平衡位置，其特征根为

$$\lambda_{1,2} = -\zeta\omega \pm \sqrt{\zeta^2\omega^2 - \omega^2} \tag{m}$$

当 $\zeta<1$ 时，为欠阻尼，特征根为具有负实部的复根，因此下平衡位置为稳定焦点。
当 $\zeta>1$ 时，为过阻尼，特征根均为负实根，因此下平衡位置为稳定结点。

对上平衡位置，其特征根为

$$\lambda_{1,2} = -\zeta\omega \pm \sqrt{\zeta^2\omega^2 + \omega^2} \tag{n}$$

无论 ζ 大小,特征根为异号实根,故上平衡位置和无阻尼情况一样,仍为鞍点。如图 10-15 所示,中心部分(坐标原点附近)的轨线和小摆角的线性情况相似,相轨线是向内旋转的对数螺旋线。其次,我们注意一下鞍点和分界线上的情况。由图可见,鞍点的位置仍在 ±π 处。

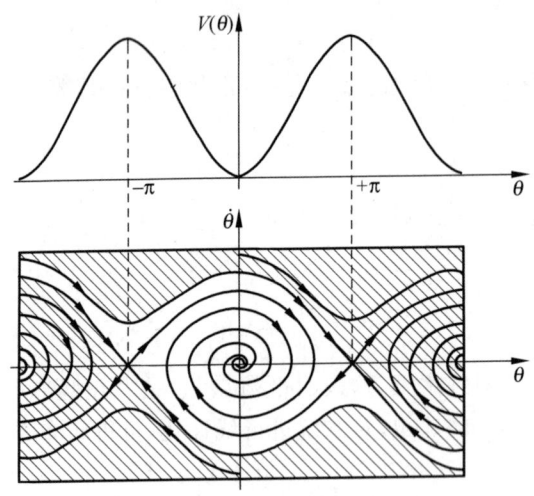

图 10-15 单摆的势能曲线与相轨迹

10.3 自激振动、极限环

从 10.2.2 节分析中发现保守系统中存在封闭的相轨迹,这些相轨迹包围奇数个平衡点,这些平衡点是中心和鞍点,且中心点的个数比鞍点多一个。在非线性系统中,还有另一种类型的封闭相轨迹,同样对应着周期运动。在这种非线性系统中有阻尼力作用,因为系统运动中伴随着能量的损失,因此,这方面与耗散系统有相类似的性质,但在另一方面,这种系统又有负阻尼力作用,系统可以从外界吸入能量而使运动增长,当系统在一个周期内损耗的能量和吸入的能量相等时,则形成了周期性的运动,称为自激振动。在相平面上构成封闭的相轨迹,称为极限环。下面,我们以干摩擦和范德波方程为例来说明自激振动和极限环。

如图 10-16(a) 所示,质量块 m 和运动皮带之间存在干摩擦,振动方程可表示为

$$m\ddot{x} + F(\dot{x}) + kx = 0 \tag{10-22}$$

其中,摩擦力 F 是运动速度 $\dot{x}$ 的函数,其关系如图 10-16(b) 所示,图中表明当静摩擦转化为动摩擦时,摩擦力突然下降,然后随相对速度的增加而增加。与图 10-4 相比较,图 10-16(b) 所示的摩擦力更符合实际。如图 10-16(c) 所示,质量块 m 在摩擦激励下的振动过程可以描述如下,质量块从初始位置 P_1 开始与皮带保持相对静止。由于质量块随皮带运动产生位移,弹簧伸长,达到 P_2 处,弹簧力超过了静摩擦力开始滑动,质量块相对于皮带向后退直至其相对速度减至零,皮带再次咬住质量块,重复上述过程。在此系统中,等速皮带将恒定的能量通过摩擦输入质量块,使质量块保持稳定的周期运动,其相图如图 10-16(c) 所示,形成一个极限环。

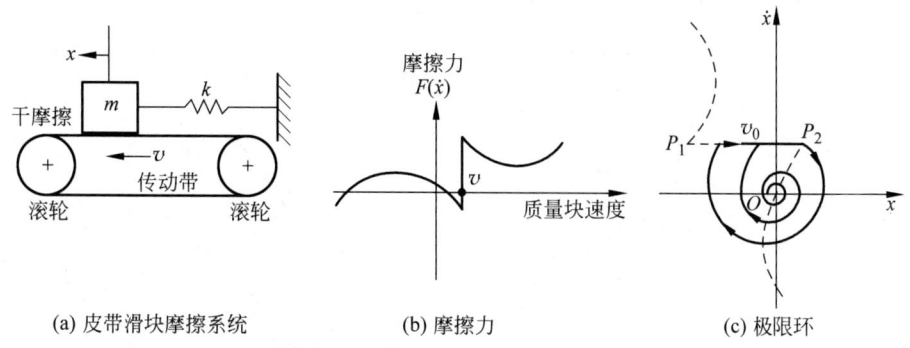

(a) 皮带滑块摩擦系统　　　(b) 摩擦力　　　(c) 极限环

图 10-16　干摩擦自激振动和极限环

输电线舞动和管内流体喘振也属于自激振动系统,其运动方程如下:

$$\ddot{x} + \mu(x^2-1)\dot{x} + x = 0, \quad \mu > 0 \tag{10-23}$$

该方程就是著名的范德波振子,是典型的自激振动例子。由于速度项系数 $\mu(x^2-1)$ 的存在,上式可以理解为具有变阻尼的系统。当系统的振幅较小时,即 $|x|<1$,方程中的阻尼项系数为负,因而振幅将会增加,但当振幅增大到 $|x|>1$ 时,方程阻尼项系数为正,而使振幅减小。这样可以直观地推断系统具有极限环,下面在相平面上来研究它。

令 $x_1 = x, x_2 = \dot{x}$,将式(10-23)写成状态方程:

$$\begin{cases} \dot{x}_1 = x_2 \\ \dot{x}_2 = -x_1 - \mu(x_1^2-1)x_2 \end{cases} \tag{10-24}$$

显然,原点是该系统的一个平衡点,且只有这个平衡点。利用 10.2.2 节的方法来研究奇点的性质,对式(10-24)进行线性化,得到线性化方程的系数矩阵:

$$\boldsymbol{A} = \begin{bmatrix} 0 & 1 \\ -1 & \mu \end{bmatrix} \tag{10-25}$$

其特征根为

$$\begin{cases} \lambda_1 \\ \lambda_2 \end{cases} = \frac{\mu}{2} \pm \sqrt{\left(\frac{\mu}{2}\right)^2 - 1} \tag{10-26}$$

当 $\mu>2$ 时,特征根为一对正实根,原点为不稳定结点;当 $\mu=2$ 时,特征根为正实根,也是不稳定结点;当 $\mu<2$ 时,特征根是具有正实部的共轭复根,原点是不稳定的焦点。总之在 $\mu>0$ 的条件下,原定是不稳定的奇点,在该邻域内开始的任何运动最终将离开该邻域,到达极限环。

为了得到系统相迹,可以求出相迹的方向场:

$$\frac{\mathrm{d}x_2}{\mathrm{d}x_1} = \mu(1-x_1^2) - \frac{x_1}{x_2} \tag{10-27}$$

对于该方程,我们无法获得其解析解,只能通过数值积分来求解。图 10-17(a)与图 10-17(b)分别给出了 $\mu=0.1$ 与 $\mu=3$ 的相迹图。从这两个图中可以看到,无论起始点在何处,经历不长的时间都趋近于极限环。极限环的形状决定于参数 μ。当 $\mu \to 0$ 时,如图 10-17(a)所示,极限环趋于一个圆。这与保守系统的封闭相迹相对应。在 $\mu>0$ 的情况下,所有的相迹无论从里面或是外面都趋近于极限环,所以对应于 $\mu>0$ 的极限环是稳定的。同时我们也注意到,一个稳定的极限环包含一个不稳定的奇点。

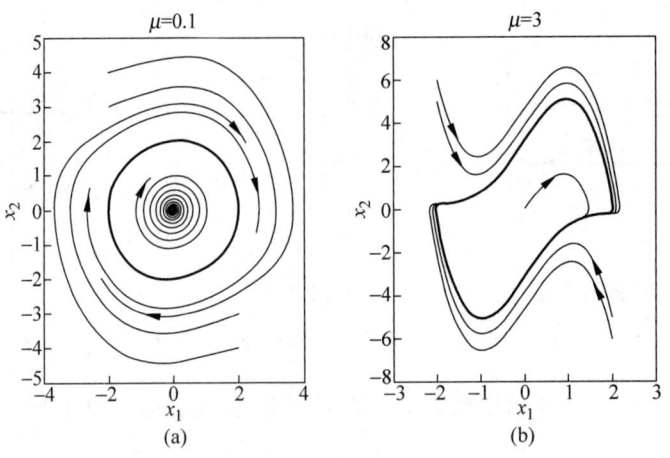

图 10-17　范德波振子相迹

最后需要指出的是范德波振子也是一个很好的例子,说明对于非线性系统,围绕其零解进行线性化分析是不够的。对范德波振子的线性化分析得到其运动是不稳定的结论,振幅会随着时间的流逝趋近于无穷大,而忽略了其极限环的存在。还需指出的是,极限环的形状决定于其系统参数 μ,与初始条件无关。

10.4　强迫振动:跳跃现象、次谐波与组合谐波

10.4.1　跳跃现象

非线性振动不像线性振动那样有统一的求解方法。几何法只能在相空间内对解作定性分析。一般来说要对非线性系统求精确解几乎是不可能的。为了尽可能地研究非线性系统的振动特性,发展了各种近似分析方法,本节将以杜芬方程的近似求解为例,介绍一种典型的近似方法,讨论以杜芬方程为代表的具有非线性恢复力系统在简谐激励下的振动性质。为方便起见,将典型的杜芬方程写成如下形式:

$$\ddot{x} + \omega^2 x = \varepsilon\left[-\omega^2(\alpha x + \beta x^3) + F\cos\Omega t\right], \quad \varepsilon \ll 1 \tag{10-28}$$

式中,α,β 为已知常数;ω 是 $\varepsilon=0$ 时系统的固有频率;F 为简谐激励力的幅度;Ω 是简谐激励力的频率。

我们讨论系统具有与激励力频率相同的谐波响应,即周期为 $T=2\pi/\Omega$ 的周期解的可能性。为方便起见,引入新的时间变量 τ 使得

$$\Omega t = \tau + \varphi \tag{10-29}$$

式中,φ 为未知相位角,显然 $\mathrm{d}/\mathrm{d}t = \Omega \mathrm{d}/\mathrm{d}\tau$,$\mathrm{d}^2/\mathrm{d}t^2 = \Omega^2 \mathrm{d}^2/\mathrm{d}\tau^2$,对于 τ 而言,系统以 2π 为周期。这样,采用新变量 τ 表示的系统方程为

$$\Omega^2 x'' + \omega^2 x = \varepsilon\left[-\omega^2(\alpha x + \beta x^3) + F\cos(\tau+\varphi)\right], \quad \varepsilon \ll 1 \tag{10-30}$$

通常方程式(10-30)没有精确解,但是可以寻求与 ε 和 t 相关的近似解,且该解在 $\varepsilon = 0$ 应当

是一个简谐函数。基于此,庞加莱首先提出把式(10-30)的解展开成 ε 的幂级数:
$$x(\tau,\varepsilon) = x_0(\tau) + \varepsilon x_1(\tau) + \varepsilon^2 x_2(\tau) + \cdots \tag{10-31}$$
式中,$x_i(\tau)(i=0,1,2,\cdots)$ 是时间 τ 的函数,与 ε 无关。$x_0(\tau)$ 是式(10-30)中 ε=0 的简谐振动解,称为零阶近似,又称基本解。如果式(10-31)保留前两项,可得一阶近似解 $x_0(\tau)+\varepsilon x_1(\tau)$,前三项,得二阶近似解 $x_0(\tau)+\varepsilon x_1(\tau)+\varepsilon^2 x_2(\tau)$。当参数 ε 的值比较小时,在式(10-31)所示的级数中,取前两项或三项就可快速收敛到精确解。把式(10-31)代入式(10-30)的左端的线性项,并按 ε 的幂次顺序排列,可得
$$\Omega^2 x'' = \Omega^2 (x_0'' + \varepsilon x_1'' + \varepsilon^2 x_2'' + \cdots) \tag{10-32}$$
计算式(10-30)的右端的非线性项得
$$-\varepsilon\beta\omega^2 x^3 = -\varepsilon\beta\omega^2(x_0+\varepsilon x_1+\varepsilon^2 x_2)^3 = -\varepsilon\beta\omega^2 x_0^3 - \varepsilon^2\beta\omega^2 \cdot 3x_1 x_0^2 + \cdots \tag{10-33}$$

代入式(10-30)中,利用方程左右 ε 的同幂次系数相等的条件,于是可得下列各阶摄动方程:
$$\begin{cases} \Omega^2 x_0'' + \omega^2 x_0 = 0 \\ \Omega^2 x_1'' + \omega^2 x_1 = -\omega^2(\alpha x_0 + \beta x_0^3) + F\cos(\tau+\varphi) \\ \Omega^2 x_2'' + \omega^2 x_2 = -\omega^2(\alpha x_1 + 3\beta x_0^2 x_1) \end{cases} \tag{10-34}$$
利用式(10-34),可依次求出其各阶摄动解。对第一个方程,其解为
$$x_0(\tau) = A_0 \cos\left(\frac{\omega\tau}{\Omega} - \varphi_0\right) \tag{10-35}$$
式中,A_0 和 φ_0 分别表示零阶近似的振幅与相位,由初始条件决定。代入式(10-34)的方程二中,并利用三角恒等式 $\cos^3\alpha = 1/4(3\cos\alpha + \cos 3\alpha)$,可得
$$\Omega^2 x_1'' + \omega^2 x_1 = -\omega^2\left(\frac{3}{4}\beta A_0^3 + \alpha A_0\right)\cos\left(\frac{\omega\tau}{\Omega}-\varphi_0\right) - \frac{1}{4}\omega^2\beta A_0^3 \cos\left[3\left(\frac{\omega\tau}{\Omega}-\varphi_0\right)\right] + F\cos(\tau+\varphi) \tag{10-36}$$
观察式(10-36),发现右边的第一项激励频率与固有频率一致,类似于线性系统的共振,其一阶近似解为
$$x_1 = -\frac{\omega}{\Omega}\tau\left(\frac{3}{8}\beta A_0^3 + \alpha A_0\right)\sin\left(\frac{\omega\tau}{\Omega}-\varphi_0\right) + \frac{\omega^2}{32\Omega^2}\beta A_0^3 \cos\left[3\left(\frac{\omega\tau}{\Omega}-\varphi_0\right)\right] + \frac{F}{\omega^2-\Omega^2}\cos(\tau+\varphi) \tag{10-37}$$
分析这一摄动解,不难发现一阶摄动解 x_1 中包含有与时间 τ 成正比例项
$$-\frac{\omega}{\Omega}\tau\left(\frac{3}{8}\beta A_0^3 + \frac{1}{2}\alpha A_0\right)\sin\left(\frac{\omega\tau}{\Omega}-\varphi_0\right)$$
称为久期项。由于久期项的存在,摄动解将随时间 τ 的增加而无限增大,这与事实相矛盾的。此外,一阶摄动解是修正解,当 $\tau\to\infty$ 时,x_1 的振幅远远大于 x_0,也是不合理的。为了使解不产生久期项,必须满足
$$x(\tau + 2\pi) = x(\tau) \tag{10-38}$$
方便起见,我们给定下列初始条件
$$x'(0) = 0 \tag{10-39}$$

我们不仅把解 $x(\tau)$ 而且还把相位角 φ 也展开成 ε 的幂级数：

$$x(\tau) = x_0(\tau) + \varepsilon x_1(\tau) + \varepsilon^2 x_2(\tau) + \cdots \tag{10-40}$$

$$\varphi = \varphi_0 + \varepsilon \varphi_1 + \varepsilon^2 \varphi_2 + \cdots \tag{10-41}$$

其中，$x_i(\tau)(i=0,1,2,\cdots)$ 为周期解，即

$$x_i(\tau + 2\pi) = x_i(\tau), \quad i = 0, 1, 2, \cdots \tag{10-42}$$

并有初始条件

$$x_i'(0) = 0, \quad i = 0, 1, 2, \cdots \tag{10-43}$$

把式(10-40)、式(10-41)代入式(10-30)，考虑到方程两边 ε 同幂系数相等，得

$$\begin{cases} \Omega^2 x_0'' + \omega^2 x_0 = 0 \\ \Omega^2 x_1'' + \omega^2 x_1 = -\omega^2(\alpha x_0 + \beta x_0^3) + F\cos(\tau + \varphi_0) \\ \Omega^2 x_2'' + \omega^2 x_2 = -\omega^2(\alpha x_1 + 3\beta x_0^2 x_1) - F\varphi_1 \sin(\tau + \varphi_0) \end{cases} \tag{10-44}$$

利用初始条件式(10-43)，式(10-44)第一个方程的解为

$$x_0(\tau) = A_0 \cos\frac{\omega\tau}{\Omega} \tag{10-45}$$

其中 A_0 为待定常数，解 x_0 要满足周期条件式(10-42)，则

$$\omega = \Omega \tag{10-46}$$

把解 $x_0(\tau)$ 代入式(10-44)第二个方程右端，整理得

$$x_1'' + x_1 = -\frac{F}{\omega^2}\sin\varphi_0 \sin\tau - \left(\alpha A_0 + \frac{3}{4}\beta A_0^3 - \frac{F}{\omega^2}\cos\varphi_0\right)\cos\tau - \frac{1}{4}\beta A_0^3 \cos 3\tau \tag{10-47}$$

要使 x_1 为周期解，则 $\sin\tau$ 与 $\cos\tau$ 的系数均为零，利用式(10-46)可得以下两个条件：

$$\varphi_0 = 0, \quad \alpha A_0 + \frac{3}{4}\beta A_0^3 - \frac{F}{\omega^2} = 0 \tag{10-48}$$

或

$$\varphi_0 = \pi, \quad \alpha A_0 + \frac{3}{4}\beta A_0^3 + \frac{F}{\omega^2} = 0 \tag{10-49}$$

式(10-49)相当于把激励力方向改变一下，F 取负值，相位差 π。因此式(10-49)和式(10-48)是等价的。因此由式(10-48)即可决定常数 A_0。

利用式(10-48)和式(10-43)，式(10-47)的解为

$$x_1(\tau) = A_1 \cos\tau + \frac{1}{32}\beta A_0^3 \cos 3\tau \tag{10-50}$$

其中 A_1 为待定常数，可以由 $x_2(\tau)$ 是周期解决定。把 x_0, x_1 代入式(10-44)三式右端得

$$x_2'' + x_2 = -\frac{F\varphi_1}{\omega^2}\sin\tau - \left(\alpha A_1 + \frac{9}{4}\beta A_0^2 A_1 + \frac{3}{128}\beta^2 A_0^5\right)\cos\tau - \frac{1}{4}\beta A_0^2\left(3A_1 + \frac{1}{8}\beta A_0 + \frac{3}{16}\beta A_0^3\right)\cos 3\tau - \frac{3}{128}\beta^2 A_0^5 \cos 5\tau \tag{10-51}$$

同理，要使 $x_2(\tau)$ 为周期解，$\sin\tau$ 与 $\cos\tau$ 的系数均应为零得

$$\varphi_1 = 0, \quad A_1 = -\frac{3\beta^2 A_0^5}{32(4\alpha + 9\beta A_0^2)} \tag{10-52}$$

同时满足初始条件式(10-43)的解如下

$$x_2(\tau) = A_2\cos\tau + \frac{1}{256}\beta A_0^2(48A_1 + 2\alpha A_0 + 3\beta A_0^3)\cos3\tau + \frac{1}{1024}\beta^2 A_0^5\cos5\tau \quad (10\text{-}53)$$

其中 A_2 为待定常数,可由下一阶近似 $x_3(\tau)$ 的周期性条件确定。如果需要,我们可如法求得高阶近似解,但实际应用中很少用到。现在,利用式(10-45)、式(10-50)和式(10-53)可得精度为 $O(\varepsilon^2)$ 的近似解如下

$$\begin{aligned}x(t) &\cong x_0(t) + \varepsilon x_1(t) + \varepsilon^2 x_2(t) \\ &= A_0\cos\omega t + \varepsilon\left(A_1\cos\omega t + \frac{1}{32}\beta A_0^3\cos3\omega t\right) + \\ &\quad \varepsilon^2\left[A_2\cos\omega t + \frac{1}{256}\beta A_0^2(48A_1 + 2\alpha A_0 + 3\beta A_0^3)\cos3\omega t + \frac{1}{1024}\beta^2 A_0^5\cos5\omega t\right] \\ &= (A_0 + \varepsilon A_1 + \varepsilon^2 A_2)\cos\omega t + \frac{1}{32}\varepsilon\beta A_0^2\left[A_0 + \frac{1}{16}\varepsilon(48A_1 + 2\alpha A_0 + 3\beta A_0^3)\right]\cos3\omega t + \\ &\quad \frac{1}{1024}\varepsilon^2\beta^2 A_0^5\cos5\omega t\end{aligned} \quad (10\text{-}54)$$

从式(10-41)和式(10-52)知相角 $\varphi = \varphi_0 + \varepsilon\varphi_1 = 0$,由于系统无阻尼,因此可以推断任意阶近似中 $\varphi_i = 0$。但对于有阻尼,情况就不是这样。

式(10-48)第二式表示有恢复力存在时,基本解的振幅 A_0 与激励力频率 ω 之间的关系。它与线性系统的振幅频率响应有类似之处。为了揭示杜芬方程这一典型现象,我们引入下列关系式:

$$\omega_0^2 = (1 + \varepsilon\alpha)\omega^2 \quad (10\text{-}55)$$

显然,ω_0 为当式(10-30)中 $\beta = 0$ 时,线性系统的固有频率。利用式(10-55)消去式(10-48)中 α 后,利用 ε 为小量,保留 ε 其一阶小量关系式为

$$\omega^2 = \omega_0^2\left(1 + \frac{3}{4}\varepsilon\beta A_0^2\right) - \frac{\varepsilon F}{A_0} \quad (10\text{-}56)$$

当考虑黏性阻尼力时,杜芬方程有如下形式:

$$\ddot{x} + \omega^2 x = \varepsilon\left[-2\zeta\omega\dot{x} - \omega^2(\alpha x + \beta x^3) + F\cos\Omega t\right], \quad \varepsilon \ll 1 \quad (10\text{-}57)$$

和无阻尼系统分析方法一样,利用 $x(t)$ 为周期解的条件,可得

$$\left(\alpha + \frac{3}{4}\beta A_0^2\right)A_0 - \frac{F}{\omega^2}\cos\varphi_0 = 0, \quad 2\zeta A_0 - \frac{F}{\omega^2}\sin\varphi_0 = 0 \quad (10\text{-}58)$$

于是得其零阶近似解的相角为

$$\varphi_0 = \arctan\frac{2\zeta}{\alpha + \frac{3}{4}\beta A_0^2} \quad (10\text{-}59)$$

因此,当阻尼存在时,响应不再与激励力的相位一致或相差 π,而具有一定的相角 φ。利用式(10-55)和式(10-58),同时考虑 ε 是一小量,保留 ε 的一阶小量而忽略其高阶小量,可得

$$\left[\omega_0^2\left(1 + \frac{3}{4}\varepsilon\beta A_0^2\right) - \omega^2\right]^2 + (2\varepsilon\zeta\omega_0^2)^2 = \left(\frac{\varepsilon F}{A_0}\right)^2 \quad (10\text{-}60)$$

根据式(10-60),可作图 10-18(a)所示振幅-频率响应曲线。由图可见振幅不会随频率 ω 增加而无限增大。虽然现在曲线是连续的,从这个意义上说,曲线不再分为两个分支。但在响应中存在不连线的可能性。事实上,若扰力的幅值保持不变,当 ω 从一个相对小的值逐

渐增大时，振幅 A_0 在到达点 1 之前一直是增加的，故点 1 是具有垂直切线的点，从这点，振幅突然跳跃到响应曲线另一段上的点 2，而在这下段曲线上，继续增大频率将使振幅减小，这段曲线接近线性系统的响应曲线。如果将频率逐渐由大减小，振幅将逐渐增加，当到达斜率为无穷的切点 3 时，振幅又将突然跳跃到上段的响应曲线上的点 4，从该点随频率的降低振幅也随之减小。点 1 与点 3 之间的这段响应曲线在实际系统中是永远不会出现的，它是不稳定。以上所说的这种振幅突然变大或变小的现象是具有非线性恢复力的系统特有的现象，称为跳跃现象，又称振动回滞。如保持激励力频率不变，而缓慢地改变激励力幅度，也可能出现类似的跳跃现象。对于软弹簧特性 $\varepsilon\beta<0$，其骨架曲线向左弯，如图 10-18(b) 所示。与弹簧硬特性系统不同的是，在下段曲线上，当 ω 从一个相对小的值逐渐增大时，振幅 A_0 在到达点 3 之前一直是增加的，故点 3 是具有垂直切线的点，从这点，振幅突然跳跃到响应曲线另一段上的点 1，而在上段曲线上，继续增大频率将使振幅减小，这段曲线接近线性系统的响应曲线。如果将频率逐渐由大减小，振幅将逐渐增加，当到达点 4 时，振幅又将突然跳跃到下段的响应曲线上的点 2，从该点开始，系统振幅随频率的降低也随之减小。点 3 与点 4 之间的这段响应曲线在实际系统中是永远不会出现的，它是不稳定的。

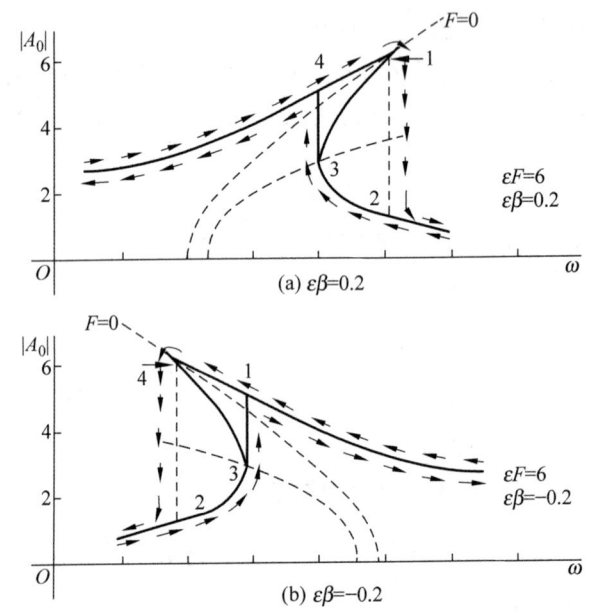

图 10-18 有阻尼杜芬方程的振幅频率响应曲线以及跳跃现象

10.4.2 次谐波响应

非线性系统与线性系统不同，对于具有 n 次方的非线性恢复力的强迫振动，除了上述与激励力频率 Ω 相同的主谐波响应外，还可能有 $\dfrac{\Omega}{n}$ 谐波的响应出现。对于杜芬方程，如果外加激励频率 $\Omega=3\omega$，那么除了激起同频率 Ω 的主谐波响应外，以系统固有频率 ω 的自由振也将被激发，这就是存在的最低频率 $\omega=\dfrac{\Omega}{3}$ 的次谐波响应。为了说明该现象，仍以无阻尼

杜芬方程为例,其方程如下

$$\ddot{x} + \omega^2 x = -\varepsilon\omega^2(\alpha x + \beta x^3) + F\cos\Omega t, \quad \varepsilon \ll 1$$

(10-61)

除了 F 无须是小量外,方程与式(10-28)相同,由于非线性项是 x 的三次方,因此我们将寻找最低频率为 $\dfrac{\Omega}{3}$ 的谐波周期解。令 $\omega = \dfrac{\Omega}{3}$,并假设其解为

$$x(t) = x_0(t) + \varepsilon x_1(t) + \varepsilon^2 x_2(t) + \cdots$$

(10-62)

代入式(10-61),得下列方程组:

$$\begin{cases} \ddot{x}_0 + \left(\dfrac{1}{3}\Omega\right)^2 x_0 = F\cos\Omega t \\ \ddot{x}_1 + \left(\dfrac{1}{3}\Omega\right)^2 x_1 = -\left(\dfrac{1}{3}\Omega\right)^2 (\alpha x_0 + \beta x_0^3) \\ \ddot{x}_2 + \left(\dfrac{1}{3}\Omega\right)^2 x_2 = -\left(\dfrac{1}{3}\Omega\right)^2 (\alpha q_1 + 3\beta x_0^2 x_1) \\ \vdots \end{cases}$$

(10-63)

以上方程可依次求解,且 $x_i(t)$ 是周期解,即

$$x_i\left(\dfrac{1}{3}\Omega t + 2\pi\right) = x_i\left(\dfrac{1}{3}\Omega t\right), \quad i = 0,1,2,\cdots$$

(10-64)

并满足初始条件

$$\dot{x}_i(0) = 0, \quad i = 0,1,2,\cdots$$

(10-65)

由式(10-63)第一式可得满足初始条件式(10-65)的解为

$$x_0(t) = A_0 \cos\dfrac{1}{3}\Omega t - \dfrac{9F}{8\Omega^2}\cos\Omega t$$

(10-66)

将式(10-66)代入式(10-63)第二式的右端并利用三角函数积化和差公式,得

$$\ddot{x}_1 + \left(\dfrac{1}{3}\Omega\right)^2 x_1 = -\left(\dfrac{1}{3}\Omega\right)^2 \Bigg\{ A_0\left[\alpha + \dfrac{3}{4}\beta A_0^2 - \dfrac{3}{4}\beta A_0 \dfrac{9F}{8\Omega^2} + \dfrac{3}{2}\beta A_0\left(\dfrac{9F}{8\Omega^2}\right)^2\right]\cos\dfrac{1}{3}\Omega t -$$

$$\left[\alpha\dfrac{9F}{8\Omega^2} - \dfrac{3}{4}\beta A_0^3 + \beta A_0^2\dfrac{9F}{8\Omega^2} + \dfrac{3}{4}\beta\left(\dfrac{9F}{8\Omega^2}\right)^2\right]\cos\Omega t -$$

$$\dfrac{3}{4}\beta A_0 \dfrac{9F}{8\Omega^2}\left(A_0 - \dfrac{9F}{8\Omega^2}\right)\cos\dfrac{5}{3}\Omega t + \dfrac{3}{4}\beta A_0\left(\dfrac{9F}{8\Omega^2}\right)^2 \cos\dfrac{7}{3}\Omega t -$$

$$\dfrac{1}{4}\beta\left(\dfrac{9F}{8\Omega^2}\right)^3 \cos 3\Omega t \Bigg\}$$

(10-67)

为了消除久期项,使解 x_1 为周期解,式(10-67)中 $\cos\dfrac{1}{3}\Omega t$ 项的系数应等于零,故得

$$A_0^2 - \dfrac{9F}{8\Omega^2} A_0 + 2\left(\dfrac{9F}{8\Omega^2}\right)^2 + \dfrac{4\alpha}{3\beta} = 0$$

(10-68)

其根为

$$A_0 = \dfrac{1}{2}\dfrac{9F}{8\Omega^2} \pm \dfrac{1}{2}\sqrt{\left(\dfrac{9F}{8\Omega^2}\right)^2 - 8\left(\dfrac{9F}{8\Omega^2}\right)^2 - \dfrac{16\alpha}{3\beta}}$$

$$= \frac{1}{2}\frac{9F}{8\Omega^2} \pm \frac{1}{2}\sqrt{-7\left(\frac{9F}{8\Omega^2}\right)^2 - \frac{16\alpha}{3\beta}} \tag{10-69}$$

因为 A_0 必须为实根，式(10-69)中根号内的表达式必须大于零，将 $\omega = \frac{\Omega}{3}$ 代入式(10-55)中，则

$$\Omega^2 = \frac{9}{\varepsilon\alpha}\left(\omega_0^2 - \frac{1}{9}\Omega^2\right) \tag{10-70}$$

其中 ω_0 是当 $\beta=0$ 时，线性系统的固有频率。将式(10-70)代入式(10-69)中，得其根号内的表达式非负条件为

$$\Omega^2 \geqslant 9\left[\omega_0^2 + \frac{21}{16}\varepsilon\beta\left(\frac{3F}{8\Omega^2}\right)^2\right] \tag{10-71}$$

式(10-71)表明，对于硬弹簧特性非线性系统，激励力频率必须超过三倍以上的 ω_0 时，才有可能发生次谐波振动。当阻尼存在时，用类似的方法，可以得到对于阻尼的限制条件。和线性系统不同，系统依旧可以使自由振动项不衰减到零。

10.4.3 组合谐波响应

在线性系统上作用有两个不同频率的激励力时，系统的稳态响应也只包含着两个不同频率的响应，并适用于叠加原理。但非线性系统就不同了，它还产生由这两个频率组合而成的各种频率响应。下面，我们将通过杜芬方程来说明该现象。受两个不同频率谐波激励力的杜芬方程可以表示为

$$\ddot{x} + \omega^2 x = -\varepsilon\beta_0 x^3 + F_1\cos\Omega_1 t + F_2\cos\Omega_2 t, \quad \varepsilon \ll 1 \tag{10-72}$$

把解式(10-62)代入可得

$$\begin{cases} \ddot{x}_0 + \omega_0^2 x_0 = F_1\cos\Omega_1 t + F_2\cos\Omega_2 t \\ \ddot{x}_1 + \omega_0^2 x_1 = -\beta_0 x_0^3 \\ \ddot{x}_2 + \omega_0^2 x_2 = -3\beta_0 x_0^2 x_1 \\ \vdots \end{cases} \tag{10-73}$$

由方程组第一式得稳态解：

$$x_0(t) = G_1\cos\Omega_1 t + G_2\cos\Omega_2 t \tag{10-74}$$

其中：

$$G_1 = \frac{F_1}{\omega_0^2 - \Omega_1^2}, \quad G_2 = \frac{F_2}{\omega_0^2 - \Omega_2^2} \tag{10-75}$$

把式(10-74)代入式(10-73)第二式得

$$\ddot{x}_1 + \omega_0^2 x_1 = H_1\cos\Omega_1 t + H_2\cos\Omega_2 t + H_3\left[\cos(2\Omega_1 + \Omega_2)t + \cos(2\Omega_1 - \Omega_2)t\right] + \\ H_4\left[\cos(\Omega_1 + 2\Omega_2)t + \cos(\Omega_1 - 2\Omega_2)t\right] + H_5\cos3\Omega_1 t + H_6\cos3\Omega_2 t \tag{10-76}$$

其中：

$$H_1 = -\frac{3}{4}\beta_0 G_1(G_1^2 + 2G_2^2), \quad H_2 = -\frac{3}{4}\beta_0 G_2(2G_1^2 + G_2^2), \quad H_3 = -\frac{3}{4}\beta_0 G_1^2 G_2$$

$$H_4 = -\frac{3}{4}\beta_0 G_1 G_2^2, \quad H_5 = -\frac{1}{4}\beta_0 G_2^3, \quad H_6 = -\frac{1}{4}\beta_0 G_1^3 \tag{10-77}$$

显然,式(10-76)的解包含频率为 $\Omega_1, \Omega_2, 2\Omega_1 \pm \Omega_2, \Omega_1 \pm 2\Omega_2, 3\Omega_1, 3\Omega_2$ 的各种谐波成分。与线性系统相比,不仅有频率为 Ω_1, Ω_2 的谐波响应,还有频率为 $3\Omega_1, 3\Omega_2$ 的超谐波响应以及频率为 $2\Omega_1 \pm \Omega_2, \Omega_1 \pm 2\Omega_2$ 的组合谐波响应。

10.5　参数激励振动

在工程技术中,很多属于时变系数微分方程的振动问题,这一类问题通常称为参数激振问题。由于时变系数的存在,即使是线性系统,也无法采用线性振动的方法来求解,为了能够采用摄动方法来研究这一类问题,这里,我们只考虑时变系数为小量的参数激励振动问题。

下面我们以图 10-19 所示的可变支点单摆为例说明参数激励振动问题的研究。图 10-19 所示单摆,在其支点上作用一外力 F,支点可以上下运动,位移为 u。我们感兴趣的是支点运动为一简谐运动时,单摆在上、下平衡位置的运动稳定性问题。

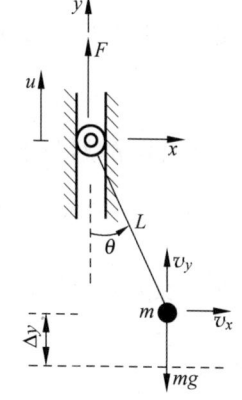

图 10-19　可变支点单摆

支点的简谐运动可表示为
$$u = A\cos\omega t \tag{10-78}$$

以 θ, u 为广义坐标,利用拉格朗日方程并考虑单摆在 $\theta = 0$ 附近做微小运动,方程可简化为
$$mL^2\ddot{\theta} + mL(g + \ddot{u})\theta = 0$$
$$m\ddot{u} + mg = F \tag{10-79}$$

由于 u 是已知的,所以式(10-79)为线性方程,将式(10-78)代入式(10-79)得

$$\ddot{\theta} + \left(\frac{g}{L} - \frac{A\omega^2}{L}\cos\omega t\right)\theta = 0 \tag{10-80}$$

$$F = m(g - A\omega^2\cos\omega t) \tag{10-81}$$

式(10-80)中,θ 的系数是随时间变化的简谐函数,这构成了一类特殊的非自治齐次微分方程,称为马休(Mathieu)方程。下面用摄动法求马休方程的周期解及系统的稳定性特征。为了分析方便,引入如下变量:

$$\frac{g}{L} = \delta, \quad -\frac{A\omega^2}{L} = 2\varepsilon$$

并让 $\omega = 2\text{rad/s}$,这样,式(10-80)就简化为标准的马休方程:

$$\ddot{\theta} + (\delta + 2\varepsilon\cos 2t)\theta = 0 \tag{10-82}$$

注意当 $A = 0$,系统简化为单摆振动,当 $A \neq 0$ 且 $\varepsilon \ll 1$,系统为拟简谐的非自治系统。设式(10-82)的近似解为

$$\theta(t) = \theta_0(t) + \varepsilon\theta_1(t) + \varepsilon^2\theta_2(t) + \cdots \tag{10-83}$$

$$\delta = n^2 + \varepsilon\delta_1 + \varepsilon^2\delta_2 + \cdots, \quad n = 0, 1, 2, \cdots \tag{10-84}$$

将式(10-83)和式(10-84)代入马休方程式(10-82),利用方程 ε 同幂次的系数等于零条件,得

$$\begin{cases} \ddot{\theta}_0 + n^2\theta_0 = 0 \\ \ddot{\theta}_1 + n^2\theta_1 = -(\delta_1 + 2\cos 2t)\theta_0 \\ \ddot{\theta}_2 + n^2\theta_2 = -(\delta_1 + 2\cos 2t)\theta_1 - \delta_2\theta_0 \\ \vdots \end{cases} \quad n = 0, 1, 2, \cdots \tag{10-85}$$

其零阶方程的解为

$$\theta_0 = \begin{cases} \cos nt, \\ \sin nt, \end{cases} \quad n = 0, 1, 2, \cdots \tag{10-86}$$

下面讨论 $n = 0, 1, 2$ 时高阶近似解。

(1) 当 $n = 0$ 时,由式(10-86)可知 $\theta_0 = 1$,代入式(10-85)第二式得

$$\ddot{\theta}_1 = -\delta_1 - 2\cos 2t \tag{10-87}$$

为了使上式中的解 θ_1 不能出现久期项,$\delta_1 = 0$,故得

$$\theta_1 = \frac{1}{2}\cos 2t + c \tag{10-88}$$

其中 c 为积分常数,将求得的 θ_0, θ_1 代入式(10-85)第三式得

$$\ddot{\theta}_2 = (-2\cos 2t)\left(\frac{1}{2}\cos 2t + c\right) - \delta_2 = -\left(\frac{1}{2} + \delta_2\right) - 2c\cos 2t - \frac{1}{2}\cos 4t \tag{10-89}$$

为了使 θ_2 为周期函数,$\frac{1}{2} + \delta_2$ 必须为零,因此当 $n = 0$ 时,式(10-84)成为

$$\delta = -\frac{1}{2}\varepsilon^2 + \cdots \tag{10-90}$$

即图 10-20 所示,在精确到 $O(\varepsilon^3)$,δ-ε 平面上过原点的稳定区和不稳定区的分界线是一条抛物线。

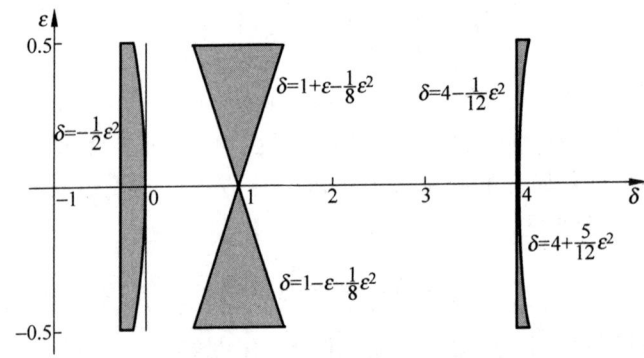

图 10-20 支点作简谐运动的单摆稳定和不稳定区

(2) 当 $n = 1$ 时,由式(10-86)可知 $\theta_0 = \cos t$ 或 $\sin t$,首先取 $\theta_0 = \cos t$ 代入式(10-85)第二式得

$$\ddot{\theta}_1 + \theta_1 = -(\delta_1 + 2\cos 2t)\cos t = -(\delta_1 + 1)\cos t - \cos 3t \tag{10-91}$$

为了使上式中的解 θ_1 不能出现久期项，$\delta_1 = -1$，故得

$$\theta_1 = \frac{1}{8}\cos 3t \tag{10-92}$$

代入式(10-85)第三式得

$$\begin{aligned}\ddot{\theta}_2 + \theta_2 &= -\frac{1}{8}(-1 + 2\cos 2t)\cos 3t - \delta_2\cos t \\ &= -\left(\frac{1}{8} + \delta_2\right)\cos t + \frac{1}{8}\cos 3t - \frac{1}{8}\cos 5t\end{aligned} \tag{10-93}$$

为了使 θ_2 为周期函数，$\frac{1}{8} + \delta_2$ 必须为零，因此当 $n = 1$ 时，式(10-84)成为

$$\delta = 1 - \varepsilon - \frac{1}{8}\varepsilon^2 + \cdots \tag{10-94}$$

如果取 $\theta_0 = \sin t$，式(10-85)第二式为

$$\ddot{\theta}_1 + \theta_1 = -(\delta_1 + 2\cos 2t)\sin t = -(\delta_1 - 1)\sin t - \sin 3t \tag{10-95}$$

为了使上式中的解 θ_1 不能出现久期项，$\delta_1 = 1$，故得

$$\theta_1 = \frac{1}{8}\sin 3t \tag{10-96}$$

代入式(10-85)第三式得

$$\begin{aligned}\ddot{\theta}_2 + \theta_2 &= -\frac{1}{8}(1 + 2\cos 2t)\sin 3t - \delta_2\sin t \\ &= -\left(\frac{1}{8} + \delta_2\right)\sin t - \frac{1}{8}\sin 3t + \frac{1}{8}\sin 5t\end{aligned} \tag{10-97}$$

为了使 θ_2 为周期函数，$\frac{1}{8} + \delta_2$ 必须为零，因此当 $n = 1$ 时，式(10-84)成为

$$\delta = 1 + \varepsilon - \frac{1}{8}\varepsilon^2 + \cdots \tag{10-98}$$

采用类似的步骤，当 $n = 2$，取 $\theta_0 = \cos 2t$，可得 δ-ε 平面上一条稳定/不稳定区域的分界线：

$$\delta = 4 + \frac{5}{12}\varepsilon^2 + \cdots \tag{10-99}$$

当 $n = 2$ 时，取 $\theta_0 = \sin 2t$，可得 δ-ε 平面上另一条稳定/不稳定区域的分界线为

$$\delta = 4 - \frac{1}{12}\varepsilon^2 + \cdots \tag{10-100}$$

式(10-90)、式(10-94)、式(10-98)~式(10-100)所代表的曲线称为边界曲线或转迁曲线，它们把 δ-ε 平面分割成稳定区和不稳定区。为了观察系统的稳定性特性，在 δ-ε 平面把这些方程所表示曲线画出，如图 10-20 所示。属于边界上的点表示系统(10-82)的一个周期解。阴影区代表不稳定区，非阴影区代表稳定区。此外从图 10-20 发现，当 $\delta < 0$ 时，也存在稳定区。而 $\delta < 0$ 对应于单摆上平衡点 $\theta = 180°$，因此，如果参数选择恰当，可以通过使支点作简谐运动，保证单摆运动到铅垂位置成倒摆形式而保持稳定。

10.6 混沌与分岔

混沌是非线性系统特有的一种运动形式,是产生于确定性系统的、对初始条件敏感的往复性稳态非周期运动,具有长期不可预测性,类似于随机振动。非线性振动系统中的混沌称为混沌振动,也简称为混沌。混沌的基本特征是具有对初始条件的敏感依赖性,即初始值的微小差别经过一定时间后可导致系统运动过程的显著差别。这种对初始条件的敏感依赖性称为初态敏感性。由于初态敏感性而具有的不可长期预测性,被形象地称为蝴蝶效应:即一个蝴蝶的振翅,导致大气状态极微小的变化,但在几天后,千里之外的一场本来没有的大风暴发生了。蝴蝶效应是混沌的一个生动描述。混沌和分岔密是切相关的,分岔理论和相关的知识可以用来揭示混沌产生的机理及途径。下面我们将混沌与分岔的基本知识:庞加莱截面法、分岔的类型和混沌的一些简单现象作个简要的介绍。

10.6.1 庞加莱截面

为了分析相空间中的复杂轨线,庞加莱在相空间分析中发展了一种截面方法。该方法是在相空间里取某一坐标为常数的截面,通过研究相轨线与该截面的交点来分析系统动力学的复杂行为。设相空间是 n 维的,原则上可以取出一个 $(n-1)$ 维的相平面,称为庞加莱截面。人们就可通过相轨线留在截面上的点所组成的图像来掌握复杂的轨线情况,如图 10-21 所示。人们将这种时间上连续的运动转变为离散的图像处理方法称为庞加莱映射。

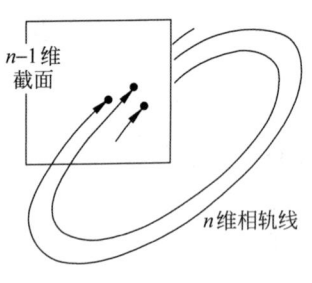

图 10-21 庞加莱截面

为了具体了解庞加莱截面的应用,我们还是从熟悉的单摆运动开始。在频率为 Ω 的周期驱动力 $F\cos\Omega t$ 作用下,阻尼单摆的运动方程为

$$\ddot{\theta} + 2\beta\dot{\theta} + \omega^2 \sin\theta = F\cos\Omega t \tag{10-101}$$

增加一个位相 φ 自变量,使之变为不显含时间 t 的自治系统:

$$\dot{\theta} = \theta_1,$$
$$\dot{\theta}_1 = -2\beta\dot{\theta} - \omega^2 \sin\theta + F\cos\varphi$$
$$\dot{\varphi} = \Omega$$

于是就得到了描述单摆的三维相空间(见图 10-22)。由于相角具有 2π 的周期性,因此可以把相图 10-22(a)上的 $\varphi=2n\pi$ 和 $2(n+1)\pi$ 处连接起来,这样描写单摆运动的相空间就变成图 10-22(b)所示的圆环了。原来在图 10-10 上的单摆的圆形轨线,现在成了附着在圆环面上的环线。当我们取某一个常数位相,例如 $\varphi=2\pi$,就等于在该位相处截取了一个平面,环线在穿过该平面时就留下了一个点。如果运动是单周期的,在周期性的运动过程中轨线每次都重复地运行在原有的轨道上,因此它总是在截面的同一位置穿过,在截面上只留下一个点。如果运动是两倍周期的,在每个周期内相轨线有两次在截面上的不同位置上穿过,因此

留下两个点；同样,如果是四倍周期的运动,在截面上留下四个点,等等。如果运动是无周期的,则轨线每次都在截面上的不同点穿过,于是截面上留下无穷多个点。庞加莱映射对于分析复杂运动是非常有用的,因为无周期的复杂运动会在截面上留下由点构成的某种独特结构。

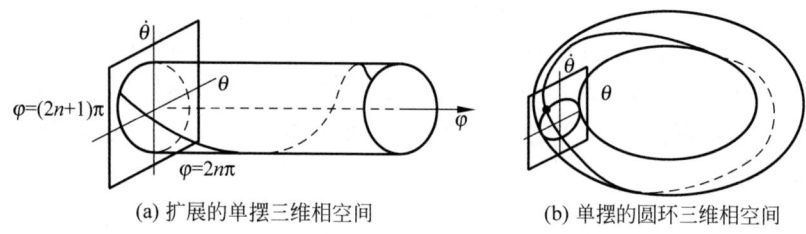

(a) 扩展的单摆三维相空间　　(b) 单摆的圆环三维相空间

图 10-22　单摆的三维相空间

10.6.2　分岔

在实际工程技术中,许多系统都含有一个或多个参数,分岔现象是指振动系统的动态行为随着某些参数的改变而发生质的变化,特别是系统的平衡状态发生稳定性改变或出现方程解的轨道分支。下面我们通过几个例子来说明分岔几种基本类型。

例 10-4　考虑下列一维系统：

$$\dot{x} = F(x;\mu) = \mu - x^2 \tag{10-102a}$$

$$\dot{x} = F(x;\mu) = \mu x - x^3 \tag{10-102b}$$

$$\dot{x} = F(x;\mu) = \mu x - x^2 \tag{10-102c}$$

其中 $\mu \in \mathbf{R}$ 是分岔参数。当 $\mu < 0$ 时,式(10-102a)没有平衡点；当 $\mu > 0$ 时,式(10-102a)有两个非零的平衡点：

$$x = \sqrt{\mu} \quad \text{和} \quad x = -\sqrt{\mu}$$

此时,(10-102a)的雅可比矩阵有一个特征根 $\lambda = -2x$。因此,平衡点 $x = \sqrt{\mu}$ 是一个稳定的结点,而 $x = -\sqrt{\mu}$ 是不稳定的结点。如图 10-23(a)所示,在 x-μ 平面,虚线表示不稳定平衡点分支,实线表示稳定平衡点分支,当 $\mu = 0$ 时,$x = 0$,因此在这点,系统(10-102a)的拓扑结构发生了突然的质的变化。从 $\mu < 0$ 没有平衡点到 $\mu > 0$ 时的两个平衡点,即一个稳定平衡点和一个不稳定平衡点,即出现鞍-结分岔。原点(0,0)是一个鞍-结分岔点。

对于式(10-102b),$\mu < 0$,系统有唯一的平衡点 $x = 0$,这种情况下,特征根 $\lambda = \mu$,平衡点为渐近稳定。$\mu > 0$,式(10-102b)有三个平衡点,

$$x = 0, \quad x = \sqrt{\mu} \quad \text{和} \quad x = -\sqrt{\mu}$$

其雅可比矩阵为 $D_x F = \mu - 3x^2$,相应的特征根为

$$x = 0, \quad \lambda = \mu$$
$$x = \pm\sqrt{\mu}, \quad \lambda = -2\mu$$

显然,$x = 0$ 平衡点是不稳定的,$x = \pm\sqrt{\mu}$ 是渐近稳定的,即在点(0,0)出现平衡点分岔,也称为树枝分岔,如图 10-23(b)所示。

对于系统式(10-102c),系统平衡点为

$$x=0 \quad \text{和} \quad x=\mu$$

对应得雅可比矩阵和及其特征值为

$$D_x F = \mu - 2x$$
$$x=0, \quad \lambda = \mu$$
$$x=\mu, \quad \lambda = -\mu$$

显然,当 $\mu<0$, $x=0$ 平衡点是渐近稳定的, $x=\mu$ 是不稳定的,当 μ 从 $\mu<0$ 逐步增大到 $\mu>0$, $x=0$ 平衡点变成不稳定的, $x=\mu$ 变成渐近稳定的,即在点 $(x=0,\mu=0)$ 出现平衡点分岔,也称为跨临界分岔,如图 10-23(c) 所示。

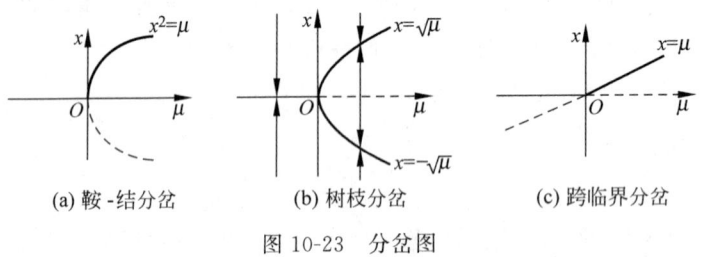

(a) 鞍-结分岔 (b) 树枝分岔 (c) 跨临界分岔

图 10-23 分岔图

以上例子说明,在分岔点附近,当参数有微小的变化,系统的拓扑结构发生质的变化,故系统结构是不稳定的。为了清楚地表示分岔情况,我们在状态-参数空间中画出图 10-23 所示系统平衡点、极限环等随参数变化的图形,称为分岔图。一般来说,完整的分岔分析需要研究向量场的全局拓扑结构,这是十分困难,也难以完成。以上例子研究的也只是平衡点附近的分岔,这类分岔称为局部静态分岔。如果研究向量场的全局行为,则称为全局分岔。下面我们通过一个例子来说明动态分岔行为。

例 10-5 考虑下列平面系统:

$$\begin{aligned}\dot{x} &= \mu x - \omega y + (\alpha x - \beta y)(x^2 + y^2) \\ \dot{y} &= \omega x + \mu y + (\beta x + \alpha y)(x^2 + y^2)\end{aligned} \quad (10\text{-}103)$$

对于任意值 μ, $(x=0,y=0)$ 是系统的平衡点,相应雅可比矩阵特征为 $\lambda_{1,2} = \mu \pm i\omega$。显然,当 $\mu=0$, 平衡点 $(0,0)$ 为非双曲平衡点。此外,在点 $(x=0,y=0,\mu=0)$ 处有

$$\frac{d\lambda_{1,2}}{d\mu} = 1 \quad (10\text{-}104)$$

因此,平衡点 $(0,0)$ 在 $\mu=0$ 处为霍普夫(Hopf)分岔,对应的分岔周期解周期为 $2\pi/\omega$。进行坐标转换,设

$$x = r\cos\theta, \quad y = r\sin\theta \quad (10\text{-}105)$$

代入式(10-103)得

$$\dot{r} = \mu r + \alpha r^3 \quad (10\text{-}106)$$
$$\dot{\theta} = \omega + \beta r^2 \quad (10\text{-}107)$$

式(10-106)的平衡点 $(r=0)$ 对应于系统(10-103)的平衡点 $(0,0)$, 其非零平衡点对应于系统式(10-103)振动幅度为 r, 频率为 $\dot{\theta}$ 周期解。其稳定的非零平衡点对应稳定的周期解,非稳定的非零平衡点对应非稳定的周期解。此外,我们还注意到, $x\text{-}y\text{-}\mu$ 平面的 Hopf 分岔点

(0,0,0)和 r-μ 平面上的树枝分岔点(0,0)是等价的。如图 10-24 所示,当 $\alpha=-1$ 时,在 r-μ 平面上的树枝分岔为超临界树枝分岔,在 x-y-μ 平面上的是超临界 Hopf 分岔;反之当 $\alpha=1$ 时,在 r-μ 平面上的为亚临界树枝分岔,x-y-μ 平面上的是亚临界 Hopf 分岔。

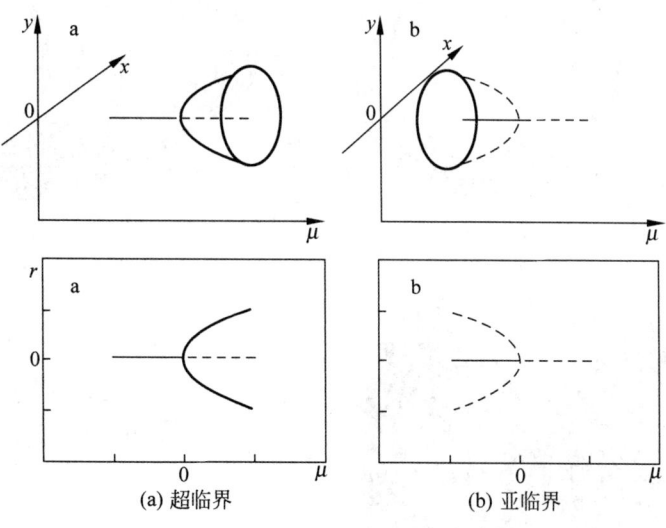

图 10-24　Hopf 分岔

10.6.3　混沌行为

下面我们将以杜芬振动的受迫振动为例,讨论系统随着参数变化而呈现混沌振动的过程,即产生混沌振动的途径,简要说明一下混沌振动出现的机理及一些基本的现象。

例 10-6　杜芬方程

$$\ddot{x}+c\dot{x}-bx+x^3=f\cos\omega t \tag{10-108}$$

给定 $c=0.4, b=1.1, \omega=1.2$,令激励力幅值 f 逐渐增加,系统的运动出现倍周期分岔而产生混沌。当 $f=0.3$ 时有 $T=2\pi/\omega$ 周期运动;当 $f=0.3391$ 时有 $2T$ 周期运动;当 $f=0.355$ 时有 $4T$ 周期运动;当 $f=0.372$ 时,出现混沌运动,相轨迹和庞加莱截面如图 10-25 所示。

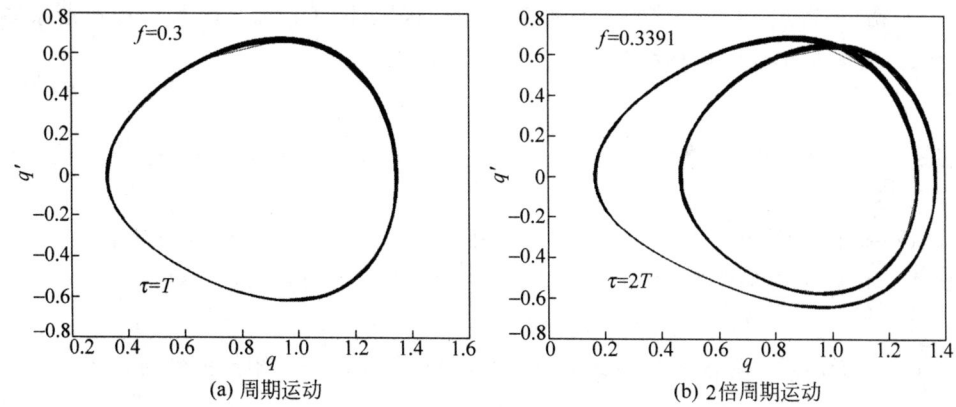

图 10-25　从倍周期分岔到混沌

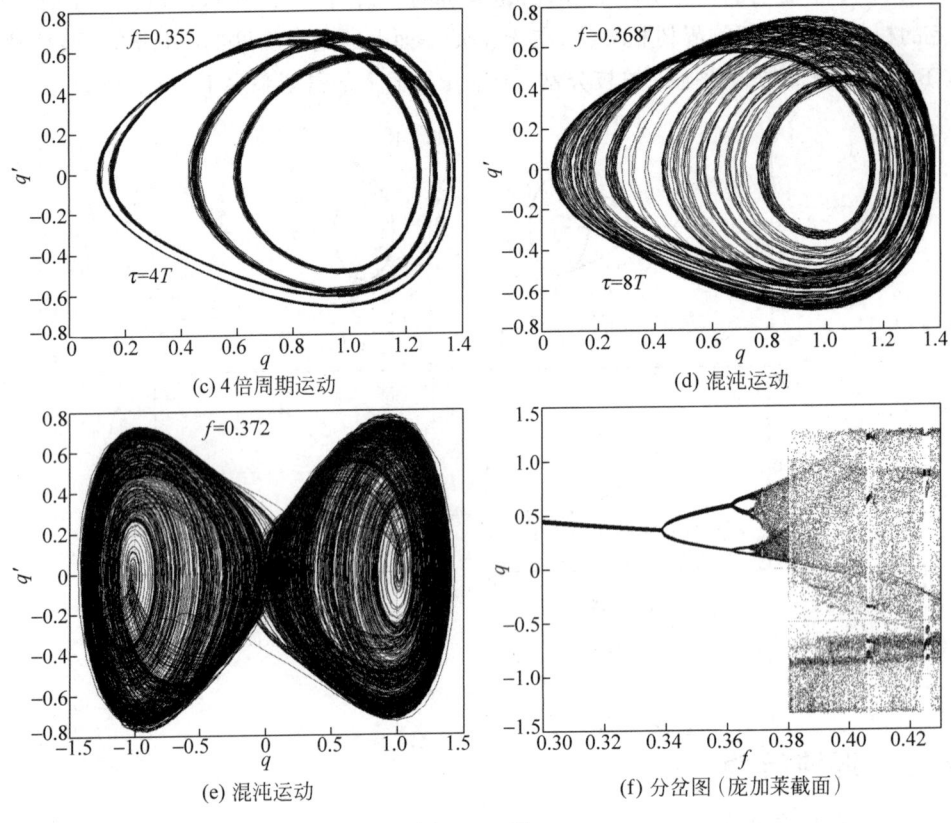

图 10-25(续)

习 题 10

10-1 振动系统中可能有哪些非线性因素？

10-2 阐明下列概念：
(a)平衡点、奇点；(b)李雅普诺夫稳定性；(c)极限环；(d)跳跃现象；(e)亚谐振动。

10-3 有阻尼单摆的运动微分方程为

$$\ddot{\theta} + 2\zeta\omega\dot{\theta} + \omega^2\sin\theta = 0$$

试写出其状态方程，确定平衡点并根据状态方程雅可比矩阵的特征值分析 $\omega=1,\zeta=0.1$ 和 $\zeta=2$ 两种情况下平衡点的稳定性。

10-4 画出习题 10-3 所示系统的相迹并和习题 10-3 的分析结果进行对比。

10-5 求无阻尼硬弹簧特性系统的奇点，并讨论其解在奇点附近的性质。

$$\ddot{x} + \omega^2 x + kx^3 = 0$$

10-6 求无阻尼软弹簧特性系统的奇点，并讨论其解在奇点附近的性质。

$$\ddot{x} + \omega^2 x - kx^3 = 0$$

10-7 采用摄动法求下列系统 $O(\varepsilon^3)$ 精度的近似解：

$$\ddot{x} + x = -\varepsilon x^2, \quad \varepsilon \ll 1$$

初始条件为 $x(0) = A_0, \dot{x}(0) = 0$。

10-8 分别采用摄动法求范德波振子 $O(\varepsilon^2)$ 精度近似解，画出 $\varepsilon = 0.2$ 的周期解并讨论该周期解的性质。

$$\ddot{x} + x = \varepsilon(1 - x^2)\dot{x}, \quad \varepsilon \ll 1$$

10-9 分别采用摄动法求如下范德波振子周期为 $2\pi/\Omega$ 的 $O(\varepsilon^2)$ 精度近似解：

$$\ddot{x} + \omega^2 x = \varepsilon(1 - x^2)\dot{x} + \varepsilon F\cos\Omega t, \quad \varepsilon \ll 1$$

10-10 求下列方程的次谐波振动：

$$\ddot{x} + \omega^2 x = -\varepsilon\omega^2(\alpha x - \beta x^2) + F\cos\Omega t, \quad \varepsilon \ll 1$$

10-11 画出下列系统的分岔图：

$$\dot{x} = -\mu + x^2, \quad \dot{x} = -\mu x + x^3, \quad \dot{x} = \mu x + x^2, \quad \dot{x} = \mu - x^3, \quad \dot{x} = -\mu x - x^3$$

10-12 试确定下列系统平衡点的稳定性和分岔：

$$\dot{x} = a - (\mu + 1)x + x^2 y, \quad \dot{y} = \mu x - x^2 y \quad (a > 0)$$

第 11 章

振 动 测 量

第 11 章 课件

11.1 振动测量的目的、方法与过程

解决振动问题不仅要进行理论计算,很多时候还需要进行振动测试分析。例如,通过振动测量结合信号处理技术可以对振源及其传播途径进行辨识;建立振动分析模型有时需要通过振动测量获得元件的动态特性参数,如隔振器的刚度和阻尼系数等。在很多情形下,通过振动测试获得的机器或结构模态参数比理论计算结果更加符合实际,而振动控制方案也需要通过模型试验和振动测量来验证效果。通过振动测量还可以对机器和结构的运行状态进行监控和故障诊断。由此可见,振动测量技术和振动理论分析一样,在分析解决振动问题方面发挥重要作用。

振动测量除了需要具备必要的传感器和仪器设备以外,还必须掌握正确的测试方法,才能获得可靠的数据和正确的结果。振动测量的基本过程如图 11-1 所示。传感器把振动体的运动转化为电信号,但由于传感器的输出信号(电压或电流)太弱,不能够直接作为显示和分析仪器的输入,需要经过信号调理器对其进行放大;由于传感器输出的是模拟信号,而现代信号分析处理仪和储存单元用的都是数字集成电路或计算机,因此要用数据采集装置将模拟信号转换成离散数字信号才能进行处理;而且为了避免采样后的数字信号可能会不正确地反映原有连续信号,在对连续信号采样之前还要对信号进行滤波,去掉信号的高频分量。此外,若测量对象是无振动激励源的机械零部件或结构,还需要用激振器对被测对象施加激励使其产生振动才能进行测量。测到的振动信号经数字信号分析仪或计算机处理后便得到功率谱、结构模态参数和频率响应函数等有用的结果。

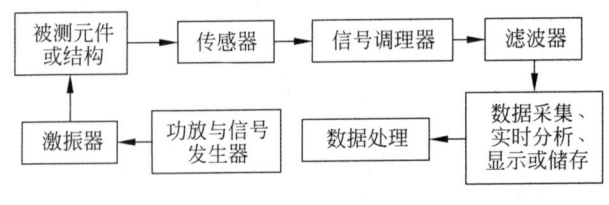

图 11-1 振动测量流程图

11.2 传感器与激振设备

振动测量除某些特定情况采用光学测量外,一般采用电测的方法,传感器的作用是把机

械振动量转变为电信号。根据被测振动运动是位移、速度还是加速度,可以将振动传感器分为位移传感器、速度传感器和加速度传感器。

常用的测量振动的传感器介绍如下。

11.2.1 压电加速度传感器

1. 电荷输出型

一些天然材料或人造材料,如石英、电石、硫酸锂、四水(合)酒石硫钾钠,在变形或受到机械应力时会产生电荷(见图 11-2(a)),除去机械载荷时,电荷消失。这种材料称为压电材料,其受力与产生的电荷量 Q_x 可以表示为

$$Q_x = kF_x = kAp_x \tag{11-1}$$

式中,k 称为压电常数;A 是力 F_x 的作用面积;p_x 对应的压强。

利用压电材料的压电效应制成的加速度传感器称为压电加速度计,主要由压电元件、质量块和附加元件(基座、外壳等)组成,如图 11-2(b)所示。当加速度计受振动时,质量块的惯性力作用于压电元件上,压电元件产生与力成正比的电荷。因为质量块的质量是常数,所以压电元件产生的电荷与质量块的加速度成正比。由于压电片的刚度很大,质量块又比较小,所以在很宽的频率范围内,质量块与加速度计基座受到相同的加速度,加速度计的输出与基座加速度成正比。

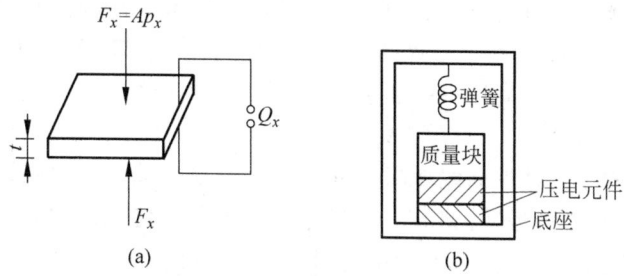

图 11-2 压电加速度计

压电加速度传感器的输出是电荷,需要用电荷放大器把压电加速度计高阻抗的电荷输出转换为低阻抗的电压信号,才能接入测量仪器或分析仪器进行处理。压电加速度传感器的典型结构如图 11-3 所示,常用的有平面剪切、中心安装的压缩设计、三角剪切等多种形式。压电加速度传感器的灵敏度通常用 pC/g 表示。

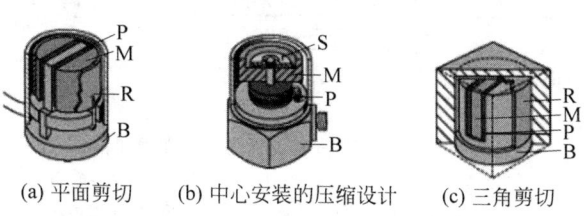

(a) 平面剪切　　(b) 中心安装的压缩设计　　(c) 三角剪切

图 11-3 压电加速度传感器的结构

P—压电元件;S—弹簧;R—夹圈;B—基座;M—质量块

压电加速度计受到垂直于它的安装轴线的加速度时仍然会有输出,这种特性称为横向灵敏度。横向灵敏度以主轴线灵敏度的百分比表示,理想中的加速度传感器的横向灵敏度应该是零,但实际上由于压电元件和金属零件中微小的不均匀而不为零。质量较好的加速度计的最大横向灵敏度小于主轴线灵敏度的 3%～5%。

2. IEPE 传感器

近年来内置集成电路放大器的压电式传感器被广泛使用,即 IEPE 传感器。IEPE 是压电集成电路的缩写。由于压电传感器产生的电荷量是很小的,因此产生的电信号很容易受到噪声干扰,需要对其进行放大和调理。IEPE 集成了灵敏的电子放大电路,并且直接封装在传感器内,具有更好的抗噪声性能。

IEPE 传感器提供低阻抗的输出电压,输出阻抗小于 100Ω,可以直接连接到放大器的输入端,不再需要使用高阻抗的电荷放大器。IEPE 传感器的内置集成电路放大器需要外部恒流源供电,供电线与信号输出线共用,不需要另加电源线,使用很方便。IEPE 加速度传感器的灵敏度通常用 mV/g 表示。

11.2.2 加速度计的使用

1. 灵敏度和频响特性

理论上灵敏度越高越好,但灵敏度高,压电元件叠层越厚,致使传感器自身的固有频率下降,影响测量频率范围;而且灵敏度高的加速度传感器自身质量大,不利于对轻小结构试件的测量。因此能工作在较高频率的加速度计,其灵敏度较低;反之,高灵敏度的加速度计就不能作很高频率的测量。

加速度传感器的频响特性曲线如图 11-4 所示。从频响曲线可看到,加速度传感器的工作频响范围很宽,只有在接近共振频率 f_n 时才会发生急剧变化。按照经验,标定的共振频率 f_n 的 1/3 可作为加速度传感器的频率使用上限,此时误差不超过 ±12%(约 1dB);若使用频率上限设在共振频率 f_n 的 1/5 频段时,则灵敏度的偏差为 ±5%。

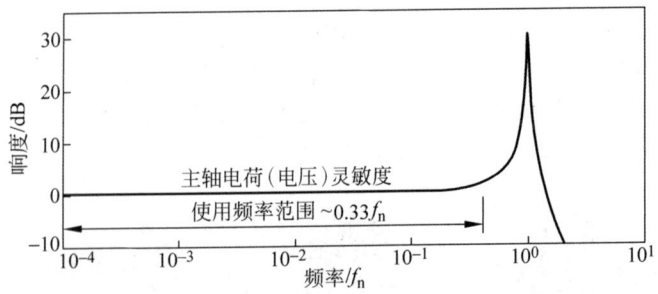

图 11-4 压电式加速度传感器的频响曲线

加速度传感器的压电效应是静电现象,微弱的电荷量不可避免地会产生泄露,因此加速度传感器不适合测量恒定加速度这类单向运动,使用频率下限设在 0.2～0.5Hz。

2. 加速度计的安装

为了得到精确的振动测量结果,必须考虑加速度传感器的安装方法,才能保证不会降低加速度传感器的安装固有频率。由于加速度传感器的安装方法不同,其安装固有频率 f_m 相对于传感器自身共振频率 f_n 有不同程度地下降,导致测试系统的频响特性有很大差异。安装方法包括螺栓安装、绝缘安装、磁铁、粘贴、蜂蜡、探针等。选用何种安装方法取决于加速度传感器和试验结构的形式,应尽可能地减小加速度传感器安装对频率响应的影响。

1) 螺栓安装

安装加速度传感器的最好方法是螺栓连接,如图 11-5 所示,它的安装固有频率 f_m 接近于共振频率 f_n。安装时注意确保安装螺纹必须与表面垂直,且无毛刺,两个安装表面平滑耦合。加速度传感器安装时,安装扭矩要求适当,不要完全拧紧加速度传感器的安装螺栓,以确保传感器的安装底座不产生过大的应力和变形而影响灵敏度。

2) 绝缘安装

当加速度传感器和被测物体之间要求进行电气绝缘和控制接地回路噪声时,可以使用绝缘螺栓和云母垫片的安装方法,如图 11-6 所示。绝缘材料可采用尼龙、塑料等。绝缘安装的方法只适用于 10kHz 以下的测量。

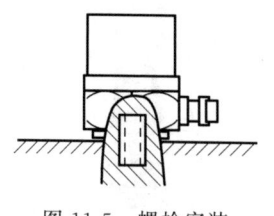

图 11-5　螺栓安装

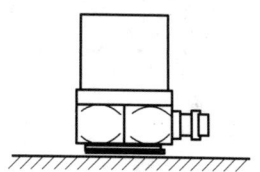

图 11-6　绝缘安装

3) 磁铁

如果被测表面是钢铁制品,可将加速度传感器线装于在永久磁铁座上,然后直接吸附在测点上进行测量。这种安装方法对若干不同测点的交替快速测量非常便利。测量的频率上限视永久磁铁的性能而定,一般在 5kHz 左右,振动测量范围不得大于 50g。

4) 粘贴

常用的方法是使用 502 胶(氰基丙烯酸酯快干胶)将加速度传感器直接粘贴在测点上,工作温度 $-10 \sim +80$℃。502 胶耐水、酸、碱的能力差,只适用于 5kHz 以下的振动测量,且不宜在潮湿的环境中使用。

5) 蜂蜡

使用蜂蜡将轻型加速度传感器粘接在测点表面,这种方法适用于试验结构不允许进行任何安装改动的模态和结构分析试验,频率范围在 5kHz 以下。测点表面温度在 50℃以上,蜂蜡会明显软化而无法进行测试。

6) 探针

在某些特殊的场合,一般的安装方法因现场条件限制无法使用,可用安装在加速度传感器底部的金属探针进行测量,或者干脆将加速度传感器直接按在被测点上。这种方法具有简单、方便、灵活的优点,频率范围在 1kHz 以下。

3. 加速度计的标定

加速度计的标定按精度可分为绝对校准方法和相对校准方法。绝对校准精度可以达到 0.5%，校准设备昂贵复杂，一般用于产品出厂检验和对标准加速度计进行标定。相对校准方法使用经过绝对校准的仪器和传感器去标定工程上使用的加速度计，校准精度为 2%。

加速度计灵敏度的相对校准方法有标准加速度计比较法和激励器校准法两种。

1) 标准加速度计比较法

这种校准法也称为"背靠背"校准法，具体仪器布置如图 11-7 所示。激振器产生已知幅值和频率的简谐振动，使用高精度的标准加速度计作为基准值来校准其他的加速度计，获得被校准加速度计灵敏度的修正值。

2) 激励器校准法

激励器校准法将信号源、功放与激振器组成便携式振动校准装置。图 11-8 为小型手持式振动激励器，输出频率为 159.2Hz，大小为 10m/s² 的标准加速度，可用于质量较小的加速度计的校准。

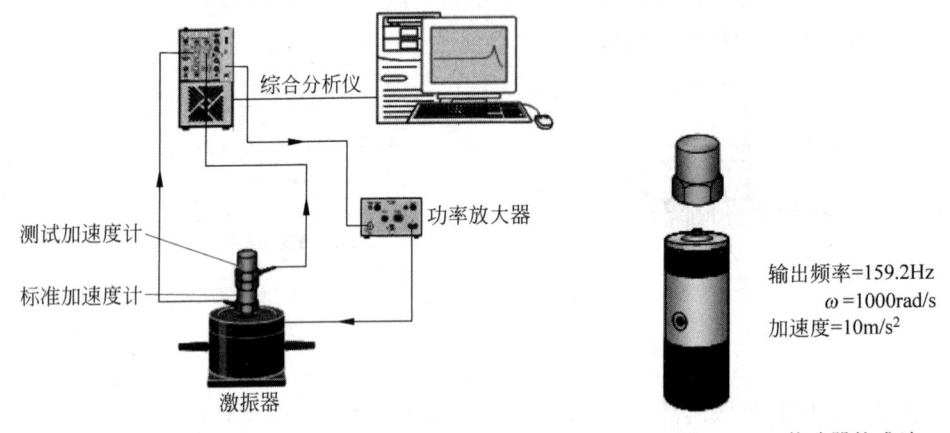

图 11-7 标准加速度计比较法   图 11-8 激励器校准法

11.2.3 速度传感器

常用速度传感器是磁电式传感器，如图 11-9 所示。其质量块通过弹簧片固定在壳体上，组成一个单自由度振动系统。当外壳固定在被测设备上随被测物振动时，弹簧-质量系统产生振动，在线圈中产生感应电动势信号。磁电式速度传感器频率范围在 10~500Hz，振幅范围小于 1.5mm、加速度值小于 10g。

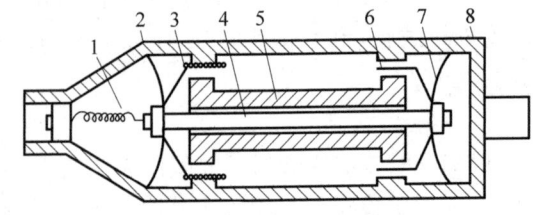

图 11-9 速度传感器原理图

1—引线；2,7—弹簧片；3—线圈；4—芯杆；6—阻尼器；8—外壳

11.2.4 位移传感器

1. 线性变化差动变换传感器

线性变化差动变换(linear variable differential transformer,LVDT)传感器如图 11-10 所示,其内部结构由中间的一个初级线圈、端部的两个次级线圈和一个可以在线圈内沿轴向自由移动的铁芯构成。传感器工作时交流电压作用于初级线圈,输出电压为两个次级线圈的感应电压差,电压大小与线圈和铁芯之间的磁耦合有关,而磁耦合又与铁芯的轴向位置有关。若两个次级线圈反相相连,则铁芯处于中间位置时两个次级线圈的电压相等、相位相反,LVDT 传感器的输出电压等于零。当铁芯移动偏离中间(零)位置,一个线圈的磁耦合增强,另一个线圈的磁耦合减弱,输出电压跟随铁芯移动而发生变化,从而实现对位移的测量。

LVDT 传感器的测量频率上限取决于移动铁芯的质量和复位弹簧力的大小。

图 11-10　LVDT 位移传感器

2. 电涡流传感器

图 11-11 是电涡流传感器照片。电涡流传感器采用的是感应电涡流原理,当带有高频电流的线圈靠近被测金属时,线圈上的高频电流所产生的高频电磁场便在金属表面上产生感应电流——电涡流。电涡流效应与被测金属间的距离及电导率、磁导率、几何尺寸、电流频率等参数有关,通过相关电路可将被测金属相对传感器探头间的距离变化转变成电压信号输出。

3. 激光位移传感器

图 11-12 是激光位移传感器照片。激光位移传感器具有一般位移传感器无法比拟的优点,通常具有 50kHz 的采样频率,100nm 的分辨率;根据被测物体的位移大小,可进行灵敏度设置,且不受被测物体材料所限制;对透明、半透明、轻薄及旋转等物体均可实现高精度的无损检测。

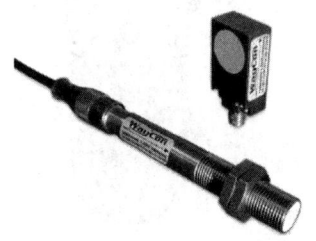 

图 11-11　电涡流传感器　　　　图 11-12　激光位移传感器

11.2.5 其他传感器

1. 电阻应变片

电阻应变片如图 11-13 所示,电阻丝栅夹在两层薄纸中间,常用的电阻丝材料为铜镍合金。测量时电阻应变片粘贴在被测结构的表面,应变片的电阻丝经历与结构表面相同的振动变形,通过测量电阻值的动态变化就可以知道结构的振动应变。

图 11-14 是应用电阻应变片制作的振动传感器原理图,悬臂梁一端固定在传感器外壳上,另一端装有质量块,应变片粘贴在悬臂梁的根部。测量时将传感器外壳放在振动体上跟随被测物体一起振动,根据悬臂梁相对外壳振动时的应变测量值,就可以知道质量块相对外壳的振动位移,以及外壳即测物体的振动量。

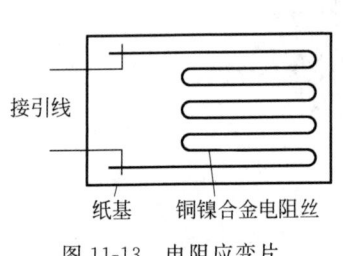

图 11-13 电阻应变片　　　　图 11-14 悬臂梁电阻应变片传感器

2. 力传感器

力传感器也是利用石英晶体的纵向压电效应,主要由顶盖、石英片、导电片、基座和输出插座组成,导电片夹在两个石英晶片之间,石英晶片用中心螺钉施加适当的预紧力。当外力通过顶盖传递到石英晶片上时,在晶体两端表面产生电荷信号。图 11-15 是 IEPE 力传感器,内部集成了放大电路。

3. 阻抗头传感器

阻抗头是由加速度计与力传感器同轴安装构成的传感器,如图 11-16 所示。通常装在激振器顶杆与试件之间,用来测量结构的原点导纳或原点阻抗。阻抗头通常只能承受较小载荷,适用于轻型结构,在测量刚度大的重型结构阻抗时应该分别使用加速度计与力传感器。

 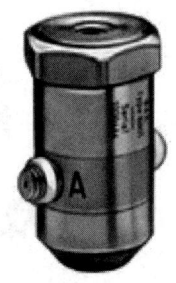

图 11-15　IEPE 力传感器　　　图 11-16　阻抗头传感器

11.2.6 激振设备

激振设备是产生激励力,驱动结构件发生振动的装置。常用的激振装置分为力锤、激振器、振动台等。

1. 力锤

力锤是手握式冲击激励装置,在模态分析试验时经常采用。力锤由锤帽、锤体和力传感器组成,如图 11-17 所示。当用力锤敲击试件时,冲击力的大小和波形由力传感器测得。使用不同的锤帽材料可以产生不同的脉冲力,得到不同的力谱。常用的锤帽材料有橡胶、尼龙、铝、钢等。橡胶锤帽产生的脉冲力时间较长,力谱为低频、窄带;钢锤帽产生的脉冲力时间很短,力谱为宽带;尼龙和铝则处于中间。常用力锤的锤体质量为几十克到几十千克,冲击力从小到大可达数万牛顿。力锤的结构简单,使用方便,被广泛应用于现场激振试验。

2. 电磁式激振器

电磁式激振器由功率放大器驱动,产生的电磁力用顶杆传递给试件。顶杆比较细长,可以保证激励力主要为轴向力。顶杆长度一般在 150mm 左右,用来连接激振器和试件。安装时要求将激励器位置调整到顶杆两端处于不受力状态,并且要使顶杆在激振时只受轴向力作用。图 11-18 是某型号电磁式激振器。

图 11-17　力锤

图 11-18　电磁式激振器

3. 电磁式振动台

振动台与激振器的最大区别在于激振器仅能提供激励力,在使用过程中不能承受静载。振动台具有一个可运动的平台,被测物件直接安装在运动平台上。振动台平台下方安装有空气弹簧,降低了刚度,以扩大低频工作范围。振动台的主要性能指标是额定推力,试验时被测物体振动加速度、速度、位移以及质量的大小最终受振动台额定推力的限制。电磁式振动台配备水平滑台后,就可以分别进行垂直和水平两个方向的振动试验。

4. 电液伺服振动台

电液伺服振动台通常称为液压振动台,液压振动台的主要特点是负载大、台面大、运动行程大,而且工作频率可低至 0.1Hz。液压振动台可广泛用于道路模拟试验、地震模拟试验、建筑和桥梁模型的振动特性及模态试验,以及大型机电产品的振动试验。液压振动台也配备了水平滑台,可供垂直和水平两个方向分别进行振动试验。

5. 压电陶瓷

压电陶瓷是具有压电效应的无机非金属材料,如氧化铝、氧化钡、氧化锆、氧化钛、氧化铌、氧化钠等。在外力作用下压电陶瓷介质表面将产生电信号,称为正压效应;反之,对压电陶瓷施加激励电场,介质将产生机械变形,称为逆压电效应。使用时将压电陶瓷片粘贴在试件上,通上交变电流使其产生振动,便可以对试件进行激励。压电陶瓷激振适用于小型、薄壁试件,压电陶瓷的驱动使用高阻抗输出功率放大器,输出电极要对地绝缘。

11.3 振动测量仪器

1. 电荷放大器

电荷放大器的基本作用是把压电加速度计的高阻抗电荷输出转换为低阻抗电压信号,作为测量仪器或分析仪器的输入端。图 11-19 是电荷放大器的原理图,传感器压电晶体受到压力作用产生电荷 Q,经电路放大后输出电压 V_o,它们之间的关系为

$$U_o = \frac{-A \times Q}{C_a + C_c + C_i + (1+A)C_f} \tag{11-2}$$

式中,A 为运算放大器的开环放大系数。若开环放大系数足够大,忽略数量级小的部分,可以近似得到

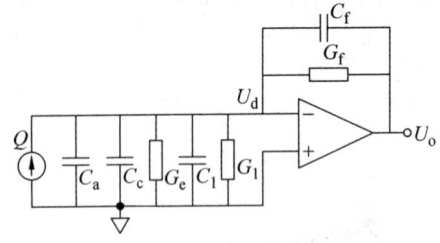

图 11-19 电荷放大器原理图

$$U_o = \frac{-Q}{C_f} \tag{11-3}$$

2. 信号发生器

信号发生器能够产生各种波形的信号,作为信号源使用。按信号波形可分为正弦信号、脉冲信号、扫频信号、函数信号和随机信号等。信号发生器产生的信号经功率放大器放大后,可以驱动激振器输出力或位移振动激励作用于被测试件。

3. 滤波器

常用滤波器的频率特性如图 11-20 所示。信号通过滤波器后会改变其频率成分,例如低通滤波器可以除去信号的高频分量,常用作连续信号采样之前的抗混叠滤波,或用于去除噪声干扰。宽带随机信号(白噪声)经带通滤波器滤波后,便可得到窄带的随机信号。

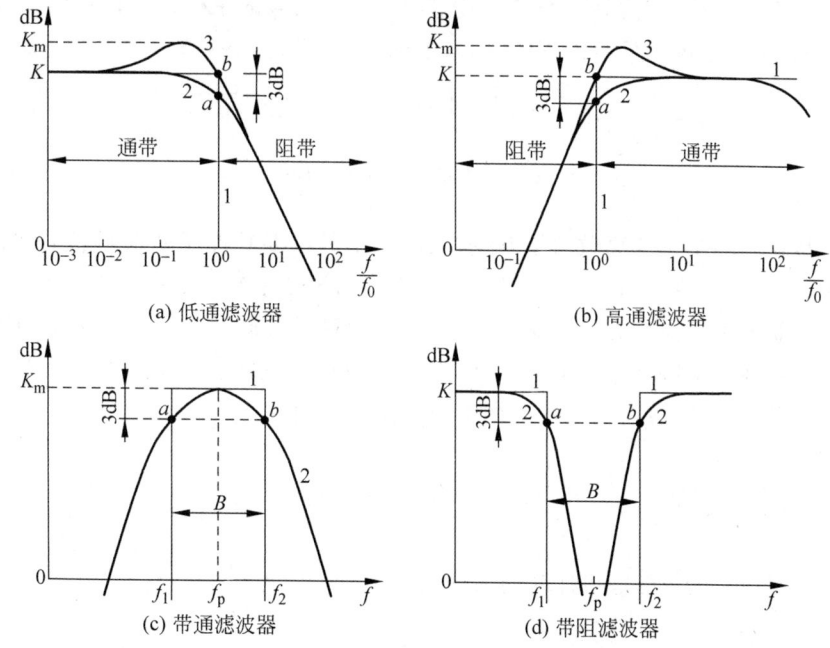

图 11-20　各种滤波器频率响应特性
1—理想特性；2,3—实际特性

4. 数据采集装置

通常传感器获得的振动信号是模拟信号，为了对振动信号进行分析、处理和储存，需要对连续的模拟信号进行采样，将其转变成离散的数字信号。数据采集装置在计算机控制下对连续信号进行采样，将其转变成数字信号以标准格式储存。数据采集装置可以做成板卡形式插入计算机的接口槽内，也可以做成外接装置，通过 USB 接口或网线与计算机连接。数据采集装置的主要技术参数包括通道数、最高采样频率和分辨率等（12 位、16 位、24 位）。

5. 频谱分析仪

频谱分析仪用来对振动时域信号作频域分析，通常有两种实时分析方法：数字滤波器法和快速傅里叶变换法（FFT）。前者用于信号的倍频程或 1/3 倍频程分析，后者用于信号的窄带分析。

现在的振动测试分析仪器可以把信号放大器、抗混叠滤波器、数据采集装置和频谱分析仪等模块集成在一台仪器中，通过计算机及专用软件控制，组成通用数据采集与分析系统。

11.4　振动信号处理

振动加速度、速度、位移和力等机械量经传感器转换成电信号，并经信号调理器放大变成电压信号，此时的信号都是模拟信号。对模拟信号要进行采样，变成离散的数字信号后才能用分析仪或计算机对其进行处理，从而得到所需要的结果。如系统的固有频率、阻尼比、振型等模态参数,以及系统的频率响应函数等。从模拟信号的采样开始,一直到后续的数字信号分析处理,都归于振动信号处理的流程,如图 11-21 所示。

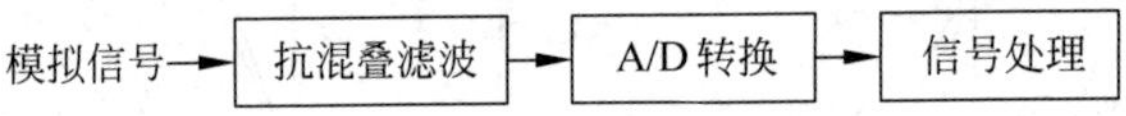

模拟信号 → 抗混叠滤波 → A/D 转换 → 信号处理

图 11-21 振动信号处理流程图

数字信号处理的基础是离散傅里叶变换(DFT),其主要功能是对时域信号进行频域分析。采用快速傅里叶变换(FFT)算法可以大大提高离散傅里叶变换的计算效率。现在的振动测试分析仪器大多是在计算机控制下工作的,并配置了数据采集和分析软件,可以对振动信号进行实时处理。本节介绍振动信号处理的基本知识,包括连续的模拟信号转变成离散的数字信号的采样定理,以及振动信号的谱分析两部分内容。

11.4.1 采样定理

设连续时间信号为 $x(t)$,采样后的离散信号可以表示为

$$x(t)p(t) = \sum_{n=-\infty}^{+\infty} x(t)\delta(t-n\Delta) = \sum_{n=-\infty}^{+\infty} x(n\Delta)\delta(t-n\Delta) \tag{11-4}$$

式中,Δ 为采样周期;$p(t) = \sum_{n=-\infty}^{+\infty} \delta(t-n\Delta)$ 是周期为 Δ 的单位脉冲函数序列,并可以展开为傅里叶级数:

$$p(t) = \sum_{n=-\infty}^{+\infty} \frac{1}{\Delta} e^{in\omega_s t} \tag{11-5}$$

对采样信号 $x(t)p(t)$ 作傅里叶变换,根据傅里叶变换的性质式(9-25)可得

$$X_s(\omega) = \frac{1}{\Delta} \sum_{n=-\infty}^{+\infty} \int_{-\infty}^{+\infty} x(t) e^{in\omega_s t} e^{-i\omega t} dt = \frac{1}{\Delta} \sum_{n=-\infty}^{+\infty} X(\omega - n\omega_s) \tag{11-6}$$

由式(11-6)可知,采样信号 $x(t)p(t)$ 的傅里叶变换 $X_s(\omega)$ 由连续信号 $x(t)$ 的傅里叶变换 $X(\omega)$ 本身,以及 $X(\omega)$ 移位 $n\omega_s$ 后叠加而成。

图 11-22 表示连续信号和采样信号的频谱之间不同情况下的关系。图中 ω_N 为连续信号频谱的最高频率,ω_s 为采样频率。当采样频率 $\omega_s > 2\omega_N$ 时,采样信号 $x(t)p(t)$ 的傅里叶变换 $X_s(\omega)$ 没有产生频率混叠,因此采样信号频谱中 $n=0$ 分支就是连续信号的频谱;当采样频率 $\omega_s < 2\omega_N$ 时,$X_s(\omega)$ 产生了频率混叠,这时采样信号频谱不能正确反映连续信号的频谱,而是高频分量混叠在一起的结果。

要避免产生频率混叠现象,采样频率 ω_s 必须大于 $2\omega_N$。换句话说,如果采样频率 f_s 为连续信号频谱最高频率 f_N 的两倍以上,那么连续信号可以根据它的采样信号进行重构,这就是采样定理。

对于实际测量的振动信号,事先并不准确知道其最高频率分量 f_N。为了避免频率混叠,可以在采样前对信号进行滤波来限定其最高频率。因为实际使用的滤波器不可能达到理想的频率特性,所以采样频率 f_s 可以取为滤波器截止频率 f_c 的 2.5~4 倍。这里使用的滤波器因而称为抗混叠滤波器。

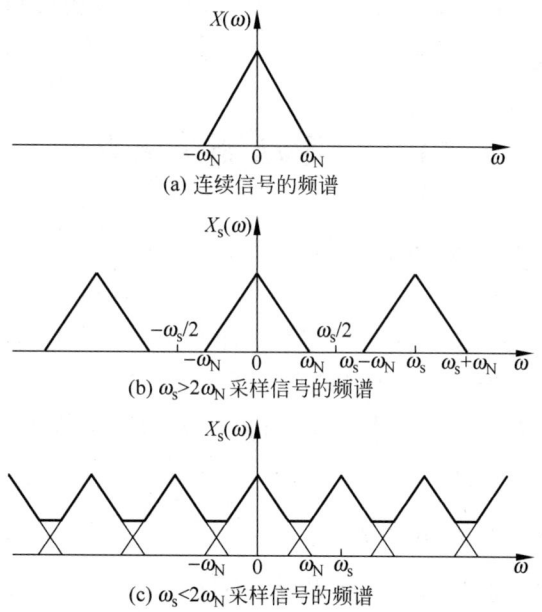

图 11-22 连续信号与采样信号的频谱之间不同情况下的关系

11.4.2 谱分析

在第 9 章随机振动里已经对随机信号的谱分析作了详细介绍。需要说明的是,第 9 章介绍的对随机信号进行相关分析与谱分析的方法,同样可用于在振动测量中得到的确定性信号。为了方便,再把有关谱分析的信号处理公式写出如下。

振动信号 $x(t)$ 的功率谱密度计算式

$$S_x(\omega) = \frac{1}{T}|X(\omega)|^2 \quad (11\text{-}7)$$

式中,$X(\omega)$ 为 $x(t)$ 的傅里叶变换。

两个振动信号 $x(t)$ 和 $y(t)$ 的互谱密度计算式

$$S_{xy}(\omega) = \frac{1}{T}[X^*(\omega)Y(\omega)] \quad (11\text{-}8)$$

式中,$X(\omega)$ 和 $Y(\omega)$ 分别为 $x(t)$ 和 $y(t)$ 的傅里叶变换。

输入与输出的功率谱密度关系式

$$S_y(\omega) = |H(\omega)|^2 S_x(\omega) \quad (11\text{-}9)$$

式中,$S_x(\omega)$ 和 $S_y(\omega)$ 分别是输入和输出信号的谱密度,$H(\omega)$ 是振动系统的频率响应函数。通过测量系统的输入和输出,并用式(11-7)算出它们的谱密度,通过式(11-9)便可估算频率响应函数的模 $|H(\omega)|$。

频率响应函数的估算公式为

$$H(\omega) = S_{xy}(\omega)/S_x(\omega) \quad (11\text{-}10)$$

式中,$S_x(\omega)$ 是输入信号的谱密度,可用式(11-7)计算;$S_{xy}(\omega)$ 是输入-输出信号的互谱密度,可用式(11-8)计算。与式(11-9)相比,用式(11-10)估算系统的频率响应函数,不仅可以得到幅值,还可以得到相位信息。

11.5 振动测量方法

11.5.1 实验模态分析原理

实验模态分析也称为模态分析或模态测试,即通过振动测试来确定系统的固有频率、阻尼比和模态形状(振型)。模态分析的目的在于建立结构振动响应的预测模型,以便对结构进行控制或优化设计。模态分析分两步进行:第一步为通过试验获得结构的频响函数曲线;第二步为通过曲线拟合求出模态参数,称为参数辨识。

1. 频响函数曲线 $H(f)$ 的获取

在实际测量中,通常利用采集到的结构振动输入力信号 $f(t)$ 和输出位移或加速度信号 $x(t)$ 的自功率谱和互功率谱来获得输入输出之间的频响函数 $H(f)$,见式(11-10)。频响函数的测试和计算过程如下:

(1) 通过测试设备获得结构振动的模拟信号,经抗混叠滤波器后对其进行采样,将模拟信号转化为离散的数字信号;

(2) 对离散的数字信号作傅里叶变换(FFT),获得输入(激励)和输出(响应)的频谱;

(3) 在 FFT 的基础上,进一步计算输入和输出的自功率谱与互功率谱;

(4) 根据输入和输出的自功率谱与互功率谱计算系统的频率响应函数。

以获取悬臂梁的频响函数曲线为例,在悬臂梁上选取 3 个测点,在各个点分别进行激振和振动信号采集,可以得到维数为 3×3 的频响函数矩阵。频响函数矩阵各元素下标 ij 表示在第 j 点施加激励、在第 i 点采集振动信号得到的频响函数,即 j 点的单位简谐激励在 i 点产生的响应。图 11-23 为测得的 3×3 频响函数矩阵,频响函数的横轴为频率轴,纵轴根据频响函数表示方法的不同,可以分为幅频和相频曲线、实频和虚频曲线。其中,对角线上的元素称为原点频响函数,非对角线上的元素称为跨点频响函数。从图中可见,频响函数矩阵具有对称性,即在第 i 点施加激励在 j 点测得的响应,与在 j 点施加激励在 i 点测得的响应相等。这是由线性结构的互易性决定的。

由图 11-23 可见,对于原点频响函数的幅频特曲线,其尖峰和低谷间隔出现,分别对应共振点和反共振点。在共振点,频响函数的相位(即响应与激励之间的相位差)是 90°;当实频曲线穿过与横轴平行的剩余柔度曲线时(在频响函数中去除主模态后剩余的模态,下面有介绍),对应的虚频曲线就出现峰值。

2. 参数辨识

参数辨识的目的是确定系统的各阶固有频率、阻尼比和振型,以确定结构的固有特征和系统阶次,为建立响应预测或振动控制模型提供被控结构的信息。参数辨识的基本原理是:当阻尼较小的结构受到激励,激振力频率等于结构的固有频率时,测得的响应由于共振出现

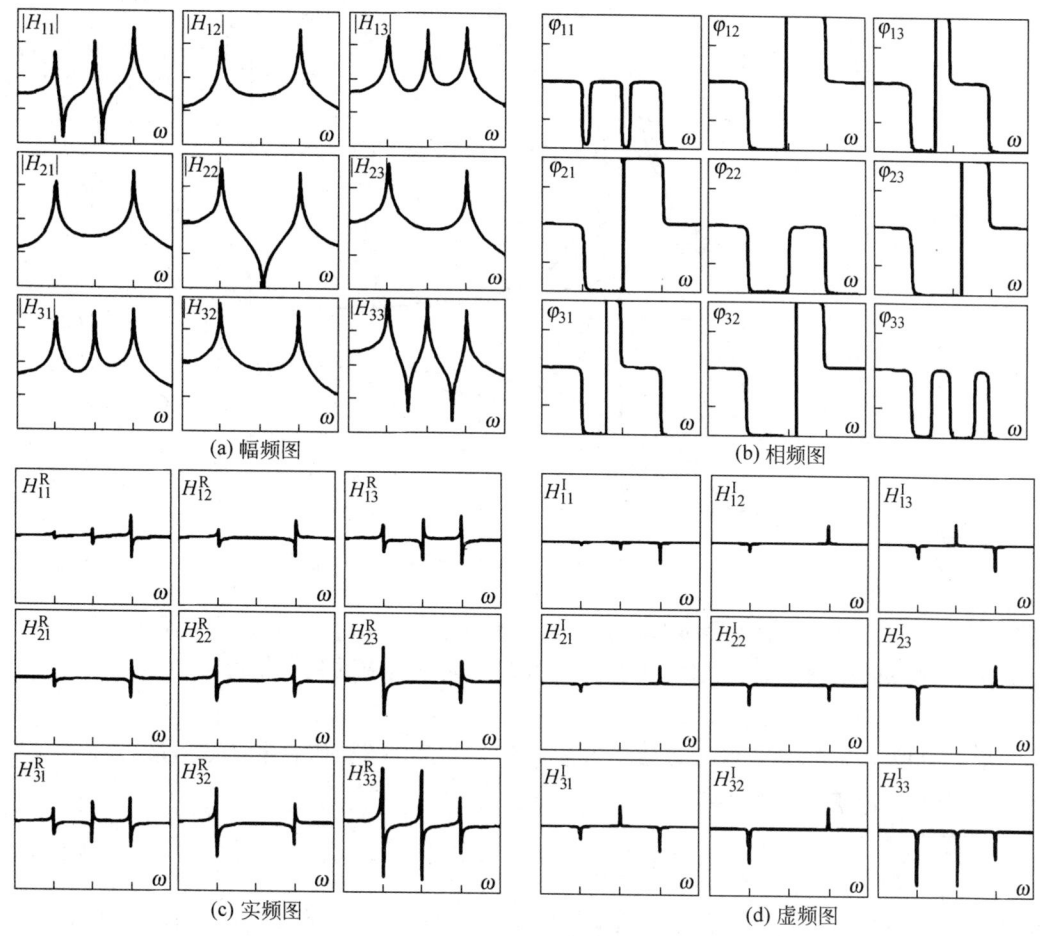

(a) 幅频图　　(b) 相频图

(c) 实频图　　(d) 虚频图

图 11-23　测得的频响函数函数矩阵

峰值,而响应的相位在共振前后发生 180°的变化。对于位移响应而言,共振频率点的响应与激励的相位差是 90°。

1) 确定固有频率 ω_r 和阻尼比 ζ_r

根据频率响应函数 $H(\omega)$ 的幅频曲线,可以确定与频响函数曲线共振峰值对应的固有频率和阻尼比。以如图 11-24 所示的单自由度系统的频响函数为例,根据频响函数幅频曲线上的共振峰或相频曲线上相位为 90°的频率点便可以确定系统固有频率 ω_r。此外,也可以利用频响函数虚频曲线的峰值进行确认。从频响函数曲线可以确定半功率带宽点以及半功率带宽点的频率 ω_1 和 ω_2,即满足 $|H(\omega_1)|=|H(\omega_2)|=|H(\omega_m)|/\sqrt{2}$ 的频率点。根据半功率点的频率 ω_1 和 ω_2,得到对应于该固有频率的模态阻尼比为

$$\zeta_r = \frac{\omega_2 - \omega_1}{2\omega_r} \tag{11-11}$$

2) 确定模态振型

由模态分析理论可知,结构上 l 和 p 点的频响函数可以表示为各阶模态叠加的结果

$$H_{lp}(\omega) = \frac{x_l(\omega)}{f_p(\omega)} = \sum_{r=1}^{N} \frac{\varphi_{lr}\varphi_{pr}}{K_r - \omega^2 M_r + \mathrm{i}\omega C_r} \tag{11-12}$$

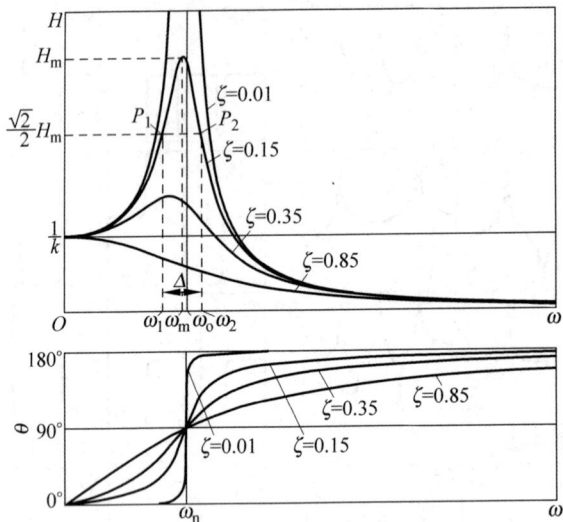

图 11-24 单自由度系统的频响函数幅频曲线和相频曲线

式中，K_r 和 M_r 分别是第 r 阶模态刚度和模态质量；φ_{lr} 和 φ_{pr} 分别是第 r 阶模态在第 l 测点和第 p 测点的振型系数。由 N 个测点的振型系数所组成的列向量为

$$\boldsymbol{\varphi}_r = \begin{bmatrix} \varphi_{1r} & \varphi_{2r} & \cdots & \varphi_{Nr} \end{bmatrix}^T \tag{11-13}$$

称为第 r 阶振型向量，它反映了该阶模态的振型。下面介绍如何确定振型向量。

对式(11-12)作以下变换

$$H_{lp}(\omega) = \sum_{r=1}^{N} \frac{\varphi_{lr}\varphi_{pr}}{M_r(\omega_r^2 - \omega^2 + i2\zeta_r\omega\omega_r)} \tag{11-14}$$

式中，$\zeta_r = C_r/2M_r\omega_r$。由模态分析理论可知，当频率接近第 r 阶固有频率时，该阶模态对响应的贡献最大，称为主模态，而其他模态（称为剩余模态）对响应的贡献较小。于是可将式(11-14)表示为

$$H_{lp}(\omega) = \frac{\varphi_{lr}\varphi_{pr}}{M_r(\omega_r^2 - \omega^2 + i2\zeta_r\omega\omega_r)} + H_c^R + iH_c^I \tag{11-15}$$

式中，H_c^R 和 H_c^I 为剩余模态的实部和虚部。当 $\omega = \omega_r$ 时，若忽略剩余模态的影响，则从式(11-15)可以得到

$$H_{lp}(\omega_r) = \frac{\varphi_{lr}\varphi_{pr}}{i2K_r\zeta_r} \tag{11-16}$$

式中，$K_r = \omega_r^2 M_r$。采用单点激励时，若固定 p 点激励，移动 l 点采集数据，可分别测得 N 个测点的频响函数值。由式(11-16)可知，对于 N 个测点，有

$$H_{lp}(\omega_r)\big|_{l=1,2,\cdots N} = \begin{bmatrix} H_{1p}(\omega_r) \\ H_{2p}(\omega_r) \\ \vdots \\ H_{pp}(\omega_r) \\ \vdots \\ H_{Np}(\omega_r) \end{bmatrix} = \frac{\varphi_{pr}}{i2K_r\zeta_r} \begin{bmatrix} \varphi_{1r} \\ \varphi_{2r} \\ \vdots \\ \varphi_{pr} \\ \vdots \\ \varphi_{Nr} \end{bmatrix} \tag{11-17}$$

由式(11-17)可知,因为 $\varphi_{pr}/(\mathrm{i}2K_r\zeta_r)$ 为常数,于是 $H_{lp}(\omega_r)|_{l=1,2,\cdots,N}$ 就可以代表第 r 阶模态的振型向量。因为振型表示的是结构振动各点的相对位移关系,故可以作归一化处理。若参考激励点进行归一化,则模态振型可以表示为 $[\varphi_{1r}/\varphi_{pr} \quad \varphi_{2r}/\varphi_{pr} \quad \cdots \quad 1 \quad \cdots \quad \varphi_{Nr}/\varphi_{pr}]^T$。

3) 确定模态刚度和模态质量

由式(11-17)可知,第 r 阶模态刚度可以通过下式计算

$$K_r = \frac{1}{\mathrm{i}2H_{pp}(\omega_r)\zeta_r} \tag{11-18}$$

而第 r 阶模态质量可以表示为

$$M_r = \frac{K_r}{\omega_r^2} \tag{11-19}$$

11.5.2 模态测试

一个完整的模态测试系统包括以下部分:激振器、传感器、信号调理放大器、动态分析仪。测试过程及测试过程中的注意事项如下。

1. 被测结构和激振设备的支承

确定被测结构的支承状态,是试验准备的重要方面。自由状态是一种经常采用的试验状态,这种状态下系统具有 6 个刚体模态:3 个平移模态和 3 个转动模态。刚体模态所对应的固有频率为零。

通常将被测结构放在很软的发泡塑料上,或用橡胶绳、弹簧将结构吊起,这样可以近似认为结构处于自由状态。一般来说,如果实际工况的支承条件可以实现,也可以选择在实际支承条件下进行试验。如果被测结构受到附加的支承,无论支承是弹性的还是刚性的,结构的振动特性将受到附加支承的影响。

2. 测点布置

为了取得全部模态信息,只需测量频响函数矩阵中的一列或一行就够了。可在结构上选定一个合适的点作单点激振。若是对各个测点(含激振点)依次测量响应,称为 SISO(single input single output)测量法;若是在多点同时测量响应,则称为 SIMO(single input multiple output)测量法。根据这些测点的振动响应,经信号处理后便得到频响函数矩阵的一列。如果选择测量频响函数矩阵的一行,可采取在选定的一点测量响应,轮流对所有的测点激振,所得信息经处理后便得到频响函数矩阵的一行。

在测量频响函数的一列时,找对激振点至关重要。激振点不能放在所要测量的任一阶模态的节点上,否则所测信息会漏掉该模态;同理,在测频响函数的一行时,要选好频响函数的测量点,以免漏掉模态。单点激振法的缺点是能量输入不均匀,对于大型结构将影响测量精度。而激振力太大时,可能造成局部响应过大,引起非线性的测量误差。

测点位置、测点数量及测量方向的选择,主要考虑要能够区别所有模态的变形特征,并保证所关心的结构点没有被漏掉。

对于复杂的空间结构，有时需要考虑其三维空间运动和变形，因此在被测结构的一个几何点上要测量3个方向的响应。这种情况下测量点数和几何点数是不相等的。

3. 测试系统设置

测试系统的设置包括测量传感器的灵敏度、量程设置；采样参数的设置，主要是根据频域分析所需的带宽和分辨率确定采样频率和所需要的数据长度；信号处理的设置，包括对采集信号加窗，数据处理的重叠度和平均次数等。

试验频带的选择要考虑结构在正常运行条件下激振力的频率范围，试验频段应适当高于振源频段。如果是部件试验，试验的结果会用于和其他多个部件进行装配综合分析，为使整体模态具有更高的精度，部件模态的测试频段更要放宽。

图 11-25 表示一个悬臂梁振动测试系统，共布置了3个测点。测试系统包括三部分：激振设备，传感系统和分析设备。悬臂梁采用实际安装状态，激振器采用弹性细绳悬吊，使其处于自由状态（也可以采用力锤进行激励）。信号发生器发出的宽带随机信号经功率放大器放大后输给激振器，使激振器产生一定大小的激振力，激振力通过顶杆作用到悬臂梁使其产生振动。连接在顶杆和悬臂梁之间的阻抗头将激振点的力信号和振动加速度信号转换成电信号，并由其他加速度传感器同步采集各个测点的振动信号。信号经带有滤波器功能的电荷放大器输入到数据采集与分析设备，分析设备通过模态参数辨识算法得到各阶模态的频率、阻尼和振型。若对图 11-25 悬臂梁的3个测点分别进行激振和振动信号采集，便可得到图 11-23 所示的3×3频响函数矩阵。

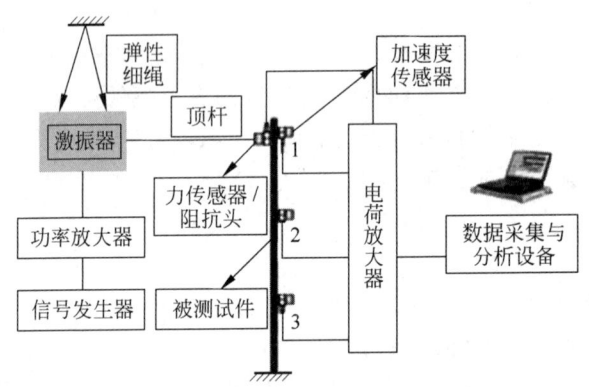

图 11-25　悬臂梁的模态测试系统

由前面的分析知，根据频响函数实频曲线的峰值位置可以确定悬臂梁的固有频率，而任取频响函数的一行或一列可以辨识模态振型。确定悬臂梁模态振型最直接的做法是利用虚频频响函数峰值的数据。采用测得的第3行虚频频响函数数据进行模态振型识别的具体过程如图 11-26 所示，可见此时能完全识别前3阶模态振型。采用第2行测得的虚频频响函数数据进行模态振型识别的具体过程如图 11-27 所示，此时由于第2个测点位置处在悬臂梁振动的节点，故在第1、2、3点分别激励时，第2点的响应总是接近于0，因此无法识别出第2阶模态振型。从这个简单的例子可以看到，模态测试激励点和响应点的选取非常重要。这在测点数目较少的情况下显得尤为重要。

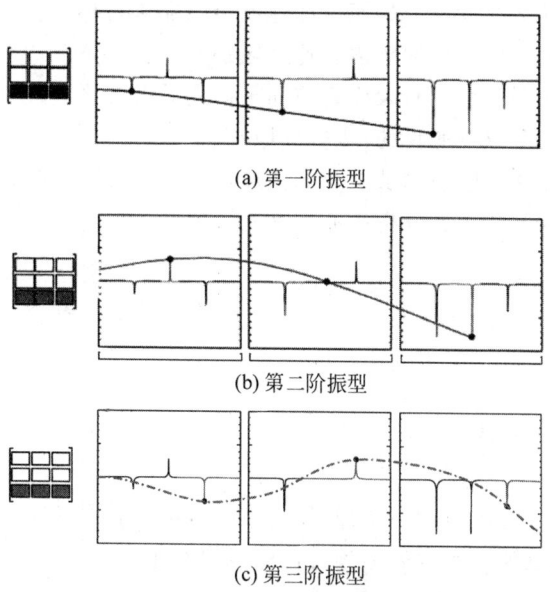

图 11-26　由测得的第 3 行虚频频响函数数据识别的模态振型

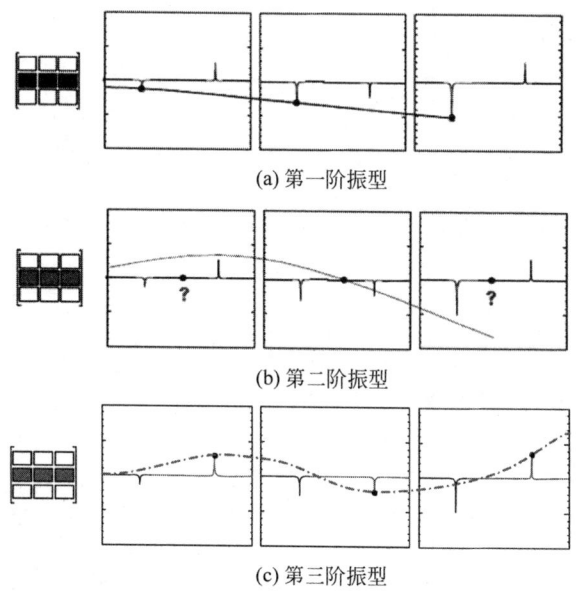

图 11-27　由测得的第 2 行虚频频响函数数据识别的模态振型

习　题　11

11-1　位移传感器、速度传感器和加速度传感器的频率特性各自有何特点？传感器的使用频率上限应该如何确定？

11-2　传感器的安装固有频率与哪些因素有关，对测量结果有何影响？

11-3 传感器为什么要标定？如何对加速度传感器进行标定？

11-4 模拟信号和采样信号的频谱有什么区别？

11-5 抗混叠滤波器放在信号采样之前和采样之后有什么不同？

11-6 简述实验模态分析的目的、步骤和原理。

11-7 简述一个完整的模态测试系统的构成，以及模态测试时应注意的事项。

11-8 频响函数在实验模态分析中的用途有哪些？

11-9 已知频响函数的表达式为 $H(\bar{\omega}) = \dfrac{1}{-\omega^2 m + (1+\mathrm{i}g)k} = \dfrac{1}{k}\left(\dfrac{1}{1-\bar{\omega}^2+\mathrm{i}g}\right)$，$\bar{\omega} = \dfrac{\omega}{\omega_0}$，$\omega_0 = \sqrt{\dfrac{k}{m}}$。试求：

(1) 当 $\bar{\omega}=0$ 时，$H(\bar{\omega})$ 的表达式；

(2) 当 $\bar{\omega}=1$ 时，$H(\bar{\omega})$ 的表达式；

(3) $H^R(\bar{\omega})$（$H(\bar{\omega})$ 的实部）取极大值和极小值时 $\bar{\omega}$ 的值及 $H(\bar{\omega})$ 的值。

11-10 试证明原点频响函数的虚频特性曲线恒小于 0。

附录 A 用 MATLAB 计算振动问题

A.1 MATLAB 简介

MATLAB 是美国 MathWorks 软件公司推出的交互式、面向对象的数学工具软件,它以矩阵运算为基础,把计算、可视化、程序设计融合到一个简单易学的交互式工作环境中,在数据分析、系统仿真、数字信号处理、绘图等方面具有强大的功能。配合振动理论的学习,借助 MATLAB 可以解决很多振动计算问题。

MATLAB 的命令窗口是用户使用 MATALB 进行工作的窗口,同时也是实现 MATLAB 各种功能的主窗口,用户可以直接在 MATLAB 命令窗口中的提示符≫后输入 MATLAB 命令,实现其相应的功能。初学者不用担心对 MATLAB 的命令不熟悉,输入 help 和命令的名称,就可以得到关于命令形式和用法的说明。通常的做法是将 MATLAB 命令编成程序,存放在文件中,以便调试和执行。在 MATLAB 环境中运行程序文件就可以完成一个计算任务。

MATLAB 的核心是矩阵运算,在 MATLAB 中默认的变量是矩阵,矢量可以看作 $n\times 1$ 的矩阵,单独的一个数可以当作 1×1 的矩阵。MATLAB 中几乎所有的运算操作都以矩阵为对象,例如:

要创建一个序列,可以输入命令

```
>> A = 0:0.1:1
```

得到

```
0 0.1 0.2 0.3 0.4 0.5 0.6 0.7 0.8 0.9 1
```

要对序列进行正弦函数运算并画图,可以用 3 条命令:

```
>> x = 0:0.01:2*pi; y = sin(x); plot(x,y);
```

得到

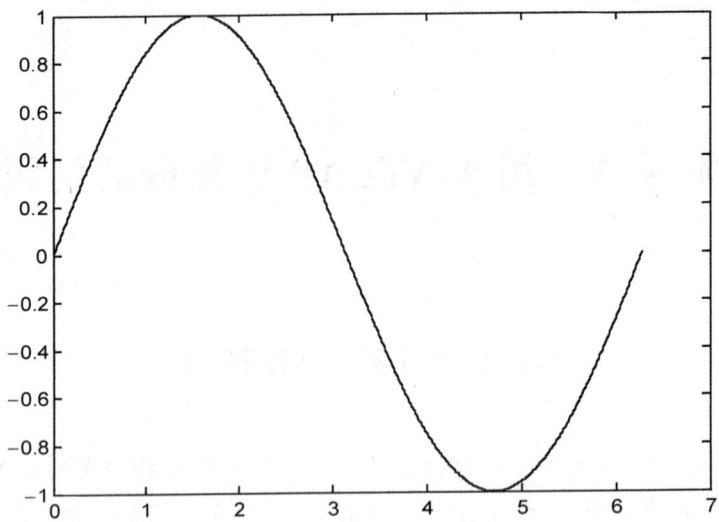

有关 MATLAB 的详细介绍可以参考专门的书籍,这里主要介绍如何用 MATLAB 计算振动问题。表 A.1 和表 A.2 分别是一些常用的 MATLAB 函数和矩阵运算符。

表 A.1 MATLAB 函数

函　数	功　　能
sin( )	给出矩阵或序列中各个元素的 sine 值
cos( )	给出矩阵或序列中各个元算的 cosine 值
exp( )	给出矩阵或序列中各个元算的指数运算值
eig( )	给出矩阵的特征值和特征向量
inv( )	给出矩阵的逆矩阵
det( )	给出矩阵的行列式

表 A.2 MATLAB 矩阵运算符

操　作　符	运　算	操　作　符	运　算
+	矩阵相加	./	点除
−	矩阵相减	^	矩阵乘方
*	矩阵相乘	.^	点乘方
.*	点乘	'	矩阵转置

A.2　固有频率和振型的计算

标准的矩阵特征值问题为

$$Ax = \lambda x \tag{A-1}$$

式中,A 为 $n \times n$ 矩阵,λ 为矩阵 A 的特征值,x 为特征向量。

另外还有广义的矩阵特征值问题,如下

$$Ax = \lambda Bx \tag{A-2}$$

式中，A 和 B 都是 $n\times n$ 矩阵，λ 为特征值，x 为特征向量。对于振动问题，A 就是刚度矩阵，B 就是质量矩阵，λ 就是 ω^2。

对于标准特征值问题，在 MATLAB 中可用命令

```
[V,D] = eig(A)
```

进行计算，得到结果 V 为 $n\times n$ 矩阵，每一列都是振型向量；D 为 n 阶对角阵，对角线上的元素为对应的特征值。

对于广义特征值问题，在 MATLAB 中可用命令

```
[V,D] = eig(A,B)
```

进行计算，得到结果 V 和 D 分别为振型向量矩阵和特征值矩阵。

A.3 龙格-库塔(Rugge-Kutta)法

龙格-库塔法是求解下列一阶常微分方程组初值问题的数值方法：

$$\begin{cases} y'(x) = f(x,y(x)) \\ y(0) = y_0 \end{cases} \quad (A\text{-}3)$$

龙格-库塔法有很多种算法，经典的定步长四阶 Rugge-Kutta 算法如下：

$$\begin{cases} y_{n+1} = y_n + \dfrac{h}{6}(k_1 + 2k_2 + 2k_3 + k_4) \\ k_1 = f(x_n, y_n) \\ k_2 = f\left(x_n + \dfrac{h}{2}, y_n + \dfrac{h}{2}k_1\right) \\ k_3 = f\left(x_n + \dfrac{h}{2}, y_n + \dfrac{h}{2}k_2\right) \\ k_4 = f(x_n + h, y_n + hk_3) \end{cases} \quad (A\text{-}4)$$

式中，h 为步长。另外也经常用二阶的龙格-库塔算法，其计算工作量比较小。

应用龙格-库塔法可以计算多自由度系统振动响应的数值解，求解时先要将系统的二阶运动微分方程(组)转变成状态方程，见 5.7 节。MATLAB 中高阶和低阶的龙格-库塔法命令分别为

```
[tout,yout] = ode45(yfun,tspan,y0)
[tout,yout] = ode23(yfun,tspan,y0)
```

式中，tout，yout 为数值解的输出结果；yfun 为函数子程序名，其功能是定义函数 $y' = f(x,y)$ 的计算；tspan 为时间序列，要在 tspan 的时间点计算微分方程的数值解；y0 为 y 的初始值。龙格-库塔法的命令还有其他形式，可以用 help 命令查看。

A.4 线性代数方程组求解

用 MATLAB 求解线性代数方程组 $Ax = b$ 是件非常容易的事情，就像一般的除法运

算。若线性代数方程组的系数矩阵 A 是非奇异的,在 MATLAB 中采用以下运算式就可以得到 x 的解:

$$x = A \backslash b \tag{A-5}$$

注意,这里用的是反斜杠运算符"\",$A\backslash$ 实际上就是求逆矩阵。

也可以用矩阵求逆命令 $\mathrm{inv}(A)$,得到 $Ax = b$ 的解:

$$x = \mathrm{inv}(A) * b \tag{A-6}$$

以上计算方法可用的条件是矩阵 A 的逆矩阵存在。

A.5　MATLAB 计算振动问题算例

A.5.1　利用 MATLAB 求两个不同频率简谐运动 $x_1 = 2\cos 5t$ 与 $x_2 = 5\cos 10t$ 的和;求两个同频率简谐运动 $x_2 = 5\cos 10t$ 与 $x_3 = 8\cos(10t + 5)$ 的和。

```
% exA_5_1.m
% 计算简谐运动的和

t = 0:0.01:5;                    % 时间序列
x1 = 2 * cos(5 * t);             % 简谐运动 x1
x2 = 5 * cos(10 * t);            % 简谐运动 x2
x3 = 8 * cos(10 * t + 5);        % 简谐运动 x3
sum1 = x1 + x2;                  % 不同频率简谐运动的和
sum2 = x2 + x3;                  % 同频率简谐运动的和

subplot(2,1,1);
plot(t,sum1);
xlabel('t');
ylabel('sum1(t)');
title('sum1 = 10cos5t + 10cos10t');
subplot(2,1,2);
plot(t,sum2);
xlabel('t');
ylabel('sum2(t)');
title('sum2 = 10cos10t + 10cos(10t + 5)');
```

得到

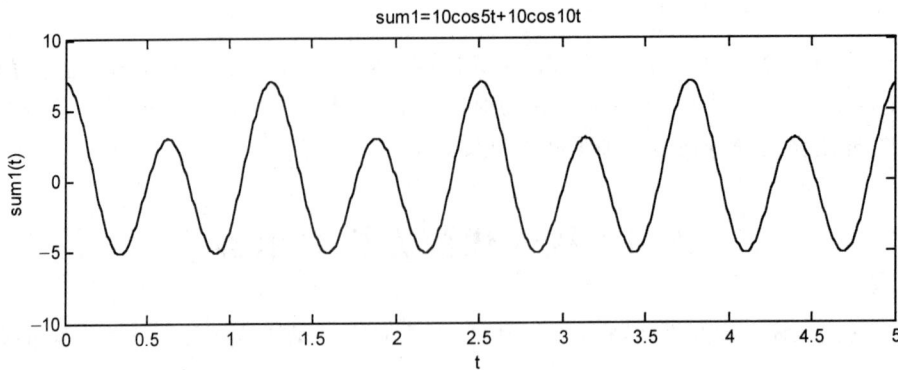

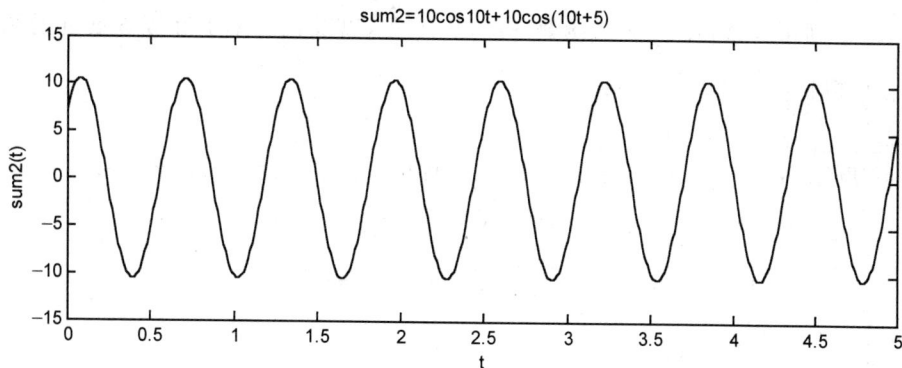

A.5.2 一个质量块的运动包含两个频率很接近的简谐运动,其中 $x_1 = A\cos\omega t$, $x_2 = A\cos(\omega+\delta)t$, $A=1, \omega=20, \delta=1$。用 MATLAB 画出这个质量块的合成运动。

```
% exA_5_2.m
% 画出拍的现象

A = 1;                              % 简谐运动幅值
w = 20;                             % 两个简谐运动其中一个频率
delta = 1;                          % 两个简谐运动频率差
t = 0:0.01:15;                      % 时间序列
x = cos(w * t) + cos((w + 1) * t);  % 两个简谐运动的和

plot(t,x);
xlabel('t');
ylabel('x(t)');
title('Phenomenon of beats');
```

得到

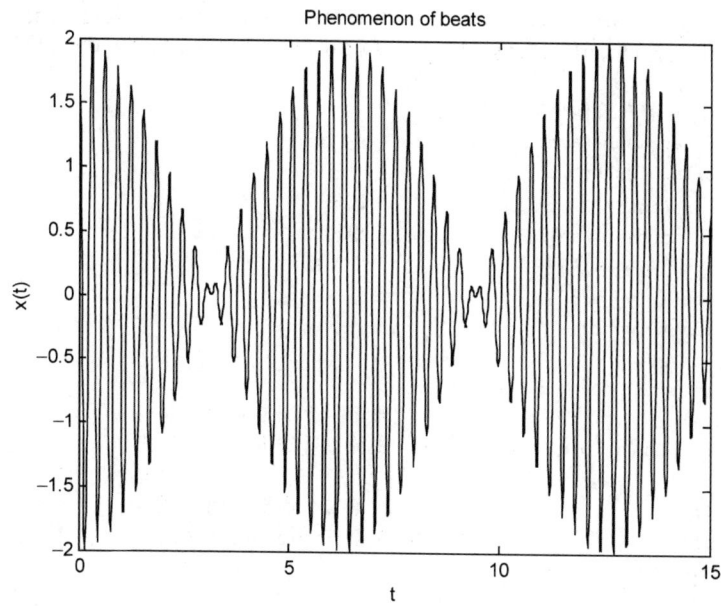

机械振动(第2版)

A.5.3 利用 MATLAB 画出函数 $x(t) = A\dfrac{t}{\tau}$，以及它的傅里叶级数展开的图形，幅频曲线和相频曲线。其中，$A=1, \tau=2$。

```matlab
% exA_5_3.m
% 计算周期函数 x(t) = A * t/τ 的傅里叶级数, 并画出它的频谱. 傅里叶级数计算公式:
% a0 = 2/τ ∫₀^τ x(t)dt, aₙ = 2/τ ∫₀^τ x(t)cosnωt dt, a_b = 2/τ ∫₀^τ x(t)sinnωt dt
% 傅里叶级数展开形式: x(t) = a₀/2 + Σ(aₙcosnωt + bₙsinnωt)
clc;clear;
A = 1;
tau = 2;                                    % 函数周期
w = 2 * pi/tau;                             % 频率

t = 0:0.01:2;                               % 第一个周期时间序列
x = A * t/tau;                              % 第一个周期函数表达式

t1 = 2:0.01:4;                              % 第二个周期时间序列
t2 = 4:0.01:6;                              % 第三个周期时间序列
t3 = [t t1 t2];
x3 = [x x x];

subplot(2,2,1);
plot(t3,x3);
xlabel('t');
ylabel('x(t)');
title('x(t) = A * t/tau');

syms t n;                                   % 定义 t n 为符号
x = A * t/tau;                              % 函数的符号表达式
a0 = eval(2/tau * int(x,t,0,tau));          % 利用 int 函数求 a0 积分表达式
a = int(fduncA_5_3(t,n),t,0,tau);           % 利用 int 函数求 an 积分表达式,要用到子程序
b = int(fduncA_5_3_s(t,n),t,0,tau);         % 利用 int 函数求 bn 积分表达式,要用到子程序

for i = 1:6 % 计算前六阶傅里叶级数
    an(i) = 2/tau * subs(a,n,i);
    bn(i) = 2/tau * subs(b,n,i);
    An(i) = sqrt(an(i)^2 + bn(i)^2);        % 幅值
    phi(i) = atan(bn(i)/an(i));             % 相位
    f(i) = i * w;  % 频率序列
    cn(i) = cos(i * w * t);
    sn(i) = sin(i * w * t);
end

t = 0:0.01:2;                               % 第一个周期时间序列
xt = a0/2 + eval(sum(an. * cn + bn. * sn)); % 傅里叶级数展开表达式

t1 = 2:0.01:4;                              % 第二个周期时间序列
t2 = 4:0.01:6;                              % 第三个周期时间序列
t3 = [t t1 t2];
xt3 = [xt xt xt];
```

```
subplot(2,2,2);
plot(t3,xt3);
xlabel('t');
ylabel('x(t)');
title('six terms');

subplot(2,2,3);
plot(f,An);
xlabel('f');
ylabel('幅值')
title('幅频曲线');

subplot(2,2,4);
plot(f,phi);
xlabel('f');
ylabel('相位')
title('相频曲线');

function f = fduncA_5_3(t,n)              % 定义积分表达式,求解 an 时用
A = 1;
tau = 2;
w = pi;
x = A * t/tau;
f = x * cos(n * w * t);

function f = fduncA_5_3_s(t,n)            % 定义积分表达式,求解 bn 时用
A = 1;
tau = 2;
w = pi;
x = A * t/tau;
f = x * sin(n * w * t);
```

得到

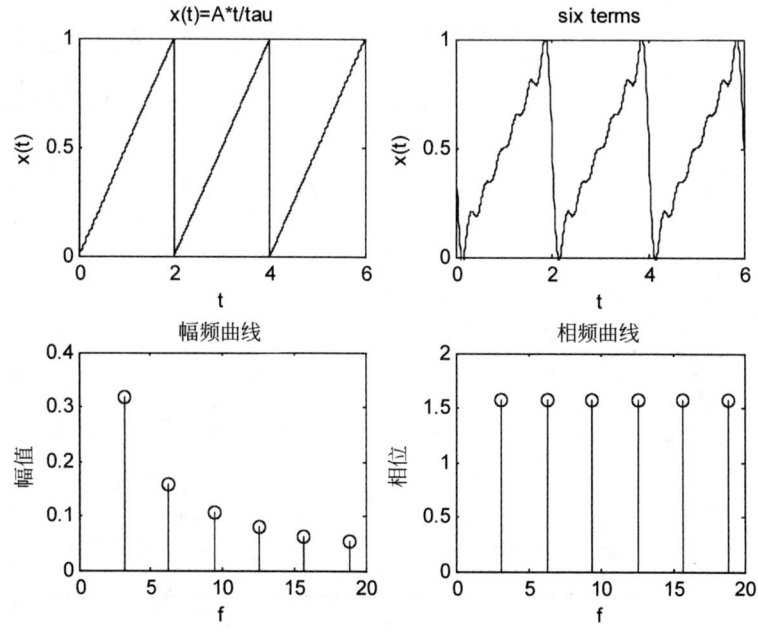

A.5.4 利用 MATLAB 画出三种阻尼情况下: $\zeta=2, \zeta=1, \zeta=0.2$ 单自由度阻尼-弹簧-质量系统受到 $\dot{x}_0=\omega_n A$ 的初始扰动下的位移响应, 已知 $x(0)=0, A=1, \omega_n=1$。

```
% exA_5_4.m
% 计算三种阻尼情况下单自由度阻尼-弹簧-质量系统受到初始扰动下的位移响应
clc;clear;
x0 = 0;                            % 初始位移
A = 1;                             % 振幅
wn = 1;
xd0 = wn * A;                      % 初始速度
t = 0:0.1:10;                      % 时间序列

ksi = 2;                           % 阻尼比等于2的情况
C = [1 1
    ( - ksi + sqrt(ksi^2 - 1)) * wn   ( - ksi - sqrt(ksi^2 - 1)) * wn];
B = [x0 xd0];                      % 初始条件
D = inv(C) * B';
x1 = D(1) * exp(( - ksi + sqrt(ksi^2 - 1)) * wn * t) + D(2) * exp(( - ksi - sqrt(ksi^2 - 1)) * wn
 * t);                             % 阻尼比大于1时位移响应

ksi = 1;                           % 阻尼比等于1的情况
x2 = wn * A * t. * exp( - wn * t); % 阻尼比等于1时位移响应

ksi = 0.2;                         % 阻尼比等于0.2的情况
wd = sqrt(1 - ksi.^2) * wn;        % 有阻尼情况下的固有频率
x3 = exp( - ksi * wn * t). * (x0 * cos(wd * t) + (xd0 + ksi * wn * x0)/wd * sin(wd * t));
% 阻尼比小于1时位移响应

plot(t,x1,t,x2,t,x3)
xlabel('t');
ylabel('x(t)');
```

得到

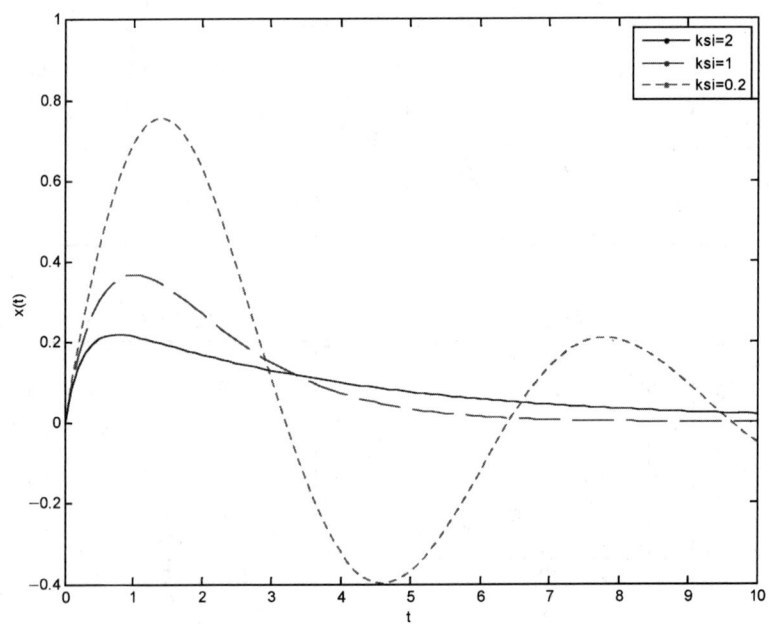

A.5.5 利用 MATLAB 绘制对数衰减率曲线。

% exA_5_5.m

% 绘制对数衰减曲线,对数衰减率的计算公式 $\delta = \dfrac{2\pi\zeta}{\sqrt{1-\xi^2}}$,若 ζ 比较小时,可近似为 $\delta = \dfrac{2\pi\zeta}{\sqrt{1-\zeta^2}} \approx 2\pi\zeta$

```
clc;clear;
ksi = 0:0.01:0.9;                % 阻尼序列
delta = 2 * pi * ksi./sqrt(1 - ksi.^2);   % 对数衰减率
delta1 = 2 * pi * ksi;           % 对数衰减率近似表达式

plot(ksi,delta,ksi,delta1);
xlabel('阻尼比');
ylabel('对数衰减率');
```

得到

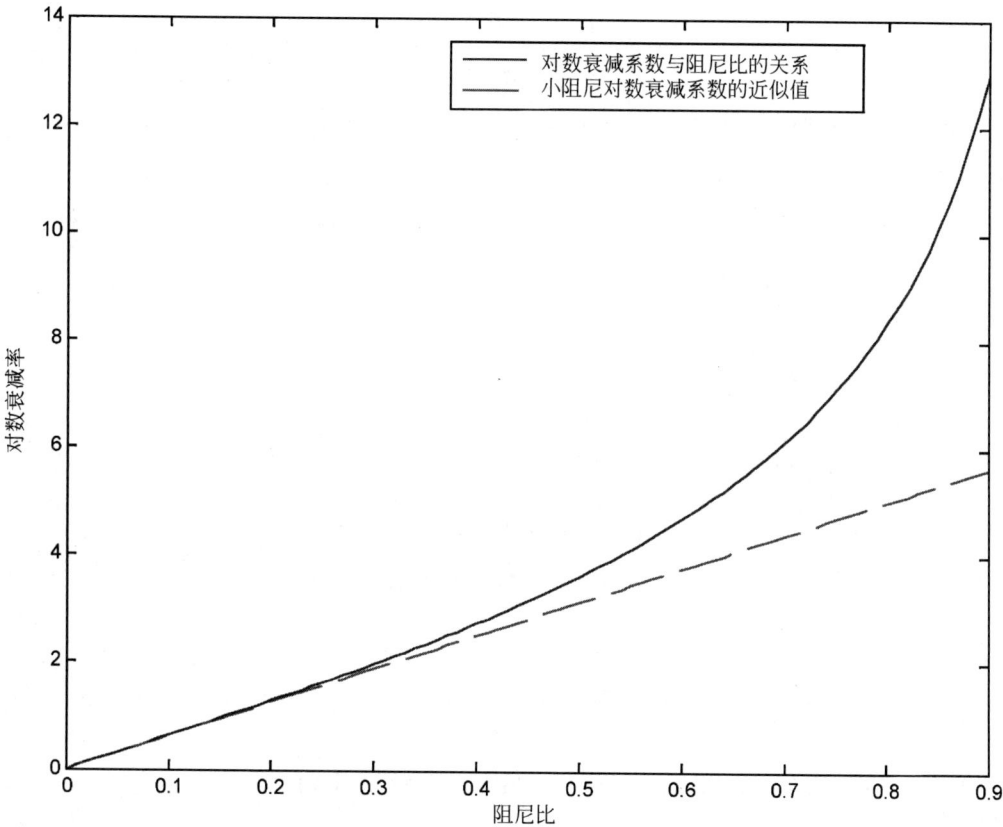

A.5.6
求具有库仑阻尼的弹簧-质量系统的自由振动响应,初始条件为 $x(0)=5$, $\dot{x}(0)=0$。其他参数为 $m=10, k=200, \mu=0.5$。系统的运动微分方程为 $m\ddot{x}+\mu mg\,\mathrm{sgn}(\dot{x})+kx=0$,用龙格-库塔法解。令 $\dot{x}_1=x, x_2=\dot{x}_1=\dot{x}$,则可将运动微分方程写成一阶微分方程组的形式:

$$\dot{x}_1 = x_2$$

$$\dot{x}_2 = -\mu g \, \mathrm{sgn}(x_2) - \frac{k}{m}x_1$$

```
% exA_5_6.m
% 绘制干摩擦阻尼自由振动曲线,利用龙格-库塔法求解运动微分方程,需要用到子程序
dfunc5_6.m

tspan = 0:0.1:8;                              % 时间序列
x0 = [5.0;0.0];                               % 初始条件
[t,x] = ode23(@dfunc5_6,tspan,x0);            % 利用 ode23 函数求解一阶微分方程
plot(t,x(:,1));
xlabel('t');
ylabel('x(t)');

% dfunc5_6.m
function f = dfunc2_3(~,x)                    % 将二阶运动微分方程写成一阶微分方程组
mu = 0.5;                                     % 库仑阻尼
m = 10;                                       % 质量
k = 200;                                      % 刚度
f = zeros(2,1);
f(1) = x(2);
f(2) = -mu*9.8*sign(x(2)) - k*x(1)/m;
```

得到

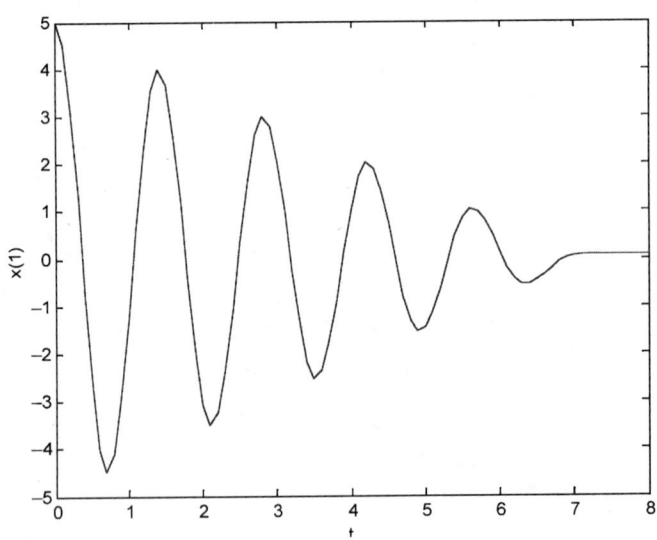

A.5.7 利用 MATLAB 绘制频响函数的幅频曲线和相频曲线。

```
% exA_5_7.m
% 绘制频响函数的幅频特性和相频特性

clc;clear;
r = 0:0.01:5;                                 % 频率比序列
ksi = 0.1:0.2:0.9;                            % 阻尼比序列
n = size(ksi,2);
for i = 1:n
```

```
H(i,:) = 1./sqrt((1 - r.^2).^2 + (2 * ksi(i) * r).^2);    %频响函数的幅值
phi(i,:) = atan(2 * ksi(i) * r./(1 - r.^2));    %频响函数的相位
end

subplot(1,2,1);
plot(r,H);
xlabel('r = w/wn');
ylabel('幅值');
%定义相角范围[0 180]
for i = 1:n
    for j = 1:size(phi,2)
        if phi(i,j) < 0
            Phi(i,j) = rad2deg(phi(i,j)) + 180;
        else
            Phi(i,j) = rad2deg(phi(i,j));
        end
    end
end
subplot(1,2,2);
plot(r,Phi);
xlabel('r = w/wn');
ylabel('相角');
```

得到

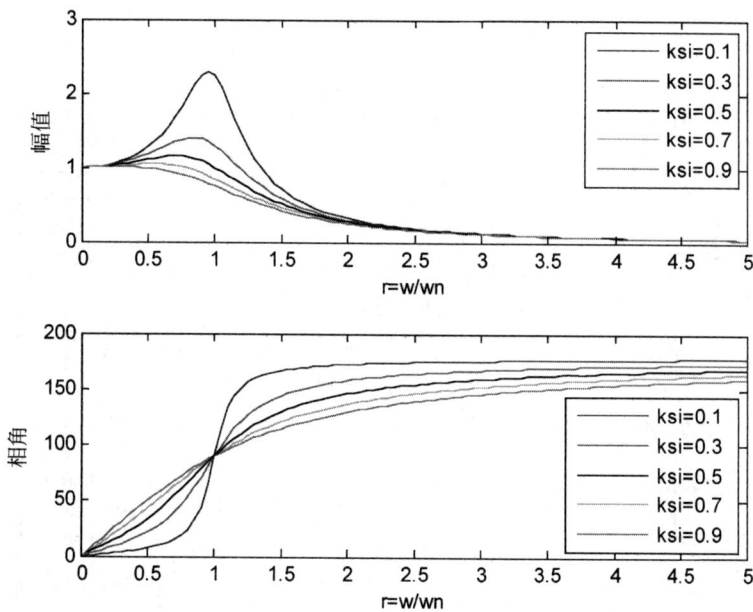

A.5.8 用 MATLAB,求具有黏性阻尼的弹簧-质量系统在基础激励 $y(t) = Y\sin\omega t$ 作用下的隔振曲线。

```
%ExA_5_8.m
%绘制基础激励下黏性阻尼-弹簧-质量系统的隔振曲线
clc;clear;
ksi = 0.1:0.2:0.9;                    %阻尼序列
```

```
r = 0:0.01:4;                    % 频率比
n = size(ksi,2);
for i = 1:n
    T(i,:) = sqrt((1 + (2 * ksi(i) * r).^2)./((1 - r.^2).^2 + (2 * ksi(i) * r).^2));
    phi(i,:) = atan((2 * ksi(i) * r.^3)./(1 + (4 * ksi(i)^2 - 1) * r.^2));
end
% 定义相角范围[0 180]
for i = 1:n
    for j = 1:size(phi,2)
        if phi(i,j)< 0
            Phi(i,j) = rad2deg(phi(i,j)) + 180;
        else
            Phi(i,j) = rad2deg(phi(i,j));
        end
    end
end

subplot(2,1,1);
plot(r,T);
xlabel('r = w/wn');
ylabel('T = |X/Y|');
subplot(2,1,2);
plot(r,Phi);
xlabel('r = w/wn');
ylabel('相角');
```

得到

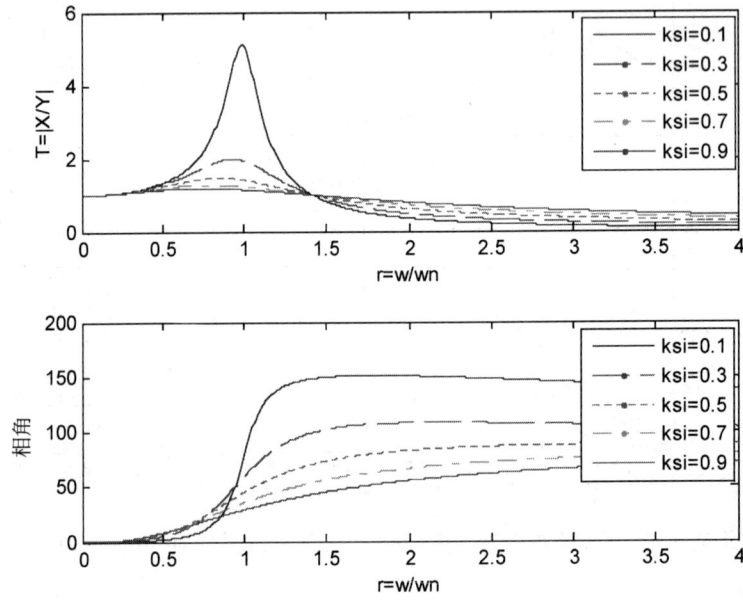

A.5.9 利用 MATLAB 绘制位移传感器的频率响应曲线和加速度传感器的频率响应函数曲线。

位移传感器测量的是位移,频率响应函数表示为

$$\text{幅值} \frac{Z}{Y} = \frac{1}{\sqrt{\left(\frac{1}{r^2}-1\right)^2 + (2\zeta)^2}}, \quad \text{相位 } \phi_1 = \arctan\frac{2\zeta r}{1-r^2}$$

加速度传感器测量的是加速度，频率响应函数表示为

$$\text{幅值} \frac{Z}{\ddot{Y}} = \frac{1}{\omega_n^2 \sqrt{(1-r^2)^2 + (2\zeta r)^2}}, \quad \text{相位：} \phi_1 = \frac{2}{\pi}r$$

```
% exA_5_9.m
% 绘制传感器在基础激励下的位移响应

clc;clear;
ksi = 0.7;                          % 位移传感器的阻尼比
r = 0:0.001:5;                      % 频率比序列
H = r.^2./sqrt((1 - r.^2).^2 + (2 * ksi * r).^2);    % 位移传感器的频响函数幅值表达式
phi = atan(2 * ksi * r./(1 - r.^2));                 % 位移传感器的频响函数相位数表达式
for i = 1:size(phi,2)
    if phi(i)< 0
        Phi(i) = rad2deg(phi(i)) + 180;
    else
        Phi(i) = rad2deg(phi(i));
    end
end

subplot(2,1,1);
plot(r,H);
xlabel('r = w/wn');
ylabel('幅值');
title('位移传感器的频率响应函数');
subplot(2,1,2);
plot(r,Phi);
xlabel('r = w/wn');
ylabel('相角');

ksi = 0.7;                          % 加速度传感器的阻尼比
r = 0:0.001:1;                      % 频率比序列
H = 1./sqrt((1 - r.^2).^2 + (2 * ksi * r).^2);       % 加速度传感器频响函数幅值表达式
phi_a = atan(pi/2 * r);                              % 加速度传感器频响函数相位表达式
n = size(phi_a,2);
% 设置相角范围[0 180]
for i = 1:n
    if phi_a(i)< 0
        Phi_a(i) = rad2deg(phi_a(i)) + 180;
    else
        Phi_a(i) = rad2deg(phi_a(i));
    end
end

figure
subplot(2,1,1);
plot(r,H);
```

```
xlabel('r = w/wn');
ylabel('幅值');
title('加速度传感器的频率响应函数');
subplot(2,1,2);
plot(r,Phi_a);
xlabel('r = w/wn');
ylabel('相角');
```

得到

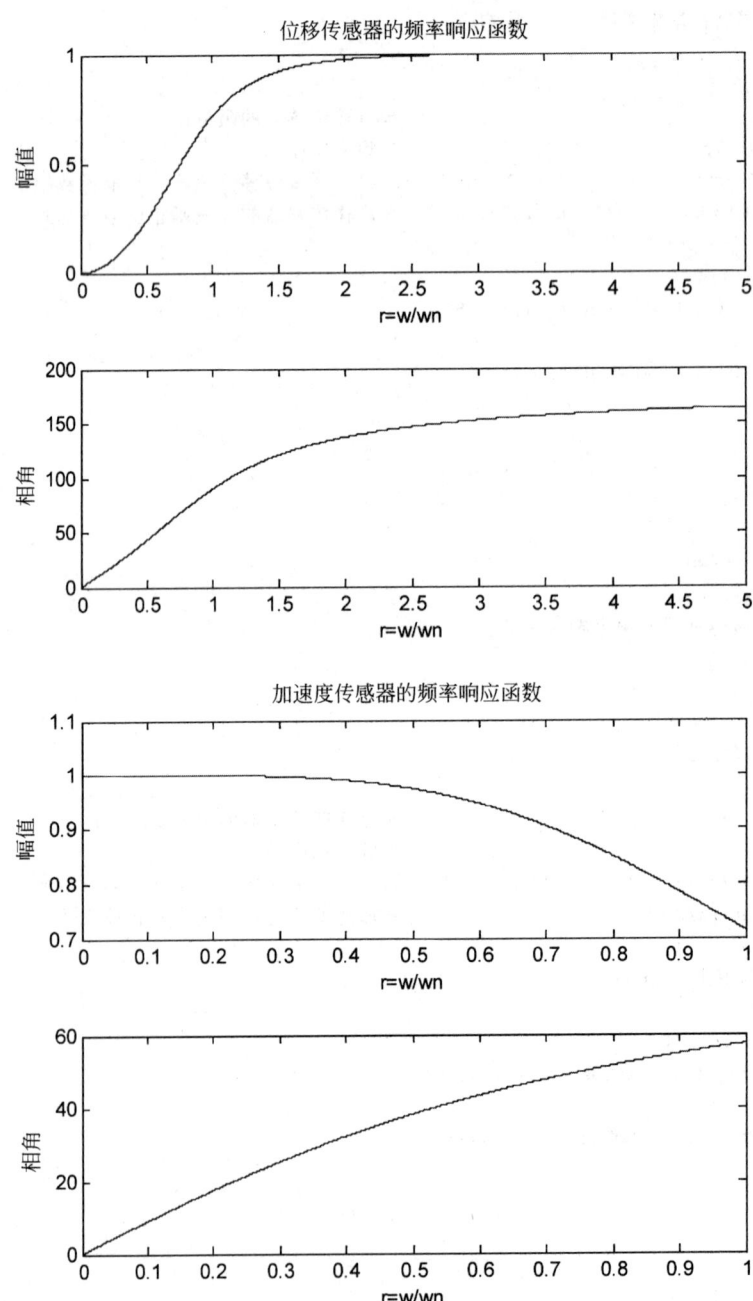

A.5.10 利用卷积方法计算单自由度阻尼-弹簧-质量系统受到载荷 $F(t)=100$ 作用下的位移响应。其中 $m=5, k=2000, \zeta=0.1$。

解：计算单自由度欠阻尼系统对任意激励 $F(t)$ 的响应的杜哈梅积分表达式为

$$x(t) = \frac{1}{m\omega_d} \int_0^t F(\tau) e^{-\zeta\omega_n(t-\tau)} \sin\omega_d(t-\tau) d\tau$$

```matlab
% exA_5_10.m
% 利用杜哈梅积分计算位移响应

Clc;clear;
ksi = 0.1;                              % 阻尼比
k = 2000;                               % 刚度
m = 5;                                  % 质量
wn = sqrt(k/m);                         % 无阻尼固有频率
wd = sqrt(1 - ksi^2) * wn;              % 有阻尼固有频率
F0 = 100;                               % 力的幅值

symst tau;                              % 定义符号 t tau
x = 1/(m * wd) * int(fduncA_5_10(t,tau),tau,0,t);   % 利用 int 函数求 tau 在[0 t]区间上的杜
                                                    %   哈梅积分表达式

i = 0:0.01:5;                           % 积分公式中的时间序列
xt = subs(x,t,i);                       % 将时间序列带入上述积分表达式

t = i;                                  % 时间序列
F = F0 * ones(size(t));                 % 阶跃载荷
subplot(2,1,1);
plot(t,F);
xlabel('t');
ylabel('F(t)');

subplot(2,1,2);
plot(t,xt);
xlabel('t');
ylabel('x(t)');
function f = fduncA_5_10(t,tau)
ksi = 0.1;
k = 2000;
m = 5;
wn = sqrt(k/m);
wd = sqrt(1 - ksi^2) * wn;
F0 = 100;

f = F0 * exp( - ksi * wn * (t - tau)) * sin(wd * (t - tau));    % 定义杜哈梅积分表达式
```

得到

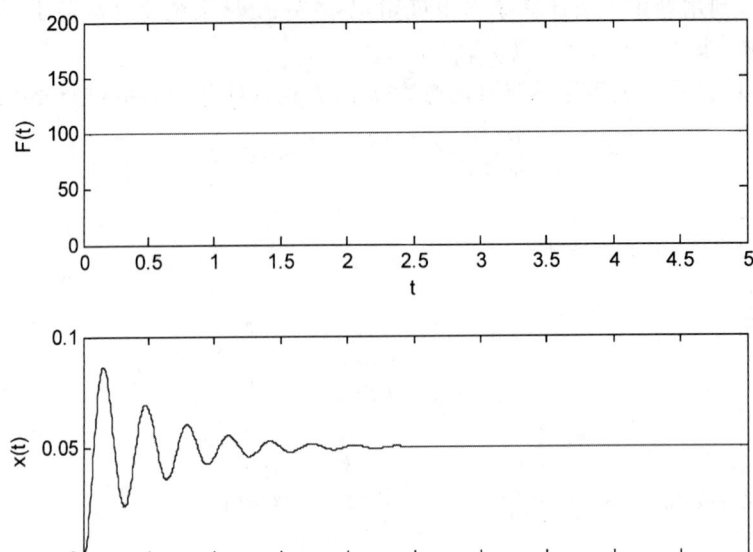

A.5.11 利用 MATLAB 求下列问题的固有频率和主振型：

$$\begin{bmatrix} 10 & 0 \\ 0 & 1 \end{bmatrix} \begin{bmatrix} \ddot{x}_1 \\ \ddot{x}_2 \end{bmatrix} + \begin{bmatrix} 35 & -5 \\ -5 & 5 \end{bmatrix} \begin{bmatrix} x_1 \\ x_2 \end{bmatrix} = \begin{bmatrix} 0 \\ 0 \end{bmatrix}$$

```
% exA_5_11.m
% 计算固有频率和主振型

clc;clear;
m = [10 0;0 1];                    % 质量矩阵
k = [35 -5;-5 5];                  % 刚度矩阵

% 计算固有频率和主振型
[V,D] = eig(k,m);
w1 = sqrt(D(1,1));                 % 一阶固有频率
w2 = sqrt(D(2,2));                 % 二阶固有频率
r1 = V(2,1)/V(1,1);
r2 = V(2,2)/V(1,2);
u1 = [1;r1];
u2 = [1;r2];
X = [u1 u2];
```

所以固有频率是 $\omega_1 = 1.5811$ 和 $\omega_1 = 2.4495$，主振型 $\boldsymbol{u} = \begin{bmatrix} 1 & 1 \\ 2 & -5 \end{bmatrix}$。

A.5.12 用 MATLAB 绘制二自由度弹簧-质量系统自由振动响应。

$$\begin{bmatrix} m_1 & 0 \\ 0 & m_2 \end{bmatrix} \begin{bmatrix} \ddot{x}_1 \\ \ddot{x}_2 \end{bmatrix} + \begin{bmatrix} k_1 + k_2 & -k_2 \\ -k_2 & k_2 + k_3 \end{bmatrix} \begin{bmatrix} x_1 \\ x_2 \end{bmatrix} = \begin{bmatrix} 0 \\ 0 \end{bmatrix}$$

其中 $m_1 = 10, m_2 = 1, k_2 = 5, k_1 = 30, k_3 = 0, x_1(0) = 1, x_2(0) = 0, \dot{x}_1(0) = \dot{x}_2(0) = 0$。

```
% exA_5_12.m
```

```matlab
%绘制二自由度弹簧-质量系统自由振动响应
clc;clear;
m1 = 10;
m2 = 1;
k1 = 30;
k2 = 5;
k3 = 0;
x10 = 1;
x20 = 0;
x1_dot0 = 0;
x2_dot0 = 0;

m = [m1 0;0 m2];                          %质量矩阵
k = [k1 + k2 - k2; - k2 k2 + k3];         %刚度矩阵

x0 = [x10 x20]';                          %初始位移
x_dot0 = [x1_dot0 x2_dot0]';              %初始速度

[V,D] = eig(k,m);                         %计算固有频率和特征向量
w1 = sqrt(D(1,1));                        %一阶固有频率
w2 = sqrt(D(2,2))                         %二阶固有频率
r1 = V(2,1)/V(1,1);
r2 = V(2,2)/V(1,2);

%自由振动位移响应x1 = X11 * cos(w1 * t + phi1) + X12 * cos(w2 * t + phi2)
%             x2 = X11 * r1 * cos(w1 * t + phi1) + X12 * r2 * cos(w2 * t + phi2)
%根据下列初始条件求常数 X11 X12 phi1 phi2
% X11 * cos( - phi) + X12 * cos( - phi) = x10;
% X11 * r1 * cos(phi) + X12 * r2 * cos(phi) = x20;
% X11 * ( - sin( - phi)) + X12 * ( - sin( - phi)) = x1_dot0;
% X11 * r1 * ( - sin(phi)) + X12 * r2 * ( - sin(phi)) = x2_dot0;

X11 = abs(1/(r2 - r1) * sqrt((r2 * x10 - x20)^2 + (r2 * x1_dot0 - x2_dot0)^2/w1^2));
X12 = abs(1/(r2 - r1) * sqrt((x20 - r1 * x10)^2 + (x2_dot0 - r1 * x1_dot0)^2/w2^2));
phi1 = atan((r2 * x1_dot0 - x2_dot0)/w1/(r2 * x10 - x20));
phi2 = atan((r1 * x1_dot0 - x2_dot0)/w2/(r1 * x10 - x20));
t = 0:0.01:20;
x1 = X11 * cos(w1 * t + phi1) + X12 * cos(w2 * t + phi2);              %m1自由振动位移响应
x2 = r1 * X11 * cos(w1 * t + phi1) + r2 * X12 * cos(w2 * t + phi2);    %m2自由振动位移响应

subplot(211);
plot(t,x1);
xlabel('t');
ylabel('x1(t)');
subplot(212);
plot(t,x2);
xlabel('t');
ylabel('x2(t)');
```

得到

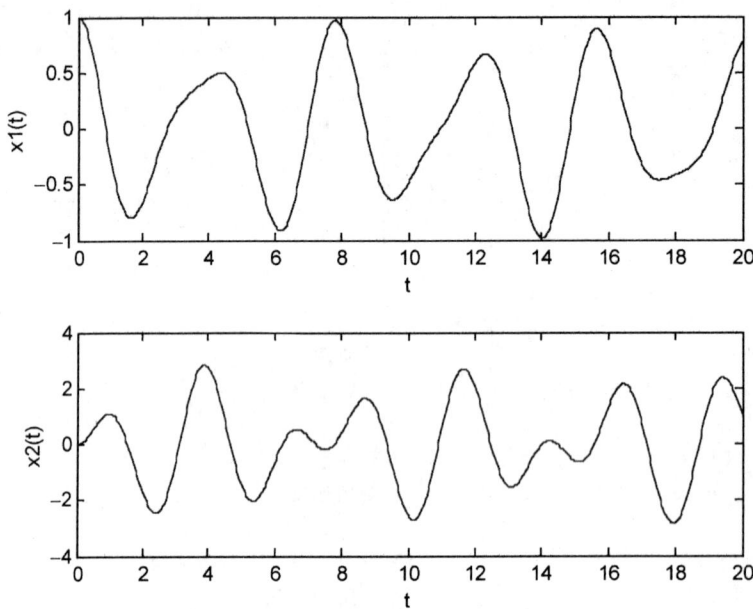

A.5.13 利用 MATLAB 绘制二自由度弹簧-质量系统当质量 m_1 收到激励力 $f_1(t)=F_1\mathrm{e}^{\mathrm{i}\omega t}$,$m_2$ 受到激励力 $f_2(t)=F_2\mathrm{e}^{\mathrm{i}\omega t}$ 作用下传递函数矩阵:

$$\begin{bmatrix} m_1 & 0 \\ 0 & m_2 \end{bmatrix}\begin{bmatrix} \ddot{x}_1 \\ \ddot{x}_2 \end{bmatrix} + \begin{bmatrix} c_{11} & c_{12} \\ c_{21} & c_{22} \end{bmatrix}\begin{bmatrix} \dot{x}_1 \\ \dot{x}_2 \end{bmatrix} + \begin{bmatrix} k_1+k_2 & -k_2 \\ -k_2 & k_2+k_3 \end{bmatrix}\begin{bmatrix} x_1 \\ x_2 \end{bmatrix} = \begin{bmatrix} F_1 \\ F_2 \end{bmatrix}\mathrm{e}^{\mathrm{i}\omega t}$$

其中 $m_1=m_2=1,k_1=k_2=1,k_3=0,c=2m_1\zeta\omega_1,\zeta=0.05$。

```
%exA_5_13.m
%绘制二自由度系统受到稳态激励下的频率响应函数

clc;clear;
m = [1 0;0 1];                          %质量矩阵
k = [2 -1;-1 1];                        %刚度矩阵
[V,D] = eig(k,m);                       %根据特征方程求固有频率
w1 = sqrt(D(1,1));                      %一阶固有频率
w2 = sqrt(D(2,2));                      %二阶固有频率
ksi = 0.05;                             %阻尼比
c = [2*ksi*w1 -2*ksi*w1;-2*ksi*w1 2*ksi*w1];    %阻尼矩阵
w = 0:0.01:3;                           %频率序列
n = size(w,2);
H = zeros(2,2,n);
for i = 1:n
    H(:,:,i) = inv(-w(i)^2*m+1j*w(i)*c+k);      %计算传递函数
end

H11 = abs(reshape(H(1,1,:),1,n));       %H11 幅值
H12 = abs(reshape(H(1,2,:),1,n));       %H12 幅值
H21 = abs(reshape(H(2,1,:),1,n));       %H21 幅值
H22 = abs(reshape(H(2,2,:),1,n));       %H22 幅值
```

```matlab
P11 = rad2deg(angle(reshape(H(1,1,:),1,n)));   % H11 相角
P12 = rad2deg(angle(reshape(H(1,2,:),1,n)));   % H12 相角
P21 = rad2deg(angle(reshape(H(2,1,:),1,n)));   % H21 相角
P22 = rad2deg(angle(reshape(H(2,2,:),1,n)));   % H22 相角
% 定义相角区间[-360-0]
for i = 1:size(P11,2)
    if P11(i)>0
        p11(i) = P11(i) - 360;
    else
        p11(i) = P11(i);
    end
    if P12(i)>0
        p12(i) = P12(i) - 360;
    else
        p12(i) = P12(i);
    end
    if P21(i)>0
        p21(i) = P21(i) - 360;
    else
        p21(i) = P21(i);
    end
    if P22(i)>0
        p22(i) = P22(i) - 360;
    else
        p22(i) = P22(i);
    end
end

subplot(2,2,1);
plot(w,H11);
xlabel('w');
ylabel('H11 幅值');
subplot(2,2,2);
plot(w,H12);
xlabel('w');
ylabel('H12 幅值');
subplot(2,2,3);
plot(w,H21);
xlabel('w');
ylabel('H21 幅值');
subplot(2,2,4);
plot(w,H22);
xlabel('w');
ylabel('H22 幅值');

figure
subplot(2,2,1);
plot(w,P11);
xlabel('w');
ylabel('H11 相角');
subplot(2,2,2);
```

```
plot(w,P12);
xlabel('w');
ylabel('H12 相角');
subplot(2,2,3);
plot(w,P21);
xlabel('w');
ylabel('H21 相角');
subplot(2,2,4);
plot(w,P22);
xlabel('w');
ylabel('H22 相角');
```

得到

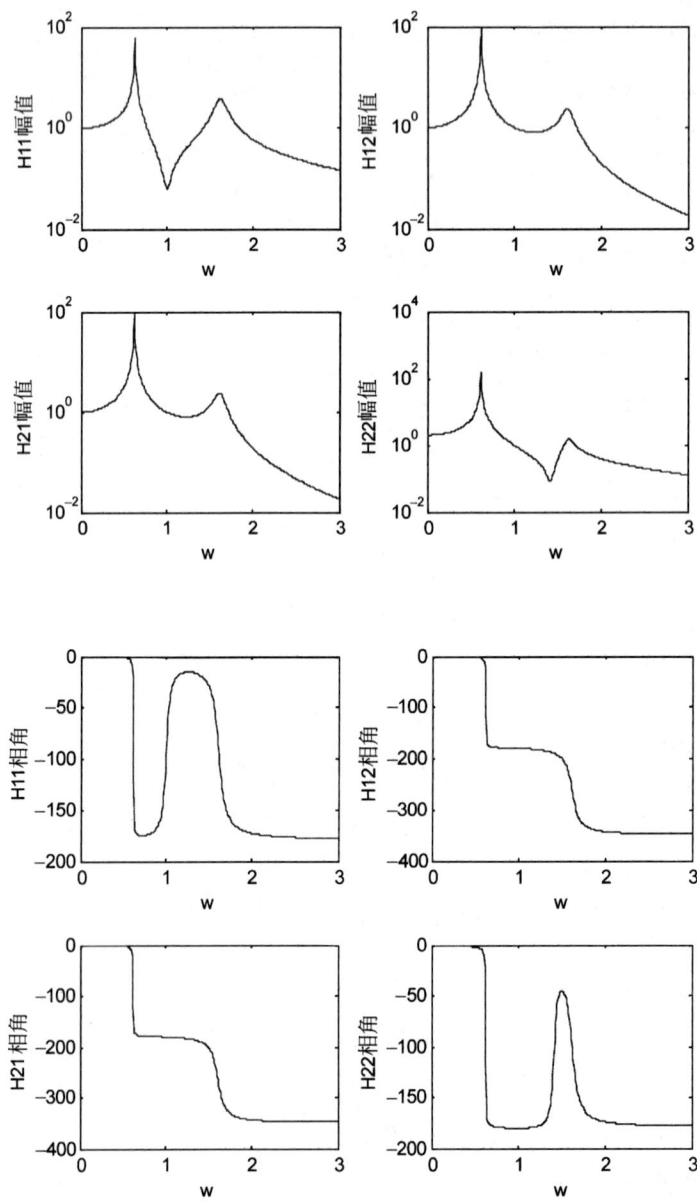

A.5.14 利用振型叠加法求二自由度系统在简谐激励作用下的响应：

$$\begin{bmatrix} 1 & 0 \\ 0 & 2 \end{bmatrix} \begin{bmatrix} \ddot{x}_1 \\ \ddot{x}_2 \end{bmatrix} + \begin{bmatrix} 5 & -2 \\ -2 & 3 \end{bmatrix} \begin{bmatrix} x_1 \\ x_2 \end{bmatrix} = \begin{bmatrix} 1 \\ 2 \end{bmatrix} \cos 3t$$

初始条件为：$x_1(0)=0.2, \dot{x}_1(0)=1, \dot{x}_1=\dot{x}_2(0)=0$。

```
% exA_5_14.m
% 利用振型叠加法求自由系统受到简谐激励下的响应
clc;clear;
m = [1 0;0 2];                      % 质量矩阵
k = [5 -2;-2 3];                    % 刚度矩阵
x0 = [0.2;0];                       % 初始位移
xd0 = [1;0];                        % 初始速度
f0 = [1;2];                         % 激励力的幅值
w = 3;                              % 激励力的频率
[V,D] = eig(k,m);                   % 求固有频率
w1 = sqrt(D(1,1));                  % 一阶固有频率
w2 = sqrt(D(2,2));                  % 二阶固有频率
% 计算特征向量
u1 = [1;r1];
u2 = [1;r2];
X = [u1 u2];

% 令 x = Xq, 对运动方程解耦:M * q_2dot + K * q = F
M = X' * m * X;                     % 主坐标下的质量矩阵
K = X' * k * X;                     % 主坐标的刚度矩阵
F0 = X' * f0;                       % 主坐标下激励力的振幅
% 得到主坐标下的运动方程：M11 * q1_2dot + K11 * q1 = F1
%                        M22 * q2_2dot + K22 * q2 = F2
q0 = inv(X) * x0;                   % 主坐标下的初始位移
qd0 = inv(X) * xd0;                 % 主坐标下的初始速度

t = 0:0.01:20;                      % 时间序列
% 求简谐激励下单自由度系统的响应
q1 = (q0(1) - F0(1)/(K(1,1) - M(1,1) * w^2)) * cos(w1 * t) + (qd0(1)/w1) * sin(w1 * t) + (F0(1)/((K(1,1) - M(1,1) * w^2))) * cos(w * t);
q2 = (q0(2) - F0(2)/(K(2,2) - M(2,2) * w^2)) * cos(w2 * t) + (qd0(2)/w2) * sin(w2 * t) + (F0(2)/((K(2,2) - M(2,2) * w^2))) * cos(w * t);
x = X * [q1;q2];                    % 计算系统在 x 坐标下的位移响应

subplot(211);
plot(t,x(1,:));
xlabel('t');
ylabel('x1(t)');
subplot(212);
plot(t,x(2,:));
xlabel('t');
ylabel('x2(t)');
```

得到

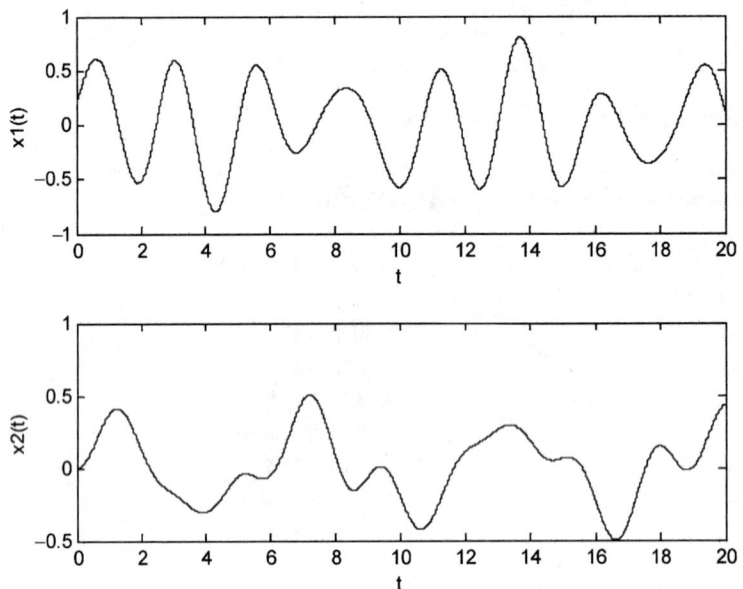

A.5.15 求下列运动微分方程所代表的系统的响应,并作图表示：

$$\begin{bmatrix} 1 & 0 \\ 0 & 2 \end{bmatrix} \begin{bmatrix} \ddot{x}_1 \\ \ddot{x}_2 \end{bmatrix} + \begin{bmatrix} 4 & -1 \\ -1 & 2 \end{bmatrix} \begin{bmatrix} \dot{x}_1 \\ \dot{x}_2 \end{bmatrix} + \begin{bmatrix} 5 & -2 \\ -2 & 3 \end{bmatrix} \begin{bmatrix} x_1 \\ x_2 \end{bmatrix} = \begin{bmatrix} 1 \\ 2 \end{bmatrix} \cos 3t$$

初始条件为：$x_1(0)=0.2, \dot{x}_1(0)=1, x_2(0)=\dot{x}_2=0$。

将两个耦合的二阶微分方程改写为一个耦合的一阶常微分方程组,引入新的变量：

$$\begin{bmatrix} y_1 & y_2 & y_3 & y_4 \end{bmatrix}^T = \begin{bmatrix} x_1 & \dot{x}_1 & x_2 & \dot{x}_2 \end{bmatrix}^T$$

将运动微分方程重写为

$$\begin{bmatrix} \dot{y}_1 \\ \dot{y}_2 \\ \dot{y}_3 \\ \dot{y}_4 \end{bmatrix} = \begin{bmatrix} y_2 \\ \cos 3t - 4y_2 + y_4 - 5y_1 + 2y_3 \\ y_4 \\ \cos 3t + \dfrac{1}{2}y_2 - y_4 + y_1 - \dfrac{3}{2}y_3 \end{bmatrix}$$

初始条件为

$$\begin{bmatrix} y_1(0) & y_2(0) & y_3(0) & y_4(0) \end{bmatrix}^T = \begin{bmatrix} 0.2 & 1 & 0 & 0 \end{bmatrix}^T$$

```
% ExA_5_15.m
% 利用龙格 - 库塔法求解响应
tspan = 0:0.01:20;                    % 时间序列
y0 = [0.2;1.0;0.0;0.0];               % 初始条件
[t,y] = ode23('dfunc4_5',tspan,y0);   % 利用 ode23 函数求解微分方程
subplot(211)
plot(t,y(:,1));
xlabel('t');
ylabel('x1(t)');
```

```
subplot(212)
plot(t,y(:,3));
xlabel('t');
ylabel('x2(t)');

% dfunc4_5.m
function f = dfunc4_5(t,y)              % 定义运动微分方程
f = zeros(4,1);
f(1) = y(2);
f(2) = cos(3 * t) - 4 * y(2) + y(4) - 5 * y(1) + 2 * y(3);
f(3) = y(4);
f(4) = cos(3 * t) + 0.5 * y(2) - y(4) + y(1) - 1.5 * y(3);
```

得到

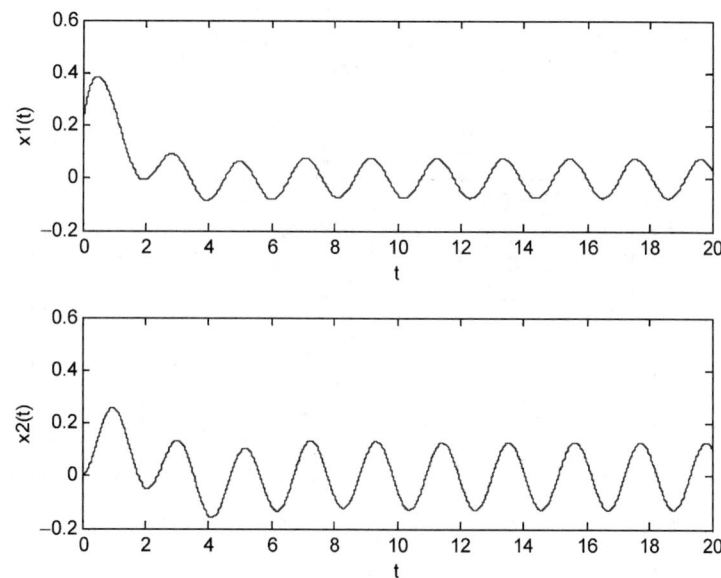

A.5.16 利用 MATLAB,求悬臂梁的固有频率,并画出它的前四阶振型。

```
% exA_5_16.m
% 利用 fsolve 函数求解非线性方程,需要用到子程序 dfunc5_1
l = 1;                                  % 悬臂梁的长度
E = 1;                                  % 弹性模量
I = 1;                                  % 转动惯量
ro = 1;                                 % 密度
A = 1;                                  % 截面积
x0 = [2 5 8 11];
for i = 1:size(x0,2)
    roots(i) = fsolve(@dfunc5_1,x0(i)); % 求解非线性方程在初值 x0 附近的根
end
beta = roots/l;
w = beta.^2 * sqrt(E * I/(ro * A));     % 固有频率

% 绘制悬臂梁的前四阶振型
% 振型函数: Y(x) = A * cosh(beta * x) + B * sinh(beta * x) + C * cos(beta * x) + D * sin(beta * x)
```

```
% A、B、C、D 为任意常数,由梁的边界条件决定
% D 悬臂梁的振型函数: Yn = Cn[sin(beta * x) - sinh(beta * x) - an(cos(beta * x) - cosh(beta * x))]
% 其中 an = (sin(beta * l) + sinh(beta * l))/(cosh(beta * l) + cos(beta * l))
for i = 1:4
    a(i) = (sin(beta(i) * l) + sinh(beta(i) * l))/(cos(beta(i) * l) + cosh(beta(i) * l));
    for j = 1:1000
        x(j) = l * (j - 1)/1000;
        Y(j,i) = sin(beta(i) * x(j)) - sinh(beta(i) * x(j)) - a(i) * (cos(beta(i) * x(j)) - cosh(beta(i) * x(j))); % 计算振型函数
    end
end
plot(x,Y(:,:));
xlabel('x');
ylabel('Y(x)');

function F = dfunc5_1(x)               % 定义非线性方程
F = cos(x) * cosh(x) + 1;               % 悬臂梁的频率方程
```

得到

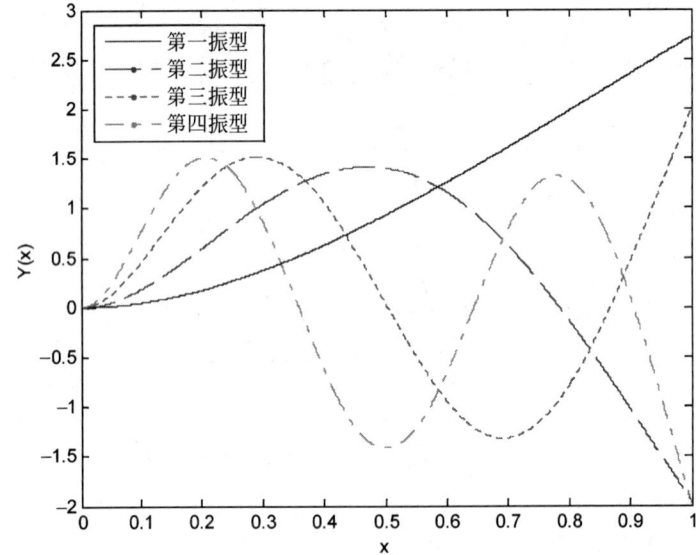

附录 B 用于均方响应计算的积分

计算随机振动均方响应时要用到如下积分：

$$I_n = \int_{-\infty}^{+\infty} |H_n(\omega)|^2 \mathrm{d}\omega$$

其中，$H_n(\omega) = \dfrac{B_0 + (\mathrm{i}\omega)B_1 + (\mathrm{i}\omega)^2 B_2 + \cdots + (\mathrm{i}\omega)^{n-1} B_{n-1}}{A_0 + (\mathrm{i}\omega)A_1 + (\mathrm{i}\omega)^2 A_2 + \cdots + (\mathrm{i}\omega)^{n-1} A_{n-1}}$。

若系统是稳态的且其特征方程

$$A_0 + \lambda A_1 + \lambda^2 A_2 + \cdots + \lambda^n A_n = 0$$

的诸根具有负的实部，或特征方程

$$A_0 + (\mathrm{i}\omega)A_1 + (\mathrm{i}\omega)^2 A_2 + \cdots + (\mathrm{i}\omega)^n A_n = 0$$

各个根 ω 都位于 ω 平面的上半部，那么积分结果如下。

当 $n=1$，$H_1(\omega) = \dfrac{B_0}{A_0 + \mathrm{i}\omega A_1}$ 时，

$$I_1 = \frac{\pi B_0^2}{A_0 A_1}$$

当 $n=2$，$H_2(\omega) = \dfrac{B_0 + \mathrm{i}\omega B_1}{A_0 + \mathrm{i}\omega A_1 - \omega^2 A_2}$ 时，

$$I_2 = \frac{\pi(A_0 B_1^2 + A_2 B_0^2)}{A_0 A_1 A_2}$$

当 $n=3$，$H_3(\omega) = \dfrac{B_0 + \mathrm{i}\omega B_1 - \omega^2 B_2}{A_0 + \mathrm{i}\omega A_1 - \omega^2 A_2 - \mathrm{i}\omega^3 A_3}$ 时，

$$I_3 = \frac{\pi[A_0 A_2(2B_0 B_2 - B_1^2) - A_0 A_1 B_2^2 - A_2 A_3 B_0^2]}{A_0 A_0 (A_0 A_3 - A_1 A_2)}$$

当 $n=4$，$H_4(\omega) = \dfrac{B_0 + \mathrm{i}\omega B_1 - \omega^2 B_2 - \mathrm{i}\omega^3 B_3}{A_0 + \mathrm{i}\omega A_1 - \omega^2 A_2 - \mathrm{i}\omega^3 A_3 + \omega^4 A_4}$ 时，

$$I_4 = \frac{\pi}{\Delta_4}[A_0 B_3^2(A_0 A_3 - A_1 A_2) + A_0 A_1 A_4(2B_1 B_3 - B_2^2) -$$

$$A_0 A_3 A_4(B_1^2 - 2B_0 B_2) + A_4 B_0^2(A_1 A_4 - A_2 A_3)]$$

式中，$\Delta_4 = A_0 A_4 (A_0 A_2^2 + A_1^2 A_4 - A_1 A_2 A_3)$

参 考 文 献

[1] RAO S S. 机械振动：第 4 版[M]. 李欣业，张明路，译. 北京：清华大学出版社，2009.
[2] THOMPSON W T，DAHLEH M D. 振动理论及应用：第 5 版[M]. 影印本. 北京：清华大学出版社，2005.
[3] MEIROVITCH L. Fundamentals of Vibrations [M]. Mcgraw-Hill Higher Education，2001.
[4] NEWLAND D E. An Introduction to Random Vibrations，Spectral and Wavelet Analysis[M]. 3rd ed. Prentice Hall，1996.
[5] NEYFEH A H，MOOK D T. Nonlinear Oscillations [M]. John Wiley，1979.
[6] 胡宗武，吴天行. 工程振动分析基础[M]. 3 版. 上海：上海交通大学出版社，2011.
[7] 清华大学工程力学系振动组. 机械振动：上册[M]. 北京：机械工业出版社，1980.
[8] 清华大学工程力学系振动组. 机械振动：中册[M]. 北京：机械工业出版社，1986.
[9] 庄表中，梁以德，张佑启. 结构随机振动 [M]. 北京：国防工业出版社，1995.
[10] 梁昆淼. 数学物理方法[M]. 2 版. 北京：人民教育出版社，1978.
[11] 严济宽. 机械振动隔离技术[M]. 上海：上海科学技术文献出版社，1986.
[12] 方同，薛璞. 振动理论及应用[M]. 西安：西北工业大学出版社，2004.
[13] 庞家驹，臧剑秋，吴文洲. 机械振动习题集：附题解与答案[M]. 北京：清华大学出版社，1982.
[14] 张义民. 机械振动[M]. 2 版. 北京：清华大学出版社，2019.